ENCYCLOPÉDIE AGRICOLE

Publiée sous la direction de G. WERY

**Couronnée par l'Académie des Sciences morales et politiques
et par la Société nationale d'Agriculture**

A. ROLET

LES CONSERVES

DE LÉGUMES, DE VIANDES

DES PRODUITS DE LA BASSE-COUR ET DE LA LAITERIE

Encyclopédie Agricole

60 volumes in-18 de chacun 400 à 500 pages, illustrés de nombreuses figures.
Chaque volume : broché, **5 fr.**; cartonné, **6 fr.**

I. — SCIENCES APPLIQUÉES A L'AGRICULTURE.

ENCYCLOPÉDIE AGRICOLE

Publiée par une réunion d'Ingénieurs agronomes

SOUS LA DIRECTION DE G. WERY

LA CONSERVATION DES MATIÈRES ALIMENTAIRES
DANS LES MÉNAGES, A LA FERME ET DANS LES COOPÉRATIVES AGRICOLES

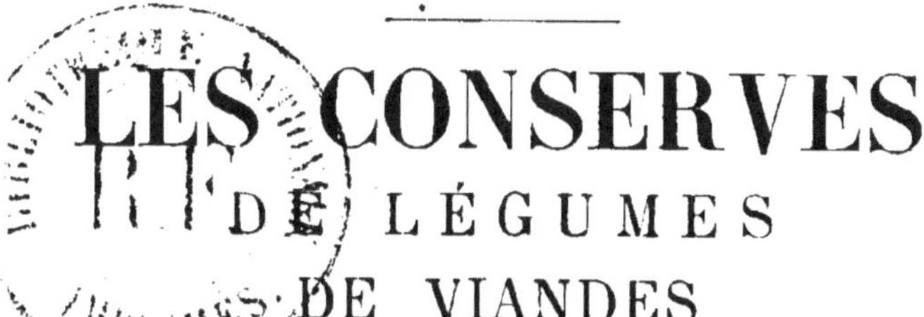

LES CONSERVES
DE LÉGUMES
DE VIANDES
DES PRODUITS DE LA BASSE-COUR ET DE LA LAITERIE

PAR

Antonin ROLET

INGÉNIEUR AGRONOME
PROFESSEUR A L'ÉCOLE D'AGRICULTURE D'ANTIBES

Introduction par le Dr P. REGNARD
DIRECTEUR DE L'INSTITUT NATIONAL AGRONOMIQUE

Avec figures intercalées dans le texte

PARIS
LIBRAIRIE J.-B. BAILLIÈRE ET FILS
19, rue Hautefeuille, près du boulevard Saint-Germain

1913

L'Institut national agronomique.

INTRODUCTION

Si les choses se passaient en toute justice, ce n'est pas moi qui devrais signer cette préface.

L'honneur en reviendrait plus naturellement à l'un de mes deux éminents prédécesseurs :

A Eugène TISSERAND, que nous devons considérer comme le véritable créateur en France de l'enseignement supérieur de l'agriculture : n'est-ce pas lui qui, pendant de longues années, a pesé de toute sa valeur scientifique sur nos gouvernements et obtenu qu'il fût créé à Paris un Institut agronomique comparable à ceux dont nos voisins se montraient fiers depuis déjà longtemps?

Eugène RISLER, lui aussi, aurait dû, plutôt que moi,

présenter au public agricole ses anciens élèves devenus des maîtres. Près de douze cents ingénieurs agronomes, répandus sur le territoire français, ont été façonnés par lui : il est aujourd'hui notre vénéré doyen, et je me souviens toujours avec une douce reconnaissance du jour où j'ai débuté sous ses ordres et de celui, proche encore, où il m'a désigné pour être son successeur (1).

Mais, puisque les éditeurs de cette collection ont voulu que ce fût le directeur en exercice de l'Institut agronomique qui présentât aux lecteurs la nouvelle *Encyclopédie*, je vais tâcher de dire brièvement dans quel esprit elle a été conçue.

Des ingénieurs agronomes, presque tous professeurs d'agriculture, tous anciens élèves de l'Institut national agronomique, se sont donné la mission de résumer, dans une série de volumes, les connaissances pratiques absolument nécessaires aujourd'hui pour la culture rationnelle du sol. Ils ont choisi pour distribuer, régler et diriger la besogne de chacun, Georges Wéry, que j'ai le plaisir et la chance d'avoir pour collaborateur et pour ami.

L'idée directrice de l'œuvre commune a été celle-ci : extraire de notre enseignement supérieur la partie immédiatement utilisable par l'exploitant du domaine rural et faire connaître du même coup à celui-ci les données scientifiques définitivement acquises sur lesquelles la pratique actuelle est basée.

Ce ne sont pas de simples Manuels, des Formulaires irraisonnés que nous offrons aux cultivateurs ; ce sont de brefs Traités, dans lesquels les résultats incontestables sont mis en évidence, à côté des bases scientifiques qui ont permis de les assurer.

Je voudrais qu'on puisse dire qu'ils représentent le véri-

(1) Depuis que ces lignes ont été écrites, nous avons eu la douleur de perdre notre éminent maître, M. Risler, décédé, le 6 août 1905, à Salèves (Suisse). Nous tenons à exprimer ici les regrets profonds que nous cause cette perte. M. Eugène Risler laisse dans la science agronomique une œuvre impérissable.

table esprit de notre Institut, avec cette restriction qu'ils ne doivent ni ne peuvent contenir les discussions, les erreurs de route, les rectifications qui ont fini par établir la vérité telle qu'elle est, toutes choses que l'on développe longuement dans notre enseignement, puisque nous ne devons pas seulement faire des praticiens, mais former aussi des intelligences élevées, capables de faire avancer la science au laboratoire et sur le domaine.

Je conseille donc la lecture de ces petits volumes à nos anciens élèves, qui y retrouveront la trace de leur première éducation agricole.

Je la conseille aussi à leurs jeunes camarades actuels, qui trouveront là, condensées en un court espace, bien des notions qui pourront leur servir dans leurs études.

J'imagine que les élèves de nos Écoles nationales d'agriculture pourront y trouver quelque profit et que ceux des Écoles pratiques devront aussi les consulter utilement.

Enfin c'est au grand public agricole, aux cultivateurs, que je les offre avec confiance. Ils nous diront, après les avoir parcourus, si, comme on l'a quelquefois prétendu, l'enseignement supérieur agronomique est exclusif de tout esprit pratique. Cette critique, usée, disparaîtra définitivement, je l'espère. Elle n'a d'ailleurs jamais été accueillie par nos rivaux d'Allemagne et d'Angleterre, qui ont si magnifiquement développé chez eux l'enseignement supérieur de l'agriculture.

Successivement, nous mettons sous les yeux du lecteur des volumes qui traitent du sol et des façons qu'il doit subir, de sa nature chimique, de la manière de la corriger ou de la compléter, des plantes comestibles ou industrielles qu'on peut lui faire produire, des animaux qu'il peut nourrir, de ceux qui lui nuisent.

Nous étudions les manipulations et les transformations que subissent, par notre industrie, les produits de la terre :

la vinification, la distillerie, la panification, la fabrication des sucres, des beurres, des fromages.

Nous terminons en nous occupant des lois sociales qui régissent la possession et l'exploitation de la propriété rurale.

Nous avons le ferme espoir que les agriculteurs feront un bon accueil à l'œuvre que nous leur offrons.

Dr PAUL REGNARD,

Membre de la Société nationale
d'agriculture de France,
Directeur de l'Institut national
agronomique.

Cours de M. Regnard à l'Institut national agronomique.

PRÉFACE

La conservation des matières alimentaires au delà des limites tracées par leur fragilité naturelle ou par la production des saisons a, sans doute, préoccupé de tout temps les consommateurs.

Il semblerait que cette branche de l'économie domestique dût prendre une place importante à la campagne, puisqu'on y dispose à meilleur compte qu'ailleurs des matières premières. Cependant ce n'est plutôt qu'à titre exceptionnel que la fermière prépare pour l'hiver des conserves de légumes ou apprête des salaisons de porc, confectionne des pâtés de viande, met en réserve des œufs, du beurre, au moment de la grande production, etc.

Aujourd'hui l'outillage perfectionné et des méthodes efficaces facilitent singulièrement les manipulations et assurent la parfaite stérilisation d'un produit de première qualité. Malgré tout, combien de procédés simples, pratiques et parfois plus économiques, sont-ils encore ignorés dans les familles, qui permettraient d'étendre les préparations à d'autres denrées que celles qui sont ordinairement conservées. On est trop porté à croire qu'il faille pour cela un talent spécial. Il est vrai que lorsqu'on achète dans une boîte, un pot, un bocal bien présentés ornés d'une étiquette dorée et d'attributs divers, un produit de belle apparence, alléchant mais cher, on se dit que cela doit être difficile à préparer. Certaines cuisinières cherchent même à entretenir cette opinion, nous allions dire ce préjugé, dans leur entourage, sans doute par amour-propre, pour montrer leur savoir-faire. Cependant, il suffit, pour réussir, d'une certaine habitude, de quelque apprentissage, comme en réclame, en somme, toute branche de l'économie domestique.

Aucune femme, c'est certain, ne devrait ignorer la préparation des conserves alimentaires. Dans les *Écoles ménagères*, les *Écoles normales*, les *Écoles de filles*, en général, une part devrait être faite à cet enseignement, là où elle ne l'est déjà. N'a-t-on pas créé, ces temps derniers, une *École nationale d'industrie alimentaire* près la Bourse de commerce de Paris, qui est appelée, a-t-on dit, à rendre de grands services à l'industrie de la fabrication de toutes les conserves alimentaires ? Cela montre bien l'importance que l'on attache à ce sujet intéressant à plus d'un titre.

Est-il besoin de longuement insister sur les avantages qu'offrent les provisions de bouche ainsi mises en réserve ?

Les conserves apportent un certain confort dans les menus, elles corsent un repas de famille; certaines d'entre elles, celles de viande en particulier, constituent la pièce de résistance dans un voyage.

Qu'y a-t-il de plus agréable que de manger des asperges, des petits pois, des tomates, du gibier, etc., hors de saison ? Les enfants, les vieillards, les débilités, qui manquent d'appétit, les malades trouvent dans ces préparations saines des stimulants de valeur. Et puis, n'y a-t-il pas le côté économique ?

On ne doit pas oublier que les producteurs peuvent se grouper en *coopératives* et s'outiller pour travailler comme des industriels. C'est à ce dernier point de vue que nous avons décrit des méthodes qui ne peuvent pas être appliquées dans les simples ménages, où l'on peut, cependant, faire des conserves de viande, bien que la stérilisation soit ici plus délicate et la préparation plus longue que pour les fruits et les légumes. Mais la cuisson préalable plus ou moins prolongée permet de se passer de l'emploi de l'autoclave pour le traitement des boîtes; le simple bain-marie suffit, à défaut du four. Grâce au procédé Appert, on peut donc faire à la ferme autre chose que des salaisons.

En ce qui concerne les *coopératives agricoles*, il leur est possible de fonctionner toute l'année en manipulant la viande en automne et en hiver, et les légumes et les fruits au printemps et en été. Pourquoi, d'ailleurs, ne s'adjoindraient-elles pas une petite usine frigorifique où seraient conservées les matières premières attendant leur transformation et les conserves elles-mêmes avant leur expédition ?

Dans ce volume nous étudions successivement les *légumes*, les *œufs*, le *laitage*, le *miel*, la *volaille*, le *gibier*, la *viande de boucherie*.

Nous reproduisons, à l'occasion, les *règlements* qui concernent le sujet, nous énumérons les *régions de production*, nous citons des exemples de *coopératives*, nous faisons connaître des *débouchés*, etc.

Voici, d'ailleurs, le titre des principaux chapitres :

I. Légumes. Conservation sur pied, en silo, dans le légumier, en frigorifique ; par la dessiccation, par le procédé Appert, au vinaigre, en confitures : *pois, haricots, artichauts, asperges, tomates, choux* (choucroute), *champignons, truffes, cornichons, câpres, pommes de terre, betteraves, carottes, navets, céleris-raves, oignons et aulx, cardes et cardons, salades et herbes diverses, angélique et rhubarbe, chicorée à café et racines diverses, graines diverses*.

II. Fleurs candiées ou cristallisées, etc.

III. Œufs. Examen des œufs ; vérification du degré de fraîcheur ; conservation dans des matières diverses pulvérulentes, grasses, liquides ; par le froid ; coopératives en France et à l'étranger ; conservation hors coquille (jaunes et blancs, solides ou liquides),

IV. Produits de laiterie. *Lait* (antiseptiques, froid, chaleur) ; lait condensé, lait en poudre, caséine ; *crème* ; *beurre* (froid, salaison et antiseptiques, fusion) ; *fromages* (froid, enrobage, antiseptiques, insectes).

V. Miel.

VI. Viande (antiseptiques, boucanage, enrobage, dessiccation, froid, frigorifiques d'abattoirs et dans les centres d'élevage, transport) ; *volaille* (froid, salage et enfumage, dans la graisse, pâtés) ; oie (confit, foies gras) ; *gibier* à plumes (dans la graisse, en boites Appert), perdreaux, bécasses, petits oiseaux, etc. ; *gibier à poil* (chevreuil, lièvre et lapin) ; *porc* (salage, fumage, jambon, lard, coopératives de salaison, antiseptiques ; rillettes, pâtés, saucisses, saucissons); *viande de boucherie* (dessiccation, salage, antiseptiques, préparations diverses de bœuf : langues, rôtis, tripes, conserves en boites Appert, bouillon, jus, extrait de viande; débouchés, etc.).

Nous supposons que ce guide pratique rendra quelques services à tous ceux qui récoltent des *légumes*, élèvent de la *volaille*, des *porcs*, des *abeilles*, etc. ; aux ménagères de la campagne comme à celles de la ville. Les élèves des écoles le consulteront avec fruit ; les grands producteurs, les dirigeants des syndicats et des coopératives, les industriels y trouveront d'utiles renseignements.

Dans un premier volume, *Conserves de fruits*, nous avons examiné dans une *première partie* générale les *agents et méthodes de conservation* (dessiccation, confitures, pulpes, sirops, froid, antiseptiques, etc.); dans une deuxième partie, nous avons réuni en autant de chapitres spéciaux tous les fruits avec diverses façons de les conserver et de les apprêter.

Dans chaque volume une table alphabétique très complète permet au lecteur de trouver aisément le sujet qui l'intéresse.

Antonin ROLET.

LES CONSERVES

DE LÉGUMES, DE VIANDES

DES PRODUITS DE LA BASSE-COUR ET DE LA LAITERIE

PREMIÈRE PARTIE

LÉGUMES (1)

Les légumes, pour être moins fragiles, et en général, de conservation plus aisée que les fruits, ne demandent pas moins des soins spéciaux, si on veut leur garder le plus longtemps possible leurs qualités.

Il ne faut pas oublier qu'ils renferment, en proportions très variables, il est vrai, des matières azotées particulièrement altérables.

Quand ils sont placés dans de mauvaises conditions, ils se moisissent, se pourrissent, sans compter qu'un froid excessif peut les geler.

C'est, surtout, contre l'humidité qu'il faut les garantir, en même temps qu'on doit leur assurer, dans ce cas, l'air nécessaire à la vitalité des tissus.

On peut, encore, mettre en œuvre, ici, le froid naturel (caves, silos, etc.), le froid artificiel (frigorifiques), la dessiccation, une température élevée, les antiseptiques (sel, vinaigre, etc.).

LES LÉGUMES-RACINES

Arrachage. — *Les légumes-racines* destinés à être conservés pendant l'hiver doivent être arrachés quand ils sont mûrs. Une récolte trop hâtive ou, au contraire, trop tardive présenterait des inconvénients pour la bonne garde de ces aliments. Dans le premier cas, les produits, trop aqueux et encore en végétation, pourraient donner des pousses nouvelles, ce qui altérerait les tissus. Dans la seconde hypothèse, un séjour prolongé en terre, à l'arrière-saison, pourrait provoquer une

---

(1) Pour les procédés généraux de conservation, les *récipients*, les *appareils*, voir la partie générale dans le volume *Les conserves de fruits*.

nouvelle végétation qui mobiliserait, également, des principes plus sujets dès lors à altération.

En général, les *pommes de terre* sont bonnes à récolter quand les fanes sont complètement desséchées. Chez les *betteraves*, les *carottes*, les *panais* les feuilles sont fanées et tournent plus ou moins sur le jaune. Les racines ont leur grosseur normale, tandis que les petites radicelles qu'elles portent se dessèchent. Ces caractères étant acquis, on tranche les collets et laisse les légumes se ressuyer pendant quelques jours à l'air. On les met ensuite en *silo* ou en *cave* (légumier).

Silo. — L'emplacement du *silo* doit être choisi un certain temps avant la récolte. Il sera surélevé pour éviter l'effet pernicieux des eaux stagnantes. On doit l'orienter de telle façon qu'il présente le moins de surface possible à la direction des vents pluvieux dominants. Comme il s'agit ici d'un silo à *l'air libre*, sa section sera trapézoïdale et sa forme générale prismatique à extrémités arrondies. On empile les tubercules, puis on recouvre le tas de paille. Enfin, on creuse tout autour une rigole, en rejetant la terre sur le tas, et la plaque à la pelle.

Il est nécessaire de pouvoir vérifier la température au centre du tas, avec un thermomètre, car la fermentation est nuisible à une bonne conservation. Il est prudent, d'ailleurs, de former le lit du silo avec des fagots. On a soin, lors de la construction, de planter, de distance en distance, trois piquets formant cheminée, que l'on garnit de paille. On ferme les orifices avec des tampons d'argile que l'on enlève pour aérer.

Quand les tubercules, racines, etc., sont riches en eau au moment de l'arrachage, par suite de pluies continuelles, une fois en silo, ils courent le risque de se pourrir, si l'on ne surveille pas les tas. Mais, même avec des produits sains, il est prudent de ménager, de distance en distance, les cheminées d'appel dont nous venons de parler, pour laisser échapper l'humidité et le gaz carbonique.

Quand la terre qui recouvre le silo s'affaisse en certains points, c'est qu'au-dessous les produits conservés ont cédé à la suite de la pourriture. On découvre, donc, ces points, et retire les légumes décomposés qui finiraient par contaminer les parties voisines. Dans tous les cas, ce travail ne devra pas permettre à la gelée de causer des dégâts et l'on bouchera aussitôt. Même s'il n'y a pas d'affaissement caractéristique, il faudra, quand les tubercules auront été arrachés après la pluie, visiter le silo de temps en temps par température douce. On retirera les légumes avariés, séparera, au besoin, les portions gâtées, pour donner le reste au bétail. Un lavage énergique dans un laveur à racines fait aisément ce travail.

Légumier. — Le *légumier*, ou resserre à légumes, est indispensable pour mettre, l'hiver, ces derniers à l'abri. C'est ordinairement une cave d'une faible profondeur, dont le sol est recouvert d'une couche de sable de 40 à 50 centimètres d'épaisseur, que l'on a soin de remuer souvent. A chacune des extrémités de la pièce est une fenêtre que l'on ouvre fréquemment.

On transporte les légumes ressuyés dans le *légumier* par un temps sec. Là, on les met en tas, en séparant les couches par des lits de sable.

Les *carottes* et les *navets* s'enterrent dans le sable. Les *pommes de terre* se mettent en tas, soit sur des planches, soit sur de la paille. D'autres légumes, tels que *choux, scaroles, céleris*, etc., se repiquent dans le sable. Il faut réserver une place pour chaque espèce. On visite fréquemment les légumes pour enlever les feuilles pourries.

Quant aux *panais* et au *persil à grosse racine*, ils peuvent rester en

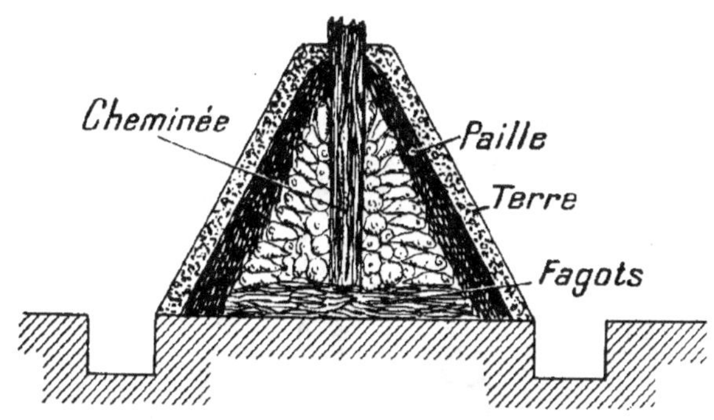

Fig. 1. — Un silo.

place sans danger. A l'approche des grands froids on couvre une certaine portion du carré

Conservation en frigorifique. — On peut mettre encore à contribution, pendant l'été, en particulier, le *froid* artificiel pour conserver les légumes.

Il semblerait que ces derniers, surtout les *tomates, haricots verts*, etc., soient plus délicats, à ce point de vue, que les fruits. On n'est pas encore bien fixé.

Dans tous les cas, la *préréfrigération*, appliquée aux *légumes* qui doivent ensuite être transportés, a donné de bons résultats à *Château-renard*.

Il résulte d'expériences conduites aux États-Unis que les meilleures températures sont + 2° pour les *melons, concombres, asperges, carottes, céleris* ; 2°,5 pour les *pommes de terre*, les *tomates*, cueillies avant complète maturité ; + 1° pour les *choux*, + 2° pour les *oignons*.

On peut conserver et emballer les légumes dans les matières pulvérulentes dont nous avons parlé à propos des fruits. Le *liège* granulé est fort conseillé.

DESSICCATION

La dessiccation fait perdre aux légumes 80 à 90 p. 100 de leur poids.

On utilise, soit la simple chaleur solaire, soit le four, soit les *évaporateurs*. La dessiccation à l'air suffit pour les produits peu riches en eau, comme le *persil*, le *cerfeuil*, etc.

Certains traitements préalables favorisent la dessiccation et la conservation.

Préparation. — Quand on se contente de dessécher les légumes dans un simple courant d'air chaud, comme on le fait pour les fruits, ils prennent, par la suite, une odeur et un goût de foin qui proviennent de l'altération de matières azotées durant la dessiccation lente à laquelle les produits sont soumis.

Il est donc préférable de *blanchir*, autrement dit *d'ébouillanter*, au préalable les légumes avant de les soumettre à la dessiccation. A la température à laquelle on opère ainsi, les matières albuminoïdes sont coagulées, plus difficilement altérables, par conséquent, en outre, on stérilise partiellement les tissus.

Fig. 2. — Coupe-légumes Waas.

Un simple chaudron peut suffire pour cette opération. Les légumes sont placés dans un panier à salade, par exemple, que l'on tient, ensuite, immergé durant quelques minutes dans l'eau en ébullition.

Le temps pendant lequel les légumes restent dans le liquide varie avec les espèces et les variétés. Il y a d'ordinaire inconvénient à dépasser le moment où les tissus commencent à se ramollir, à céder sous la pression des doigts. On comprend que sous cet état ils soient plus difficiles à manipuler. L'expérience aura vite fait de fixer sur ce point.

Il serait encore préférable de ne soumettre les légumes qu'à l'action de la vapeur. Celle-ci produit le même effet que l'eau bouillante, mais on comprend aisément qu'elle altère moins le goût et le parfum des légumes. Elle désagrège moins, aussi, les tissus. Cette modification est, surtout, avantageuse dans les grandes exploitations, lorsque l'appareil employé à cet effet permet de traiter les produits étalés sur les claies qui doivent les porter dans l'évaporateur-dessiccateur.

Nous rappelons que l'évaporateur imaginé par MM. Malpeaux et Péronne dispense de l'emploi d'un second appareil.

D'ailleurs, pour l'étuvage on peut utiliser le chaudron dont nous venons de parler pour l'échaudage. Il suffit que cet ustensile soit assez profond pour que l'on puisse y suspendre le panier contenant les légumes au-dessus d'une petite quantité d'eau. Après avoir recouvert le tout d'un linge mouillé, on met e couvercle en place.

Le traitement préalable par la vapeur, en outre des avantages que nous venons de signaler, altère moins la couleur des légumes.

Fig. 3. — Machine à râper et à découper les légumes Waas.

Après l'ébouillantage dans l'eau, les *légumes verts, haricots, petits pois*, surtout, sont moins colorés. La chose n'a pas d'importance pour la consommation ménagère. Il n'en est pas de même pour la vente. Mais on sait que les matières *alcalines* ont la propriété de conserver aux légumes ainsi traités leur matière colorante à peu près intacte. Ainsi donc, si l'eau que l'on emploie n'est pas très calcaire, ou mieux si l'on constate le défaut en question avec quelques légumes, on ajoutera d'abord au liquide 40 à 50 grammes par litre de carbonate de soude (cristaux).

Bien que la chose ne soit par recommandable, nous verrons plus loin que l'on emploie aussi le *sulfate de cuivre* pour colorer les légumes. Ce sel, quoique vénéneux, est recommandé à une certaine dose.

Conduite de l'évaporateur. — La conduite de la dessiccation des légumes dans un *évaporateur* demande quelques

Fig. 4. — Appareil à étuver Mayfarth.

précautions que nous allons résumer d'après ce qu'en disent MM. Malpeaux et Péronne (1).

Après échaudage, disposer la matière en une seule couche régulière et peu épaisse. Les légumes qui présentent une certaine consistance : *haricots verts*, *carottes*, *pommes de terre* coupées en disques, doivent être rangés côte à côte, à plat ou

(1) Le *Séchage des fruits et légumes*.

sur tranche, sans les agglomérer plus à un endroit qu'à un autre.

On laisse égoutter quelques instants dans un courant d'air, puis on porte dans l'évaporateur, au point où sort l'air.

Avec les légumes la température du courant d'air doit être plus faible que pour les fruits, sinon on brûlerait les produits,

Fig. 5. — Évaporateur Mayfarth.

surtout ceux qui sont minces. On sera donc attentif et ne laissera pas monter le thermomètre au-dessus de 70-80°

La dessiccation est, en général, rapide. Ainsi les *choux* n'exigent guère plus de deux heures.

Comme pour les fruits, on trie les produits à la sortie des claies pour, s'il y a lieu, compléter la dessiccation de ceux qui ne sont qu'insuffisamment secs. Quant aux autres, on les étale en un lieu sec et aéré, à l'abri des insectes.

Nous indiquerons, plus loin, les détails particuliers se rapportant à chaque sorte de légumes. On trouvera, aussi, au chapitre qui traite les *haricots verts* le détail des frais de dessiccation.

Julienne. — C'est un mélange de légumes secs. On utilise, généralement, à cet effet, les *carottes, navets, poireaux, choux,* et condiments divers, le tout découpé en morceaux très petits avec des machines spéciales. Le génie inventif_ de chacun peut, ici, se donner libre cours en présentant les morceaux sous des formes variées.

Les agriculteurs qui prépareraient cette sorte de conserves y trouveraient certainement un bénéfice͏ appréciable. Au détail, la *julienne* se vend 2 fr. 40 à 3 fr. 50 en moyenne le kilo, ce qui correspond à peu près à un prix de gros_de 1fr. 50.

Comprimés de légumes secs. — Dans certaines usines, pour faciliter le transport des légumes on les comprime_à moitié secs en tablettes d'environ 100 grammes chacune, représentant 800 grammes de légumes frais, soit la ration de cinq personnes.

Déjà en 1845, Masson, jardinier du Luxembourg, avait eu l'idée de cette méthode. Sous cette forme, les légumes sont destinés surtout aux marins, aux troupes en campagne, aux explorateurs. Dans un espace d'un mètre cube, dit M. Malpeaux, on peut loger, au moins, 120 boîtes de 5 kilos. Si l'on compte 25 grammes de ces légumes pour la ration d'une personne, les 600 kilos représentent 24.000 rations.

La pression nécessaire pour faire ces sortes d'agglomérés est d'environ 400 kilos par centimètre carré. On l'obtient à l'aide d'une presse hydraulique. C'est après cette opération que l'on achève la dessiccation des tablettes.

Il est certain que sous cet état les légumes secs doivent encore mieux se conserver. Ils constituent, parfois, des gâteaux aussi durs que le bois, que l'on est obligé de débiter à la scie, soit en plaques, soit en tablettes.

FARINES. — On a fait remarquer que les légumes et les racines potagères cuits, puis desséchés, pourraient être réduits en farine qui servirait dans les ménages à préparer des purées et des potages instantanés. Dans ce cas, les légumes, épluchés, lavés, décortiqués, puis coupés, seraient, par exemple, soumis dans un autoclave à la température de 112 à 115°. On les dessécherait, ensuite, dans un évaporateur.

Emballage. — Les légumes secs doivent être tenus à l'abri de l'humidité dans des boîtes métalliques, caissettes garnies intérieurement de papier, ou même dans des sacs en papier ou en toile à tissu serré, en les comprimant le plus possible, ou encore dans des récipients en verre bien bouchés. On ne doit pas les conserver plus d'un an à dix-huit mois.

M. Malpeaux dit en avoir gardé trois années dans les boîtes métalliques ordinairement employées pour le miel. Ces récipients portent, autour du couvercle, une rainure où l'on peut couler de la cire afin d'obtenir une fermeture hermétique.

Écoulement des produits. — En ce qui concerne les débouchés, M. Malpeaux fait remarquer qu'ils ne sont pas encore bien nombreux, en France tout au moins, l'industrie du séchage des légumes n'étant pas très répandue et les produits peu connus du public (1).

Le cultivateur qui veut entreprendre un pareil commerce doit donc être prudent, car il faut trouver la clientèle.

A ce point de vue, nous avons maintes fois appelé l'attention sur le rôle bienfaisant de la coopération pour vaincre les difficultés qui peuvent rebuter les énergies les mieux trempées.

Traitement avant la consommation. — Avant de consommer les légumes secs, on doit les faire tremper quelques heures dans de l'eau tiède, afin qu'ils reprennent leur turgescence et leur couleur. Toutefois, cette précaution n'est pas indispensable quand on doit cuire les légumes à l'eau, comme c'est le cas pour les soupes, potages; un simple lavage suffit ici. L'addition de 2 grammes de bicarbonate de soude par litre à l'eau, si elle est calcaire, facilite la cuisson.

CONSERVATION PAR LE PROCÉDÉ APPERT

C'est le procédé Appert qui est, incontestablement, le plus employé pour conserver économiquement les légumes. Chaque année on prépare, ainsi, des milliers de boîtes de *petits pois, haricots, asperges, tomates.*

Pour la vente, les époques où la préparation est le plus active varient avec celles de grande récolte.

Les *asperges* sont utilisées en mai, puis viennent les *petits pois,* les *haricots verts,* les *artichauts,* les *tomates,* etc.

Blanchiment. — On les blanchit d'abord pour anéantir, en partie tout au moins, les germes d'altération. En outre, cela permet d'abréger la durée du chauffage en boîtes ou en flacons. Il faut éviter de réduire en bouillie certains produits aptes à se désagréger.

(1) Le catalogue d'une maison de Munich porte : choux rouges, carottes, 0 fr. 60 la livre; chou de Bruxelles, 2 fr. 40 ; céleri, 1 fr. 25 épinards, 1 fr. 75; navets, 0 fr. 85.

La durée du trempage dans l'eau bouillante doit être telle que les légumes verts se laissent, ensuite, traverser facilement par une aiguille.

Les produits sont placés, à cet effet, dans des paniers ou autres appareils analogues, quand on doit en traiter une certaine quantité à la fois, comme nous l'avons vu pour les fruits et à propos des procédés généraux de conservation.

M. Montupet à conseillé de *blanchir* les *légumes* dans la vapeur saturée, au lieu de le faire dans l'eau bouillante. Cette dernière enlève beaucoup à l'arome des produits. En outre, si la cuisson est un peu longue, ceux-ci sont presque réduits en bouillie dénaturée. La stérilisation à une température supérieure à celle de la cuisson modifie très sensiblement le qualité des conserves.

«La cuisson dans la vapeur saturée, dit l'auteur, supprime le lavage énergique des légumes et toutes ses fâcheuses conséquences; les conserves possèdent tout l'arome des légumes verts et leur forme n'est pas altérée. De plus, la cuisson à la température de stérilisation assure une fabrication rigoureuse, qui ne donne jamais de variations dans la qualité des produits.

« Les *petits pois* et les *haricots verts*, cuits dans la vapeur, ne ressemblent en rien à ceux cuits par les procédés ordinaires ; les *tomates* sont débarrassées de la plus grande partie de leur jus ; leur concentration peut ainsi être évitée, ou est plus rapide, et la conserve est bien meilleure.

« Pour les conserves de *légumes secs, haricots, pois, lentilles*, on obtient une qualité de beaucoup supérieure aux procédés ordinaires. »

On emploie l'autoclave pour la cuisson et la stérilisation des conserves dans la vapeur saturée. Les produits sont placés sur des claies perforées.

Reverdissage. — Pour se conformer au goût des consommateurs, quand il s'agit de produits préparés pour la vente, on se voit presque obligé de conserver et au besoin de redonner aux légumes leur *couleur verte* caractéristique, qui disparaît ou s'atténue beaucoup durant les diverses opérations de cuisson et de stérilisation. D'abord interdit (ordonnance du 20 décembre 1860), l'usage du *sulfate de cuivre* a été autorisé en 1889 (ordonnance du 18 avril). Les congrès de la *Croix-blanche* de Genève ont adopté la dose de 120 milligrammes de sulfate de cuivre dans les matières conservées et égouttées. Mais comme cette dose représente l'oxyde de cuivre, cela fait que l'on peut employer 450 milligrammes par kilo. En tenant compte de la dilution dans l'eau, c'est 1 à 2 grammes que l'on peut mettre par litre.

Ce sel bleu, une fois fixé par la matière, est réduit par les principe sucrés, et l'oxyde de cuivre libéré se combine à l'acide acétique que contiennent les légumes pour donner de l'*acétate de cuivre*, de couleur verte, comme l'on sait.

On peut donc employer ce dernier sel, vendu également dans le commerce. On le considère cependant comme étant plus vénéneux que le précédent. Quand il se décompose dans les produits, la petite quantité d'acide acétique qui est ainsi mis en liberté attaque l'étain des boîtes de conserves et forme avec le plomb que ce dernier peut ren-

Fig. 6. — Chaudière à blanchir Egrot.

fermer de l'acétate de plomb, produit très vénéneux. Ces ingrédients agissent encore comme antiseptiques.

Rappelons qu'aux États-Unis on ne veut pas recevoir de conserves *reverdies* aux *sels de cuivre*.

On a conseillé de remplacer ces derniers par la matière verte tirée des végétaux.

Par exemple on écrase et presse des feuilles d'épinards et l'on prend 5 à 6 cuillerées du jus obtenu par litre d'eau. Un simple essai fixera mieux sur la proportion à adopter.

On trouve, également dans le commerce, de la *chlorophylle* chez les marchands de produits chimiques, produit inoffensif destiné au même usage.

Le kilo coûte environ 22 francs.

On a remarqué que lorsque l'eau qui sert à *blanchir* les légumes est *alcaline*, la couleur des produits est beaucoup moins altérée. A moins d'avoir affaire à une eau très *calcaire*, on y ajoute quelques grammes de *carbonate de soude*.

Rafraîchissage. — Après avoir été blanchis, les légumes doivent être refroidis rapidement et énergiquement pour les raffermir. Il est préférable de disposer d'eau courante pour cette opération. A défaut, on doit renouveler souvent le liquide. La durée du rafraîchissage peut aller jusqu'à quelques heures, suivant la nature et la grosseur des produits traités.

Remplissage des boîtes. — Quand il s'agit de légumes, comme les flageolets (grains), qui augmentent beaucoup de volume pendant la stérilisation en flacons ou en boîtes, il faut avoir la précaution de laisser dans ces récipients un plus grand vide encore qu'à l'ordinaire, où l'on s'arrête, en général, à 2 centimètres du bord supérieur ; ici, il ne faut remplir qu'aux trois quarts.

Stérilisation. — On sait que l'on stérilise les récipients pleins à l'autoclave ou au bain-marie, mais on se sert aussi d'un four. On garnit la sole de ce dernier d'une couche de paille. On y place les bocaux, sans qu'ils se touchent, quand on a sorti le pain. On les y laisse douze heures, environ. On traite ainsi les *pois* et les *haricots verts*, les *petites carottes grelot*, les *haricots flageolets, les fèves*. Mais la durée de la cuisson varie un peu suivant les produits. Par exemple, les *fèves*, après avoir été débarrassées de leur enveloppe corticale, sont soumises à une cuisson d'une heure ; les *asperges*, d'une demi-heure ; les *carottes*, les *pois*, les *haricots*, de trois quarts d'heure à une heure.

La durée de la stérilisation varie d'ailleurs avec le procédé de chauffage, avec la nature, la grosseur des légumes, les traitements qu'ils ont pu subir avant leur introduction dans les récipients. Si, par exemple, on a prolongé la durée de l'ébouillantage et donné, pour ainsi dire, une demi-cuisson, la stérilisation définitive s'obtiendra plus rapidement. Il est à peine besoin de rappeler que les légumes bien sains, bien nettoyés avant tout traitement, jouissent, à ce point de vue, d'un avantage très marqué. D'ailleurs, l'industrie des conserves, quelle que soit la matière première mise en œuvre, doit être basée sur *l'observation de la plus rigoureuse propreté* en tout et partout.

D'une manière générale les récipients d'un litre sont chauffés pendant 25 à 30 minutes à 110-115° dans l'autoclave, une heure à une heure et demie quand on emploie le bain-marie. Pour les récipients d'un demi-litre, les temps moyens sont de un quart d'heure à 20 minutes et trois quarts d'heure.

En attendant la vente. — En attendant la vente, les boîtes de *haricots verts* doivent être tenues sur le côté à ouvrir (opposé au côté soudé à la fermeture). Sous ce fond ont été placées les plus belles gousses qui, baignant ainsi continuellement dans le liquide, se présentent sous un bel aspect au consommateur. On conserve de même julienne, macédoine, jardinière.

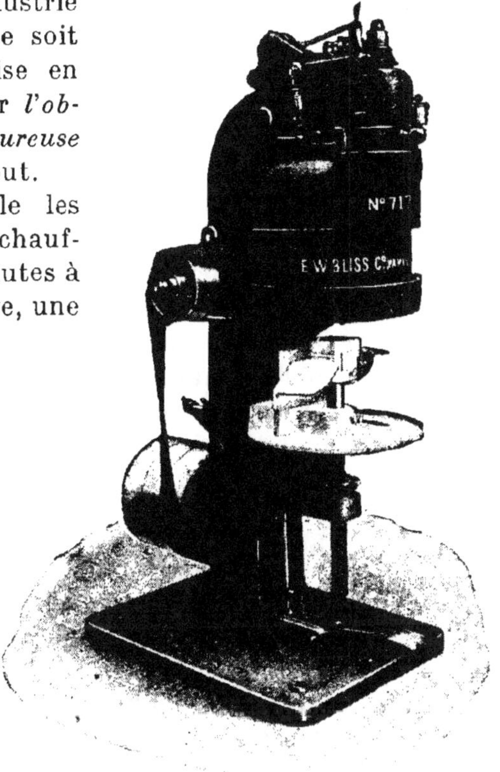

Fig. 7. — Sertisseuse Bliss pour boîtes de conserves.

CONSERVATION AU VINAIGRE

Le *vinaigre* est un antiseptique très employé pour la conservation de certains légumes. Le professeur Ceresola, de Padoue, conseille même de ne conserver les *légumes verts* qu'après les avoir laissés baigner une demi-heure, environ, dans une solution d'acide tartrique à 3 p. 100. Le *vinaigre* peut remplacer l'*acide tartrique.*

L'auteur a pu constater que l'eau dans laquelle des légumes avaient été lavés contenait un très grand nombre de microbes, entre autres des bacilles ressemblant fort à ceux de la fièvre typhoïde et du tétanos. Elle contenait, en outre, des anguillules et des semences de tænia.

Le meilleur *vinaigre* est celui de vin blanc ou de vin ordinaire bien clarifié. Le liquide ne doit être ni trop faible ni trop fort, car, dans ce dernier cas, les produits peuvent durcir à l'excès. Les producteurs, les coopératives ont, parfois, intérêt à fabriquer eux-mêmes leur vinaigre. Le vinaigre de bois, ou mieux *l'acide acétique* en dilution dans l'eau est souvent substitué au véritable vinaigre.

L'emploi du vinaigre *froid* a l'inconvénient de décolorer les légumes verts, les *cornichons* par exemple. Mais on peut ajouter ici, aussi, un sel de cuivre, sulfate ou acétate, $0^{gr},25$ par litre.

Quand on chauffe le vinaigre à l'ébullition dans une bassine en cuivre non étamé, l'*acide acétique* que renferme naturellement le liquide donne alors, avec le métal, de l'acétate de cuivre (1).

CONFITURES

Les *confitures de légumes* ont l'avantage, sur les *confitures de fruits*, de pouvoir être préparées pendant toute l'année. En général, la matière première ne fait jamais défaut, ce qui n'est pas vrai pour les fruits, car parfois les récoltes de ces derniers manquent, et ce n'est, d'ailleurs, que lorsqu'ils abondent et qu'ils sont à bon marché qu'on les utilise pour les préparations en question. En somme, les *confitures de légumes* seraient plus économiques que les *confitures de fruits* et l'on s'étonne qu'elles ne jouent pas un rôle plus important dans l'alimentation populaire.

(1) Pour la préparation du *vinaigre*, voir *Eaux-de-vie et Vinaigres* par PACOTTET *(Encyclopédie agricole).*

On ne voit guère dans le commerce que les premières, et trop souvent, il faut bien le dire, à un prix plus ou moins abordable. Les marchandises à bas prix sont, d'autre part, fabriquées dans des conditions telles qu'elles sont peu agréables au palais. Il serait, sans doute, possible de faire mieux avec des légumes et à meilleur marché. Malheureusement, le public semble avoir une certaine appréhension pour ce genre de confitures. Et puis, il n'est guère possible de les vendre sous un autre nom.

Tous les légumes, à quelques rares exceptions près, dit M. Vivien, donnent de très bonnes confitures. Mais il ne faut pas chercher, ici, à préparer des gelées. On vise plutôt l'obtention des *marmelades*, dans lesquelles la base, même, de la composition a perdu sa forme, la pulpe étant désagrégée, à l'exclusion des confitures proprement dites, où les fruits conservent leur apparence.

On trouvera dans le volume *Conserves de fruits* des détails sur le *degré de concentration* des confitures. Avec l'expérience, le parfait degré de cuisson se reconnaît rien qu'à l'aspect de la matière en ébullition. Nous citerons ces trois caractères : une goutte jetée dans un verre d'eau froide doit tomber au fond sans se délayer, ou bien, placée entre le pouce et l'index elle doit former un filet quand on écarte les doigts. Si on les sépare vivement, ce filet doit se rompre avec un bruit sec.

Un peu de confiture jetée sur une assiette froide ne doit pas couler quand on la penche.

CHAPITRE PREMIER

LES POIS

Régions de production. — En France on cultive *principalement* les pois dans les départements suivants, par ordre alphabétique :

Corrèze (Brives, Objat) ;

Corse (Bastia, Furiani, Biguglia, Borgo, Lucciana, Vescovato, Cervione) ;

Doubs (canton de Frasne, pois secs) ;

Finistère, (Pont-l'Abbé, Plogastel-Saint-Germain, Daoulas, Plougastel-Daoulas ; fabriques de conserves à Quimper, Douarnenez, Concarneau, Le Faou, Lorient, etc.) ;

Landes (Dax exporte à Bordeaux où une fabrique de conserves paie 15 à 18 francs les 100 kilos en gare de Dax) ;

Loir-et-Cher (coteaux qui bordent, à droite, la vallée de la Loire et un peu, aussi, dans ceux du Loir et du Cher.)

Loire-Inférieure (Chantenay, Nantes, Saint-Herblain, Saint-Sébastien, Basse et Haute-Goulaine, Les Sorinières, Vertou, Bouguenais Rezé La Chapelle-Basse-Mer, Orvault, Carquefou, Sainte-Luce 590 hectares, nombreuses fabriques de conserves) ;

Loiret (Orléans, usines) ;

Lot-et-Garonne (arrond. Villeneuve-sur-Lot, jusqu à 4 et 5 trains par jour : Agen, Villeneuve-sur-Lot, Sainte-Livrade, Fumel, Clairac, en fin de saison 10 à 12 francs les 100 kilos. — Maisons de conserves à Villeneuve, Aiguillon, Lauzun, Miramont, Marmande ; 3 millions et demi de boîtes) ;

Morbihan (variétés *Prince Albert*, *Michaud*, Lorient, Plœmer, Riantec, Baud, Roc-Saint-André, Belle-Ile ; fabriques de conserves à Belle-Ile, Lorient, Baud, Roc-Saint-André) ;

Oise (marchés de Sacy-le-Grand, La Bruyère) ;

Tarn (Mezens, Saint-Sulpice) ;

Tarn-et-Garonne (marchés de Montauban, Moissac, Valence) ;

Sarthe (Joué-l'Abbé, Saint-Pavace, Coulaines, Champagné, Chauffour, Saint-Georges, Allonnes, canton de Bonnétable, usines au Mans) ;

Var (Saint-Cyr, Hyères, Toulon, Carqueiranne, Bandol, La Farlède, Ollioules, La Crau, etc, 1.710.573 kilos) ;

Vaucluse (Bollène, Orange, Beaumes, Aubignan, Loriol, Sault, Carpentras, Avignon, Cavaillon, Lauris) ;

Vienne (Limoges, usines).

Variétés. — Les variétés de pois les plus recherchées pour la préparation des conserves sont *Clamart, Michaud de Hollande, serpette*.

Dans le but de fixer les producteurs sur la valeur des variétés à recommander pour cette industrie, le comice agricole de *Villeneuve-sur-Lot* (Lot-et-Garonne) a fait faire des essais de culture au printemps 1902. Voici les résultats de cette expérience.

A la culture, le *serpette* s'est montré le plus vigoureux et le plus productif, donnant une grande quantité de belles cosses recourbées ; mais sa précocité est inférieure à celle des autres variétés.

Le *pois de Clamart* donne peut-être, avec un développement moindre, une aussi grande quantité de cosses, mais elles sont plus petites. Il arrive au début de la deuxième saison et paraît d'excellente qualité son grain, petit, doit convenir pour les conserves de choix.

Le *Michaud de Hollande* est aussi vigoureux que le précédent ; la hauteur de la tige (0^{m},90 à 1 mètre) est suffisante, la qualité du grain est bonne et le rendement en cosses de bonne moyenne. Il est cultivé dans la contrée depuis de longues années ; plusieurs propriétaires en sont très satisfaits.

Les autres *Michaud, de Ruelle* et *ordinaire,* ne sont que des sous-variétés de Michaud de Hollande ; leurs qualités ne sont pas supérieures à celles du précédent ; ils peuvent donc être écartés.

Le *Léopold* a le grave défaut de craindre la sécheresse, de donner son produit tout à la fois et son grain durcit très vite.

Culture à Nantes. — *Nantes,* qui est un centre de culture maraîchère important, est aussi le grand centre de l'industrie des conserves de *petits pois* et de *haricots verts*.

Dans cette région, les fabricants ne commencent à acheter que lorsqu'il y a abondance de marchandise. Leur prix d'achat de début est généralement de 30 francs les 100 kilos et leur prix moyen varie de 12 à 25 francs.

On cultive surtout pour les conserves le *pois caractacus,* qui n'est pour certains que le *pois de Chantenay ;* le *Prince-Albert* et l'*express,* Dans les environs de Lorient, on utilise, en outre, le pois *Alaska.* M. J. Le Dain, à qui nous empruntons tous ces renseignements, estime que c'est la culture sans rames qu'il convient d'adopter, car elle donne des résultats magnifiques. L'auteur sème jusqu'à 6 à 7 hectares. Comme il n'a ni le temps ni le monde nécessaires pour disposer son terrain en côtière, voici comment il opère.

On commence la cueillette dans la première quinzaine de juin, dès que les grains sont suffisamment formés, sans qu'ils aient atteint toutefois leur complet développement. Un point important, c'est que les pois doivent avoir leur couleur verte bien caractéristique. Si la cueillete est tardive, le jaunissement des grains, leur grosseur et leur dureté peuvent en résulter. Or tous ces défauts diminuent considérablement la valeur du produit, qui peut être refusé par les fabricants de conserves.

2.

Une femme récolte facilement 5 à 8 kilos de pois à l'heure, suivant son habileté et l'abondance de la récolte.

L'auteur a obtenu, en 1907, 7.500 kilos de pois en gousse à l'hectare, vendus 16 francs les 100 kilos. Déduction faite de tous les frais de labour, engrais, hersage, rayonnage, semis, binage, cueillette, semences, location, l'hectare a rapporté net 767 francs.

On laboure au brabant avec rasettes le terrain recouvert d'une fumure au fumier frais, qui doit servir, surtout, aux haricots qui suivent les pois. Après labour, avant hersage, épandage de 3 à 4 kilos, par are, d'un mélange à base de potasse et d'acide phosphorique. Après hersage on rayonne le terrain en lignes distantes de $0^m,60$. C'est dans ces lignes qu'en février-mars (les pois semés plus tôt ont toujours donné un rendement moindre par suite de l'excès d'humidité) des femmes sèment les pois par paquets de 7 à 8 grains à $0^m,15$, environ, d'intervalle sur la ligne. On recouvre au râteau, ou à la houe à main, les 100 kilos de pois nécessaires pour un hectare. La plantation au plantoir à manche long a l'inconvénient d'entasser toutes les graines qui, dans les années humides, peuvent pourrir, car il suffit d'une altérée pour contaminer toutes les autres.

Après la levée du plant, on bine à la houe à cheval entre les lignes et, plus tard, quand il a atteint $0^m,15$ de hauteur, une équipe d'ouvriers opère un second binage à la houe à main.

PROCÉDÉ APPERT

De tous les légumes, c'est peut-être le pois qui occupe le premier rang pour la mise en conserves. On traite surtout par le procédé Appert. Pour de grandes quantités, comme dans les usines, on procède en fin de saison, quand les prix d'achat sont assez bas.

Mais pour la consommation ménagère, il vaut mieux employer, surtout quand on récolte soi-même, les légumes du début de la production, de façon à avoir un aliment de première qualité (variétés *express* et *caractacus*).

Il faut choisir des pois tendres, bien frais, pas trop jeunes, car ils fondraient facilement, ni trop vieux, car ils ne seraient plus suffisamment tendres. Il faut donc les cueillir avant complet développement et sains, les cosses bien pleines, bien luisantes et pas trop gorgées d'eau.

Les légumes, cueillis le matin de préférence et écossés immédiatement, doivent être traités dans la journée. La cueillette sera donc conduite en conséquence.

Quand on a à traiter une certaine quantité de matière, l'emploi d'*appareils* appropriés permet d'obtenir un travail plus rapide et plus économique.

Dans les coopératives, par exemple, on peut remplacer *l'écossage des pois* à la main par *l'écossage mécanique*.

Nous citerons, à ce sujet, la *machine à écosser les pois* con-

Fig. 8. — Machine Navarre à écosser les pois.

struite par M. Navarre qui traite, environ, 750 kilos de ces légumes à l'heure.

Le **prix de revient** de l'écossage mécanique (y compris la force motrice) serait de 5,5 à 6 francs les 1.000 kilos de pois en cosses, soit 300 kilos de pois écossés. Le travail à la main revient à **dix fois** ces prix.

Il faut considérer, en outre, que l'*écossage mécanique*, non seulement est plus économique, mais qu'il exige un personnel restreint. Ainsi, une machine à écosser 750 kilos à l'heure n'occupe que deux hommes et cinq femmes.

La machine en question se compose, en principe, d'un tambour rotatif cylindrique, dont la paroi est perforée. A l'intérieur se meut un arbre portant trois croisillons qui soutiennent des tringles en bois disposées en hélice.

Tambour et hélice tournent en sens inverse, tandis que les cosses pleines, introduites dans le cylindre, sont obligées de passer entre les parois de celui-ci et les tringles en bois. Les cosses, se trouvant, ainsi, roulées sur elles-mêmes, s'ouvrent et les graines passent par les trous.

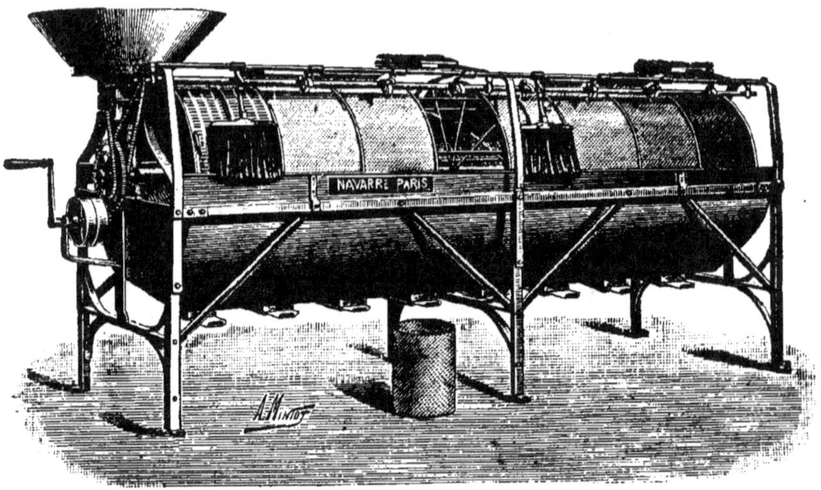

Fig. 9. — Crible Navarre pour classer les pois verts.

Les cosses vides, elles, sont poussées vers une des extrémités de la machine.

Comme nous le verrons plus loin, il est bon de classer les produits à conserver par qualité, grosseur, même pour les conserves ménagères; si l'on mélange les gros pois aux petits, la cuisson n'est pas homogène. Il faut donc adopter au moins deux classes.

Pour la vente on en adopte au moins trois : extra-fins, fins, moyens; et quelquefois quatre : extra-fins (crible n° 24), fins (crible n° 25), moyens (crible n° 26), gros (crible n° 27). Ce criblage peut se faire mécaniquement, par exemple avec le crible Navarre.

Après un lavage sommaire, on peut mettre tout simplement les grains dans des bouteilles à goulot un peu large avec de

l'eau légèrement salée, et l'on stérilise, ensuite, par le procédé
habituel deux heures, après avoir ficelé le bouchon.

Il est préférable, cependant, pour abréger le temps de la
stérilisation, de blanchir, d'abord, les légumes en les plongeant
dans de l'eau bouillante.

Plus on les laissera cuire, ainsi, plus courte sera la stérili-

Phot. A. Rolet.

Fig. 10. — La sortie des boîtes du bain-marie.

sation en flacons. Dans les ménages on fait cette cuisson dans
de l'eau salée et l'on verse ensuite le tout dans les bocaux
quand le liquide est redevenu tiède. On arrête la cuisson lorsque
les grains se sont un peu ramollis, sans pousser trop loin cet
état. Dans l'industrie, on laisse les gros pois cinq minutes dans

l'eau bouillante, six minutes les moyens, sept à huit minutes les fins, huit à dix minutes les extra-fins.

Les pois prennent, à ce traitement, une teinte jaunâtre qu ne convient guère pour la vente.

Nous avons dit (p. 22) que pour conserver leur couleur aux légumes verts on ajoute, environ, 1 gramme de *sulfate de cuivre* par litre d'eau de blanchiment.

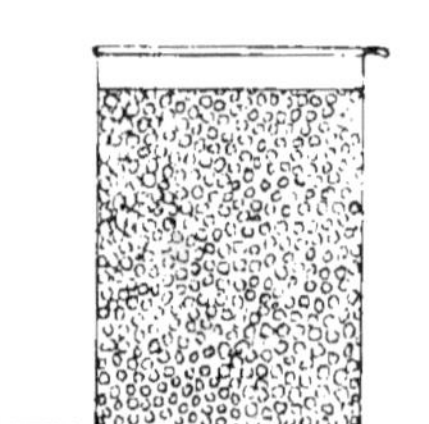

Fig. 11. — Comment on doit placer la boîte de petits pois en magasin.

Il serait préférable, au moins pour les petites quantités de légumes, de remplacer cet ingredient toxique par du jus de feuilles d'épinards écrasées et pressées (5 à 6 cuillerées par litre).

Enfin, au lieu d'eau salée simple (pois à l'anglaise), on jute aussi les pois dans les flacons ou les boîtes avec du bouillon obtenu avec 200 grammes de sel, 200 grammes de sucre, dix petits oignons, quelques cœurs de laitue, du persil, de la sariette, 10 litres d'eau, le liquide étant ensuite filtré à la chausse. On prépare aussi au *beurre* ou à l'*étuvée.*

La stérilisation des flacons et des boîtes au bain-marie à l'ébullition doit durer de une heure à une heure et demie, suivant la grosseur des récipients et la cuisson que l'on a déjà donnée aux pois. A l'autoclave, à la température de 110 à 115°, on ne laisse que vingt minutes à une demi-heure.

On stérilise quelquefois au four, après la sortie du pain, où on laisse douze heures.

Les boîtes de pois en conserve se vendent au détail 2 francs à 2 fr. 50 le litre, 4 fr. au beurre. En attendant de les livrer, on les tient sur le côté *soudé*, car il se forme un dépôt qui, dans la position contraire, couvrirait les grains qui se présentent les premiers à l'ouverture.

DESSICCATION

La dessiccation des pois *mange-tout* se conduit comme celle des haricots verts en gousse.

Les *pois en grains* desséchés à *l'évaporateur* donneraient un produit bien supérieur aux pois secs ordinaires ou pois cassés, séchés sur pied.

Voici d'après M. Malpeaux quelques détails sur la façon de procéder,

Comme ces légumes s'altèrent très vite, ils ne doivent être cueillis et écossés qu'au fur et à mesure des besoins. Deux ou trois personnes, qui écossent les pois à la main (voir, p. 31, l'écossage mécanique), sont nécessaires pour alimenter un évaporateur.

Après *échaudage* de deux minutes, mettre sur les claies une couche de un centimètre. Ne pas dépasser 60°. Durée de la dessiccation, deux à trois heures. Rendement, 20 p. 100 du poids des grains frais.

Comme la diminution de volume des grains est assez grande, il faut mettre, au préalable, sur la claie, une toile métallique très fine.

Après dessiccation on classe d'après la grosseur. Les plus gros ont le plus de valeur.

Avec un évaporateur développant 5 mètres carrés de claies, on peut sécher 150 kilos de grains frais, environ, dans une journée, qui donneront 30 kilos de produit sec. Les frais s'élèvent à 14 francs (main-d'œuvre, un homme et trois aides, 12 francs; combustible, 1 fr. 50; amortissement de l'appareil, 0 fr. 50).

Avec un prix de vente de 4 francs le kilo, les 30 kilos rapporteraient 120 francs, soit 106 francs net. Mais les 150 kilos de pois frais mis en œuvre proviennent de 500 kilos de pois en cosse. Le kilo de ces derniers serait donc payé 500 fois moins, soit 0 fr. 20. Dans la grande culture on se contente souvent de 12 à 15 francs les 100 kilos.

Si on le désire, après dessiccation les pois sont passés au décortiqueur, qui brise la coque et laisse libres les deux cotylédons. On obtient, ainsi, les pois dit *cassés* premier choix dans le commerce.

Les enveloppes et les germes, définitivement séparés à l'aide d'un tarare, sont donnés aux porcs.

Quand on n'a que de petites quantités de *produit* à traiter, on décortique les grains en les frottant énergiquement dans un sac.

Il peut être utile de *dessécher* les *cosses de pois* pour les utiliser plus tard, en hiver par exemple, pour édulcorer et colorer le bouillon. Cet ingrédient à l'avantage, sur les pastilles ordinairement employées à cet usage, de ne rien coûter.

Tant que dure la saison des pois, on range les cosses vides sur des clayons qu'on laisse au four, même dans un four de cuisinière, durant douze heures.

Ainsi bien desséchées, les cosses prennent une belle couleur brune. Le lendemain on les met dans des sacs. Tenues dans un lieu sec, elles peuvent être gardées plusieurs années.

Vin de cosses de pois. — On dispose une couche de cosses de pois sur une claie placée au fond d'un grand chaudron, ou autre récipient analogue. On verse de l'eau pour recouvrir les gousses d'environ 7 centimètres de liquide.

On chauffe et maintient l'ébullition durant trois à quatre heures, après quoi on retire les cosses, les presse et passe le bouillon. On ajoute à celui-ci un peu de sauge et environ 200 à 300 grammes de houblon par 50 litres.

On chauffe à nouveau durant une demi-heure, puis laisse refroidir. On transvase, alors, dans un baril, ajoute un peu de levure délayée et quelques nouvelles poignées de cosses de pois.

On peut consommer la boisson après quelque temps.

Dessiccation sur pied.

Pour la production des *pois secs*, la grande culture s'adresse surtout aux variétés *nain vert gros, vert de Noyon, carré vert normand.* On sème de bonne heure, au printemps, sur labour d'automne. On arrache les pieds quand les dernières gousses sont mûres. Le rendement moyen est de 25 à 30 hectolitres de grains par hectare, 0 fr. 60 à 1 fr. le kilo au détail (1) Avec ces pois, on peut préparer des *pois cassés deuxième choix*, dits *pois maltés*, que l'on confond, souvent, avec les véritables pois cassés premier choix. Voici, d'après M. Blin, comment il convient de procéder.

Les pois, complètement mûrs, sont séparés des fanes par un battage au fléau ou à la machine, puis on les fait tremper dans de l'eau tiède pendant 12 à 15 heures, après quoi on les fait égoutter et on les met en

(1) Pour la conservation des *pois secs, haricots, lentilles, fèves,* etc. à l'abri des insectes (bruches, etc.,) consulter l'ouvrage de M. BUSSARD, *Cultures potagères,* et celui de M. GUÉNAUX, *Entomologie agricole.*

tas ou on les étend sur une aire en couche de 0ᵐ,20 à 0ᵐ,25 d'épaisseur, dans un local où la température est maintenue entre 15 et 20 degrés centigrades, et à l'abri du soleil. Au bout de 24 heures, les pois commencent à germer ; on les remue à la pelle deux fois par jour, afin d'obtenir une germination uniforme et régulière, que l'on arrête quand on voit les radicelles apparaître. A ce moment, la transformation de la fécule en sucre est parvenue à son point extrême. Les pois sont mis alors sur des claies et séchés à l'évaporateur, puis passés au décortiqueur et au tarare. Les pois ont, ainsi, meilleur goût, ils sont plus assimilables, la coque a disparu et ils sont riches en matières sucrées ; leur valeur alimentaire se rapproche beaucoup de celle des pois cassés proprement dits, qui s'en distinguent par la couleur. Ces pois maltés donnent lieu à une fraude, car leur prix de vente est sensiblement inférieur à celui des vrais pois cassés. Cette fraude consiste à les mélanger avec ces derniers après les avoir colorés artificiellement.

Aux Etats-Unis. — La quantité de pois, mis en conserve, a une valeur de 90 millions de francs. (Variétés *Alaska, petit-bijou, jardin maraîcher, amiral.*)

A maturité, on fauche et passe le tout dans une machine qui écosse avec les tiges, ce qui est très économique, puisque chez nous l'enlèvement des gousses par les femmes se paie 2 fr. 50 à 3 francs les 100 kilos.

CHAPITRE II

LES HARICOTS

Régions de production. — *Algérie* (aux environs d'Alger, cultivés par les Maltais; d'Oran, cultivés par les Mahonnais) ;

Alpes-Maritimes (Nice, Cagnes, Antibes, Saint-Laurent-du-Var) ;

Ariège (haricots secs arrond. de Pamiers variété « Bonnac », à grains ronds ; marchés : Mazères, Saverdun, Pamiers, Foix) ;

Aisne (haricots de Soissons, à Voilly, Braisne ; autre variété, dite de Salandre ou haricot blanc suisse) ;

Ardèche (haricots secs, Chazeaux, Ribes) ;

Bouches-du-Rhône (Châteaurenard, Barbentane) ;

Charente (haricots secs, Confolens, Chabanais) ;

Charente-Inférieure (Courçon, Marrans) ;

Côtes-du-Nord (haricots secs, Hillion) ;

Gard (Aramon) ;

Indre-et-Loire (La Chapelle, Restigné, Chouzé, Ingrandes, Bourgueil, Saint-Nicolas, Saint-Patrice Renais) ;

Landes (haricots secs plats, la *Chalosse*, Amou, Montfort, Pouillon ; marchés les plus importants, Saint-Sever, samedi ; Hagetmau, mercredi ; Dax, samedi, dès fin août, septembre, octobre, puis un mois de novembre à décembre ; la région de Dax envoie à Bordeaux des haricots verts pour conserves) ;

Loir-et-Cher (Muides, Chaillis, à Romorantin fabrique de conserves de *haricots verts* ; haricots secs, variété de Saint-Aignan, exportés à Orléans, 30 à 55 francs les 100 kilos ; Contres, Billy, Pruniers, Marcilly-en-Gault, haricots secs à grains verts) ;

Loire-Inférieure (Chantenay, Nantes, Saint-Herblain, Doulon, quelques fabriques de conserves) ;

Lot-et-Garonne (environs de Villeneuve) ;

Morbihan (variété flageolet, usines de conserves à Belle-Ile, Lorient, Baud) ;

Oise (haricots secs, marchés de novembre à février, chaque samedi à Noyon, 40 à 50 francs le quintal ; variété la plus commune le *lingot*, exporte sur Paris et l'Angleterre ; Guiscard, Lassigny, Ribecourt, Noyon, Elincourt) ;

Pyrénées-Orientales (Elne, Perpignan) ;

Sarthe (Joué-l'Abbé, Sargé, Coulaines, Champagné, Chauffour, Lou-plande, Allonnes, usines au Mans) ;

Seine-et-Oise (haricots secs, variété *flageolet chevrier* (vert) ; marchés Palaiseau, Limours, Arpajon, Dourdan) ;

Tarn-et-Garonne (haricots pour grains, variétés *noir hâtif de Belgique, Soissons nain, lyonnais, flageolet hâtif d'Étampes*, 20 à 25 francs l'hectolitre) ;

Var (Hyères, Toulon, La Londe, La Crau, Saint-Cyr) ;

Vaucluse (Cavaillon, Carpentras, Monteux) ;

Vendée (canton de Talmont) ;

Vienne (haricots secs, vallées de la Vienne, du Clain et affluents ; à Limoges, usines de conserves) ;

Haute-Vienne (Rochechouart, Saint-Laurent, Oradour, Saint-Mathieu) ;

I

HARICOTS VERTS

Variétés. — On cultive pour haricots verts de conserves : le haricot *flageolet hâtif d'Étampes ; le haricot noir de Belgique, le haricot chocolat.*

Pour la culture en plein champ : *haricot Bagnolet ou suisse gris, haricot gloire de Lyon, haricot Shah de Perse, haricot flageolet rouge, rognon de coq, etc.*

§ I. — Dessiccation.

A l'ombre. — Liez avec un fil de petites bottes de haricots épluchés, 20 à 30 haricots par botte. Plongez-les dans une bassine d'eau bouillante bien salée et laissez-les prendre un bouillon de six à sept minutes. Passez-les ensuite, rapidement, à l'eau froide et laissez égoutter les haricots déliés sur un linge pendant un jour ou deux. Étendez-les, alors, sur une claie ou un panier plat à suspendre dans un courant d'air, à l'ombre, pendant un mois. Ensachez au grenier.

Au four. — Les *haricots verts* sont blanchis à l'eau bouillante, pendant un quart d'heure, environ, puis jetés dans l'eau froide et mis en chapelets avec du gros fil. Ces chapelets sont, d'abord, suspendus pendant quarante-huit heures en plein air, puis au soleil pendant le même temps, et après cinq à six jours, on les étend sur des claies en osier que l'on met au four après la cuisson du pain, à une température modérée. Quand les haricots sont complètement ressuyés, il ne reste plus qu'à les mettre dans des sacs en papier fort ou dans des caisses placées en lieu sec.

A l'évaporateur. — Voici comment M. Malpeaux conseille de procéder pour dessécher les haricots à *l'évaporateur.*

Laver, éplucher, enlever les fils et couper en menus morceaux si l'on destine à la préparation des *juliennes.* Classer par grosseurs (aiguilles, moyens, gros) et sécher à part.

Échauder cinq minutes les aiguilles et huit à dix minutes les gousses plus avancées.

Avec une température de 60°, au point d'admission de l'air chaud dans la chambre de l'évaporateur, la dessiccation est obtenue, suivant la charge des claies, en trois à quatre heures pour les aiguilles et cinq à six heures pour les grosses cosses.

Avec un évaporateur moyen de 5 mètres carrés de surface de claies, si l'on admet une charge moyenne de 50 grammes par décimètre carré, et une durée de quatre heures pour le séchage, on peut traiter dans une journée au moins 75 kilos de haricots verts. Une seule personne suffit pour la préparation des légumes, leur échaudage et la conduite de l'évaporation.

La dépense en combustible pourra s'élever jusqu'à 1 fr. 25, au maximum, avec deux foyers. Elle ne dépasse pas 0 fr. 75 quand le même foyer produit l'air chaud et l'eau bouillante.

Dans ces conditions, les frais peuvent s'élever à 4 à 5 francs (main-d'œuvre, une journée 3 fr. 50, combustible 1 fr. 25. amortissement des appareils 0 fr. 25).

100 kilos de haricots verts rendent, en moyenne, 12 kilos de haricots secs, soit 9 kilos pour les 75 kilos traités. Au prix moyen de 3 francs le kilo de haricots secs, on retirerait 27 francs des 75 kilos de légumes verts. Si l'on déduit 5 francs on voit que le kilo de ces derniers est payé par la dessiccation 0 fr. 30, prix suffisamment rémunérateur en grande culture.

§ II. — Autres procédés.

Au sel. — Après les avoir épluchés, lavés, blanchis, rafraîchis et égouttés, comme il a été indiqué, on dispose les haricots par couches successives de deux à trois centimètres d'épaisseur dans un vase en poterie, en verre, ou, même, en bois, en saupoudrant chaque assise de sel. Une partie de l'eau de végétation est attirée par ce dernier et se transforme en saumure. Les haricots sont chargés de poids pour les forcer à baigner complètement dans ce liquide conservateur.

Si la saumure tardait à se montrer à la surface, on en ajouterait. D'ailleurs, au lieu de saupoudrer de sel, on peut verser sur les haricots une saumure saturée (un œuf doit y flotter). Quand la température tombe, enlever la couche supérieure (haricots et eau), puis ajouter du sel.

On ferme hermétiquement ou recouvre d'une mince couche d'huile d'olive. Mais il faut que les gousses baignent bien dans l'eau salée.

Quand on utilisera l'aliment, on aura soin de remettre la planchette avec sa pierre.

Les haricots salés doivent être jetés dans l'eau bouillante où ils restent une demi-heure. On les met, ensuite, dans de l'eau froide où on les laisse douze heures. Ils sont, après, suffisamment dessalés.

Au vinaigre. — Les haricots verts au vinaigre se préparent de la même façon que les cornichons au vinaigre bouillant. Mais avec eux, il est inutile de mettre tous les assaisonnements que nous indiquerons, du sel suffit.

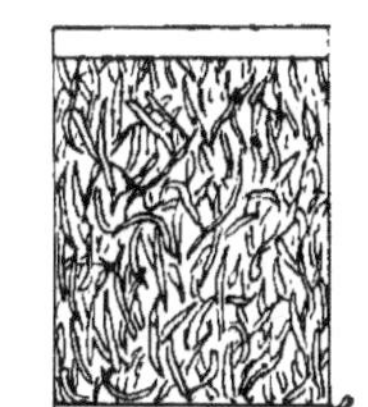

Fig. 12. — Comment on doit placer la boîte de haricots verts en magasin.

Au beurre. — La conservation des *haricots verts* au *beurre* est, paraît-il, très usitée en Bourgogne. Les légumes sont, d'abord, passés à l'eau bouillante additionnée d'une poignée de sel. Après quelque temps d'ébullition, on retire et tasse dans un pot en grès. Quand le récipient est plein jusqu'à 5 à 6 centimètres du bord, on verse dessus du beurre fondu, qui met complètement les haricots à l'abri de l'air. Il ne reste plus qu'à ficeler un papier, en guise de bouchon.

Procédé Appert. — On choisit les variétés les plus tendres et sans fils. On les prépare *dès qu'ils sont cueillis*, c'est-à-dire les émonde en coupant les deux extrémités. Pour la vente, on les classe, alors, par grosseurs, en formant trois catégories :

extra-fins, fins et *moyens*. Il faut écarter les gousses tros grosses, qu'il est préférable de sécher ou de traiter par le sel.

Les gousses ainsi préparées sont blanchies, c'est-à-dire plongées 5 minutes (jusqu'à ce qu'elles fassent la boucle) dans de l'eau bouillante contenant 2 grammes de *sulfate de cuivre*, pour les reverdir, par litre (1), en se servant d'une passoire, d'un panier à salade, ou d'un panier en osier. La fraîcheur des légumes fait tomber l'ébullition. Quand le bouillonnement a repris et qu'il a duré, ainsi, cinq minutes, on jette les haricots dans l'eau fraîche que l'on renouvelle au besoin. Après refroidissement et égouttage, ils sont fermes et on les met en boîtes. Le remplissage doit être fait avec soin. Ainsi les *gousses* sont rangées verticalement, pressées les unes contre les autres, sans laisser de vide. S'il s'agit de boîtes pour la vente, *on doit faire l'habillage*, c'est-à-dire que l'on place sous le fond qui sera ouvert par le consommateur les haricots les plus beaux et les plus fins. On peut se servir d'un moule sans fond. La boîte étant pleine, on ajoute du jus. Le bouillon employé ici est le même que celui qui sert pour les petits pois, mais on supprime le sucre. Ainsi dans 10 litres on met 10 petits oignons, 10 cœurs de laitue, du persil, de la sarriette et autres épices et 200 grammes de sel. Quand ces ingrédients sont cuits on laisse refroidir, puis fitre et verse dans les boîtes ou les flacons, que l'on remplit et stérilise comme pour les pois.

Au détail 1 fr. à 2 fr. le litre.

<h2 style="text-align:center">I I</h2>

<h3 style="text-align:center">HARICOTS EN GRAINS</h3>

Dessiccation. — On dessèche principalement les *blancs*, qui conservent bien leur couleur.

La conduite des opérations exige moins d'attention que celle des petits pois : échauder durant cinq minutes ; température dans l'évaporateur 70°, durée de la dessiccation deux heures, rendement 40 à 50 p. 100.

____

(1) Pour la consommation domestique, il vaut mieux ne pas employer ce sel toxique.

Dans le commerce on vend les haricots flageolets desséchés 6 francs le kilo (Malpeaux).

Procédé Appert. — Après les avoir lavés, on blanchit les grains en les jetant, d'abord, dans l'eau *froide*, que l'on porte ensuite lentement à l'ébullition. Ce point atteint, on laisse ainsi quinze à vingt minutes, suivant la grosseur des grains

Phot. A. Rolet.

Fig. 13. — Préparation des boîtes de haricots à la ferme.

et leur degré de maturité (ils ne doivent pas être complètement mûrs).

Au sortir de l'eau bouillante on les met dans l'eau froide ; celle-ci doit **rester telle** ; on doit donc la renouveler. Un refroidissement trop lent pourrait rendre les légumes visqueux.

Après les avoir égouttés, on met les flageolets en *boîtes* ou en *flacons*. Ces récipients ne seront remplis qu'aux trois quarts, la matière gonflant pendant la stérilisation.

On *jutera* avec le même bouillon que celui employé pour les haricots verts et auquel on aura ajouté un gramme de carbonate de soude par litre d'eau. Au détail 1 fr. 50 à 2 fr.

Dessiccation sur pied.

C'est dans le Sud-Ouest, surtout, que l'on se livre à la culture en grand des haricots : *Dordogne*, *Gers*, *Tarn*, *Haute-Garonne*, *Lot-et-Garonne*, *Hautes-Pyrénées*, *Charente*. Rappelons que le *Soissonnais* et la *Haute-Bourgogne* s'adonnent, aussi, depuis fort longtemps, à cette production. Citons comme variétés appréciées : haricot *de Soissons* à *rames*, haricot de *Liancourt*, haricot de *Chartres*, haricot *flageolet*, haricot *beurre blanc nain*, etc.

On conserve rarement pour la consommation d'hiver, à l'état sec, les haricots grimpants.

Nous signalerons encore le haricot *bonnemain*, le haricot *flageolet d'Étampes*, le haricot *flagolet à feuilles gauffrées*, le haricot *suisse nain blanc* et le haricot *suisse blanc*, etc., qui sont à *grains blancs*.

Parmi les variétés à *grains verts* : haricot *flageolet vert*, haricot *chevrier*, haricot *flageolet merveille de France*, haricot *flageolet roi des verts*, haricot *bagnolet vert*.

On recommande *entre tous les haricots du type flageolet à grains verts*.

Récolte. — La récolte des *haricots secs* a lieu cinq mois, au plus, après le semis. Quand il s'agit de haricots à grains verts, comme la *flageolet*, le *chevrier*,] on [arrache avant complète maturité.

On récolte dès que les feuilles commencent à tomber, et le matin à la rosée. On cesse quand le soleil est chaud. Les pieds laissés sur le sol y subissent un commencement de dessiccation.

On les dispose, ensuite, en petits tas, que l'on recouvre d'un peu de paille. On les soustrait, ainsi, à l'action de la lumière. De la sorte, les grains achèvent de mûrir, tout en restant verts. Quant aux variétés à *grains blancs*, on les récolte quand les gousses jaunissent et par un beau temps, toujours à la rosée. On forme des bottes qu'on laisse se ressuyer sur le sol. On les entre, alors, dans un grenier ou sous un hangar aéré, toujours par temps couvert et dans une voiture garnie de toiles. Là ils se dessèchent complètement.

Le meilleur emplacement pour entasser les haricots, dit Barral, c'est un clayonnage que l'on établit au-dessus d'une aire de grange.

Voici quelques conseils qui ont été donnés pour conserver aux *flageolets* leur *couleur verte* :

« Réunissez en paquets de cinq ou six poignées, les pieds arrachés, et posez-les sur le sol les racines en l'air. Défaites et refaites journellement les paquets, en plaçant à l'extérieur les poignées qui étaient, la veille, à l'intérieur, pour obtenir partout une égale maturité et éviter les moisissures. Si le temps est beau, mais ensoleillé, lorsque reviennent au pourtour des poignées qui s'y sont déjà trouvées, tournez-les de l'extérieur vers l'intérieur et réunissez vos paquets en moyettes, de la façon suivante : fixez verticalement sur le sol, de 2 mètres en 2 mètres et bien enfoncés, des échalas ou des tuteurs d'environ 1m,30 à 1m,40 au-dessus du niveau du sol. Au bas du tuteur, étendez sur le sol, sur un diamètre d'environ 75 centimètres, un lit de menus branchages ou de paille sèche.

« Posez les paquets en cône les uns au-dessus des autres tout autour de l'échalas, en y passant les racines ou la base de l'enchevêtrement des ramifications des pieds de haricots de manière que tout tienne bien.

« Si vous voulez, pour plus de sûreté, attachez avec de la ficelle, du raphia, du jonc ou de l'osier, les paquets de racines à l'échalas, toujours ces racines en l'air. Coiffez le cône, ainsi formé, d'un capuchon de bonne paille de seigle ou de blé, dont les poignées, bien également étalées sur le pourtour, cachent entièrement les cosses au jour et sont attachées au sommet en un faisceau, ce qui donne aux moyettes ainsi couvertes l'aspect des ruches ordinaires, mais en plus grand.

« Enfin, terminez en passant un cercle de tonneau par le haut de la moyette et en le glissant jusqu'à peu près 40 centimètres au-dessus du sol, ce qui presse assez fortement la partie très évasée du cône et en assure la solidité.

« Si vous ne pouvez disposer de ces cercles, remplacez-les par des liens de paille ou de grand osier. Si, à partir du 15 octobre, les pluies persistent, et lorsque, aux abords de la Toussaint, les grandes gelées s'annoncent, rentrez vos moyettes en grenier, hangar, cave ou cellier, et accrochez les paquets, les racines en l'air.

« C'est par ce procédé, par lequel la maturation du grain a lieu insensiblement au dehors, mais à l'abri du soleil et de la pluie, que réussissent à obtenir de beaux grains verts les cultivateurs du Hurepoix, région qui s'étend de Limours jusqu'à Étampes. »

Battage. — On dégage les grains par le battage au fléau, de préférence en hiver, par une belle gelée sèche, qu'à la récolte. Tenir le lot un peu épais et battre moins fort que pour le blé. On écosse à la main les variétés à gros grains. Comme les

3.

haricots conservent plus de fraîcheur quand ils restent en gousse, on recommande de ne les écosser qu'au fur et à mesure des besoins. En culture jardinière on peut obtenir 12 à 15 litres de grains et 20 à 25 litres en culture champêtre (Bussard).

Décorticage. — « Certaines variétés, en raison de l'épaisseur de leur tégument, ne fournissent qu'un aliment de digestion difficile. On a alors intérêt à leur faire subir l'opération de la décortication, qui élimine ce tégument et accroît la valeur nutritive des haricots ainsi traités.

« Ces haricots décortiqués, de même que les lentilles, sont très répandus aujourd'hui ; ils ont, dans l'alimentation, le même rôle que les pois cassés.

« La préparation repose sur les principes suivants : immersion dans l'eau, pendant vingt-quatre heures, environ. jusqu'à rupture du tégument, égouttage ; dessiccation par un courant d'air chaud, à une température moyenne de 85° centigrades ; séparation de l'épiderme et des cotylédons, à l'aide d'une brosse mécanique ; élimination de l'épiderme et des germes au moyen d'un tarare produisant une vigoureuse ventilation.

« Les cotylédons, qui constituent la partie alimentaire, sont recueillis et passés à l'évaporateur.

« Les haricots blancs et les rouges se prêtent également bien à cette décortication. Les uns et les autres sont accommodés de la même manière que les haricots en grains non décortiqués. Le périsperme étant éliminé, la cuisson est de plus courte durée. »

Confiture de haricots. — Prenez 1 kilogramme de haricots rouges décortiqués, faites-les cuire à l'eau légèrement salée. Lorsqu'ils sont prêts à être mis en purée, laissez-les égoutter, puis passez-les au tamis tant qu'ils sont chauds. Pesez cette purée et ajoutez-y, par kilogramme, 1^{kg},500 de miel. Faites fondre le miel avec un verre d'eau ; lorsqu'il est cuit à la nappe, versez-y la purée de haricots, en ayant soin de remuer constamment pour ne pas faire de grumeaux ; la cuisson demande une heure. Aromatisez à la cannelle. Mettez en flacon, bouchez et stérilisez au bain-marie.

Gambos ou Ketmies. — On les blanchit dans l'eau légèrement salée durant quelques minutes, on rafraîchit, égoutte, et met en boîtes ou en flacons, soit avec de l'eau salée, soit avec de la sauce tomate. On stérilise au bain-marie 2 heures (1 litre) ou 1 heure (1/2 litre).

Lentilles. — La récolte des *lentilles* a lieu, généralement, vers la fin de juillet. Il ne faut pas attendre la maturité complète, sinon les gousses s'égrèneraient. On réunit les plantes en botillons, et on les attache avec un lien de paille ou de raphia. On laisse le tout sur le sol pendant quelques jours. Quand la dessiccation est suffisante, on bat au fléau, nettoie les graines au tarare. Il est prudent de livrer au commerce le plus tôt possible, pour ne pas avoir à supporter les dégâts des bruches. Un hectare donne 12 à 15 hectolitres de graines. L'hectolitre pèse 78 à 80 kilogrammes.

CHAPITRE III

LES ARTICHAUTS

Régions de production. — Les *artichauts* sont cultivés en France
dans le *Finistère* (Roscoff, Saint-Pol-de-Léon, Port-Neuf, Santec, Ca-
rantec) ; le *Maine-et-Loire* (Saumur, Angers, régions du Vaudelnay, du
Puy-de-Notre-Dame, de Doué) ; la *Gironde* (îles de Cazeaux, Potiers,
Nonnelle, 300 hectares, 500.000 douzaines ; 2 usines de conserves à
Bordeaux) ; les *Pyrénées-Orientales* (Saint-Hippolyte, Saint-Laurent-
de-la-Salanque, Saint-Genis, Perpignan, fabrique de conserves à Ille-
sur-Tet) ; les *Deux-Sèvres* (Niort et environs, variété *camus de Bretagne*) ; le *Tarn-et-Garonne* (coteaux de Piquecos, l'Honor-de-Cos, Lafrançaise ; variétés *gros vert de Laon*, *vert de Provence*, 5.000 à 6.000
douzaines à l'hectare, 30 à 40 centimes la douzaine. Marchés de Montauban, Caussade, Moissac Valence) ; le *Var* (Hyères, Ollioules, La
Londe, Carqueiranne, Toulon, etc., 365.865 kilos) ; la *basse vallée de*
la Durance ; Châteaurenard, Cavaillon ; *l'Algérie*. La variété d'artichaut la plus employée pour les conserves c'est le *gros vert de
Laon*.

PROCÉDÉS DIVERS DE CONSERVATION

Salés et au vinaigre.— On enlève les premières feuilles,
ou bractées, et ne laisse que le cœur. Les gros artichauts sont
coupés en deux pour les débarrasser du *foin* ou fleurs. Cette
opération se fait mieux après une ébullition de dix minutes.
On pare le bout de queue et frotte avec du jus de citron. On
les jette au fur et à mesure dans de l'eau acidulée, que l'on fait
ensuite bouillir durant dix minutes. On met dans l'eau froide
pour rafraîchir et, enfin, emplit des bocaux, barils, etc., et
complète avec de la saumure, que l'on peut recouvrir d'huile.

Quand on veut se servir de ces *fonds d'artichauts*, on les lave
d'abord, puis les cuit dans de l'eau légèrement acidulée et
salée.

Autre. — Quand on a rangé les quartiers dans le pot, on sépare les lits avec du sel aromatisé avec du piment, de l'estragon, du raifort, et on arrose légèrement, en même temps, avec du vinaigre préalablement bouilli, puis refroidi.

Dessiccation. — On commence par enlever les bractées, ou feuilles extérieures, immangeables. On coupe l'extrémité de celles qui sont conservées. Les grosses têtes sont coupées en deux ou en quatre, et on enlève le « foin », puis on pare les queues. Parfois on ne conserve que les fonds des gros artichauts. On les pare à la main avec un couteau. Dans l'industrie on se sert d'un petit tour.

On sait que les réceptacles des artichauts noircissent rapidement à l'air. On les jette ausitôt dans de l'eau froide contenant un peu de vinaigre ou de gros sel.

Dans l'industrie on blanchit les produits en les laissant exposés une demi-heure dans la boîte à blanchir, au gaz sulfureux (brûler du soufre), ou bien l'eau dans laquelle on les plonge contient 1 p. 100 d'acide sulfureux du commerce. On les laisse quelques heures dans le liquide.

Les artichauts sont ensuite mis dans de l'eau bouillante durant dix minutes (les récipients en fer les noircissent).

Au sortir de la bassine, on les rafraîchit dans de l'eau froide, courante, si possible.

Après les avoir laissés égoutter, on les met à sécher, soit au soleil, soit au four, soit encore dans un évaporateur.

Pour la dessiccation au soleil, on peut enfiler les produits en chapelets, sans que les morceaux se touchent.

M. Malpeaux, parlant de la dessiccation des artichauts dans l'évaporateur, dit que l'on peut sécher à part les fruits et les feuilles ou bractées des têtes d'artichauts.

Le produit ne paie guère d'apparence, la partie comestible est toujours noire.

L'expérimentateur a, également, desséché des têtes d'artichauts seulement coupées en quatre. Après un échaudage de dix minutes, la dessiccation a duré huit heures, avec une température de 70°. La cuisson terminée, les quarts d'artichauts ont paru très présentables.

Les fonds, après dessiccation, ont l'apparence de rondelles

de carton. On enferme les produits dans des boîtes en fer-blanc et on les tient dans un endroit sec.

Quand on veut les employer, on les laisse dans l'eau durant vingt-quatre heures. On peut, alors, les apprêter comme des fonds d'artichauts frais.

Procédé Appert. — On choisit, de préférence, les fonds de grosseur moyenne, fermes, mais non coriaces ; on les pare et les blanchit. Dans les boîtes ou les bocaux, on peut ajouter, simplement, de l'eau salée (30 grammes par litre), avec, aussi, 1 gramme de carbonate de soude. Mais, suivant les goûts des consommateurs, on emploie, également, du poivre, des clous de girofle.

Au détail la boîte de 4 fonds vaut 1 fr. 60 ; les 6, 1 fr. 80.

Pour les artichauts à la *barigoule,* on les pare comme pour les dessécher, les met dans une casserole, la pointe en haut, casserole où il y a déjà quelques cuillerées d'huile, des carottes coupées en très petits dés et des oignons hachés. Assaisonner le tout de sel, poivre ; arroser d'huile ; couvrir et chauffer à feu doux. Remuer de temps en temps. Quand oignons et carottes commencent à roussir, mouiller avec du vin blanc, que l'on fait réduire à moitié. Ajouter quelques gousses d'ail, quelques cuillerées d'eau et terminer la cuisson en boîtes stérilisées au bain-marie.

Si l'on stérilise à l'autoclave, une demi-heure suffit pour des boîtes d'un demi-litre. Au bain-marie il faut une heure et demie à deux heures.

CHAPITRE IV

LES ASPERGES

Régions de production. — Les départements suivants sont réputés pour la production des asperges :

Côte-d'Or (Auxonne) ;

Bouches-du-Rhône (Barbentane, Châteaurenard) ;

Drôme (Romans, Saint-Donnat) ;

Gard (Aramon) ;

Loir-et-Cher (Contres, centre de production, a une usine dont l'outillage passe pour être un modèle du genre ; dans le département, 1.300 hectares produisent 21.500 quintaux, représentant un million ; aux Halles centrales de Paris, les asperges du Loir-et-Cher sont connues sous le nom d'*asperges de Vineuil-Saint-Claude ;* prix, tout venant, 40 à 50 francs les 100 kilos ; quelques lieux de production autres que Contres : Blois, Bracieux, Herbault, Mer, Fresne, Vineuil, Romorantin, Chouzy, Sassay, etc.) ;

Lot-et-Garonne (vallée de la Garonne et du Lot, variété d'*Argenteuil,* Agen, Colayrac, Sérignac, Saint-Laurent, Aiguillon, Lagarrigue, Villeneuve-sur-Lot, Ledat ; 6000 quintaux à 50 francs) ;

Seine-et-Marne (Chailly, Perthes, Cely, canton sud de Melun ; Recloses, Larchant, Achères, Villiers-sous-Grez, canton de la Chapelle ; Bourran et Grez, canton de Nemours) ;

Seine-et-Oise (Argenteuil) ;

Tarn-et-Garonne (autour de Montauban, sur les coteaux qui bordent l'Aveyron de Lafrançaise à Lamothe Capdeville, près Moissac, Malause, Valence ; *asperge violette d'Argenteuil* hâtive et tardive, 4.000 à 6.000 kilos à l'hectare, 2.000, 2.500, 3.000 bottes de 2 kilos à 1 fr. 50 à 2 francs la pièce ; brut à l'hectare 4000 francs, net, moyenne, 2.500 francs);

Vaucluse (Montdragon, Piolenc, Aubignan, Carpentras. Avignon, Pernes, Cavaillon, Robion, Maubec, Puget, Lauris, Cadenet).

Froid. — Le *Konserven Zeitung* a fait connaître les résultats obtenus à Brunswick (Allemagne) dans la conservation des *asperges fraîches* par le *froid*. A 4° centigrades, la conservation est très bonne durant 29 jours (du 28 juin au 26 juillet). Ces légumes ont encore belle apparence et bon goût. Les produits, bien présentés, étaient normaux. Les pertes de poids provenant de l'évaporation étaient minimes, et plus sensibles chez les petites que chez les grosses.

Voici quelques autres procédés simples pour conserver fraîches les asperges.

On place la section de la tige, qui doit être bien fraîche, contre une plaque métallique très chaude, de manière à obtenir une carbonisation complète. On enveloppe soigneusement chaque tête d'asperge dans un cornet de papier de soie et on la couche sur un lit de poussière de charbon de bois sec, de telle sorte que chaque asperge soit séparée de sa voisine. Chaque série est isolée des autres par une couche de charbon et la caisse est hermétiquement fermée.

Des asperges ainsi traitées se sont conservées pendant une année entière.

Pour avoir de bonnes asperges, même au milieu de l'hiver, on prend, durant l'été, les meilleures tiges, on les lave pour enlever la terre, puis on les sèche avec un linge propre. On prend un mélange de farine et de son auquel on ajoute un huitième de sel de cuisine bien sec. On entasse les asperges dans un vase quelconque en couches, en alternant les couches d'asperges avec des couches du mélange. Sur la dernière couche du mélange on verse une mince couche de graisse et on ferme le vase au moyen d'une vessie pour empêcher l'air d'y pénétrer. De cette manière, les asperges se conservent bonnes et fraîches pendant fort longtemps. La farine peut être utilisée, ensuite, pour la nourriture du bétail et la graisse peut, encore, être employée dans la préparation des mets.

Procédés divers.

Au vinaigre. — On les fait blanchir dans de l'eau bouillante avec un peu de sel. On les jette, ensuite, dans de l'eau froide et les y laisse un quart d'heure. Quand elles sont égouttées et froides, on les place dans un pot en grès, avec un mélange, par parties égales, d'eau et de vinaigre additionné de sel, de clous de girofle, et d'un citron coupé en tranches. On recouvre le pot avec du beurre fondu, de la graisse ou de l'huile. On ferme avec un papier, et conserve en un lieu sec, à l'abri de la lumière. Avant de consommer on lave à l'eau tiède puis froide.

Procédé Appert. — On apprécie beaucoup, pour ce genre de préparation, les *asperges d'Argenteuil* de très bonne qualité, tendres et blanches. On classe en *extra* et *premier choix*.

Après les avoir coupées à la longueur moyenne de 22 centimètres, on les racle avec un couteau, puis les essuie avec un linge. Si on les lave, il ne faut pas les laisser trop longtemps dans l'eau. On les classe, d'ordinaire, en trois ou quatre catégories suivant leur grosseur, que l'on blanchit à part, pour pouvoir conduire plus régulièrement cette opération. A cet effet, on les met droites dans une passoire profonde ou encore dans un panier spécial en tôle galvanisée ou en ferblanc, et en nombre suffisant pour que les tiges ne puissent se déplacer, sans trop les serrer cependant pour qu'elles baignent bien dans l'eau en ébullition. On ne les y descend que progressivement, de façon que la base, plus dure que le sommet, subisse plus longtemps l'action de la chaleur. On laisse baigner d'abord 7 à 8 centimètres durant 8 à 10 minutes, suivant le diamètre. On les enfonce, alors, jusqu'aux deux tiers et les maintient, ainsi, quatre à cinq minutes.

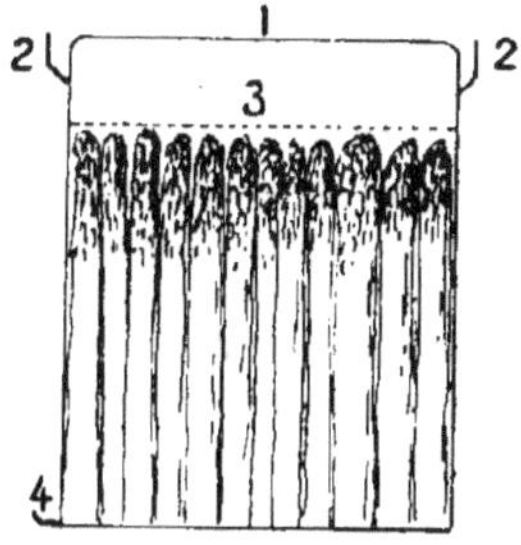

Fig. 14. — Boîtes d'asperges : — 1. Couvercle.— 2. Soudure. — 3. Niveau de la matière. — 4. Crochet à ouvrir.

Enfin, on les immerge complètement pendant deux à trois minutes dans l'eau toujours maintenue en ébullition, dans laquelle on ajoute 0^{gr},20 d'alun par litre.

Les asperges ont été traitées à point quand l'ongle s'enfonce facilement dans les tiges. On termine, alors, par un bouillon d'une minute, qui blanchit les têtes. On comprend que celles-ci, étant très tendres, ne doivent pas subir aussi longtemps l'action de la chaleur, sinon elles se désagrégeraient facilement.

On rafraîchit rapidement dans l'eau froide, assez abondante pour ne pas se réchauffer trop vite. Ou bien, encore, on la renouvelle souvent.

Si l'on a employé de l'eau salée pour le blanchiment, on les laisse dans l'eau fraîche pendant au moins une heure, pour que le sel se diffuse dans l'eau du bain.

Après égouttage on les introduit dans des boîtes ou des bocaux.

Les premières sont quelquefois rectangulaires, du type dit « tombeau », qui mesure 23 centimètres de long et une épaisseur suffisante pour contenir un demi, un, ou deux kilos d'asperges.

Pour pouvoir remplir complètement les récipients, les asperges y sont rangées dans les deux sens. On complète avec de l'eau pure ou de l'eau salée contenant 25 à 30 grammes de sel et $2^{gr},5$ d'acide citrique par litre et que l'on fait bouillir avec persil, clous de girofle, oignon, etc.

Une fois fermées comme il a été dit, on stérilise les **boîtes** et les flacons, soit à l'autoclave, soit dans l'eau bouillante (une demi-heure à 1 h. 1/2).

Comme le côté à ouvrir des boîtes ordinaires est opposé au fond que l'on doit souder, il faut faire en sorte que, en ouvrant le récipient, les asperges se présentent par le gros bout.

Au magasin, les boîtes reposeront sur la fermeture à claie, ou côté à ouvrir (gros bout).

Dans la conservation ménagère, on emploie, de préférence, les grands bocaux que l'on achète facilement dans le commerce et que l'on peut fermer hermétiquement, au moyen d'une bague en caoutchouc. Si l'on utilise le bouchon de liège comme fermeture, on fera bien, après stérilisation, de tremper dans de la paraffine comme nous l'avons déjà dit. Il est bon, une fois les récipients stérilisés, de les laisser durant vingt-quatre heures dans un local aussi frais que possible.

Au détail les 12 à 14, 1 fr. 60.

Pointes d'asperges. — Les *pointes d'asperges* peuvent être conservées avec toute leur longueur (7 à 8 centimètres) ou coupées en morceaux de 2 centimètres.

On les blanchit, d'abord, durant 5 à 6 minutes, puis les jette dans de l'eau froide pour les rafraîchir. Une fois égouttées, on les met en boîtes ou en flacons que l'on emplit jusqu'à un centimètre du bord. On prépare un bouillon en ajoutant par litre d'eau du persil et autres épices, un petit oignon, 22 grammes de sel. On ajoute ce jus dans les boîtes et flacons, qu'il ne reste plus qu'à fermer puis à stériliser.

Dessiccation. — La dessiccation des asperges à l'évaporateur se conduit de la façon suivante. On les laisse entières ou on ne prend que les pointes. Dans le premier cas, les pointes se détachant facilement durant l'échaudage, on réunit les asperges en bottes et échaude la partie blanche durant dix minutes, tandis que les pointes ne baignent dans l'eau qu'une à deux minutes.

On range, ensuite, les asperges côte à côte sur les claies, et laisse, environ, six heures dans l'évaporateur, à la température de 60°.

M. Malpeaux a ainsi obtenu des asperges plates, ridées, qui reprenaient bien, ensuite, leur volume et leur couleur par la cuisson dans l'eau.

Quand on ne veut sécher que les pointes, on les échaude très légèrement une à deux minutes. Comme elles brûlent facilement, on conduit lentement la dessiccation à 50° durant deux heures et demie. Les pointes sèches se vendent 35 francs le kilo.

On a conseillé aussi de couper, d'abord, les asperges en rondelles avant la dessiccation.

Les salsifis.

Les *salsifis* et *scorsonères* destinés au séchage doivent toujours être tendres, non filandreux. Après nettoyage et épluchage, on les blanchit dans l'eau bouillante durant cinq à six minutes. On les porte, ensuite, dans l'évaporateur. La durée de la dessiccation est de trois à quatre heures.

Les salsifis conservés au *naturel* en flacon (Appert) se vendent au détail 2 fr. le flacon (Potin).

CHAPITRE V

LES TOMATES

Régions de production. — *Alpes-Maritimes*, (Antibes, Nice) ; *Algérie ;*
Bouches-du-Rhône et *basse vallée de la Durance* (Charleval, Malle-
mort, Lambesc (1), Cavaillon, Carpentras, Avignon, usines à conserves).

Gard (marchés de Bagnols, Roquemaure, Villeneuve-les-Avignon,
Uzès) ;

Lot-et-Garonne (3.000 tonnes à 6 francs le quintal ; centres d'expédition : Agen, Nicole, Port-Sainte-Marie, Bouglon, Marmande,
Samazan, Casteljaloux). Usines à Agen, Aiguillon, Bordeaux ;

Tarn-et-Garonne (Montauban, Castelsarrasin, Moissac, Valence) ;

Sarthe (environs du Mans, cantons de Bonnétable, la Flèche).

Tomates fraîches. — La *tomate*, ou *pomme d'amour*, est
à la fois un légume et un condiment. Elle joue un grand rôle
dans l'assaisonnement des mets de la cuisine méridionale.

Les procédés de conservation les meilleurs sont ceux qui
gardent aux produits toute leur fraîcheur et leur saveur.

Une variété très recherchée est la petite tomate dite *clochette*,
qui mûrit assez tard. On arrache les pieds dès que l'on craint
les gelées, et on les suspend dans un grenier, où les fruits achèvent leur maturation.

On procède encore de la façon suivante. On récolte les fruits
avec leurs tiges quand ils commencent à rougir, on bouche à
la cire la plaie de la branche, les deux extrémités de celles-ci,
même, s'il y a lieu, comme on le ferait des grappes de raisins
détachées avec un bout de sarment. On porte, alors, sur des
claies couvertes de paille, en ayant soin que les tomates ne

(1) Les usines de Lambesc ont traité en 1911 2.717.000 kilos de
tomates, payées, en moyenne, 4 francs les 100 kilos. Ces tomates
ont occupé 250 ouvriers pendant quatre mois. La coopérative agricole de Bram (Aude) traite la tomate Aramon.

se touchent pas. On les visite de temps en temps pour enlever celles qui sont mûres, ou sont sur le point de s'altérer.

M. Massey, de la Caroline du Nord (Étas-Unis), recommande, quand les gelées d'automne paraissent imminentes, de cueillir les fruits encore verts. On enveloppe, ensuite, chacun d'eux dans un morceau de papier de journal, par exemple, et l'on emballe le tout dans des caisses que l'on tient au frais mais à l'abri de la gelée.

En hiver, au fur et à mesure des besoins, on sort les tomates et on les place dans un endroit chauffé et éclairé, où elles mûrissent.

Peut-être serait-il possible de conserver les tomates bien sèches et bien saines dans de la *poudre de liège*.

Nous doutons que la conservation dans l'eau pure, simplement bouillie et additionnée de charbon de bois, procédé qui a été proposé, puisse donner de bons résultats, même si l'on choisit des fruits sans déchirures, essuyés ou brossés. On verse à la surface du liquide, une fois les tomates immergées, une couche d'huile, puis on bouche hermétiquement et l'on tient dans un lieu frais peu aéré.

Nous ne ferons que signaler, en passant, la substitution du vin rouge à l'eau.

Dans l'eau salée. — L'emploi de l'eau salée peut être plus efficace. La quantité de sel doit être telle, disent les formules, qu'un œuf plongé dans la saumure remonte à la surface. D'autres emploient une solution saturée qui marque, alors, 12° au pèse-sel. Enfin on peut ajouter, aussi, divers ingrédients, comme du vinaigre, des feuilles fraîches de framboisier, des épices diverses, selon les goûts des consommateurs, telles que noix muscade concassée, coriandre, poudre de gingembre, laurier, girofle, etc.

On fait bouillir le tout, filtre et verse le liquide froid sur les fruits rangés dans un vase en grès, par exemple. Les fruits doivent être parfaitement sains et pourvus d'un bout, très court, de pédoncule. On doit les ranger de telle façon que ce dernier, tourné vers le haut, ne touche pas les fruits. Il est nécessaire de maintenir ceux-ci, pour qu'ils ne montent pas à la surface, avec une planche légèrement chargée de poids. On verse enfin une couche d'huile, qui empêche l'épavoration, et on ferme hermétiquement. On tient dans un endroit frais, peu aéré.

On opère de même, mais, le plus souvent, avec de l'eau simplement salée, avec des tomates cueillies vertes, fermes, que l'on coupe en deux (à moins qu'elles ne soient petites, comme les clochettes), pour en extraire les graines. On jette alors les morceaux dans de l'eau légèrement salée et en ébullition. Après avoir laissé égoutter et refroidir sur un tamis, on range dans des pots et recouvre de saumure froide.

Procédé Appert.

Entières au naturel. — Pour préparer des *tomates entières au naturel* par le procédé Appert, on choisit les plus belles, les plus rouges, les plus lisses et les plus saines, bien mûres, mais fermes. On coupe les queues pour n'en laisser qu'un tout petit bout. On les lave, puis les *blanchit* dans l'eau bouillante, comme nous l'avons dit. Il est prudent de les piquer car elles pourraient se fendiller. On les rafraîchit, et, quand elles sont suffisamment refroidies, on les met en boîtes ou en bocaux à goulot suffisamment large pour pouvoir les introduire sans les meurtrir. On ajoute, alors, un bouillon obtenu en faisant bouillir de l'eau dans laquelle on a mis par litre 50 grammes de sel, un oignon moyen, du thym, du laurier, des clous de girofle. On passe et laisse refroidir. Les boîtes et flacons, une fois fermés hermétiquement, sont stérilisés (une demi-heure pour des boîtes de 1 kilo).

On peut opérer plus simplement, surtout dans les ménages, en introduisant directement les tomates sans les blanchir, et après les avoir piquées, dans les flacons que l'on garnit, ensuite, d'eau ordinaire. Puis on stérilise. Au détail 1 fr. le 1/2 l.

Moitiés au naturel. — Les tomates conservées entières ont l'inconvénient de renfermer trop d'eau, sans compter les graines, ce qui nécessite par conséquent un plus grand nombre de récipients pour un même poids de matière utile.

Pour ceux que la soudure des boîtes n'effraie pas nous recommandons aux amateurs de tomates le procédé suivant qui permet de manger, en plein hiver même, des *tomates farcies* ayant toute la saveur et les qualités des tomates fraîches.

Les belles tomates bien saines sont lavées au besoin, puis

dépouillées de la partie dure qui entoure le pédoncule. On presse légèrement dans la main pour faire sortir l'excès de jus et les **graines**, les pèle, et enfin les empile en pressant dans les boîtes en fer-blanc, pour en faire entrer le plus possible, sans exagérer bien entendu. Dans une boîte d'un kilo on peut mettre 4 ou 5 belles tomates ou 8 moyennes. On n'ajoute rien autre.

Cependant, s'il s'agit de la vente, il vaut mieux additionner d'un peu d'eau légèrement salée (3° Baumé).

Il faut souder les couvercles et stériliser *aussitôt* dans le bain d'eau bouillante vingt minutes à une demi-heure.

50 kilos de tomates font environ 50 boîtes, ne pesant pas tout à fait 1 kilo (sans addition de liquide). Deux femmes et une fillette, pour préparer les tomates et emplir les boîtes, deux soudeurs et un souffleur, ont mis, dans une préparation que nous avons suivie, trois heures et demie à traiter le poids ci-dessus. Les soudeurs fournissaient les boîtes à 0 fr. 30 la pièce, soudure comprise

Morceaux au naturel. — Quand on n'a pas de bocaux ou de boîtes, on emploie tout simplement des bouteilles ordinaires. Mais alors il faut couper les tomates en morceaux pour les faire entrer dans le goulot.

Il est inutile d'ajouter ici, aussi, quoi que ce soit.

L'aliment conserve ainsi toutes ses qualités, mais on comprend que, sous cette forme, on ne puisse, dans la cuisine, accommoder les tomates comme lorsqu'elles sont entières ou par moitiés.

Purée au naturel. — Les tomates bien mûres sont écrasées sur un tamis.

On recueille le liquide qui passe, le met dans une sorte de sac formé, par exemple, d'une serviette cousue en cornet ou dans la chausse en flanelle ou en molleton.

On tient le sac suspendu à un crochet quelconque. Le liquide filtre et la masse interne, la pulpe, se concentre de plus en plus.

Avant qu'elle ne soit trop pâteuse, on l'introduit dans des bouteilles, comme il a été dit pour les tomates en morceaux On bouche et stérilise au bain-marie, sans tarder. Disons une fois pour toutes que ces sortes de préparations s'altèrent très rapidement si on ne les chauffe aussitôt. Pour la consommation familiale on ne doit pas employer de trop grosses bouteilles car ce produit très concentré ne peut servir que d'assaisonnement et l'on ne pourrait utiliser tout le contenu avant de le voir s'altérer

Coulis ou sauce tomate. — La préparation de la purée de tomate se conduit encore de différentes façons.

Nous venons de voir que l'on peut écraser simplement les tomates bien mûres sur un tamis. Ce travail est long et fatigant quand on presse avec la main. On peut opérer de la façon suivante :

On coupe les tomates en deux , fait sortir les graines et

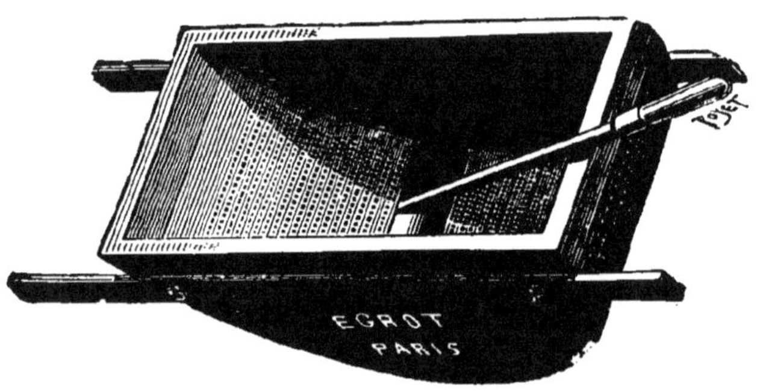

Fig. 15. — Passoire à tomates en nickel et rouleau en caoutchouc.

l'excès d'eau par pression, puis range en couches dans un récipient, en saupoudrant légèrement de sel.

On agite de temps en temps avec un bâton. Après quelques jours, on presse sur un tamis pour retenir les pellicules. Le liquide est mis dans un sac en linge ou filtre à mailles serrées. Quand la masse interne est encore demi-fluide, on en remplit des flacons que l'on bouche et ficelle pour stériliser au bain-marie.

La cuisson préalable facilite le tamisage. Les tomates lavées, équeutées et coupées, sont chauffées dans une bassine émaillée ou étamée (la fonte noircit le produit, le cuivre donne des sels toxiques). On brasse le tout pendant la cuisson. Le chauffage au bain-marie est préférable. Si l'on emploie le feu nu, il faut conduire l'opération avec précaution, en évitant que la masse ne s'attache au fond de la bassine. Si elle brûlait, la purée conserverait le goût de cuit.

Quand le tout est réduit en bouillie, on jette sur un tamis ou dans une corbeille dont la paroi interne est tapissée d'un

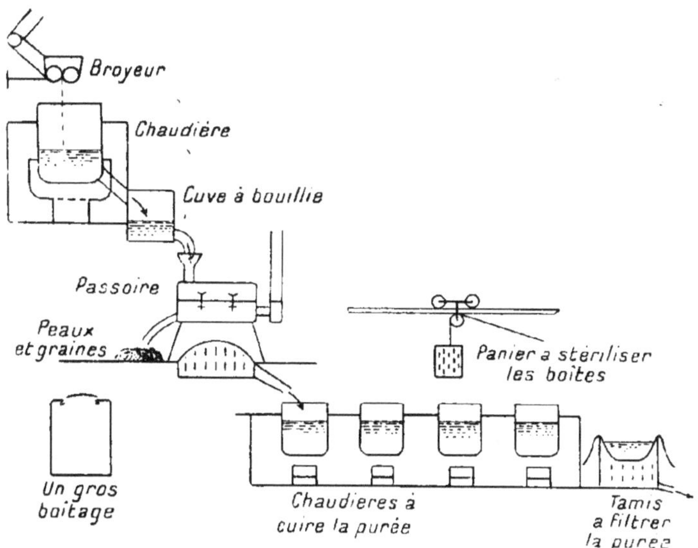

Fig. 16. — Schéma de la préparation de la purée de tomate.

linge pour laisser égoutter, si besoin est. On presse alors sur un tamis.

Dans l'industrie, on cuit les fruits placés dans un panier dans l'eau bouillante. Puis on emploie des tamis demi-cylindriques dans lesquels des agitateurs mécaniques forcent la purée à passer à travers les trous d'une tôle de nickel, ou autre, perforée (fig. 15).

La purée ainsi obtenue, bien agitée pour mélanger l'eau, est mise en flacons ou en boîtes que l'on stérilise. Parfois on chauffe au préalable le produit à feu nu ou mieux dans un vide partiel, et met en boîtes. Les boîtes d'un litre restent une heure dans le bain, celles d'un demi-litre, une demi-heure.

Suivant le goût des consommateurs on ajoute dans la bassine, pendant la cuisson des tomates, des épices diverses, comme un gros oignon et 20 grammes de sel par kilo, du thym, des feuilles de laurier, des clous de girofle.

Ou bien la purée est fortement salée, à la deuxième cuisson, avec 100 grammes de sel par kilo. On peut, alors, la conserver ainsi, sans qu'il soit besoin de la stériliser en flacons.

Quelques personnes se contentent de faire des boulettes de purée épaisse qu'elles gardent dans de l'huile d'olive.

Ajoutons que la purée, sauce tomate, coulis et préparations du même genre, sont souvent fraudés avec de la fécule, de la carotte, du potiron, etc.

Exemple d'une petite installation. — Il s'agit de celle de M. *Philibert*, à *Antibes*.

Les tomates, aussitôt pressées, sont introduites dans un broyeur placé au-dessus d'une grande chaudière (3.000 kilos), dans laquelle elles tombent une fois réduites en bouillie. Après cuisson, la masse passe par une trappe dans un réservoir en maçonnerie, où on la puise pour la jeter dans une *passoire Navarre* cylindrique, à paroi perforée, par où sort la purée sous l'action d'agitateurs, tandis que la peau et les graines sont expulsées par une autre voie. La purée est mise dans des chaudières et portée à l'ébullition. On la verse, alors, sur des toiles où on la laisse se concentrer plus ou moins suivant la destination du produit (le prix de vente varie de 35 à 75 centimes le kilo). En moyenne 100 kilos de tomates donnent 12 kilos de purée.

Quand le temps presse, on emmagasine la purée dans de grandes boîtes en fer-blanc en contenant 10 kilos (prix des boîtes vides 1 fr. 20 pièce, chez M. Vinatié, à Cavaillon). Ces boîtes ont le couvercle soudé, mais au centre se trouve une ouverture circulaire de 7 à 8 centimètres de diamètre, environ, sur laquelle on peut souder à son tour une autre couvercle une fois la boîte pleine.

Les récipents, une fois remplis et fermés, sont placés dans un panier métallique et introduits dans un bain-marie à l'ébullition, où on les laisse deux heures environ. Quand on est pressé, on stérilise à l'autoclave à 108° durant une heure et demie.

La purée de tomate ainsi traitée est destinée à être mise en boîtes plus petites de 1 kilo, qui coûtent, vides, 16 francs le 100. Pour ouvrir les grosses boîtes de 10 kilos on fait deux fentes en croix sur le petit couvercle du centre, puis rabat les pointes des quatre triangles. De cette façon on peut se servir plusieurs fois de ces boîtes après avoir dessoudé le petit couvercle qu'il ne reste qu'à remplacer.

Les boîtes de 1 kilo une fois pleines sont serties à la machine J. Boillat (de Bordeaux) qui tourne à 6.000 tours à la minute et peut fermer 5.000 boîtes par jour. La stérilisation au bain-marie bouillant dure 45 minutes.

M. Philibert abandonne de plus en plus les petites bouteilles (un quart de litre environ), peu commodes pour la vente au détail, et adopte de petites boîtes de un dixième de litre. Malgré tout, il est difficile de lutter contre la concurrence italienne qui vend en gros ces mêmes boîtes pleines 7 fr. 50 le 100, alors que, chez nous, ces boîtes vides coûtent chez les fabricants 4 fr. 50.

Avec **les peaux** (1) on fait un coulis de deuxième qualité. On les remet dans la passoire après les avoir additionnées d'un peu d'eau. La purée

Phot. A. Rolet.

Fig. 17. — Le broyeur de tomates et la chaudière à cuire.

qui coule est, ici, plus concentrée, mais on l'égoutte davantage encore. On la met en tonneaux avec 10 p. 100 de sel. Ce produit est destiné à la vente au détail sur le comptoir des débitants.

Cette installation comprend, outre le *broyeur*, la *chaudière* de 3.000 litres, 4 *chaudières* de 250 litres, la *passoire Navarre*, la *sertisseuse*, une *machine à boucher les bouteilles*, une *machine à vapeur* de 6 chevaux,

(1) **La préparation est facilitée quand on laisse la matière fermenter en tas, mais, alors, le coulis est** *fort.*

qui actionne successivement le broyeur, la passoire et la sertisseuse.
Un moteur à essence de 4 chevaux et demi consommant un litre d'essence par heure, constitue la machine de secours.

Avec un tel matériel dont le prix, installation comprise, revient à
environ 14.000 francs, on peut travailler 20.000 kilos de tomates par
jour. La main-d'œuvre exige huit femmes et trois hommes.

Fig. 18. — La passoire à tomates.

Pulpe desséchée. — On dessèche la pulpe de tomate pour
obtenir des feuilles, cubes, comprimés, et même de la poudre.

La purée préparée à froid par un des procédés déjà indiqués
est légèrement salée (20 grammes par kilo). Si le produit est
trop épais, on le mélange au liquide qu'il a rendu au tamis
ou à la chausse, liquide préalablement concentré par l'ébullition.

On étend, ensuite, en couche peu épaisse, sur des claies
garnies de papier épais, vaseliné ou sulfurisé.

On porte à l'évaporateur et laisse sécher. Quand la surface est arrivée à un degré suffisant de dessiccation, on retourne le produit.

Pour conserver, on découpe en feuillets ou en petits cubes.

On peut mettre aussi sous forme de comprimés. Mais, alors, quand la pâte est assez sèche pour s'agglutiner, on la comprime

Phot. A. Rolet.

Fig. 19. — La cuisson de la purée avant le tamisage.

dans des moules qui ont quelque analogie avec ceux qui servent à la fabrication des tablettes de chocolat. Puis on complète la dessiccation à l'évaporateur.

On conserve ces produits, soit en les enveloppant dans du papier d'étain que l'on recouvre de papier ordinaire, ou, encore, dans des boîtes en fer-blanc ou dans des caisses tapissées intérieurement de papier imperméable.

4.

La matière sèche peut, encore, être réduite en poudre en l'écrasant sous des meules. On tamise et met dans des boîtes en fer-blanc hermétiquement fermées, ou mieux dans des flacons, après l'avoir encore passée, au besoin, à l'étuve ou au soleil.

Dessiccation.

Au soleil. — La dessiccation des tomates peut se faire au soleil, s'il s'agit d'une région favorisée par la température, ou, à défaut, au four ou à l'évaporateur.

Les tomates très mûres, saines, sont coupées en deux, horizontalement. On presse légèrement chaque moitié dans la main sans trop l'écraser pour ne pas la déchirer, mais suffisamment pour chasser les graines avec l'excès de liquide. On dispose alors côte à côte les moitiés ainsi obtenues, le côté ouvert en haut sur des claies ou des planches et on les sale légèrement. Les claies sont ainsi laissées au soleil, à 70 centimètres du sol, sur des traverses supportées par des piquets. Comme pour les fruits, figues, etc., par exemple, on choisit une exposition au grand soleil et rentre le soir, ou abrite sous des toiles. Pour éloigner les mouches et autres insectes, on maintient une gaze au-dessus et à une faible distance.

Quand la dessiccation a rendu les morceaux suffisamment rigides, on peut les mettre en chapelets sur du fil. On tient ainsi ces filanes au soleil jusqu'à complète dessiccation. Celle-ci dure, avec le plein soleil et la température élevée de juillet-août, une quinzaine de jours. Parfois elle doit être terminée au four. Le plus souvent on laisse simplement sur les claies.

Mais il est toujours préférable, quel que soit le cas, de l'arrêter quand la pulpe est encore molle, cependant il ne faudrait pas mettre en réserve des produits moisis ou qui auraient commencé à fermenter.

On conserve en boîtes en fer-blanc, caissettes, vieux barils tapissés de papier, ou dans des bocaux en verre. On tasse la matière fortement. On peu intercaler, entre les couches, des épices, cannelle, girofle, etc.

Il est des ménagères qui imbibent les morceaux d'huile en se servant d'une plume.

A l'évaporateur. — On retrouve dans l'emploi des *évaporateurs* les mêmes avantages que pour les fruits, à la condition de choisir les tomates saines et fermes, quoique bien mûres.

Elles sont, d'abord, blanchies. A cet effet, après les avoir

Phot. A. Rolet.

Fig. 20. — Préparation des tomates pour le séchage au soleil.

lavées et débarrassées de leur queue, sans les blesser, on les met dans une bassine pleine d'eau, que l'on porte à l'ébullition. Au fur et à mesure qu'elles montent à la surface, on les enlève avec une écumoire et les plonge dans de l'eau froide. On a soin d'écarter celles qui se seraient fendues. Ce *blanchiment*, qui n'est pas indispensable, facilite et régularise, cependant, la dessiccation et donne un produit plus homogène et de meilleur aspect.

Les tomates, une fois égouttées au grand air, sont coupées en deux. On se sert, pour cette opération, d'un couteau à lame nickelée et bien tranchante, pour ne pas laisser de bavures. Les moitiés sont alors placées sur des claies et portées dans l'évaporateur, où elles sont soumises à l'action d'un courant d'air sec à 90°. Quand elles sont suffisamment sèches, on les comprime à la main ou avec une petite presse à vis dans des boîtes en fer-blanc garnies de papier blanc.

D'après M. Malpeaux la dessiccation des tranches de 1 centimètre d'épaisseur, sans échaudage, demande sept à huit heures.

Résidus. — Les résidus de la préparation des conserves de tomates *pellicules*, *graines*, servent à l'alimentation du bétail. On les donne, par exemple, aux porcs, après les avoir, au préalable, fait macérer douze heures dans l'eau bouillante.

Les bovins peuvent contracter des dérangements intestinaux en consommant ces résidus tels quels. On a conseillé de les laisser d'abord, sécher au soleil, puis macérer. Ils contiendraient, en moyenne, 5,94 p. 100 d'albuminoïdes bruts, 13,95 de matières grasses, 39,43 d'hydrates de carbone et 27,10 de cellulose.

En Italie (1), on extrait de l'*huile* des graines de tomates. On a calculé qu'une tonne de tomates pourrait fournir 7^{kg},140 d'une huile très siccative susceptible de servir comme huile à brûler et pour la préparation des vernis. Le tourteau a pour les animaux une valeur alimentaire comparable à celle du tourteau de sorgho.

Tomates au vinaigre. — On prend, de préférence, les *tomates* dites *clochettes*, petites, ovoïdes, ou toute autre variété à petits fruits.

On cueille les fruits verts, les met dans un bocal ou un baril, et verse dessus du vinaigre bouillant. Il faut avoir soin de les tenir immergés.

On conserve de même les grosses tomates vertes, mais il faut, alors, les couper en morceaux.

Enfin, si l'on utilise des tomates *mûres*, bien fermes, on ne fait pas bouillir le vinaigre.

(1) Dans la province de Parme, il y a 54 fabriques de conserves de tomates et chacune traite 25.000 quintaux par an.

Aux États-Unis. — L'importation des conserves de tomates est assez élevée. Ces produits sont surtout destinés à la colonie italienne.

La *sauce* tomate, qui a le plus d'importance, vient de Naples et de Sicile. Les provenances napolitaines sont emballées en caisses contenant 20 boîtes en fer-blanc de 200 à 250 grammes ; celles de Sicile (Bagheria, Palerme, Trabia, Catane) le sont en caisses de 250 boîtes de 200 grammes.

L'article de Naples est le plus apprécié : alors que la sauce tomate de Sicile est cotée de 7 à 11 francs les 100 boîtes de 200 grammes pour la qualité supérieure, celle de Naples vaut 12 fr. 50 les 100 boîtes de 200 grammes, et 14 fr. 50 les 100 boîtes de 250 grammes.

La Chambre de commerce italienne de New-York a décidé de fixer comme suit les prix moyens à déclarer à l'entrée à la douane.

	Poids de la boîte.	Prix moyen par 100 boîtes.
	grammes.	fr. c.
Sauce tomates de Naples qualité normale..	200	11 75
	250	13 25
	275	13 75
Sauce tomates de Sicile................	200	7 00

On importe également de Naples aux États-Unis des *tomates pelées* en boîtes en fer-blanc cylindriques de 1.200 à 1.250 grammes et 600 à 625 grammes du prix de 20 à 34 francs les 100 boîtes.

Un échantillon de chaque expédition doit être soumis à un examen bactériologique sévère. On aurait constaté dans les produits siciliens une quantité exagérée d'acidité totale et d'acides volatils, par défaut, sans doute, d'une bonne stérilisation. En dehors de la *sauce* et de la *conserve*, on reçoit aussi de l'*extrait*. En Amérique même, on prépare des produits locaux, sauces dites *tomato catsup*, en bouteilles de un quart, de un huitième, et de un seizième de *gallon* (1 gallon = 4 litres 405). Ce produit revient au détail à 9 cents ou 45 centimes la boîte de 453 grammes (livre anglaise), tandis que la conserve importée d'Italie est débitée à 12 cents ou 0 fr. 65. Les droits d'entrée sont de 40 p. 100 *ad valorem*.

Confiture de tomates. —. Pour transformer les *tomates* en confitures, on les échaude dans de l'eau bouillante, les coupe, les pèle, puis les presse. On les fait cuire, ensuite, sans eau durant une heure, avec du sucre et en remuant. Ou bien, on laisse d'abord sucre et tomates en contact durant douze heures. On fait bouillir une demi-heure pour épaissir. On ajoute rhum ou jus de citron ou zeste, puis on met en pots. Pour un kilo de tomates il faut un kilo de sucre et un citron.

Ces confitures rappellent la marmelade de groseilles, surtout si l'on a soin d'enlever tous les pépins par un passage préalable au tamis.

On peut ajouter les tomates dans la solution de sucre qui commence à bouillir (1 kilo de sucre cassé pour 1 kilo de tomates, vanille, etc.)

On opère, aussi, sur la *purée* de tomate préparée comme nous l'avons déjà indiqué.

A chaque litre de purée on ajoute un kilo de sucre en poudre et une gousse de vanille. On fait cuire sur un feu pas trop vif en remuant avec une spatule.

La cuisson est suffisante lorsque la matière, pressée entre le pouce et l'index, fait la glu, c'est-à-dire colle les doigts quand on les sépare. Mais il vaut mieux, ici, pécher par excès plutôt que de ne pas laisser cuire suffisamment.

CHAPITRE VI

LES CHOUX

Les choux l'hiver. — Excepté dans certaines régions du Midi, les *choux* ne peuvent rester en place pendant l'hiver. Dans le Nord, surtout, il faut prendre toutes les précautions nécessaires pour les protéger contre la gelée.

Il faut écarter ceux dont la tête cède sous la pression des doigts. Dans cet état ils sont plus accessibles aux germes de décomposition et deviendraient la proie de la pourriture.

La conservation sera donc d'autant plus sûre qu'on aura choisi des choux à tête bien dure et récoltés tardivement par temps sec.

Quand, à l'entrée de l'hiver, la tête du chou n'est pas complètement formée, on entaille à demi le trognon du côté sud et on incline le chou vers le nord, sans que la pomme touche le sol. Celle-ci peut, alors, achever son développement.

Dans certaines régions on conserve les choux en les replantant dans un talus en terre jusqu'à la base des premières feuilles.

Après l'arrachage, on dépouille les choux des feuilles sèches, pourries ou inutiles. On les replante ensuite en rangs serrés et à demi couchés. Le pied enterré, la pomme doit être tournée au nord.

Dans les terres légères on peut opérer autrement. On met les choux dans une tranchée, la tête en bas, les racines restant dehors, et on recouvre de terre.

Joigneaux a conseillé de former à terre un lit de fagots secs, d'y placer les choux la tête en bas et de les couvrir de paille. Les choux, ne portant point sur le sol, pourrissent moins facilement.

Ou bien, mettre les légumes par rangées dans une rigole, un peu obliquement, la tête tournée vers le nord. Cette première rangée est recouverte avec la terre de la seconde jusqu'à la naissance des pommes. On continue de même pour les autres rangées.

Tous les légumes ayant été ainsi à demi enterrés, on fait, par-dessus, avec des pieux et des perches que l'on couche sur ceux-ci, une sorte de légère toiture qui reste à 50 à 60 centimètres au-dessus du sol. On éparpille, alors, sur cette sorte de support, mais sans la tasser, une bonne couche de paille que l'on a brisée, auparavant, en faisant passer dessus des animaux, un rouleau, des charrettes, etc. Dans ces conditions, l'air peut ainsi circuler par-dessous cet abri.

Si l'on ne veut pas mettre les choux en jauge, on les couche sur le sol la pomme tournée vers le nord. Quand on a, ainsi, formé un premier rang de choux, on en met un second, et ainsi de suite, de façon à constituer avec les pommes superposées, une sorte de muraille légèrement inclinée.

On maintient les légumes en place avec de la terre dont on couvre les racines et avec laquelle on constitue un ados bien fourni. Quand le temps est froid, on protège le tout avec des paillassons et de la paille.

En silo. — On range les choux, la racine en l'air, sur le gazon ou la terre, ou sur une épaisseur de 30 centimètres de branchages, si le sol est humide. Quand on prévoit de grands froids, on recouvre d'une épaisse couche de paille ou de feuilles sèches. Il est préférable de disposer les choux régulièrement autour d'un pieu fiché en terre, pour former, avec les légumes, une meule conique, les têtes étant à l'intérieur de la meule et les racines en dehors. Avec de la paille ou des feuilles sèches, on forme une garniture protectrice contre le froid. L'aération se fait, ainsi, sans difficulté dans cette sorte de silo.

En cave. — On laisse aux choux la terre qui reste attachée aux racines et les replante les uns à côté des autres, et sans qu'ils se touchent, dans une cave à légumes ou tout autre local où il ne gèle pas et où il y a un peu de lumière. Il faut arroser légèrement, si la terre est sèche, sans cependant donner trop d'humidité. On doit éviter la reprise de la végétation des têtes qui ont atteint leur complet développement, car elles se diviseraient. Pour les autres, la reprise de la végétation ne peut être nuisible.

Les *choux-fleurs* récoltés à la fin de l'automne, avant que les têtes se divisent, se conservent longtemps en cave ou en cellier. Après les avoir arrachés avec leur tige, ou celle-ci étant coupée à 15 centimètres, il faut les débarrasser de toutes leurs feuilles, sauf celles qui entourent la tête, puis on les suspend à un fil de fer, la tête en bas, dans un local très sain et bien aéré. Quand les gelées obligent à fermer les fenêtres, on combat l'humidité avec des réchauds. Malgré tout, les pommes des choux-fleurs se dessèchent beaucoup pendant l'hiver. Quand on veut en livrer à la consommation, on coupe les extrémités du trognon et avec la pointe d'un couteau on pratique des ouvertures sur la longueur de la tige. Enfin, on met à tremper dans l'eau fraîche durant quelques heures.

Dessiccation. — On commence par découper les choux pommés en lanières fines et régulières (voir la choucroute).

On met à part les parties très épaisses, les grosses côtes, que l'on traite seules. Échauder cinq à huit minutes ; étendre sur les claies (40 grammes par décimètre carré). Les choux rouges, qui ont leur couleur altérée par l'eau bouillante, ne resteront dans celle-ci que durant trois à quatre minutes. La température de l'évaporateur ne doit pas être supérieure à 60°, car la matière brûle facilement. Durée de la dessiccation : deux heures et demie à trois heures.

Dans un jour on peut sécher 100 kilos de *choux frais*, qui se réduisent à 8 kilos. La matière conserve une belle couleur et une excellente odeur. Frais : 5 francs par 100 kilos. Avec un prix de vente de 2 francs le kilo, les 100 kilos de choux frais seraient payés 11 francs.

Les *choux de Bruxelles* sont traités tels quels quand ils sont petits. Les moyens sont fendus en deux. Échaudage, 5 minutes ; un seul lit sur les claies ; température de l'évaporateur, 60° ; durée de l'opération, quatre heures ; rendement, 9 à 10 p. 100. La couleur et la forme reviennent très bien durant la cuisson.

On peut dessécher par jour 100 kilos avec 5 francs de frais. Si le prix de vente est de 4 francs, les $9^{kg},5$ qu'ils rendent rapporteront 38 francs. Les 100 kilos de légumes frais sont donc payés 33 francs.

Les *choux-fleurs* sont d'abord épluchés puis divisés. On n'échaude que 5 minutes ; température de l'évaporateur, 55 à 60° ; durée, trois heures. La couleur est toujours plus ou moins jaune. La couleur blanche, toutefois, revient pendant la cuisson. Rendement 5 p. 100, quantité traitée par jour, 80 kilos, donnant 5 kilos de produit sec ; frais, 5 francs.

En vendant 5 fr. 25 le kilo, les légumes frais seraient payés 0 fr. 20 le kilo. Mais les choux-fleurs séchés et comprimés en tablette (p. 20) ne se vendent pas moins de 12 francs le demikilo et 20 francs le kilo non comprimé (Malpeaux).

CHOUCROUTE

La *choucroute* passe pour être un aliment hygiénique, de digestion facile. Les habitants du Nord et de l'Est, les Alsaciens en particulier, l'apprécient beaucoup, ils en font la pièce de résistance de leur alimentation. « Rester froid devant une *choucroute garnie*, constitue une injure sanglante pour le brave Alsacien qui aura mis tout son cœur à vous l'offrir, tous ses soins à la confectionner. » Il semblerait que nous ayons intérêt à étendre la culture des choux pommés pour la préparation de ce genre de *conserve*. Plusieurs choucroutiers sont d'avis, cependant, que la qualité de ces derniers demande à être améliorée et que nos agriculteur devraient obtenir des légumes d'une valeur équivalente à celle des choux d'Alsace. Tel n'est pas le cas, disent-ils ; aussi se voient-ils dans la nécessité de faire appel aux produits de cette dernière région.

D'ailleurs, a-t-on écrit, « l'industrie de la choucroute n'a guère d'avenir ; la consommation n'entrera jamais dans les mœurs françaises comme en Alsace et en Allemagne. Cette consommation a plutôt une tendance à diminuer par suite de la concurrence des légumes frais dont nos marchés sont alimentés à peu près toute l'année. La mauvaise qualité des produits livrés par quelques fabricants à aussi une influence désastreuse sur la vente, dans certaines régions. Planterait-on dix fois plus de choux, il est douteux que l'on mangerait un kilo de choucroute de plus pour cela. Les choucrouteries coopératives sont une fiction. Il est beaucoup plus facile de cultiver des choux que de faire de la choucroute et de la vendre (Krug). » En résumé, la culture du chou à choucroute n'aurait pas en France l'avenir que quelques-uns ont voulu lui prédire. L'auteur que nous citons, croit aussi qu'il est impossible d'obtenir chez nous des choux semblables à ceux qui ne peuvent être cultivés uniquement que dans cinq villages d'Alsace (situés entre Obernaï et Erstein, banlieue de Strasbourg), lesquels ont, en quelque sorte, le monopole de cette culture et alimentent, non seulement les fabricants de choucroute, mais encore tous les marchés de la haute et basse Alsace.

Peut-être y a-t-il quelque exagération dans cette argumentation. La production des choux recherchés est sans doute une question de sélection et de mode de culture qu'il n'est pas impossible d'atteindre pour nos cultivateurs. Il existe pas mal de fabriques de choucroute en France qui emploient des choux du pays et qui écoulent facilement leurs produits.

Il n'est pas exagéré de prétendre que la consommation de la choucroute augmenterait si cet aliment était, par son prix, plus à la portée des petites bourses. Il en serait probablement ainsi avec la concurrence qui naîtrait de la création de nombreuses choucrouteries nouvelles.

Fabrication. — Tous les *choux pommés*, et particulièrement ceux dont les feuilles ont des nervures peu épaisses, peuvent être employés pour faire de la choucroute. On se sert le plus souvent des choux *cabus* blancs, ou d'Allemagne, et des choux milan, choux quintal, plus faciles à couper en lanières. On n'emploie pas les choux rouges.

On peut commencer la préparation dès le mois de juillet. Le plus souvent on attend l'automne.

On arrache les choux en octobre-novembre. On enlève toutes les feuilles extérieures qui ne sont pas bien blanches et on laisse les légumes se ressuyer sous un hangar ou dans une grange. On coupe la tige au ras de la pomme. Au moyen d'une tarière on enlève autour toute la partie de la tige qui se prolonge dans l'intérieur de la pomme. Pour cette opération, on peut, aussi, couper le chou en deux.

On passe, alors, au hachoir pour couper en fines lanières ou

Phot. A. Rolet.

Fig. 21. — La mise en barils et l'expédition de la choucroute.

rouelles. Ou bien, encore, on promène les têtes sur une varlope renversée.

On peut aussi employer le dispositif suivant. Une tablette est placée sur un cuvier. Sur une face de cette tablette se meut d'un mouvement de va-et-vient une trémie dans laquelle on place les pommes des choux en appuyant sur le tout avec la main. On force ainsi la matière à frotter contre cinq lames en acier fixées sur la tablette qui ont 0^m,14 à 0^m,18 de largeur chacune, et qui laissent entre elles un espace de 2 à 3 millimètres. Ces lames tranchantes, placées obliquement, réduisent les légumes en copeaux ou rubans, qui tombent dans le cuvier.

Enfin, on vend des machines spéciales pour ce travail.

On met les filaments dans une futaille bien nettoyée, qui vient de contenir du vin blanc, de l'eau-de-vie ou du vinaigre, et placée dans un lieu bien abrité contre la gelée. En Allemagne, on emploie des cuves en pierre au lieu de futailles.

On met d'abord au fond de larges feuilles de choux saupoudrées de sel, puis une couche de 7 à 8 centimètres de choux, environ, que l'on saupoudre également et sur laquelle on répand quelques feuilles de laurier, des baies de genièvre, du carvi, etc., environ 40 à 50 grammes par hectolitre. On tasse, ainsi, fortement avec un pilon les couches que l'on superpose de la sorte, et que l'on saupoudre chaque fois de sel fin ou, à défaut, de gros sel gris.

On emploie, environ, 1 kilo de ce dernier par 20 choux ou par hectolitre de choucroute.

On ne remplit le tonneau qu'à 15 centimètres du bord supérieur.

Après avoir tassé fortement, on termine par une couche de sel, puis par des feuilles de choux, sur lesquelles on met un linge humide propre. Sur le tout repose un fond de diamètre un peu inférieur à l'ouverture du tonneau et que l'on charge de grosses pierres bien lavées, ou bien on maintient la pression à l'aide d'une vis, mais elle est alors moins constante.

Un levier à contrepoids est préférable.

Au bout de peu de temps, la saumure formée se montre au-dessus de ce couvercle. Elle se recouvre d'écume poussée par les gaz de la fermentation acide. On l'enlève et lave le torchon, puis ajoute de l'eau salée et bouillie, de manière que la choucroute baigne entièrement.

Quelques-uns soutirent le liquide par un trou inférieur, et le remplacent par de l'eau salée.

On recommence cette opération quatre ou cinq fois pendant les quinze premiers jours, puis on laisse fermenter la masse. Au bout d'un mois la choucroute est faite.

Cependant, quand la fermentation marche bien, à 18-20°, après quinze à vingt jours on peut commencer à utiliser l'aliment, si l'on n'a pas renouvelé le liquide. La choucroute bien faite est toujours blanche.

Chaque fois que l'on veut en prendre, on enlève les pierres, le fond mobile, puis le linge et, enfin, le liquide. On essuie, ensuite, la surface avec une éponge ou un chiffon. Après avoir prélevé la choucroute, on égalise la surface, replace le linge, le fond mobile et les pierres, préalablement bien lavés. Enfin, on verse quelques centimètres d'eau salée bouillie, le produit devant toujours baigner dans le liquide et aucun vide ne devant exister.

Quand on reste longtemps sans prendre de la choucroute, il faut exécuter ces opérations tous les huit jours en été, tous

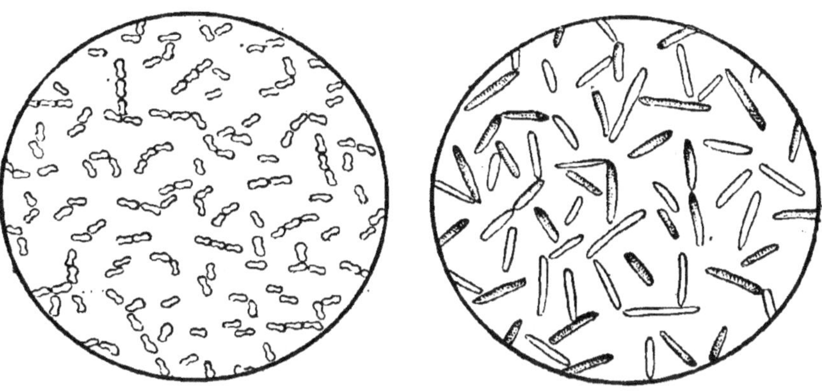

Fig. 22. — Ferments lactiques.   Fig. 23. — Ferments butyriques.

les mois en hiver, et vérifier s'il n'y a pas de portions gâtées qu'il faudrait, alors, enlever.

Nous rappellerons, à ce sujet, que la préparation de la choucroute étant une question de fermentation, il faut éviter, par des soins de propreté, de laisser agir les microorganismes autres que ceux qui jouent le principal rôle dans les transformations que subissent les choux, c'est-à-dire les *ferments lactiques* que l'on peut ensemencer à 5 p. 100, les *levures*. Certains germes, comme les *ferments butyriques*, l'*oïdium lactis*, sont nuisibles.

Régions à choucroute. — Dans le *territoire de Belfort* on cultive 300 hectares de choux à choucroute, surtout à Offemont, Roppel,

Essert, Belfort, Pérouse, Chèvremont, Urcerey, Bolans, Meroux, Dorans, Trétudans, Vourvenans, Charmois(canton de Belfort) ; Reppe, Dennery, Bessoncourt (canton de Fontaine) ; Bourgogne (canton de Delle).

Dans la *Haute-Marne*, à Longeville (arrondissement de Vassy), on prépare de 100.000 à 150.000 kilos de choucroute.

La *Meurthe-et-Moselle* cultive les choux à choucroute à Tomblaine, Rosières-aux-Salines (arrondissement de Nancy) ; Chanteheux, Embermenil (arrondissement de Lunéville). Il y a des fabriques de choucroute à Nancy et à Rosières-aux-Salines.

Dans *le Puy-de-Dôme* on cultive les choux à choucroute à Seychalles (40 hectares, *choux quintal d'Auvergne* ou de *Brunswick*, 50.000 kilos à l'hectare, 2 à 3 francs les 100 kilos à la choucrouterie).

Dans la *Haute-Saône* les centres principaux de culture sont : Cuve, Abelcourt, Velorcey, La Villedieu, Meurcourt, Neurey-en-Vaux (arrondissement de Lure) ; Equevilley (arrondissement de Vesoul),

Dans les environs de Lyon on cultive une variété de choux pour la choucrouterie appelé *chou gras de Saint-Symphorien*. Il y a une *choucrouterie coopérative* à Rillieux près Sathonnay (société civile à capital variable) dans l'*Ain*.

Dans les Vosges on cultive, également, le chou à choucroute dans le canton de Dompaire.

Nous rappelons que la *Société d'encouragement à l'industrie nationale* a décerné une médaille d'or à M. Benoist, à Créteil, agriculteur distingué, qui a installé dans son exploitation une importante fabrique de choucroute.

Il cultive 360 hectares d'alluvions, sur lesquelles les inondations de janvier 1910 apportèrent un déluge de 1^m,50 d'eau.

Comme les maraudeurs mettent à mal les artichauts cultivés d'ordinaire, M. Benoist eut l'idée d'établir une culture de 25 hectares de choux produisant chacun 10.000 pieds.

M. Max de Nansouty ajoute :

« Dans quarante-huit cuves, d'une contenance de soixante hectolitres, les choux, débarrassés de leurs trognons, râpés, salés, se transforment en choucroute par fermentation lactique. Tous les appareils mécaniques sont actionnés par l'électricité. Après un stage d'un an dans les cuves, à l'abri de l'air, la choucroute est faite et bien faite, avec sa couleur blanche, légèrement opale. On la met dans des barils en bois de sapin de 20 à 100 kilogrammes, et, chaque jour, on en expédie des quantités à Paris et dans diverses parties de la France, où elle est appréciée au moins autant que la traditionnelle choucroute allemande. Cette industrie modeste transforme économiquement un produit agricole de peu de valeur en une denrée de consommation usuelle. »

Coopératives. — Comme on l'a vu, la préparation de la choucroute ne demande par un matériel bien compliqué ; elle n'exige donc pas une grande mise de fonds. En outre, la fabrication n'a rien de bien difficile. Ce sont là des conditions qui devraient engager les agriculteurs à se grouper pour traiter leurs produits en commun. Or, nous n'avons guère, à notre connaissance, que l'exemple de la choucrouterie de Rillieux (Ain).

À titre de renseignement, nous transcrivons ici quelques détails sur le fonctionnement d'une *choucrouterie coopérative* en Allemagne.

La fabrique de Wustrow (province de Hanovre) fut fondée en 1897 par 63 agriculteurs qui souscrivirent ensemble 108 parts de 15 marks chacune, avec limite de responsabilité de 500 marks par part. D'après les statuts, chaque membre ne peut souscrire plus de 6 parts, il doit fournir au moins 37 quintaux 1/2 de choux par demi-morgen (1), mais la société n'est pas tenue d'en prendre plus de 75 quintaux par demi-morgen.

À côté des statuts ne contenant que les dispositions légales, il existe un règlement ainsi conçu :

§ 1er. Chaque membre est tenu de cultiver en choux blancs la superficie de terrain pour laquelle il entre dans la société.

§ 2. Le comité et le conseil de surveillance ont le droit de faire vérifier par une délégation si la condition ci-dessus est remplie. Quiconque y contrevient doit payer à la société une amende de 200 marks par morgen manquant à la superficie devant être cultivée comme ci-dessus.

§ 3. Chaque membre s'engage à livrer à la fabrique la quantité de choux fixée, dans la mesure où ces derniers ne sont pas consommés chez lui. En outre, les choux récoltés ne peuvent être donnés aux bestiaux qu'avec l'agrément du comité de la société..

§ 4. Quiconque donne une autre destination à ses choux sans l'agrément du comité doit payer à la caisse de la société une amende de 500 marks au maximum.

§ 5. Les têtes de choux bien serrées doivent seules être livrées ; les qualités inférieures sont refusées par la fabrique.

§ 6. En cas de choux blancs non épluchés comme il est prescrit, il est opéré une déduction de poids, d'après les résultats de l'épluchage d'un échantillon.

§ 7. Le comité, de concert avec le conseil de surveillance, fixe, chaque année, le début de la fabrication de la choucroute.

§ 8. Il est établi un tableau de livraison des choux, lequel est communiqué aux membres, mais peut être modifié suivant les circonstances.

§ 9. Les livraisons doivent toujours avoir lieu très exactement d'après les indications données en temps opportun par le comité ; toute contravention à cette disposition entraîne le payement d'une amende de 50 marks.

§ 10. Lors de la livraison, les membres doivent se fonformer exactement aux prescriptions des employés de la fabrique. Il est formellement interdit aux membres, comme à leurs voituriers, de donner des

____

(1) Le morgen vaut un tiers d'hectare.

pourboires aux employés ou ouvriers de la fabrique, sous peine d'une amende pouvant aller jusqu'à 20 marks.

§ 11. MM. X... et Y... sont chargés d'opérer les pesées et reçoivent un pfennig par 50 kilogrammes de choux blancs livrés ; ces deux personnes se partagent le montant de ce droit de pesée. Il est tenu un registre spécial des pesées.

§ 12. Chaque membre est tenu de décharger lui-même ses fournitures de choux blancs.

Les locaux d'exploitation, y compris une petite boutique, sont loués à l'agent commercial actuel de la société coopérative. Celui-ci reçoit une commission de 15 pfennigs (y compris le prix de location) par 50 kilogrammes de choux traités. Il dirige toute l'exploitation, tient les livres et la caisse, et accomplit les voyages d'affaires nécessaires, contre remboursement de ses frais.

Pendant la campagne de fabrication, la société coopérative emploie un contremaître, 1 ou 2 tonneliers, 12 ouvriers et 4 femmes ; en dehors de la saison, il ne reste avec le contremaître qu'un tonnelier et 2 ouvriers. Le contremaître et les tonneliers reçoivent 3 marks par journée de 11 heures, les ouvriers 1 mark 80, et les femmes 1 mark 20 ; les heures supplémentaires leur sont payées respectivement 35, 25 et 15 pfennigs.

L'outillage est très simple : il se compose d'un moteur électrique, de deux machines à percer et d'une machine à découper. Les grosses réparations ont été faites jusqu'ici au dehors. Les tonneaux doivent être visités à fond et réparés chaque année. Il est nécessaire aussi d'aiguiser de temps à autre les disques de la machine à découper.

La surface (en morgen) cultivée en choux blancs par les membres de la société, et la production afférente à 1903 est de 55 morgen représentant une quantité de 4.957,55 quintaux métriques de choux qui ont donné 1.373 barriques de 225 litres de choucroute.

La forte quantité de choux nécessitée en 1903 pour la production d'un oxhoft de choucroute doit être attribuée à la teneur élevée des choux en eau due à l'été extrêmement pluvieux. On ne prépare à Wustrow qu'une qualité de choucroute. La fabrication de sortes fines par l'addition de pommes et de raisin permettrait difficilement d'obtenir des prix plus élevés. La choucroute est vendue exclusivement aux commerçants, surtout à des marchands en gros qui n'en prennent que des chargements complets. Les marchés sont passés dès le printemps, c'est-à-dire à une époque où l'on n'a pas la moindre idée de ce que sera la récolte de choux. Il en résulte de gros risques pour la société coopérative, qui n'a encore pu opérer autrement : il importe, en effet, qu'une partie au moins de la production soit vendue en temps opportun. Dans le Nord, où s'écoule presque toute la choucroute de Wustrow, les prix sont faits les tonneaux compris ; un oxhoft contient normalement 225 litres, soit environ 210 kilogrammes de choucroute ; on prend généralement pour base des marchés une poids brut par oxhoft de 240 à 250 kilogrammes. En dehors des oxhöfte entiers, on livre aussi des demi-tonneaux appelés *tonnen*. Pour un chargement complet, soit 10.000 kilogrammes, on compte habituellement de 40 à 42 oxhöfte. Les oxhöfte valent de 4 à 5 marks ; les tonnen, de 2 marks 50 à 3 marks. Ces fûts sont retournés sur le désir du preneur, mais à un prix relativement minime en raison des réparations qu'ils doivent subir avant d'être remis en service.

Les membres de la société reçoivent d'abord 50 pfennigs par 50 kilogrammes de choux blancs livrés. Après la clôture de l'exercice, ou dès que la choucroute a été vendue, soit habituellement en avril et au plus tard en mai, on fixe le complément à payer par 50 kilogrammes.

Les 50 kilogrammes de choux ont été payés définitivement aux membres, de 1897 à 1903, en moyenne 83 pfennigs (1).

Le chou blanc cultivé à Wustrow est une variété intermédiaire entre la Magdebourg et la Brunswick. Les membres de la société produisent généralement les semences eux-mêmes ou procèdent entre eux à des échanges.

L'expérience montre que le chou blanc demande avant tout du fumier de ferme, appliqué à l'automne et de nouveau, si possible, au printemps. Un peu de superphosphate mélangé à la terre par un léger hersage dès que le champ est prêt a donné de bons résultats ; dans aucun cas on n'emploierait le *nitrate de soude*, qui, en raison de l'odeur et du goût désagréables communiqués aux choux, les rendrait impropres à la préparation de la choucroute. Le fait aurait été établi positivement à Magdebourg et dans les environs de Hanovre.

Bien que les résultats financiers aient été jusqu'ici satisfaisants et qu'un fonds de réserve assez important ait pu être constitué, les membres de la société ne s'intéressent que médiocrement à l'entreprise. Les raisons en sont d'abord la hausse soudaine du sucre et la demande intense en betteraves qui se produit de la part des fabriques. Les cultivateurs ont certainement plus d'avantage, pour le moment, à produire des betteraves à sucre que des choux blancs ; il est à souhaiter pourtant qu'ils ne diminuent pas l'importance de leurs cultures de choux, car ils pourraient, ce faisant, amener la dissolution de la société et il serait plus tard difficile de la reconstituer si la situation du marché du sucre devenait mauvaise. Il est certain d'autre part que, peu favorisée sous le rapport des facilités de transport, la société travaille moins avantageusement que les célèbres fabriques de Magdebourg, qui font une grande partie de leurs expéditions par la voie d'eau, beaucoup plus économique que la voie ferrée ; les démarches faites près de l'administration des chemins de fer pour obtenir des réductions de tarif ront restées jusqu'ici sans résultat.

La consommation de la choucroute suivant une marche croissante, il est désirable que le cultivateur prête plus d'attention qu'il ne l'a fait

(1) Le *mark* vaut 1 fr. 23, le *pfennig* en est le centième, soit 0 fr. 0123.

jusqu'ici à la production des choux blancs et aussi à celle des haricots qui suivraient avantageusement les premiers dans la rotation des cultures : alors que les choux exigent beaucoup d'engrais, les haricots viennent en effet le mieux sur un terrain moyennement fumé.

Procédés divers de conservation.

Au vinaigre. — On supprime les grosses feuilles et le trognon. On coupe les choux en quatre et les émince comme si l'on voulait préparer de la choucroute.

On sale la matière pour lui faire rendre l'eau. Pour faciliter l'imbibition, on retourne chaque jour, pendant quatre à cinq jours.

Quand on a, ainsi, tiré l'eau et laissé bien égoutter, on met les filaments dans un bocal avec de petits oignons, des ails, des échalotes, des feuilles de laurier, des piments, du gingembre.

On fait le plein avec du bon vinaigre bouilli, dans lequel tout doit bien tremper. On charge de poids, au besoin. Après huit à dix jours on fait rebouillir le vinaigre et le remet dans le baril.

S'il s'agit de *choux-fleurs*, les prendre pommés, bien serrés et durs. On les divise en bouquets de la grosseur d'un œuf. Laver et blanchir cinq minutes dans de l'eau bouillante et légèrement salée. Rafraîchir, égoutter et mettre dans un bocal ou un pot en grès. Verser dessus du bon vinaigre bouillant.

Le lendemain, on fait bouillir une deuxième fois pour remettre encore sur les choux.

Au sel. — On divise les *choux-fleurs* en petits bouquets. On les met cuire, durant cinq minutes, dans de l'eau légèrement salée. On les rafraîchit, les égoutte, puis les range dans des pots en grès ou des petits barils, on recouvre de saumure et fait en sorte que la matière baigne toujours bien dans le liquide.

Procédé Appert. — Couper en morceaux ; les dépouiller des parties dures. Blanchir trois à cinq minutes, suivant grosseur. Rafraîchir à l'eau légèrement salée. Mettre en bocal. Stériliser une heure et demie (1/2 litre), une heure trois quarts (1 litre). On peut aussi conserver la *choucroute* en boîtes.

CHAPITRE VII

LES CHAMPIGNONS

Régions de production. — On récolte les champignons surtout
dans les régions montagneuses, mais on en cultive aussi. Comme centres
de production nous citerons :

Ardèche : On récolte des *morilles* et des *bolets* que l'on coupe en
morceaux et sèche ordinairement à l'ombre ; marchés : Saint-Agrève,
le Cheylard, Lamastre, Saint-Félicien ; 3.000 quintaux vendus secs
200 à 400 francs le quintal ;

Aveyron : dans *le Ségalas* on dessèche, après les avoir coupés en
lanières, les cèpes ordinaires, que l'on expédie en boîtes de 2 à 5 kilos ;
on sèche aussi sur les *Causses* le *pleurotus Eryngii* ; 10 kilos de champignons frais (à 0 fr. 10 à 0 fr. 15 le kilo) donnent 1 kilo ; on a intérêt à
vendre sec ; l'arrondissement de Villefranche expédie (Midi, Italie,
Espagne, Algérie, etc.), 80.000 à 90.000 kilos, d'une valeur de 200.000 fr.
Centres : Rignac, Salvetat, Rieupeyroux, Sauveterre, Maucelle, Cassa-
gne, Requista, Montbazens, Aspierres, etc.;

Gironde : les usines de Bordeaux utilisent beaucoup le *champignon
de couche* cultivé dans les carrières à l'est de la Garonne. En 1902 on
comptait 113 carrières qui exploitaient 300.020 mètres carrés, produisant comme moyenne, 840.045 kilos ($2^{kg},8$ par mètre carré) vendus
sur le marché de Bordeaux 1 franc le kilo ;

Loir-et-Cher : champignon de couche (*agaric comestible*) cultivé dans
les anciennes carrières creusées à flanc de coteau pour l'extraction de la
pierre à bâtir ; production annuelle 500.000 kilos, valant un demi-
million de francs (75 à 110 francs les 100 kilos) ; cantons de Montrichard
3.100 quintaux ; Vendôme 600, Saint-Aignan 550, Montoire 200,
Morée 100, Bourré 3.000 (centres principaux : Naveil 500, Noyers 300,
Mareuil 150, Vendôme 100, Saint-Quentin 100, Saint-Firmin-des-Prés
100) ; fabriques de conserves à Saint-Aignan, Bourré, Romorantin ;

Lozère : champignons secs 1.500 quintaux, frais 9.000 ;

Morbihan récolte des cèpes dans les bois de châtaigniers et de pins,
qui alimentent les fabriques de conserves de Malansac, Elven, Baud,
Pontivy, Hennebont, Auray, Roc-Saint-André ;

Sarthe : centres de production, Saint-Pavace, Montfort, Champagné,
la Suze, Ecommoy, Marigné, la Chartre-sur-Loir, Luché-Pringé ;

Les champignons de forêt font l'objet d'un certain commerce au Mans
et à Ecommoy ; ils sont employés dans les usines de conserves du Mans
ou envoyés aux Halles (1).

Dessiccation.

Il faut prendre les sujets bien sains et moyens ou petits, plutôt que gros, et les variétés les plus sèches. On les cueille par temps sec. On les débarrasse des parties terreuses. On peut ébouillanter, puis on enfile sur une ficelle fine après avoir ou non coupé en lames, sauf les morilles, sans que les morceaux se touchent. On pend au soleil et à l'abri de la poussière et des mouches.

Quand les champignons sont petits, on peut se dispenser de les couper, surtout les morilles, qui sèchent très facilement.

La chaleur d'un fourneau est préférable à celle du soleil. Quand celui-ci n'est pas suffisant pour mener à bien la dessiccation, on la complète au four très modérément chauffé lorsque le pain en a été retiré. Il est des ménagères qui conservent les chapelets sur les côtés de la cheminée de la cuisine. Il y a à craindre les poussières. Mieux vaut, après avoir détaché les chapelets des fils, les ranger dans des sacs ou des boîtes, que l'on place en lieu sec.

10 kilos de champignons frais donnent 1 kilo de secs (1).

M. Malpeaux dit que l'*agaric champêtre* se dessèche facilement à l'évaporateur, sans échaudage préalable. On ne prend que le chapeau, qui est laissé entier ; les lamelles deviendraient noires. Il faut cinq à six heures pour le séchage. Les *morilles* se sèchent entières et les *cèpes* coupés en tranches.

POUDRE. — On nettoie, soigneusement, des poids égaux de champignons de couche, de morilles, de mousserons, de **truffes**. On les coupe en tranches minces. On les fait sécher au soleil sur une claie, puis on termine l'opération au four de boulanger, après la sortie du pain, quand la température est complètement tombée. En général, on est obligé de préparer à part les diverses variétés.

Quand la matière est devenue cassante, on la réduit en poudre, en la pilant dans un mortier ou autre. Après avoir passé cette poudre au tamis et mélangé, au besoin, on l'enferme

(1) On a conseillé de conserver les champignons de couche en *chambre froide*. Après un mois ils ne perdraient rien de leur aspect, de leur arome, de leur saveur. Ils seraient un peu moins riches en eau et leur épiderme serait un peu plus grisâtre.

bien hermétiquement dans des boîtes que l'on tient au sec.

Ce produit, dit « *poudre friande* », est employé comme assaisonnement dans les sauces, œufs brouillés, omelettes, salmis, etc.

Au Japon. — Au Japon on *cultive* un certain nombre de variétés de champignons sur le bois d'arbres divers, comme le *nara* (chêne toujours vert) le *kounougi*, le *sono*, le *kashi*, le *châtaignier*. Les deux premiers sont les principaux producteurs du champignon dit *shiitaké*. Après abatage on coupe en bûches. Celles-ci sont ensuite entaillées. Le *mycellium* du champignon, qui se trouve à l'état naturel dans le sol, pénètre graduellement dans l'écorce des bois couchés et les *shiitakés* ne tardent pas à apparaître. On procède alors à la récolte.

Le *kiboshi* consiste à faire *sécher* au soleil les champignons à demi ouverts. Sur une table de séchage on étend une natte de paille sur laquelle on range les champignons un à un, le chapeau en l'air. On les laisse, ainsi, jusqu'à ce qu'ils soient secs. Si on les touche alors qu'ils ne sont qu'à demi secs, on risque d'en compromettre la couleur et la forme.

Il y a une cinquantaine d'années, on pratiquait le séchage en laissant les champignons fixés aux morceaux de bois, d'où on les détachait une fois secs. C'est de là que vient le nom de kiboshi (séchage du bois). Au début, on pratiquait le séchage au feu. Mais les Chinois, qui achetaient ces produits, s'en plaignaient en ces termes : « Ah ! si les *shiitaké* n'avaient pas de trou, comme ils se vendraient bien ! » C'est alors que l'on se mit à expédier des *oshiko* (champignons séchés au soleil), qui se vendirent plus cher que les yakiko et dont la production n'a fait qu'augmenter.

Depuis quelques années on prépare des *oshiko* spéciaux, tels que le *hanagata* (qui a la forme d'une fleur) et le *shira-oumé* (prune blanche) qui sont des champignons séchés de qualité supérieure. Grâce à des conditions atmosphériques spéciales, il se forme à la surface des champignons des dessins blancs, qui ressemblent à une fleur de prunier, *shira-oumé* ou prune blanche, ou à une fleur de chrysanthème blanc, *kikou-hana-gata*.

On conserve les *kiboshi* dans des récipients imperméables à l'humidité, des boîtes en fer-blanc, qui peuvent en contenir 25 à 50 livres.

Pour préparer les *yakiko* (séchés au feu), on dresse d'abord la cabane où l'on doit sécher au feu les shiitaké mis en brochettes.

Cette cabane est formée de piliers enfoncés en terre portant un toit, et d'un pourtour en paille de jonc ou de bambou, pour empêcher l'air de passer. Les dimensions sont de $4^m,30$ sur $6^m,30$, ou de $4^m,30$ sur $8^m,60$. Dans le premier cas, on ne peut installer qu'un chantier de séchage et deux dans le second. On place des pieux en cercle autour du foyer.

La cueillette faite le matin, on met les *shiitaké* en brochettes dans la soirée. Selon le nombre de ces dernières, on plante autour du foyer et verticalement 7 ou 8 pieux reliés entre eux au moyen de deux cercles de lames de bambou auxquelles on appuie les brochettes. Quant au feu, il faut qu'il soit d'abord faible, puis plus ardent, et, enfin, faible de nouveau. Si l'on n'observe pas cette dernière règle, le shiitaké sera comme bouilli et ne pourra pas arriver à être sec en une nuit.

Le séchage terminé, on met les champignons en boîtes.

Procédés divers.

Au sel. — On choisit, de préférence, les *champignons des pins*. Après les avoir triés et débárrassés des parties terreuses, enlevé au couteau les parties malsaines et fendu le pied, on les range par couches dans un pot, en séparant chaque couche par un lit de sel fin. On tasse bien, et met dessus des poids (assiette chargée de pierres, par exemple). Le sel, attirant l'humidité des champignons, donnera une saumure dans laquelle ils devront toujours baigner entièrement.

Au vinaigre. — On les nettoie et les débarrasse soigneusement de la terre qui peut les souiller. On les range dans un récipient en les assaisonnant avec échalotes, aulx, sel, poivre, feuilles de laurier. Pour obtenir un tassement plus régulier, il est préférable d'enlever les pieds, que l'on peut ajouter dans le même vase ou mettre à part.

On verse dessus du *vinaigre bouillant.*

A la graisse. — Les faire sauter au beurre après qu'ils ont jeté leur eau, dont on a soin de les dégager, pour les mettre, ensuite, dans une demi-gelée de viande et les enfermer dans des pots en faïence, dont on se sert ordinairement pour les confitures. Il faut couvrir les champignons bien complètement avec de la graisse fondue et placer les pots dans un endroit frais.

Procédé Appert. — Les *champignons de couche* ou les *cèpes*, bien fermes et bien sains, une fois parés et lavés, coupés au besoin, sont mis dans une casserole avec quelques verres d'eau, du jus de citron (1) et un peu de sel. On les laisse bouillir quelques minutes sur le feu à couvert.

On les range alors dans des boîtes en fer-blanc ou dans des

(1) Dix grammes d'acide citrique par dix litres d'eau. En général, après les avoir épluchés et avant de s'en servir, tenir les champignons dans de l'eau froide additionnée de vinaigre afin qu'ils ne noircissent pas.

bouteilles avec leur eau de cuisson ou une saumure à 40 grammes par litre.

Après fermeture, les récipients sont stérilisés à l'ébullition durant une heure et demie (1 l.).

Les industriels, avant de mettre les champignons en boîtes, et pour leur garder leur couleur, les laissent une vingtaine de minutes dans une dissolution de *bisulfite de soude* (3 grammes par litre), puis ils les blanchissent une demi-heure dans de l'eau additionnée de 2 grammes d'*acide citrique* par litre. Ils les lavent alors et les mettent en boîtes ou en flacons que l'on complète avec du liquide suivant : 2 litres d'eau, 3 grammes d'acide citrique et 30 grammes de sel. La stérilisation dans l'eau bouillante dure une heure et demie pour les récipients d'un litre, et une heure pour ceux d'un quart de litre.

A l'huile. — Les cèpes, les champignons des pins sont d'abord blanchis. Après égouttage on les fait sécher, puis on les range dans des boîtes que l'on complète avec de la bonne huile. Les boîtes soudées sont stérilisées à l'ébullition dans le bain-marie pendant deux heures

Vente. — L'industrie livre généralement au commerce les champignons en boîtes et classés en moyens, fins et extra-fins ; ils sont vendus à des prix variant de 0 fr. 55 à 1 fr. 80, suivant catégorie et dimensions des boîtes. Les cèpes, classés en moyens et gros, se vendent de 0 fr. 70 à 1 fr. 30 en boîtes et demi-boîtes au naturel, et de 1 fr. 10 à 2 fr. 10, en conserves à l'huile.

Essence de champignon. — Saupoudrer de sel des lits de champignons coupés en morceaux. Après quatre heures, et de temps en temps, pendant deux jours, remuer, presser, écraser (cuiller en bois). A cette purée ajouter 15 grammes de poivre en grains par litre. Laisser le pot en grès avec son couvercle deux heures au bain-marie bouillant. Filtrer et donner au jus un bouillon. Repos de vingt-quatre heures. Mettre en demi-bouteilles en ajoutant une pincée d'épices et une bonne cuillerée à bouche d'eau-de-vie. Bien boucher et stériliser an bain-marie.

CHAPITRE VIII

LES TRUFFES

Régions de production. — *Ardèche* (Vallons, Bourg-Saint-Andéol, Viviers, Chomerac ; 4.000 à 5.000 kilos à 6 fr. 20 le kilo) ;

Basses-Alpes (Montagnac, Allemagne, Quinson, Roumeules, Riez, Valensole, Puimoisson (Pierrevert), environs de Forcalquier, Saint-Étienne, Ongles, Ornesque, Curel, Noyers ; marché principal, Montagnac (novembre à mars), puis Sisteron ; conserves, maisons à Manosque, Montagnac, Puimoisson) ;

Charente (arrondissement d'Angoulême) ;

Corrèze (sud de l'arrondissement de Brive) ;

Dordogne (Sarlat, Salignac, Montignac, Carlux, Belvès, Domme, Villefranche-du-Périgord, Saint-Cyprien, Terrasson (arrondissement de Sarlat) ; Salvignac-les-Églises, Brantôme, Excideuil, Thenon, Vergt (arrondissement de Périgueux) ; Mareuil, Champagnac-de-Bel-Air, Thiviers (arrondissement de Nontron) ; Verteillac, Montagrier (arrondissement de Ribérac) ; Villamblard, Saint-Alvère (arrondissement de Bergerac) ; 1.000 quintaux d'une valeur de 120.000 francs ; exportation en Angleterre, Allemagne, Russie) ;

Gard (Bagnols-sur-Cèze) ;

Drôme (cantons de Grignan, 15.000 kilos ; Saint-Paul-Trois-Châteaux 9.000 kilos ; bassin de l'Eygues, canton de Noyons et de Remuzat, 5.000 kilos ; de l'Ouvèze, canton de Buis-les-Baronnies, 4.500 kilos : au total 46.000 kilos ; le *chêne blanc* donne plus de truffes et plus grosses, mais elles ont moins d'arome. On vend surtout à Carpentras) ;

Lot (cantons de Limogne, Martel, marchés de Martel, Hôpital, Saint-Jean, Concots, Limogne) ;

Pyrénées-Orientales (Montferrer, Arles-sur-Tech, Tech, Coustouges, Saint-Paul-de-Fenouillet) ;

Tarn-et-Garonne (marchés, Caussade, Puylaroque, Mouillac, production, plus de 100 quintaux expédiés sur le Périgord 6 à 12 francs) ;

Vaucluse (Carpentras, Apt, Ventoux ; au total plus de 400.000 kilos valant 4 millions de francs ; le kilo se paie jusqu'à 30 francs ; le rendement d'un hectare de truffière peut se chiffrer par 1.000 francs ; les deux grands marchés (décembre, janvier) sont Apt et Carpentras, puis Roussillon, Gordes, Saint-Saturnin, Lioux, Saumane, Rustrel, Vaucluse, Villars ; usines de conserves à Carpentras, Apt, etc. Les Allemands

sont venus installer des usines où les truffes sont préparées sommairement et ainsi elles ne paient pas de droits d'entrée en Allemagne).

La culture raisonnée remonte au delà du dernier siècle. Joseph
Taylor, se livrant à la cueillette des truffes à Croagnes, près Saint-
Saturnin-les-Apt, découvrit que les chênes verts ou les chênes rouvres
provenant de glands semés par lui, avaient produit des truffes. Cela
encouragea un autre Vauclusien, Rousseau, de Carpentras, à planter des
chênes. On planta surtout après le phylloxéra. L'État imita les particuliers, et dans la Drôme, le Gard, le Vaucluse, les Basses-Alpes, le
Var, la reconstitution fit des progrès rapides.

Au saindoux. — Après avoir fait la toilette et lavé les
truffes, etc., on les fait cuire durant sept à huit minutes dans
du bon *saindoux* frais et bien épuré. La graisse doit être assez
chaude pour cuire les truffes, mais sans les frire ni les dessécher.

On met, alors, le tout dans des pots en grès ou en verre. Une
fois la graisse bien solidifiée, on place du papier parchemin
par-dessus.

On peut ainsi conserver les truffes pendant quelques mois.

Procédé Appert. — Pour la vente, les truffes se conservent
presque exclusivement par la méthode Appert. Voici comment
on procède. Il faut choisir les tubercules qui sont complètement mûrs. Leur masse interne est alors bien noire et abondamment veinée de blanc, ce qui a lieu, en général, aux premiers jours de décembre.

On doit écarter, de ces préparations, les truffes gelées, qui
sont molles et, d'ailleurs, se gâtent vite, perdent rapidement
tout parfum et toute saveur ; les utiliser, alors, immédiatement
pour la consommation courante.

Quant aux cryptogames sains, on leur fait, d'abord, subir
un trempage de 24 à 36 h. dans l'eau pour pouvoir enlever plus
facilement avec une brosse dure en crins la terre qui les souille.

Enfin, on termine ce nettoyage par un lavage dans l'eau
claire. Naturellement, les truffes perdent, ainsi, de leur poids,
de 15 à 20 p. 100 environ. Quelquefois on pèle et traite à
part les pelures pour la charcuterie.

On les met alors dans des boîtes en fer-blanc ou des bidons
de 5 à 10 litres. On soude, sans avoir ajouté autre chose qu'une
poignée de sel.

La *stérilisation* s'opère à l'autoclave entre 110 et 115°, et elle dure une heure et demie avec les bidons de 5 litres, deux heures pour ceux de 10 litres.

Sous l'action de cette haute température les truffes perdent encore 10 à 15 p. 100 de leur poids.

A la fin de la saison, les cryptogames, classés par grosseurs en quatre qualités, sont répartis, pour la vente, dans des boîtes ou des flacons de plus faible volume, et on soude ou ferme hermétiquement, après avoir ajouté, comme jus, le liquide qui est resté dans les premiers récipients et qu'avaient rendu les truffes durant la cuisson (*eau de suée*). On met, généralement, dans les boîtes d'un litre, 425 grammes de truffes ; dans celles d'un demi-litre, 210 grammes ; dans celles d'un quart de litre, 100 grammes ; dans celles d'un huitième de litre, 45 grammes ; dans celles d'un douzième de litre, 35 grammes ; dans celles d'un seizième de litre, 25 grammes. Dans les flacons on diminue de quelques grammes. On peut aussi ajouter une saumure à 30 gr.

Cela fait, on stérilise une deuxième fois à 110°. La durée est de dix minutes pour les boîtes d'un quart de litre ; quinze minutes pour celles d'un demi-litre ; vingt minutes pour celles d'un litre. Les flacons sont laissés trois fois plus de temps. A Carpentras on vend les bouteilles et les boîtes de 6 francs (300 grammes) à 18 francs (700 à 800 grammes).

Autre. — Après les avoir nettoyées et pelées, on fait *sauter* les truffes dans une casserole. On fait d'abord fondre du lard très gras finement haché. Quand il est fondu, on ajoute persil, gousse d'ail, feuille de laurier, et puis les truffes, quand le tout est *revenu* et le lard bien fondu. Lorsqu'elles sont cuites au quart, on les sort de la graisse. On les met alors en boîtes après refroidissement en laissant le moins de vide possible. Ce dernier est comblé au besoin avec du saindoux fondu ou, encore, avec du madère, du bon vin blanc sec. On peut remplacer le lard par de l'huile d'olive ou du saindoux. Ou bien encore on fait cuire une demi-heure dans de la *gelée* ou du *jus de volaille*. Finalement, on soude les boîtes et les stérilise à l'autoclave, comme il a été déjà dit. Ce mode de préparation, moins brutal que le traitement pour la conservation au naturel, a l'avantage de garder beaucoup mieux, à ce condiment succulent qu'est la truffe, sa saveur et son parfum si délicats.

Autre. — On plonge d'abord dans l'eau froide, que l'on change après une demi-heure. En agitant les tubercules et au besoin en s'aidant d'une brosse, on les débarrasse de la terre adhérente.

Après les avoir passés à l'eau claire et froide une dernière fois, on les met dans des flacons auxquels on ajoute un peu de vin blanc, du sel et du poivre. On bouche hermétiquement et porte dans le bain-marie que l'on maintient en ébullition durant une heure.

Le lendemain on transvase les truffes dans d'autres flacons ou dans des boîtes en fer-blanc avec leur jus. On soude et chauffe une deuxième fois durant une heure et demie, pour des boîtes d'un quart, ou d'un demi-litre. On a accusé le métal des boîtes d'altérer les truffes.

Autre. — Le procédé suivant est plus à la portée de la petite production et de la consommation ménagère. Les *truffes*, bien brossées et nettoyées, sont cuites cinq minutes dans une casserole couverte et avec un verre de madère. On les met, ensuite, dans des flacons avec un peu de jus de cuisson, puis stérilise au bain-marie deux heures (1 litre) ou une demi-heure (un demi-litre). Plus simplement, on lave, brosse ou pèle, saupoudre de sel ; laisse vingt-quatre heures, puis lave, laisse six heures dans de l'eau fraîche et met en flacons, etc.

Truffes artificielles. — Aujourd'hui, *fabriquer des truffes* est un jeu ; non pas seulement des truffes hachées en caoutchouc noirci, en taffetas durci ou en cuir ramolli, mais des truffes entières. On les prépare avec de la pomme de terre grillée, puis aromatisée avec des éthers. C'est, assure-t-on, un produit excellent qui s'écoule par grandes quantités (P. Combes).

Une fraude plus courante consiste à faire passer des truffes *blanches* de Bourgogne pour des *noires*, celles-ci se vendant sur le marché de Paris jusqu'à 6 à 9 fois plus. Les blanches sont laissées dans de l'eau froide colorée en noir par de la *nigrosine* (reconstituant pour truffes), par exemple, qui pénètre sur trois millimètres. Après égouttage on sèche. On a cherché, aussi, à utiliser les *champignons* de Galicie colorés en noir. Le microscope a permis de découvrir la supercherie.

CHAPITRE IX

CORNICHONS, CONCOMBRES ET POIVRONS

Pour la production des *cornichons*, on ne donne aucune taille à la plante de concombres. Les fruits sont récoltés dès qu'ils ont la grosseur du petit doigt. Les cueillettes doivent être très fréquentes pour que la production ne s'arrête pas. Souvent on cueille tous les deux jours. La récolte commence à la fin de juin ou en juillet, et se prolonge jusqu'en septembre.

Si les conserves sont destinées à la vente, il est préférable de classer par grosseurs. La grosseur moyenne est la plus appréciée.

On cultive les cornichons dans l'*Yonne*, le *Tarn-et-Garonne*, la vallée de la Garonne, variétés *vert petit* de Paris et *gros vert hâtif*. Les principaux marchés sont Grisolles et Montech. Castelsarrasin est également un centre de culture (prix de vente 20 à 30 francs les 100 kilos). Dans la *Drôme*, quelques communes des cantons de Romans, Saint-Donnat, Saint-Jean-en-Royans produisent 500.000 kilos de cornichons pour conserves, vendus aux industriels de Romans, Anneyron, etc.

Au vinaigre.

On saupoudre de sel des *cornichons* de première saison, de préférence, et on laisse, ainsi, au frais durant un jour, en faisant sauter de temps en temps. On lave, ensuite, avec de l'eau vinaigrée, laisse égoutter, puis essuie.

Après avoir mis en pots, on verse, dessus, du vinaigre *bouillant*. On ferme le récipient avec un linge fin et blanc, puis on met le bouchon en place et, enfin, on lie par-dessus un papier blanc. On peut consommer un mois et demi à deux mois après. On se sert d'une *cuiller* en bois pour retirer les cornichons.

Pour la consommation familiale, on se contente parfois, pour faire perdre leur eau à ces derniers, de les laisser quelque temps au soleil, mais c'est au détriment de leur couleur ; si le soleil est trop ardent il les « roussit », les « brûle ».

Pour la vente on se sert de petits bocaux en verre vert, qui donne belle apparence à la marchandise. On colore, aussi, avec du *sulfate de cuivre* (0 gr. 25 par litre de vinaigre). Nous avons dit que lorsqu'on fait bouillir le vinaigre dans une bassine en cuivre non étamé, il se forme naturellement de *l'acétate* de cuivre, qui joue le même rôle que le *sulfate*. Enfin, quand on verse le vinaigre bouillant sur les cornichons, leur couleur est moins altérée. D'ailleurs, cette ébullition tue les germes du liquide ; en outre, ce procédé à chaud accélère la préparation du condiment, que l'on peut, alors, consommer plus tôt. Il vaut mieux verser le vinaigre à trois reprises, à plusieurs jours d'intervalle.

Ce qui importe surtout, ici, c'est la *qualité* du vinaigre. Le blanc laisse apercevoir les cornichons par transparence. On utilise, encore, une solution d'acide acétique dans l'eau de même degré d'acidité que le vinaigre ordinaire

On vend au détail 1 fr. 40 à 1 fr. 60 le kilo.

Autre. — Après huit jours on retire le liquide que l'on avait versé à froid et qui peut servir pour les usages de la cuisine. On remet du vinaigre nouveau et l'on ajoute alors les assaisonnements voulus, comme petits oignons, estragon, piment, poivre, laurier etc.

Après avoir recouvert le pot d'un parchemin, on le porte dans un endroit frais, pour que les corinchons restent fermes. Il vaut mieux employer de petits bocaux, car, une fois entamés, les cornichons qui restent s'altèrent plus ou moins.

Dans un bocal d'une contenance de 1 litre 1/2 on peut mettre 1 kilo de cornichons, 40 à 50 petits oignons, 10 grains de poivre, 2 piments rouges, le tout baignant dans trois quarts de litre de vinaigre.

On ajoute aussi aux cornichons toutes sortes d'autres légumes que nous avons signalés, comme betteraves, choux-fleurs, aulx, carottes, épis tendres de maïs, haricots verts, tomates, etc.

Ainsi on prend : *petits oignons*, qu'on laisse au préalable trois jours dans de l'eau fortement salée ; tranches minces de *concombres*, que l'on a recouvertes de sel pendant vingt-quatre heures et qu'on a laissées, ensuite, égoutter ; *choux rouges*, coupés par tranches et en travers, puis saupoudrés de sel et laissés, ainsi, vingt-quatre heures, puis égouttés ; *choux-fleurs*, coupés en bouquets saupoudrés de sel et laissés ainsi vingt-quatre heures, puis égouttés ; *betteraves rouges*, coupées en tranches ; *fonds d'artichauts*, coupés et préparés comme il a été déjà dit (p. 48), saupoudrés de sel, laissés ainsi vingt-quatre heures, puis égouttés.

On place le tout dans un bocal et verse dessus du vinaigre blanc ainsi traité. On fait bouillir deux heures deux litres de ce liquide avec un morceau de gingembre coupé en morceaux, trois gousses d'ail, une noix muscade concassée, un peu de macis (enveloppe de la noix muscade), deux ou trois clous de girofle piqués dans un oignon, sel, poivre, piment, thym, laurier.

Après ébullition suffisante, on passe à travers un linge, et verse encore bouillant sur les produits à conserver.

Pickles. — Les *pickles* sont préparées avec un mélange de tous les légumes conservés au vinaigre comme nous venons de l'indiquer : cornichons, poivrons, carottes, choux, quartiers de céleris-raves, piments rouges, petits oignons, etc. On complète avec un mélange de vinaigre à l'estragon et de poudre de moutarde. On bouche soigneusement.

Préparation de la moutarde. — La moutarde peut se préparer assez facilement à la ferme. La partie la plus délicate des manipulations, c'est le broyage. Voici cependant un agencement assez simple.

On prend une petite futaille que l'on ouvre d'un côté. On fixe au fond une meule en granit ou en pierre dure, de manière qu'elle ne puisse pas tourner. Par-dessus on dispose une autre meule mobile pouvant tourner autour d'une cheville plantée au milieu de la meule dormante. Sur le côté de celle-ci, on fixe solidement une deuxième cheville ronde en fer, qui, à l'aide d'un étui en bois dont elle est environnée, sert de manivelle pour la faire tourner. On met par-dessus cette meule en bois un couvercle mobile. Une gouttière placée sur le côté, au niveau de la surface supérieure de la meule inférieure, sert à faire tomber la moutarde broyée.

La graine à traiter doit être, au préalable, bien nettoyée, vannée, etc. Au moment de la broyer, on la lave et la laisse tremper pendant douze heures ; le ramollissement facilite la trituration.

La farine d'abord obtenue est trop grossière. On la repasse une deuxième fois, puis la tamise. Enfin on en prend un demi-kilo que l'on additionne d'un peu de sel et que l'on verse encore dans le moulin en l'arrosant, petit à petit, avec du vinaigre. On broie jusqu'à ce que l'on obtienne une pâte fine, homogène et d'une consistance fluide.

Parfois, on ajoute à la moutarde du miel, des clous de girofle, de l'estragon, des anchois réduits en purée, etc. On aromatise aussi avec des essences de cannelle, de thym, etc. Dans certaines régions on remplace le vinaigre par du moût de raisin réduit au tiers par l'ébullition.

Au sel. — On essuie les cornichons, les sale, et laisse égoutter comme nous l'avons dit pour les cornichons au vinaigre.

Après les avoir mis dans des bocaux, on verse dessus, avec des feuilles de laurier, des grains d'anis, une saumure confectionnée avec 1 kilo de sel, 100 grammes de sucre, poivre en grains, estragon, clous de girofle, laurier, raifort coupé, ail, par deux litres d'eau bouillante.

Le liquide est employé une fois refroidi. On coule sur la surface une couche d'huile ou de saindoux. Enfin on ferme les vases avec du papier parchemin ou un bouchon en liège.

Concombres. — Quand les cornichons sont trop gros, on les coupe en rondelles que l'on traite au vinaigre froid, comme les cornichons ordinaires.

S'il s'agit de vrais concombres, on les pèle, puis les coupe en quatre et les jette dans l'eau bouillante, où ils ne restent que quelques minutes.

Après les avoir égouttés, on les place dans des vases en grès, en séparant les couches avec des lits de sel.

Voici encore une autre façon de conserver les concombres. Dès que la température baisse, en automne, et met un terme à la croissance des concombres, on choisit les plus beaux, on les coupe aussi près que possible de la tige, de façon à leur laisser un pédoncule un peu long, qui servira à les suspendre.

On lave, ensuite, à l'eau fraîche avec une brosse douce pour les débarrasser de toute impureté, puis, après les avoir fait sécher, on les enduit d'albumine, ou blanc d'œuf, sur toute leur surface.

Enfin, on les suspend à une ficelle dans un endroit sec, mais de façon qu'ils ne se touchent pas les uns les autres.

Législation. — La restitution du droit de consommation perçu sur le sel employé dans la préparation des conserves de cornichons exportées prévue par la loi du 26 janvier 1910 est faite suivant les conditions déterminées par le décret du 15 juillet 1910.

Décret du 15 juillet 1910 *relatif à la restitution du droit de consommation payé sur le sel contenu dans les conserves de cornichons en saumure.* (*Journal officiel* du 23 juillet 1910.)

Art. 1er. La restitution du droit de consommation payé sur le sel contenu dans les conserves de cornichons en saumure sera effectuée à raison de 12 kilogrammes de sel par 100 kilogrammes net de conserves (fruits et saumure). La saumure devra avoir une densité de 1,088 à 15°, avec tolérance de 5° au-dessous, soit au minimum 1,083 à 15°.

Art. 2. L'exportation avec drawback aura lieu à destination de l'étranger, de l'Algérie et des colonies et possessions françaises, par tous les bureaux ouverts au transit et sous les sanctions prévues par l'article 17 de la loi du 21 avril 1818 en cas de fausses déclarations ou de fraudes.

Poivrons au vinaigre. — On laisse sécher les *poivrons* verts cinq à six heures. On les met dans un bocal avec du bon vinaigre. On change ce liquide après quinze à vingt jours, car il perd de sa force, étant dilué par l'eau que rendent les poivrons.

Achards au vinaigre. — Prendre une demi-livre de petites *carottes* (enlever les cœurs) ; une demi-livre de *choux-fleurs* (enlever les *grosses tiges*); des cœurs de *choux* bien blancs (enlever les côtes) coupés en morceaux ; une demi-livre de *haricots* fins coupés en deux ; une demi-livre de *piments* débarrassés de leurs graines.

Blanchir le tout dans l'eau bouillante sept à huit minutes. Sortir, laisser sécher au soleil quatre à cinq heures.

Dans un demi-litre d'*huile d'olive*, qui commence à fumer sur le feu, mettre deux cuillerées de poudre de carry. Agiter durant dix minutes (spatule en os). Y jeter les légumes bien secs. Remuer un quart d'heure. Après plusieurs bouillons, retirer la casserole du feu et y verser immédiatement un litre de vinaigre froid et mélanger. Verser dans des pots en grès non vernissés et après refroidissement fermer.

CHAPITRE X

LES CAPRES

Récolte. — La récolte a lieu quand les boutons ont atteint la grosseur d'un pois, vers fin mai. On cueille d'abord une fois par semaine, puis tous les cinq ou six jours. Plus souvent on récolte, mieux cela vaut, car les petites câpres ont le plus de valeur (on perd cependant sur le poids). Enfin l'arbrisseau s'épuise moins. La récolte dure jusqu'en juillet et même jusqu'en août, quand le printemps a été pluvieux ou que les pieds ont été arrosés.

Les femmes qui ramassent les câpres en récoltent jusqu'à 12 à 15 kilos par journée de quinze à seize heures, et les plus habiles jusqu'à 25 kilos. Elles sont payées au kilo 0 fr. 25 et peuvent ainsi gagner par jour de 3 à 5 francs.

Les boutons, dépouillés de la matière cotonneuse qui les entoure, et des feuilles, brindilles, puis criblés comme nous l'indiquerons pour les classer, sont étendus, sur une toile ou un drap secs et on les laisse se ressuyer à l'ombre tout un jour dans une chambre saine. Bien se garder de les laisser en tas.

Préparation. — Quand elles sont un peu flétries, on les met dans un tonneau défoncé d'un côté, et dans lequel on a versé du bon vinaigre, aromatisé, au besoin, avec de l'estragon. C'est de la qualité du liquide que dépend en grande partie celle des câpres qui restent fermes dans un vinaigre suffisamment clarifié et fort. Le vinaigre de vin conviendrait mieux que celui de bois.

On fait baigner les câpres en plaçant dessus quelques sarments, une planchette percée de trous, un scourtin (1), chargés de poids. Si l'on emploie des pierres, on évitera le calcaire, qui, étant attaqué (fait effervescence) par l'acide acétique du vinaigre, affaiblirait ce dernier.

Dans le commerce, on classe les câpres par grosseurs, en les triant à l'aide de cribles. On distingue six qualités, dénommées, en commençant par les plus grosses, les moins appréciées :

(1) Sorte de sac en alfa pour presser les olives écrasées.

1° demi-fines ; 2° fines ; 3° capotes ; 4° capucines ; 5° surfines ;
6° non-pareilles.

Autrefois, il y avait une catégorie dite *communes*. Le crible dont les trous ont plus d'un centimètre ne retient que les *demi-fines*.

Phot. A. Rolet.

Fig. 24. — La cueillette des câpres sur les coteaux de Roquevaire.

Les *non-pareilles* sont vendues mélangées et à un prix unique aux industriels, qui les séparent avant de les mettre en flacons pour le commerce.

Les *demi-fines* sont vendues à part, à bas prix, parfois 15 à 20 centimes le kilo.

Le crible de 6 millimètres laisse passer seulement les *non-pareilles* ; celui de 8 millimètres les *surfines* ; celui de 9 millimètres les *capucines* ; celui de 1 centimètre les *capotes*. Le crible d'un peu plus d'un centimètre a déjà séparé les *fines*. Sur le crible d'un centimètre et demi restent les *demi-fines*.

Rappelons que dans le nord de la France, par exemple, on conserve, de la même façon, les boutons à fleurs des *capucines*.

Phot. A. Rolet.

Fig. 25. — Le classement des câpres au crible, à la coopérative de Roquevaire (Bouches-du-Rhône).

Au détail les câpres valent 3 fr. le kilo.

Coopérative. — *Cuges*, village au centre du canton d'Aubagne (Bouches-du-Rône), est intéressante par la production de ses *câpres* réputées. Ce bourg possède une *société syndicale* de production et plusieurs maisons de commission se sont installées à côté de cette association.

Roquevaire, non loin de là, est un autre centre important aussi.

Dans cette région on ne cultive que la variété *sans piquants*. Il serait à souhaiter que l'on adoptât partout l'arbrisseau inerme, qui croît en Égypte, dans les îles de Chypre et de Crète.

Dans notre Midi, un câprier ne rapporte guère qu'un kilo de câpres à l'âge de cinq à six ans. A trois ans, il donne à peine un bénéfice appréciable.

Jusque vers 1892, les producteurs de *câpres* de *Cuges* et de *Roquevaire* trouvaient pour ce condiment culinaire des débouchés suffisamment rémunérateurs, mais l'Espagne et l'Algérie se mirent aussi à expédier à bon compte de ces conserves aux négociants en gros, au prix de 0 fr. 65 le kilo. Il n'était, dès lors, plus possible à nos cultivateurs isolés de lutter avantageusement, car ils estimaient que le prix de vente qui atteignait jadis 1 fr. 50 à 2 fr. ne pouvait descendre au-dessous de 0 fr. 95 à 1 franc le kilo sans compromettre la vitalité même de leur petite industrie.

C'est alors qu'ils résolurent de se réunir en *coopérative* pour réduire les frais et centraliser, en même temps, la production et la vente des câpres confites.

La valeur du *vinaigre*, qui paie déjà 5 francs d'impôt par hectolitre, grevant par trop les frais de fabrication (un dixième, seulement, est retenu par les câpres après macération, mais le reste doit être jeté au ruisseau, car il a perdu toutes ses qualités) on résolut de le préparer à la coopérative même, qui, à cet effet, prit la licence exigée.

On comprend que le travail en commun régularisa et améliora les procédés de fabrication. Les prix furent mieux établis avec une « *marque* » bien lancée. Dans ces conditions, l'association put vendre jusqu'à 200.000 francs de marchandise dans une seule année. Devant ce succès, les syndiqués ont complété leur œuvre de mutualité en instituant à leur profit une caisse de secours, etc. Elle exporte en Russie, en Angleterre, aux États-Unis, etc.

Malheureusement la concurrence devient de plus en plus âpre. La Tunisie s'est mise de la partie, elle aussi. Les prix de vente sont de moins en moins rémunérateurs, et beaucoup de cultivateurs de la région de Roquevaire, découragés, arrachent leur arbrisseaux.

Rappelons que la Tunisie s'adonne, depuis quelque temps, à cette production, principalement dans les régions de Porto-Fania, Kairouan, sur le Djebel-Ousselet, le Djebel-Kessera.

On a signalé, encore, comme pouvant devenir des concurrents sérieux, les Tartares de Crimée, qui délaisseraient la culture de la vigne pour celle du câprier.

Les producteurs des îles Baléares, de l'Algérie, de la Tunisie, ont l'avantage de pouvoir récolter les boutons plus tôt que nous, un mois avant, vers la mi-mai en Tunisie, par exemple. En outre, les frais de main-d'œuvre sont moins élevés.

Ajoutons que l'on confit aussi le *fruit* du câprier sous le nom de *cornichon de câprier.*

CHAPITRE XI

LES AUBERGINES

Dessiccation. — On les cueille avant complète maturité, les pèle, les coupe en tranches, les blanchit, et enfin les sèche à l'ombre sur des claies. On peut enfiler en chapelets, comme pour les haricots verts (p. 39).

Procédé Appert. — On coupe les légumes en deux, dans le sens de la longueur et sans les peler. On incise la partie plane avec un couteau en plusieurs points et met dans de l'eau additionnée d'une bonne poignée de sel par litre. Après un séjour d'une heure on égoutte, presse fortement pour chasser le plus d'humidité possible. On fait ensuite frire *légèrement*, égoutte, éponge avec un linge et, enfin, range dans des boîtes. On fait le plein avec un coulis de tomate très clair.

Après les avoir soudées on stérilise les boîtes une heure au bain-marie.

Ces aubergines pourront être mangées farcies, en utilisant la sauce tomate qui les garnit.

CHAPITRE XII

LES POMMES DE TERRE

Récolte. — Pour pouvoir mieux assurer la conservation des *pommes de terre*, il est préférable de ne pas semer en mélange des variétés différentes comme époque de maturité. Il en est qui se conservent plus difficilement : la *saucisse*, la *rouge farineuse*, par exemple. On sait que les tubercules à conserver un certain temps, en hiver et au printemps, doivent être cueillis complètement mûrs. Si, au moment de l'arrachage, il n'en est pas ainsi, les pommes de terre, encore trop *aqueuses*, se rident par la suite et pourrissent facilement. Il faut donc attendre que les *fanes* soient bien sèches pour procéder à la récolte.

On ne procédera à l'emmagasinage que lorsque les tubercules seront secs, non mouillés par les pluies, par exemple. Il faut toujours les laisser se ressuyer, au besoin sous un abri aéré, si le temps n'est pas propice.

Ordinairement, après l'arrachage, et sur le champ même, on sépare les pommes de terre les plus avariées, de maturité douteuse, qui demandent à être consommées au plus tôt. On réserve, aussi, un lot choisi parmi les plus saines, les plus mûres, de bonne grosseur moyenne, qui serviront pour la semence.

Il ne suffit pas d'entasser la récolte dans un coin quelconque d'une cave ou autre local peu aéré, parfois humide et malsain. Dans un tel milieu les tubercules s'altèrent, pourrissent ou germent prématurément et deviennent impropres à la consommation. Dans ce dernier état ils sont alors chargés d'un produit toxique, la *solanine*. Le cas échéant, il faudra faire en sorte d'absorber l'humidité qui pourrait se condenser sur les pommes de terre, par un excipient approprié. Ainsi on les étendra sur une épaisseur de 8 à 10 centimètres et on les saupoudrera avec de la chaux récemment éteinte. On mettra par-dessus une nouvelle couche de tubercules que l'on traitera de même, et ainsi de suite. Il ne faut guère que 5 à 6 kilos de chaux pour 1.000 kilos de pommes de terre, car il suffit de saupoudrer légèrement celles-ci. Il est entendu qu'on les lavera au moment de les consommer. On a proposé, aussi, de saupoudrer les tubercules avec de la *fleur de soufre*, pour détruire, dit-on, les spores de champignons (1 kilo par 1000 kilos).

Ce mode de traitement ne dispense pas des mesures à prendre pour maintenir une aération suffisante dans le cellier, en laissant libres les ouvertures, sauf les cas ou de fortes gelées sont à craindre.

Dans des matières pulvérulentes. — Au lieu d'entasser les

tubercules dans un lieu malsain, où l'aération se fait le plus souvent
difficilement, on les étend dans une fosse de 50 centimètres de profondeur, creusée dans une grange ou autre lieu abrité, en projetant sur
chaque couche quelques pelletées de *sable bien sec*. Enfin, on couvre le
tas avec de la menue paille, qui abrite contre les fortes gelées.

Ou bien, on empile les pommes de terre bien sèches dans un local sain,

Phot. A. Rolet.

Fig. 26. — Le triage des pommes de terre après l'arrachage.

non humide. On répand dessus du poussier de *charbon de bois*, et, enfin,
on couvre avec de la paille, de la fougère sèche, etc. Les tubercules se
conserveraient ainsi sans pourrir, ni même germer, jusqu'au mois de mai.

On peut, encore, garder les tubercules dans de la *poussière de tourbe*,
de la *poussière* de *liège*, de la *paille*. Ainsi on remplit de pommes de terre
bien sèches un tonneau de grandeur quelconque défoncé par un bout.
Les tubercules sont séparés par une mince couche de paille sèche, et,
lorsque le tonneau est plein, on enfonce la couche de paille, puis, après
avoir replacé le fond, on coule du plâtre.

Ces procédés ne sont efficaces que pour de petites quantités, car ils
ralentissent le départ du gaz carbonique.

En cave. — Pour de grandes quantités, le mieux est de pouvoir disposer de caves saines, non humides, bien aérées, à l'abri des gelées. Quand un froid rigoureux est à craindre, on bouche les ouvertures mais il faut éviter l'échauffement intérieur. La température ne doit pas dépasser 7 à 8°. On doit faire en sorte, également, que la lumière ne pénètre pas trop dans la cave.

Pour faciliter l'aération, on placera dans la masse des fagots de bois, des tuyaux en poterie ou en bois. Le mieux est de ne pas dépasser, si possible, une épaisseur de 30 à 40 centimètres de tubercules.

Les murs seront tapissés de paille pour éviter le contact direct ; sur le sol, on disposera des fagots ou un plancher à claire-voie. Sous l'action de l'aération, qui entraîne la vapeur d'eau, les pommes de terre en cave se flétrissent parfois. La perte de poids brut est, ici, plus élevée qu'avec les silos, mais celle de matière sèche est très faible (Malpeaux).

En silo. — En *silo* les *pommes de terre* se conservent plus fraîches qu'en cave. Mais on comprend qu'avec ce dispositif la surveillance soit plus difficile. S'il est des tubercules déjà altérés par la maladie, la pourriture peut occasionner de graves dégâts.

Les silos de pommes de terre doivent être moins volumineux que ceux de betteraves. Ils ont, d'ordinaire, $1^m,50$ de largeur à la base et 1 mètre de hauteur, pour la plus grande partie dans le sol. On les établit quelquefois rez de terre en les entourant d'un fossé.

Il importe de laisser se ressuyer les tubercules avant de les ensiler. Si l'on ne pouvait le faire étant humides, on emploierait la chaux en petite quantité.

On ménagera, bien entendu, dans la masse, des cheminées d'appel pour faciliter l'aération, puis on recouvrira de paille, sur laquelle on tassera de la terre.

Si, en silo, les pertes de poids brut sont moins élevées qu'en cave, celles de matière sèche et de fécule sont, par contre, très marquées. Ajoutez à cela que la saveur des tubercules est moins appréciée, à la fois plus aqueuse et plus sucrée. On voit donc que l'avantage reste aux caves.

Surveillance. — Quand on *conserve* les pommes de terre en magasin, il ne faut pas se contenter de surveiller les couches supérieures. Souvent, au milieu du tas, les tubercules s'altèrent et la pourriture gagne peu à peu. Il importe, donc, de vérifier la masse de temps en temps. Si l'on remarque quelques pommes de terre attaquées, il faut faire un triage pour rejeter celles qui se gâtent. On les lavera avec soin, puis, après cuisson, les donnera aux animaux.

S'il s'agit de silos en terre, on vérifiera les points d'affaissement qui pourront se produire.

En somme, qu'il s'agisse de caves, de silos, ou de simples tas, il importe beaucoup d'assurer une aération convenable.

Disons à ce sujet que la *filosité*, que l'on constate chez certains tubercules appelés alors mâles, qui émettent, en tas, des bourgeons longs et grêles, proviendrait, d'après M. Parisot, de l'intoxication par le gaz carbonique, qui résulte de leur respiration et qui solubilise les matières nutritives. Bien que le fait ait moins d'importance pour les pommes de terre de consommation que pour celles de semence, les conseils suivants sont à retenir ici.

Comme remède, l'auteur préconise :

1º De refroidir les tas dans les limites compatibles avec la vie normale des tubercules. La respiration est moins active aux basses températures ;

2º D'éliminer le gaz carbonique produit, avant que, par son abondance, il nuise à l'évolution des tubercules.

Pour cela, il faut faire de *petits tas* et les brasser, surtout à la fin de l'hiver ; il faut drainer le gaz carbonique par des cheminées d'appel, ou en mettant les tas sur des planchers à claire-voie, ou l'absorber par de la chaux.

M. Holtz, propriétaire à Bruchau, cercle de Tuchel (Prusse occidentale), emploie précisément un dispositif pour la ventilation forcée avec de l'air refroidi : l'oxygène empêche le développement des microrganismes ; la basse température, supérieure cependant à 0º, entrave la végétation ; enfin, la ventilation rapide chasse l'humidité qui a pu se former à la surface des pommes de terre.

On peut installer un tel ventilateur quand on dispose de la force motrice en permanence. On met à profit de préférence, au printemps et à l'automne, les heures matinales, alors que la température extérieure est relativement basse.

L'appareil construit par M. Holtz est pourvu d'une pompe à air appropriée et peut s'adapter à tous les tas de pommes de terre pour les ventiler sans faire passer ni tuyaux, ni canaux au travers. Une heure de travail suffirait pour préserver pendant une semaine, un tas de pommes de terre de la pourriture.

M. Holtz a installé son appareil dans la cave à pommes de terre de la distillerie coopérative de Frankenhagen, près Konitz (Prusse occidentale). « Dans le but de conserver les pommes de terre jusqu'à l'été, dit l'inventeur, on construit de grandes « sécheries » qui coûtent de 30.000 à 70.000 marks ; or mes appareils ne coûtent que quelques centaines de marks et ils fournissent un meilleur résultat, puisqu'ils conservent les pommes de terre intactes. »

POMMES DE TERRE GELÉES. — Les tubercules gelés ne doivent pas être considérés comme perdus. Avant le dégel on les fait tremper dans de l'eau dégourdie, pendant le temps strictement nécessaire pour les dégeler. S'ils restaient dans l'eau plus longtemps, ils pourraient devenir acides et se corrompre. A leur sortie de l'eau, les tubercules sont coupés par tranches, échaudés par les procédés ordinaires du blanchiment, puis desséchés au four, dans une étuve, et conservés ainsi pour être utilisés après avoir été trempés et cuits comme tout autre légume desséché.

Procédés Schribaux.

M. Schribaux a rappelé un procédé bien connu de conservation des pommes de terre utilisé surtout dans les fermes du Nord. A l'approche du printemps on enlève les yeux aux tubercules, soit avec un couteau, soit encore en se servant d'une porte-plume armé d'une plume retournée. Il faut entamer sur une profondeur de 2 à 3 millimètres. La durée de la conservation est, au moins, d'une année.

Mais voici une méthode plus expéditive, dite à l'*acide sulfurique*.

« Pour détruire les bourgeons, tremper les tubercules pendant dix à douze heures dans une solution d'acide sulfurique à 1 à 2 p. 100 pour les variétés potagères à peau mince, telles que la *hollande*, la *saucisse* ; 2 p. 100 pour les variétés à peau épaisse, telles que la *Richter's Imperator*.

« La préparation de la solution se fait très facilement en versant dans un tonneau en bois 100 litres d'eau puis 1 à 2 litres d'acide sulfurique du commerce marquant 66° à l'aréomètre de Baumé. Il ne faut jamais procéder inversement, mais toujours verser l'acide dans l'eau, autrement on s'exposerait à des projections du liquide corrosif.

« Après le trempage des tubercules dans la solution acide, on les lave à l'eau, puis on les fait sécher. On les conserve, ensuite, dans un endroit bien aéré, un grenier par exemple. Il ne pénètre pas d'acide dans la substance du tubercule. La valeur alimentaire de celui-ci reste par conséquent ce qu'elle était. Le lavage à l'eau a emporté l'acide qui imprégnait la surface des pommes de terre, de sorte que l'on peut également les faire consommer sans crainte par les animaux.

« Suivant les variétés, et aussi suivant la saison à laquelle on opère, la peau du tubercule oppose à la pénétration de l'acide une résistance plus ou moins grande. Avant donc d'opérer sur de grandes quantités, on fera bien d'essayer la dose exacte d'acide à employer.

« Il est important de faire choix de tubercules bien sains, de bonne garde, préalablement lavés, et d'opérer le traitement à l'acide de préférence lorsque les yeux commencent à sortir au printemps. »

Au prix de 30 centimes le kilo d'acide sulfurique, un hectolitre de solution à 1 p. 100 revient à 0 fr. 55 et à 1 fr. 15 si elle est à 2 p. 100. Le liquide peut servir indéfiniment car son degré de concentration ne faiblit pas quand on y trempe des pommes de terre non souillées de terre *calcaire*. A cet état de dilution, l'acide sulfurique n'est pas dangereux. Mais l'acide ordinaire à 66° exige qu'on le manipule avec précaution, car il est très corrosif. C'est à ce titre que M. Schlœsing faisait observer qu'il serait peut-être préférable de le remplacer par le bisulfite de sodium.

Pour employer un liquide efficace suivant la variété, il est bon, quand on a à traiter de grandes quantités de tubercules, de faire un essai préalable avec trois solutions à 1 p. 100, 1 et demi p. 100 et 2 p. 100, placées chacune dans des vases différents. On y laisse 20 à 50 tubercules durant dix à douze heures. Ceux-ci sont examinés trois jours après en les coupant suivant les yeux. On voit si ceux-ci sont mortifiés. On examine également si la peau des tubercules n'est pas altérée. On en déduit la solution qu'il faut adopter .

Voici, à titre d'indication, quelques résultats obtenus par M. Schribaux avec différentes variétés :

Durée du traitement : 10 heures

A. — *Variétés dont les germes ont été détruits par une solution à 1 0/0*

	APPARENCE DES TUBERCULES	
	Avant le traitement.	Après le traitement.
Hollande..............................	Excellente.	Excellente.
Saucisse...............................	—	—
Quarantaine	—	—
Autres variétés potagères précoces....	–	—

B. — *Variétés dont les germes ont été détruits par une solution à 1 1/2 0/0*

	Avant le traitement.	Après le traitement.
Magnum bonum....................	Excellente.	Excellente.
Gelbe rose..........................	—	—
Daber...............................		—
Meilleure de Bellevue...............	—	—
Red Skinned.......................		—
Idaho..............................	—	—
Abondance de Sutton...............	—	—
Fos................................	—	—
Junon..............................	—	—
Kernous...........................	—	—
Géante de Reading.................	—	—
Géante bleue......................	Tubercules ramollis.	Tubercules ramollis.
Rose de Lippe.....................	—	—
Rosalie............................	—	—
Charollaise........................	—	—

C. — *Variétés dont les germes ont été détruits par une solution à 2 0/0*

	Avant le traitement.	Après le traitement.
Richter's Imperator	Excellente.	Excellente.
Simson.............................	—	—
Éléphant blanc.....................	—	—
Bismarck...........................	—	—
Aurélie............................	—	—
Aspasie............................	—	—

Pour les variétés Matchless et Triomphe de Belfort, il aurait fallu employer une solution à 2 et demi p. 100.

Chaque année, depuis vingt ans, M. E. Rommetin traite ainsi avec succès 3.000 kilos de pommes de terre dès qu'elles commencent à ger mer. Il utilise, comme tout matériel, de vieilles futailles en bois défoncées par un bout et des corbeilles de 60 litres environ. Au début, il passait une longue perche dans les anses de la corbeille afin de la soutenir dans le tonneau qui renferme le liquide acide. Il a remplacé avantageusement la perche par une potence munie de sa poulie. Les corbeilles pleines sont hissées, descendues et remontées à l'aide d'une corde, ce qui facilite et abrège le travail. Deux hommes l'exécutent en quelques instants.

Les pommes de terre retirées du tonneau s'égouttent du soir au matin. En les enlevant, on les saupoudre légèrement avec du phosphate de chaux naturel pour absorber l'humidité qui pourrait encore rester dans les yeux. 50 kilos de phosphate, environ, suffisent pour sécher 3.000 kilos de pommes de terre, soit une dépense de 1 fr. 25.

En fin de saison, par suite d'une poussée de la sève, il arrive souvent que l'on remarque sur les tubercules des germes de 4 à 5 millimètres et de la grosseur d'une épingle, mais rarement plus vigoureux. En prolongeant quelque peu le traitement, ces petits yeux eux-mêmes ne se développeraient pas.

Eau bouillante. — L'emploi de l'eau bouillante a été préconisé comme moyen de conservation. En y plongeant les tubercules durant une à deux minutes, les germes seraient détruits et on pourrait alors conserver les pommes de terre d'une année à l'autre.

Transport en wagons réfrigérants. — On a fait, aux États-Unis, des expériences d'exportation de *pommes de terre*. En septembre, octobre et novembre il a été envoyé de la Virginie, près du cap Charles, un certain nombre de barils de ces légumes à New-York par *wagons réfrigérants*. De là les colis étaient amenés, par bateaux à *cales frigorifiques*, jusqu'à Londres où avait lieu la vente.

Chaque expédition comprenait dix barils, cinq contenant les pommes de terre enveloppées dans du papier et cinq avec légumes non enveloppés. La moitié a été expédiée directement des champs, où les pommes de terre avaient été empaquetées immédiatement après la récolte. L'autre moitié partit d'une maison où les pommes de terre avaient été préalablement maintenues à une température maximum de 50° F. (10° C.). A Londres on a vérifié combien de temps les produits pouvaient rester emmagasinés dans de bonnes conditions pour la vente. On a conclu que les légumes expédiés directement des champs ont pu rester au dépôt, dans de bonnes conditions de vente, jusqu'à quatre mois après leur récolte.

Dessiccation. — En ce qui concerne le *séchage des pommes de terre*, le Conseil d'agriculture allemand a recommandé la création de sécheries, devant les avantages que présentent les pommes de terre séchées pour l'alimentation du bétail, la préparation de l'alcool et de la levure pressée, ou à l'état de farine comme succédané de la farine d'orge.

Grâce aux sécheries et aux besoins grandissants des industries de l'alcool et de la féculerie, le marché des pommes de terre fraîches sera réglé de manière à permettre l'extension de la culture de ces tubercules si désirée dans l'intérêt de l'agriculture et de l'économie générale.

D'après M. Malpeaux, pour dessécher les pommes de terre destinées à l'alimentation humaine, à *l'évaporateur*, on commence par les peler à la machine. On les examine, ensuite, à la main et enlève les yeux et les pelures restées dans les cavités. On coupe en tranches ou en fragments, comme si on voulait les faire frire, puis les jette dans de l'eau légèrement acidulée avec 1 p. 100 d'acide sulfurique pour conserver la couleur jaune de la chair.

Échauder durant deux à trois minutes. Température dans l'épavorateur 70°, durée trois heures ; rendement 12 p. 100. Le produit obtenu est d'un beau jaune transparent, comme vitrifié, mais après trempage il reprend absolùment son aspect primitif.

Prix de vente en gros 95 francs les 100 kilos, au détail 1 fr. 35 le demi-kilo.

La dessiccation de 100 kilos de pommes de terre exige 5 francs de frais. Les 12 kilos obtenus rapportent à la vente en gros 11 fr. 40. 100 kilos de tubercules frais se trouvent donc payés 6 fr. 40.

Bière de fécule de pomme de terre. — Faire bouillir, durant une demi-heure, 250 grammes de cônes de houblon dans 5 litres d'eau, et verser dans un tonneau qui peut contenir environ 50 litres. Ajouter 5 litres de fécule délayée dans 5 litres d'eau. Compléter aux 50 litres avec de l'eau. Additionner de 100 grammes de levure de bière, et laisser fermenter. Coller avant de mettre en bouteilles.

Pour augmenter la teneur en alcool, ajouter du sucre avant fermentation.

On peut remplacer la moitié de la dose de houblon par des aromates amers, comme camomille, véronique, petite centaurée.

Autre. — Délayer 5 litres de fécule dans 5 litres d'eau ; ajouter 30 à 40 litres d'eau bouillante et brasser énergiquement. D'autre part, délayer $1^{kg},5$ de farine de malt dans quelques litres d'eau à 40°. Verser dans le premier liquide quand sa température est redescendue à près de 65°. Brasser et couvrir.

Après quatre à cinq heures de macération, décanter, faire bouillir et écumer.

Remettre le houblon dans le chaudron et faire rebouillir sur un feu très ardent, au moins une heure.

Filtrer, puis laisser au grand air. Quand le liquide est revenu à la température de 25° ajouter 125 grammes de levure et entonner.

Pendant la fermentation, faire en sorte que le tonneau soit toujours plein.

Après quelques jours de repos, coller et mettre en bouteilles.

Topinambours.

Les *topinambours* peuvent se laisser en terre jusqu'en février-mars. Les fanes restent vertes jusqu'aux gelées. Comme les tubercules se forment assez tardivement, ils continuent à grossir en hiver. MM. Muntz et Girard ont trouvé un rendement de 24.000 kilos à l'hectare en novembre et en février plus de 28.000 kilos. Il n'est pas commode cependant d'utiliser les tubercules quand on les laisse dans le sol. D'autre part, une fois arrachés, ils ne se conservent guère que trois à quatre semaines, même quand ils sont placés dans les meilleures conditions.

M. le Dr Cathelineau a conseillé d'employer la méthode suivante.

En novembre, quand la végétation s'arrête, on coupe les tiges à 0^m,30. On arrache, alors, les souches en masses compactes contenant la plus grande partie des tubercules. On entasse ensuite ceux-ci encore enveloppés de terre dans des silos de 30 à 50 centimètres de profondeur et dont on a garni le fond de fagots. Ces silos seront établis de préférence sur le champ même, pour éviter les frais de transport plus élevés à cause de la terre adhérente. Quand l'épaisseur des tubercules a atteint 30 centimètres, environ, on les recouvre de quelques centimètres de terre. On établit une seconde assise de topinambours et ainsi de suite. Le silo une fois formé, on le ferme sur les côtés avec de la terre. On a eu soin de ménager dans la masse des cheminées d'aération.

Patates.

Les *patates* sont difficiles à conserver. Il ne faut pas attendre pour les arracher que le feuillage soit atteint par les gelées d'automne. On doit couper les tiges dès septembre-octobre, et quelques jours avant l'arrachage.

Bien ressuyées, elles sont entrées dans un local très sain dont la température ne descend pas au-dessous de +5 à +6°C; 7 à 8 degrés seraient, même, préférables. Après avoir écarté ceux qui sont gâtés, altérés, on stratifie les tubercules par lits alternatifs, soit avec de la vieille terre de bruyère bien sèche, soit avec de la sciure de bois très sèche également, ou encore de la tannée, etc. On trouverait certainement avantage à faire cette stratification dans des caisses où l'on pourrait ainsi garder les produits de longs mois. On utilise aussi ce procédé pour conserver les tubercules de semence.

Crosnes.

Les *crosnes* du *Japon*, *stachys tubéreux*, *épiaires à chapelet*, se récoltent à partir de *novembre* jusqu'en *mars*. Les tubercules se formant tard, on ne saurait récolter tôt. On couvre de feuilles ou de paille la terre en culture pour pouvoir récolter tout l'hiver au fur et à mesure des besoins, même par les temps de gelée.

Exposés à l'air, les tubercules se flétrissent très vite. Pour les soustraire à cette dessiccation, on a recommandé de les enfouir dans du sable en lieu sec et froid.

M. Coupin a proposé de conserver les crosnes en les desséchant complètement à l'air. L'immersion dans l'eau, au moment de la vente ou de la consommation, permet de leur redonner l'aspect de crosnes frais, sauf la couleur qui se maintient brune.

CHAPITRE XIII

LES BETTERAVES

Les *grosses betteraves* très chargées d'eau sont inférieures, au point de vue de la conservation, aux racines moyennes. La variété influe aussi, de même que le sol, la récolte, etc.

Il découle de cette observation que l'on devra commencer par utiliser les produits que l'on a le plus de risque de voir se décomposer.

L'écueil à éviter encore ici, c'est la fermentation qui se produit plus facilement quand les légumes sont accumulés en masse, par suite de l'échauffement dû aux fonctions physiologiques des cellules, lesquelles conservent leur état de vie active. Il y a consommation d'oxygène et formation de gaz carbonique. Ce dernier, mélangé à l'azote, forme le milieu gazeux dans lequel baignent les racines.

Malgré cette atmosphère de gaz inerte, les *ferments lactiques*, en particulier, peuvent accomplir leur œuvre de désorganisation qui se traduit surtout par la consommation du sucre.

Mais ces microbes ne sont pas, dans ces conditions, les seuls agents qui interviennent ; le *ferment butyrique*, les *vibrions* de la putréfaction doivent être aussi incriminés.

En résumé, il faut assurer dans le tas de betteraves une aération suffisante pour chasser le gaz carbonique. En même temps le maintien d'une basse température est nécessaire pour enrayer le développement des microbes destructeurs.

Il serait facile de disposer les choses conformément à ces prescriptions si l'on n'avait à craindre les funestes effets des gelées de l'hiver qui, en congelant les tissus végétaux, les désagrègent.

I

CAVES ET SILOS

On ne conserve jamais en très grandes quantités les *betteraves potagères* pour l'alimentation de l'homme. Aussi, le plus souvent, la cave suffit-elle pour les emmagasiner.

Les silos temporaires ne sont cependant pas difficiles à édifier. Mais, pour conserver les betteraves par ce procédé, il faut que celles-ci soient bien saines, exemptes de blessures produites pendant l'arrachage ou de toute autre façon et qui seraient bientôt le siège de pourriture. A ce point de vue, un décolletage exagéré a l'inconvénient de laisser une plaie trop large : il faut faire une section bien nette, régulière, qui se cicatrisera avant l'ensilage. La racine doit être mûre, sinon elle germerait une fois dans le silo.

On procédera à l'arrachage le plus tard possible. Peu importe, ici, le degré d'humidité. S'il faut croire certains praticiens, la sécheresse serait plus à craindre encore. Ils se basent sur ce fait que la betterave est une plante bisannuelle et qu'il est nécessaire qu'elle végète pendant sa conservation. Il ne faut donc pas s'effrayer de la naissance de quelques feuilles sur le collet. C'est la preuve, au contraire, de la *vitalité* des tissus qui, sans cela, seraient prédisposés à la pourriture.

Il serait donc préférable de ne pas laisser les betteraves se ressuyer sur le sol après l'arrachage, et surtout de ne pas procéder trop tôt à ce dernier, dès septembre par exemple, comme on le fait parfois. Dans ces conditions les racines se rident, deviennent molles et flasques, ce qui les prédispose aux altérations.

On procédera donc à l'ensilage aussitôt après l'arrachage, sans qu'elles aient reçu un excès de chaleur solaire, en écartant les racines déjà altérées ou blessées.

Remarquons que c'est dans le décolletage et le nettoyage que cet accident est à craindre. Sans redouter l'humidité, il ne faudrait pas, cependant, qu'elle fût en excès.

Des analyses effectuées à l'école de Berthonval, par M. Malpeaux, montrent que les *betteraves* conservées entières perdent par un séjour prolongé une partie de leurs principes immédiats.

Ces pertes sont dues, d'une part, à la fermentation des hydrates de carbone et, d'autre part, à l'oxydation de la matière organique qui se transforme en gaz carbonique. La matière azotée se retrouve bien à peu près dans la betterave entière, mais elle subit des modifications. Les *albuminoïdes* diminuent, tandis que les *amides* augmentent progressivement. En réalité, il y aurait donc transformation de l'azote alimentaire en azote non alimentaire. La chose est d'autant plus marquée que la durée de la conservation est plus grande. Après le mois de mai, il est difficile, d'après l'auteur, d'éviter la pourriture en tas.

L'avantage des silos sur les caves, c'est que, dans les silos, les betteraves conservent leur aspect de fraîcheur et qu'elles ne subissent que de très faibles pertes en poids. Le fait est à considérer au point de vue de la vente.

Il va sans dire que les caves seront saines. Nous avons assez insisté là-dessus à propos des pommes de terre. On profitera des beaux jours pour favoriser l'aération. En bonne règle, la température de la masse, que l'on peut vérifier avec un thermomètre à maxima plongeant au centre, devrait se maintenir entre 6 et 8°. Par suite de l'évaporation, les racines perdent du poids et, parfois, deviennent molles et elles se flétrissent.

Rappelons qu'il peut être utile, pour le calcul du volume du local nécessaire pour la conservation de la récolte, de savoir que le mètre cube de betteraves pèse en moyenne 600 kilos.

Pour de petites quantités à conserver il vaut mieux adopter des silos coniques.

Dans un champ, non loin de la ferme, où le sol est sain, sur une partie élevée de préférence, on ouvre une fosse circulaire de 1 ^{m},25 à 2 mètres de diamètre et d'environ 0 ^{m},50 de profondeur. On y place les racines en réservant au centre une sorte de cheminée faite d'une botte de paille ou d'un fagot de bois mis verticalement. La hauteur du tas au-dessus du sol doit être faible pour que l'on puisse revêtir facilement les parois.

On recouvre d'un peu de paille, formant toit incliné, par-dessus laquelle on met la terre enlevée. On y ajoute encore celle que l'on prélève en traçant tout autour du silo une rigole circulaire qui reçoit les eaux de pluie et les conduit au loin.

Par les très grands froids, on a toujours la ressource de mettre du fumier sur la partie du silo qui est exposée aux vents à redouter.

S'il s'agit d'une quantité assez importante de *betteraves* à garder, on construit des *silos* à *deux pentes* très inclinées et dont la longueur varie avec la quantité de racines. Ils sont plus économiques et plus commodes à construire.

La fosse dans le sol a 0 ^{m},50 de profondeur et 1 ^{m},50 de largeur. La ligne de faîte du tas est à un mètre environ au-dessus du sol. Tous les trois ou quatre mètres on conserve une cheminée d'aération aménagée comme nous l'avons indiqué. Les deux pentes du toit viennent aboutir sur le sol au bord du fossé creusé pour l'écoulement des eaux.

Les *soins* à donner *aux silos* de betteraves se résument à peu de chose. On doit d'abord, au moment de leur confection, ne les couvrir de terre que quelques jours après avoir amoncelé les racines, à la condition, bien entendu, que le temps soit beau. De la sorte on favorise la disparition de la vapeur qui se dégage par suite du commencement de fermentation.

Les premiers temps il peut se produire de légers affaissements, d'où des fissures, des crevasses, qu'il faut boucher, des parties de terre éboulée qu'il faut remonter, tandis que l'on tasse fortement les parois inclinées pour assurer l'écoulement des eaux de pluie. Par la suite, on vérifie si un affaissement accidentel ne provient pas de la pourriture de quelques tubercules. Avec les fortes gelées, on met du fumier sur les parois les plus exposées, on bouche les cheminées d'aération. Quand elles ne sont plus à craindre, à l'approche du premier printemps, on dégarnit une partie du tas de son abri protecteur, pour éviter l'échauffement possible des racines.

II
PRÉPARATIONS DIVERSES

Betteraves au vinaigre. — On les cuit au four, ou bien on les fait bouillir à grande eau légèrement salée. Après les avoir épluchées on les met dans un bocal et verse dessus du vinaigre.

Confiture de betteraves. — On choisit les variétés à chair rouge à l'exclusion des racines fourragères. Après les avoir fait cuire au four, on les réduit en pâte, et l'on tamise. On ajoute 500 grammes de purée dans un sirop concentré, que l'on a préparé avec 300 grammes de sucre. On cuit le tout durant une demi-heure. On parfume avec du zeste de citron.

Ou bien, à un kilo de racine épluchée et coupée en tranches minces, on ajoute un kilo de sucre et le jus avec le zeste de deux citrons. On verse assez d'eau pour recouvrir le tout. On fait cuire sur un feu doux durant quatre heures, en remuant très souvent.

Vin de betterave. — On verse dans un fût contenant 50 litres d'eau : 6 kilogrammes de betteraves; $2^{kg},5$ de sucre ; 16 grammes d'acide tartrique; 3 grammes d'acide sulfurique et une livre et demie de farine d'orge ou de maïs. Après 10 à 12 jours de fermentation, on soutire et met en bouteilles.

L'orge peut être remplacée par 6 kilos de raisins, de poires ou de pommes. Dans ce cas, 1 kilo de sucre suffit.

Enfin, 1 litre d'alcool par 50 litres de moût contribue à donner une boisson plus généreuse.

Barszez (barchtch). En Pologne on laisse fermenter (ferments lactiques et f. visqueux), dans un vase en grès placé en un lieu chauffé, des rondelles de betterave recouvertes de quelques centimètres d'eau. Après 10 à 15 jours on verse sur un linge. Le liquide visqueux, parfumé, de saveur très agréable, à la fois acidulé et sucré, sert à faire des soupes à bon marché.

CHAPITRE XIV

LES CAROTTES

Les *carottes*, si on ne les met pas dans du sable à peine frais, durcissent, et il est ensuite difficile de les faire cuire. On conserve de préférence les demi-longues. Si l'on ne craint ni les rongeurs, ni l'humidité, on peut se contenter de les ranger dans une jauge creusée le long d'un mur exposé au midi. On recouvre de feuilles sèches, paillassons, etc. Il est bon de visiter de temps en temps les tas, d'enlever les légumes qui s'altèrent et, s'ils sont dans du sable, de faire un nouveau tas à côté en les recouvrant, de même, de sable fin.

Il est des *carottes* qui ne peuvent être arrachées en automne, parce que, en raison des semis faits en été, elles n'ont pas encore atteint leur complet développement. En novembre, quand elles commencent à jaunir, on coupe toutes les feuilles à 5 centimètres au-dessus du collet. On enlève les parties jaunes ou gâtées et l'on recouvre le tout d'environ 15 centimètres de feuilles bien sèches ou de litière.

Tas et silos. — Les carottes résistent facilement aux gelées de 3 à 4 degrés, mais en masse elles s'échauffent et pourrissent facilement.

Le procédé Barbotin est peu coûteux et il favorise l'aération.

On entasse pêle-mêle les racines contre un mur de 2 à 3 mètres de hauteur, à l'exposition du nord ou de l'ouest. L'épaisseur est d'environ un mètre. On se sert des plus belles carottes pour faire le parement extérieur. Ce parement est laissé ainsi exposé à l'air libre. Mais on recouvre le dessus du tas d'une épaisse couche de paille. Les carottes résisteraient, ainsi, à des températures très basses.

Si l'on adopte le silo, il sera conique et de petites dimensions, 1^m,5 de diamètre et 1 mètre de hauteur. On l'établit sur le sol, recouvre de paille, sur laquelle on met de la terre. On a soin de ménager une étroite ouverture au sommet pour l'aération.

Rappelons qu'avant la mise en silo on doit décolleter en faisant une section peu étendue et bien nette. La plaie doit être sèche au moment d'emmagasiner.

En cave ou en cellier on dispose souvent les carottes en meules recouvertes de sable.

Dessiccation. — Pour dessécher les carottes à l'*évaporateur*, on les découpe en disques de 3 à 4 millimètres d'épaisseur ou en lanières. Échauder sept à huit minutes, maintenir 70° dans l'évaporateur ; durée trois heures au plus. 100 kilos donnent 10 kilos. Prix de vente 1 fr. 65 le kilo en gros. Les 100 kilos de produit frais exigent 5 francs de frais. Les 10 kilos de carottes sèches, à 1 fr. 65, rapportent alors 16 fr. 50. Les 100 kilos de carottes fraîches rendent donc net 11 fr. 50 (Malpeaux).

Carottes au sel. — On cuit aux trois quarts de jeunes carottes puis les plonge dans de l'eau froide pour les rafraîchir et les raffermir. On les met, ensuite, dans des tonneaux avec une saumure.

Au vinaigre. — Grattez et lavez de petites carottes nouvelles, jetez-les dans de l'eau bouillante, légèrement salée et faites-les cuire à moitié. Après cette demi-cuisson, égouttez les carottes et faites-les macérer dans du vinaigre pendant vingt-quatre heures.

Au bout de ce temps, égouttez de nouveau les carottes, ajoutez au vinaigre un peu de sel et un peu de nouveau vinaigre et faites bouillir.

Rangez les carottes dans un bocal avec quelques clous de girofle et une ou deux feuilles de laurier.

Appert. — Racler de petites carottes courtes ; blanchir dans l'eau un peu salée jusqu'à ce qu'une aiguille s'y enfonce sans résistance. Rafraîchir à l'eau froide. Mettre en flacons avec de l'eau légèrement salée. Boucher. Laisser au bain-marie bouillant une heure et demie (1/2 litre), ou une heure trois quarts (1 litre).

Confitures. — La confiture de *carottes* a le goût de la confiture d'oranges. On peut l'obtenir de la façon suivante.

7.

Par 500 grammes de racines épluchées et coupées en tranches minces, on emploie 750 grammes de sucre pulvérisé et le zeste de trois citrons coupés en tranches minces. On place, alors, dans une bassine, 1 livre de carottes, 1 livre de sucre, un peu de zeste de citron et toujours ainsi. Lorsqu'on a épuisé de la sorte la moitié des carottes, on exprime le jus de deux citrons, et l'on continue comme au commencement. En dernier lieu, on verse encore le jus de deux citrons. Après avoir mis assez d'eau pour recouvrir le tout, on fait cuire à petit feu durant trois à quatre heures. On met, enfin, en pots.

Pour les *carottes* en purée, on prend 1 kilo de jeunes racines qu'on lave, gratte et fait cuire à grande eau durant deux heures. On laisse, ensuite, refroidir, puis on tamise.

On prépare, d'autre part, un sirop avec 1 kilo de sucre, un citron coupé en morceaux et une gousse de vanille. Au premier bouillon, on y jette la purée de carottes et laisse cuire deux heures à feu doux. On peut, aussi, ajouter quelques amandes coupées en morceaux.

CHAPITRE XV

LES NAVETS

Les *navets* sont, comme les carottes, de conservation difficile. On ne les arrache que fin octobre, quand ils ont acquis tout leur développement. On débarrasse les racines de la terre, mais on ne les lave pas. On supprime les collets et range en silo conique de 1 mètre de diamètre et de 0^m,70 environ de hauteur. On recouvre le tas de paille, puis de terre. Il faut laisser la partie supérieure ouverte tant que l'on n'a pas à craindre les gelées.

Quelquefois, aussi, on dispose les navets en lignes serrées les unes contre les autres et l'on enterre avec la charrue.

On peut les mettre encore dans du sable à peine frais, au légumier, en leur laissant deux ou trois feuilles du cœur.

Dessiccation. — Pour dessécher les navets on procède comme pour les carottes (p. 116). Échauder cinq minutes ; conduire l'évaporation lentement à 55-60°, pour obtenir un produit bien blanc. Durée, environ quatre heures. Rendement 8 à 10 p. 100.

Rappelons que l'on fait avec les navets et les raves un produit analogue à la choucroute en opérant comme avec les choux (p. 27).

On les conserve encore *au naturel* en boîtes stérilisées Appert.

CHAPITRE XVI

LES CÉLERIS-RAVES

On conserve les céleris-raves en cave, dans du sable, de la même façon que les carottes ou, encore, en jauge.

On les dessèche à l'évaporateur exactement comme les carottes et les navets.

Le rendement est de 8 à 10 p. 100.

Au vinaigre. — Les légumes sont coupés en morceaux, rondelles ou autres.

Après les avoir faire cuire à moitié dans l'eau salée, on les égoutte et les met dans un bocal avec du fenouil et du poivre en grains, puis les recouvre de vinaigre bouilli. Le jour suivant on décante ce dernier pour le faire encore bouillir et l'ajouter à nouveau. On bouche alors le vase.

A la moutarde. — On épluche des céleris-raves bien fermes, les coupe en petits bâtonnets que l'on fait blanchir. Quand ils cèdent sous la pression du doigt, on les égoutte. Après les avoir mis dans un récipient avec quelques piments rouges, on verse dessus du vinaigre bouillant. Le lendemain on les sort du liquide et les place dans un bocal, que l'on achève de remplir avec un mélange de moutarde en poudre, de vinaigre de l'infusion et quelques cuillerées d'huile d'olive.

CHAPITRE XVII

LES OIGNONS ET L'AIL

L'*oignon* redoute peu les *gelées*. Quand il a subi l'influence d'une trop basse température, il dégèle après sans pourrir, si l'on a soin de ne pas y toucher au moment critique. Le blanc supporterait même les gelées en terre.

Les *oignons, aulx, échalotes*, destinés à être conservés pendant l'hiver doivent être récoltés quand les tiges commencent à jaunir et par un temps sec. Arrêter les arrosages deux semaines avant. On laisse une huitaine de jours sur le sol en les retournant, pour qu'ils se ressuient plus facilement. A moins que l'on ne veuille les lier en tresses, on peut, avant l'arrachage, couper les feuilles ou fanes à quelques centimètres au-dessus du bulbe.

Quand les bulbes sont suffisamment ressuyés, que leur maturation est terminée, on les conserve au grenier ou dans un autre local bien sain, aéré, plutôt froid, en les étendant sur une épaisse couche de paille sèche ; on les remue de temps en temps pour les aérer, en même temps que l'on écarte ceux qui sont gâtés. Pendant les gelées, avons-nous dit, on n'y touchera pas, de crainte de les faire pourrir. Lors des grands froids, il est prudent de les couvrir d'une épaisse couche de paille que l'on enlève aussitôt que la température s'adoucit.

Débarrassés de leurs feuilles, les *oignons* peuvent être placés au grenier dans des cadres en planches de 1ᵐ,50 à 2 mètres de hauteur. Souvent, encore, on en forme des meules. Dans les environs de Paris ces dernières ont une longueur de 1ᵐ,25 et une hauteur de 1ᵐ,50. On les établit en dressant de chaque côté d'un plancher, placé sur des traverses, des claies en branchages, entre lesquelles on empile les oignons recouverts, ensuite, d'une couche de paille surmontée d'un toit en chaume. L'aération est ici indispensable pour éviter l'échauffement des oignons en tas. A cet effet, on place dans la masse de petits fagots, etc.

Enfin, un autre procédé, très en usage dans les fermes du Midi, consiste à mettre en tresses (*li rès*) ou chaînes, ou simplement en bottes, que l'on accroche aux solives, ou mieux à des barres suspendues dans un local sain et aéré.

Les oignons blancs, ceux récoltés dans un terrain humide ou fraîchement fumé, se conservent moins bien que les rouges, forts, etc.

Ceux récoltés en août (o. d'hiver) se conserveraient mieux que ceux de juin (o. d'été).

Voici encore, d'après M. Denaiffe, comment, en Zélande, on conserve les oignons :

« Les producteurs entassent et laissent sur le sol toute la récolte, souvent très importante, de leur ferme ; ils la déposent en tas allongés, de forme parallélipipédique, dont les côtés verticaux sont maintenus par des claies d'osier fichées dans le sol ; la partie supérieure du tas est recouverte de paille ; si vous questionnez un cultivateur expérimenté au sujet de sa façon de procéder, il vous répondra que la vente des oignons en Angleterre oblige à attendre des époques favorables qui, souvent, ne se présentent que longtemps après la récolte, et que les silos de bulbes analogues à ceux utilisés pour les pommes de terre et pour les betteraves étant impraticables parce qu'ils provoquent la pourriture des oignons, on a dû adopter cette nouvelle méthode, au moyen de laquelle on obtient une conservation parfaite. Il existe un second moyen : on creuse des fossés de $1^m,20$ à $2^m,50$ de profondeur, de 15 à 18 mètres de longueur et de $2^m,50$ à $4^m,60$ de largeur, puis on garnit l'intérieur avec des planches recouvertes d'une faible couche de paille longue, après quoi ces fosses sont remplies d'oignons. Si l'on veut gagner de la place, il suffira de construire, hors de terre, une palissade un peu épaisse au-dessus de la première.

« Cette palissade, qui peut être de hauteur d'homme, est maintenue par des pieux enfoncés en terre. Dès qu'elle est construite, il suffit d'étendre une mince couche d'oignons. S'il est nécessaire, on peut encore construire, comme précédemment, une troisième palissade sur les deux autres et la remplir d'oignons. Le travail terminé, les oignons sont logés pour tout l'hiver.

« S'il survient une forte gelée, il faudra éviter de remuer les oignons jusqu'à ce qu'ils soient tout à fait dégelés. Cette précaution est indispensable, car, si les abris sont ouverts et que l'on touche les oignons avant qu'ils soient tout à fait dégelés, ils sont tous perdus. Au contraire, en ne dérangeant pas les oignons atteints, non seulement ils restent bons à employer pour la consommation, mais, chose qui paraîtra étonnante, ils demeurent aussi bons pour la plantation que s'ils n'avaient pas eu à souffrir du froid. A la fin du printemps, alors que les provisions conservées dans les paniers ou les magasins commencent à s'épuiser, et que la chaleur du soleil réveille la force de végétation des bulbes, il est indispensable de rentrer les oignons dans une cave froide, ce qui peut se faire sans trop grande dépense ; de cette façon, la végétation sera retardée pour longtemps et il sera possible de conserver jusqu'à la nouvelle récolte les oignons sains et mangeables, au lieu de les faire venir des contrées du Midi à des prix exorbitants. »

Régions. — A Castillon (Oignon de Saint-Trojan) dans la *Gironde*, à Alais, on cultive des variétés de garde par excellence.

Dans le *Lot-et-Garonne*, l'arrondissement d'Agen cultive en quantité les oignons à Bon-Encontre, Le Passage, Castelculier, Lafox, Sauveterre, Layrac, Boé, Saint-Pierre-de-Clairac, Brax, Roquefort, Colayrac ;

les 150 hectares produisent 62.000 quintaux, vendus en moyenne 3 francs. La *Bretagne* exporte en quantité en Angleterre.

Au vinaigre. — On épluche les bulbes, les fait blanchir cinq à six minutes dans de l'eau légèrement salée, les rafraîchit puis les met dans un bocal. On verse dessus du bon vinaigre bouillant. Le lendemain on fait rebouillir le vinaigre pour l'ajouter à nouveau. (Voir p. 25 et 90.) Surtout le petit oignon de Hollande.

Dessiccation. — On dessèche facilement les oignons dans un évaporateur. A cet effet, on les épluche et les coupe en tranches. Échauder huit à dix minutes, maintenir la température dans l'évaporateur à 70° durant trois heures. Rendement 12 p. 100.

Les produits, qui conservent très bien leur aspect, sont des condiments énergiques. En les vendant 2 francs le kilo, les 100 kilos de frais se trouvent payés 18 à 20 francs (Malpeaux).

Ail.

Dans le Midi on récolte l'*ail* au début de l'été, quand les plantations ont été faites en automne, et en juillet dans la région de Paris.

Une fois arrachés, les bulbes sont laissés se ressuyer, puis on tresse les queues pour en faire des chaînes ou chapelets, que l'on réunit par deux. Comme pour les oignons, on range ces chapelets à califourchon sur des perches disposées horizontalement dans un local sec et aéré. On rassemble aussi les aulx en bottes. Pour rendre la conservation des aulx plus certaine, en même temps que pour leur donner une saveur particulière, assez appréciée dans cette région, on a l'habitude, en Bretagne, de les exposer pendant une quinzaine de jours à l'action de la fumée produite dans une chambre close. Ils durcissent et prennent une teinte jaunâtre.

On doit vendre les aulx au plus tôt, car la dessiccation réduit leur poids de moitié dans le courant d'une année.

Les *échalotes* se conservent de la même façon (sauf le saurage dont nous venons de parler). Les bulbes récoltés très tôt se conservent le mieux, dit-on.

L'échalote de Jersey, celle d'Alençon (sous-variété) seraient de moins bonne garde que l'échalote ordinaire.

CHAPITRE XVIII

CARDES ET CARDONS

Conservation en jauge. — On les attache avec des liens en paille. Après avoir rogné la partie supérieure, on arrache les plants avec la

Fig. 27. — L'empaillage des cardons pour le blanchiment, à l'École d'Antibes.

motte autant que possible et replante côte à côte en cave dans du sable. On peut, aussi, les mettre en jauge dehors.

On creuse à cet effet une rigole de 25 centimètres de profondeur et on y place verticalement les légumes par paquets de 8 à 10 pieds, que l'on enveloppe au préalable de feuilles sèches. Enfin, les pieds sont séparés par une épaisseur de terre de quelques centimètres. On butte avec cette dernière jusqu'aux deux tiers de la hauteur.

Pour éviter les dégâts causés par les pluies, on met sur chaque rangée un léger toit de paillassons.

Procédé Appert. — On choisit des côtes bien blanches

Phot. A. Rolet.

Fig. 28. — Le buttage des céleris pour le blanchiment, à l'École d'Antibes.

(dès octobre, et par un temps sec, on attache les feuilles, les entoure de paille et, pour hâter le blanchiment, entoure le tout d'une toile ou garnit le pied de fumier frais de cheval), côtes que l'on débite en morceaux de la longueur des récipients qui doivent les contenir.

Après lavage, on blanchit dans l'eau bouillante salée durant cinq minutes. On rafraîchit dans l'eau froide.

Quand les morceaux sont égouttés on les range droits dans des boîtes. On jute avec de l'eau préalablement bouillie avec 40 grammes de sel par litre.

Les boîtes soudées de 1 litre doivent rester une heure et demie dans le bain-marie bouillant.

Dessiccation. — Pour sécher les cardes, cardons, dans un *évaporateur*, on les débite en morceaux de 10 centimètres de longueur, que l'on refend au besoin. Le blanchiment dure cinq à six minutes et la dessiccation trois heures environ.

On traite les *céleris* à côtes comme les cardons. On peut encore mettre ces légumes en bocaux et stériliser.

CHAPITRE XIX

L'ANGÉLIQUE ET LA RHUBARBE

Récolte. — Dans la région de Clermont-Ferrand on récolte les tiges d'*angélique* la deuxième ou la troisième année, de juin à août. On attend que les premières ombelles commencent à défleurir, mais, souvent, on coupe avant le développement des inflorescences. On profite, pour cela, de la rosée du matin.

Les tiges, qui ont 1 mètre à 1^m,50 de hauteur, sont sectionnées rez de terre et en biseau. Quelquefois, on laisse deux tiges à la partie centrale, quand on veut que la plante végète encore une année.

On débarrasse des feuilles, aplatit, met en bottes, et livre aux confiseurs.

L'utilisation de cette plante n'est pas limitée aux tiges ; les racines, les graines, les feuilles et les fleurs sont employées par les distillateurs liquoristes pour la fabrication des absinthes, des vulnéraires, du vermouth de Turin, des vins de liqueur, des alcoolats (eau de mélisse des Carmes), etc. (1)

On cultive l'*angélique* dans les environs de Clermont-Ferrand et de Niort (Saint-Lignaire et Saint-Maixent). Dans cette dernière région, la production est d'environ 25.000 kilos. On y préfère la variété blanche, seule adoptée, qui est bien moins filandreuse que la rouge et, par suite, plus recherchée par les confiseurs de Niort.

Dans les environs de Clermont, un hectare d'angélique produit 8.000 à 12.000 kilos, vendus aux confiseurs de la ville 20 à 40 francs les 100 kilos suivant les années. La dépense, pour un hectare, se chiffre par 1.275 fr. environ. Les 25 à 30 producteurs de la région récoltent 250.000 kilos de tiges qu'absorbent pour la plus grande partie les neuf confiseries importantes de Clermont-Ferrand et de Riom. Ces maisons exportent l'angélique confite principalement en Angleterre, Amérique, Australie.

Confiserie. — Les tiges les plus grosses et les blanches sont les plus appréciées. Aplaties puis coupées en morceaux de 5 à 30 centimètres de longueur, elles sont blanchies dans l'eau bouillante, où on les laisse jusqu'à ce qu'elles soient tendres et cèdent sous les doigts.

(1) Voir notre ouvrage, *Les Essences et les parfums.*

Après avoir enlevé les fils, s'il y a lieu, on les jette dans l'eau froide pour les raffermir. Parfois on répète une deuxième fois cette opération.

Les morceaux ainsi préparés sont mis dans un sirop de sucre qui marque 10° au pèse-sirop. Quand le liquide a jeté plusieurs bouillons, on sort et range dans une terrine, puis verse le sirop dessus.

Le lendemain ce dernier est concentré jusqu'à 14-16°, et remis sur les morceaux.

Quelques jours après on fait cuire le sirop jusqu'à ce qu'il file un peu entre le pouce et l'index, mais sans se rompre. Il marque, alors, 20° et on le reverse sur les morceaux d'angélique.

Quelques jours plus tard on recommence la même opération, pour concentrer le sirop jusqu'à 26-30° (il file sans se rompre entre les doigts écartés l'un de l'autre). A ce moment, on met l'angélique dans la bassine et fait bouillir.

On retire les morceaux, les range sur des ardoises polies ou sur des plaques de marbre. On les saupoudre largement avec du sucre, puis les porte dans une étuve.

15 kilos de tiges vertes donnent, environ, 10 kilos de matière confite qui se vend de 2 à 5 francs le kilo.

Celle-ci est conservée dans des boîtes en bois garnies de papier blanc, bien fermées, de 3^{kg},5 à 5 kilos net, que l'on tient en un lieu ni trop humide ni trop sec. Avec excès d'humidité l'angélique se ramollit et elle est, aussi, moins aromatique. A une température élevée et prolongée, la matière blanchit et devient cristalline et cassante.

L'angélique de *Châteaubriant* (L.-I.), quoique moins verte, plus sèche et plus cassante que celle de Niort, serait plus appréciée que cette dernière, parce qu'elle est plus sucrée, et qu'aussi elle se conserve plus longtemps.

Ratafia d'angélique. — Faire macérer dans un litre d'eau-de-vie, pendant un mois, 25 grammes d'angélique fraîche découpée en morceaux ; 20 grammes de graines d'angélique concassées ; 1 gramme de macis ; 2 ou 3 clous de girofle. Ajouter un kilo de sucre fondu dans un verre d'eau, filtrer et mettre en flacons.

Le *espetro* a une préparation à peu près analogue : faire

macérer pendant huit jours, dans un litre d'eau-de-vie, 32 grammes d'angélique, 16 grammes de coriandre, 4 grammes de fenouil, 4 grammes d'anis vert et un limon coupé en tranches. Filtrer après le temps voulu, et ajouter à la liqueur, avant de la mettre en bouteilles, 300 grammes de sirop de sucre marquant 32°. Boucher soigneusement.

Pour avoir du *raspail*, laisser quelques jours au soleil dans une bouteille (ou vingt-quatre heures sous le manteau de la cheminée) 1 litre alcool à 86°, 30 grammes de racine d'angélique, 20 grammes calamus aromaticus, 2 grammes myrrhe, 2 grammes cannelle, 1 à 4 grammes aloès, 1 gramme clous de girofle, 1 gramme vanille, $0^{gr},5$ camphre, $0^{gr},25$ noix muscade, $0^{gr},06$ safran. Après macération, passer la liqueur à travers un linge si elle est trouble, puis ajouter un verre d'eau-de-vie et 500 grammes de sucre fondu dans un demi-litre d'eau.

Autre formule : On opère comme il vient d'être dit, mais on emploie 1 litre d'alcool à 56°, 6 grammes de racine d'angélique, 2 grammes de calamus aromaticus, 2 grammes de myrrhe, 2 grammes de cannelle, 1 gramme d'aloès, 1 gramme de girofle, 1 gramme de vanille, $0^{gr},5$ de camphre, $0^{gr},25$ de muscade $0^{gr},06$ de safran.

Rhubarbe confite. — Prendre des côtes de *rhubarbe* avant complète maturité, sinon elles sont trop fibreuses. On les coupe en tranches, après les avoir épluchées. On les fait cuire à l'ébullition dans le minimum d'eau. On les retire après quelques minutes, pour les laisser s'égoutter sur un tamis. L'eau de cuisson sert à préparer le sirop. On emploie autant de sucre que de rhubarbe. On fait cuire au *petit boulé* (1) et on ajoute les morceaux égouttés. On laisse « *frémir* » sur le coin du fourneau durant vingt à vingt-cinq minutes, puis met en pots.

Purée de rhubarbe. — On épluche la rhubarbe, la coupe en petits morceaux, que l'on met dans une bassine avec un verre d'eau par kilo. On parfume avec cannelle, zeste de citron, que l'on ajoute au dernier moment, quand la pâte va être cuite.

On chauffe sur un feu pas trop vif, en remuant continuellement, jusqu'à ce que les morceaux soient complètement

(1) Voir *Les Conserves de fruits*, p. 193.

fondus. On verse, alors, sur une tamis et écrase. La purée qui traverse est pesée. On y ajoute autant de sucre en poudre, avec 50 grammes de fécule délayée à part (par kilo de purée), avec très peu d'eau froide.

On fait cuire sur un feu pas trop vif, puis on met en pots.

Autre recette. — Au lieu de faire cuire, d'abord, les morceaux dans un peu d'eau on leur ajoute du sucre (poids pour poids), puis on laisse macérer à froid les deux produits durant une nuit, on fait cuire alors une heure en agitant constamment la masse : on obtient, ainsi, la marmelade.

Vin de Rhubarbe.

Écraser des côtes de rhubarbe ; en extraire le jus ; ajouter à ce dernier deux tiers d'eau, puis 175 à 200 gr. de sucre par litre. Chauffer légèrement l'eau pour faire fondre le sucre et hâter la fermentation, qui dure une quinzaine de jours. Soutirer le liquide clair et le mettre en bouteilles.

CHAPITRE XX

SALADES

ET HERBES DIVERSES

Les *salades* se conservent difficilement à cause de la forte proportion d'eau qu'elles contiennent.

On les arrache avec la motte et les porte en cave, où on les dispose en planches côte à côte.

On peut, aussi, creuser une tranchée dans un sol sain, en rejetant la terre sur les flancs et sur les bords. Les *chicorées* et les *scaroles*, arrachées avec la motte, sont repiquées en deux ou trois lignes sur les flancs de la tranché dont le haut sera fermé par de vieux sacs recouverts de paillassons puis de paille.

Avec ces précautions, on arrive à conserver les *scaroles* pendant la plus grande partie de l'hiver pour les écouler sur le marché au fur et à mesure des besoins de la consommation.

La *chicorée sauvage*, la *chicorée Wittloof*, sont portées également en cave avec leur motte. Les racines, placées dans du sable humide, continuent ainsi à végéter.

Fig. 29. — Conservation des laitues dans une tranchée.

On peut encore conserver les *chicorées* et les *scaroles* pendant l'hiver en les pendant dans la cave la tête en bas. Pour cela, on tend aux voûtes des caves des fils de fer parallèles, distants de 20 à 25 centimètres et supportés par des pitons assez rapprochés. Lors des premières gelées, profitant d'un temps sec, on arrache ces *salades* avec une petite motte de terre, ou, tout au moins, avec toutes leur racines. On enlève les feuilles flétries et l'on attache un fil de fer fin autour du collet de chaque plante, puis on recourbe l'extrémité, de manière à former un petit crochet qui sert à les suspendre la tête en bas, aux lignes de fils de fer.

Les *laitues*, notamment la blonde d'hiver et la laitue morine, se conservent sous châssis. On les enlève de terre avec la motte, en opérant par un temps sec, et on les dispose côte à côte dans le coffre du châssis, le plus près possible du verre. On ne ferme complètement que par les grands froids. Dans ce cas on protège, s'il y a lieu, avec de la paille ou des feuilles. Un point important, c'est qu'il faut avoir soin d'aérer chaque fois que le temps le permet.

Dessiccation. — Les *chicorées* et *laitues* sont desséchées entières à l'évaporateur. On les blanchit durant une à deux minutes.

La dessiccation n'exige qu'une heure et demie à deux heures. Rendement 6 à 8 p. 100.

On opère de même avec les *bettes* ou *poirées, épinards, oseille*, les feuilles de *céleri*, le *cresson*, etc.

Conserves d'algues (pourpier marin). — Laver les algues marines à l'eau froide, après les avoir récoltées, les placer dans des pots en grès entre des couches successives de gros sel de cuisine, et les y laisser pendant quarante-huit heures ; les dessaler et les mettre dans des bocaux en verre avec sel, gros poivre, estragon et vinaigre, comme pour conserver des cornichons.

HERBES CUITES

Il peut être utile de savoir faire des *conserves* « *d'herbes cuites* », quand les *scaroles, chicorées, épinards, oseille,* etc., sont abondants, en septembre, octobre, par exemple, par suite des pluies favorables, ou, au printemps, pour d'autres plantes, *oseille, pourpier, cerfeuil, bette, poireaux.*

On coupe les pieds de scarole ou de chicorée au collet de la plante plutôt que de les voir se détériorer sur pied, faute d'une meilleure utilisation. Après avoir fait le triage ordinaire des feuilles gâtées, on lave à grande eau pour détacher toute impureté, terre, limaces, etc. On hache, en écartant les talons, puis on fait cuire dans de l'eau salée. On met au fond de la bassine un morceau de beurre pour que la matière ne s'attache pas.

La cuisson demande plusieurs heures. Après avoir retiré la matière, on la laisse égoutter dans une passoire. On la met ensuite dans des pots en grès en la tassant fortement, jusqu'à un centimètre du bord. Après complet refroidissement, on enlève toute partie de liquide et met à la surface une couche de sel mélangé à un peu de poivre. Quand le tout est bien tassé, on verse du beurre ou de la graisse fondus et on termine par l'addition d'un peu d'huile qui bouchera les fissures qui pourraient, plus tard, se produire. On ferme, alors, le récipient, comme on le

Pho. A. Rolet.

Fig. 30. — La récolte du cresson de fontaine.

fait d'ordinaire (peau de vessie mouillée, papier parchemin) pour les conserves, et l'on porte dans un endroit à l'abri de la gelée et de l'humidité.

Il est à peine besoin de dire qu'un pot entamé doit être aussitôt entièrement consommé, car le produit s'aigrirait. Dans cette prévision il vaut mieux employer de petits pots.

Purée d'oseille. — Après avoir bien trié et lavé les feuilles

ROLET. — Conserves de Légumes.   8

on les fait cuire très lentement dans un peu d'eau salée. On ajoute, aussi, persil, laitue, etc. Quand le produit est «fondu », on le passe au tamis. La purée est remise sur le feu pour la faire réduire le plus possible. On la tasse ensuite fortement dans des pots en grès ou en verre. On recouvre d'huile et conserve au frais.

Il n'est pas indispensable que le produit soit passé au tamis.

On peut encore mettre la purée en boîtes ou en bocaux avec ou sans jus de veau et stériliser au bain-marie.

A *Vareddes*, dans le canton de Meaux, l'oseille pour conserves est cultivée sur 30 hectares (variété oseille de Belleville). Cette superficie produit 6.000 à 7.000 quintaux en vert, qui, par la cuisson, se réduisent d'un peu moins de moitié, soit 3.500 à 4.000 quintaux. Le produit est comprimé en feuilles pour potages ou laissé en purée, absolument dépouillée des plus petites nervures, et il est livré, soit en boîtes de 1/8, 1/4, 1/2, 1 et 2 litres, réunies en caisses de 25, 50 ou 100 boîtes, soit en feuillettes à vin ou en barils de 50, 100 et 130 kilos net. En boîtes, le prix de revient du litre varie entre 0 fr. 75 et 2 francs ; en fûts de 0 fr. 35 à 0 fr. 40.

M. Cleret a fondé dans le pays une usine qui travaille l'oseille produite sur 15 hectares, sans compter les autres légumes variés que produit en abondance la région.

HERBES DESSÉCHÉES

Pour dessécher l'*oseille*, les *épinards*, etc., on les choisit bien frais, les lave, puis hache grossièrement les feuilles, ou les conserve entières. Échauder deux minutes et laisser bien égoutter. On conduit lentement la dessiccation pendant deux à trois heures. (Malpeaux).

Le produit obtenu, étant très friable, doit être manipulé avec soin. Rendement 12 à 15 p. 100.

Les *poireaux* sont coupés en fragments de deux centimètres de longueur. L'échaudage ne doit durer que cinq à six minutes. La température dans l'évaporateur ne doit pas dépasser 60°.

La dessiccation demande, environ, trois heures. Nous avons parlé, ailleurs, de la dessiccation des oignons, etc. (p. 121).

Quand le *persil* abonde, en septembre, le couper, enlever les tiges, hacher grossièrement et le mettre à sécher à l'ombre. On l'enferme, ensuite, dans des boîtes en fer-blanc.

La couleur et la saveur ne sont en rien altérées et, qui plus est, pressé entre les doigts il se réduit en poudre, ce qui dispense de le hacher, si on ne l'a déjà fait avant la dessiccation.

Sous la dénomination d'*épices provençales*, on prépare avec certaines plantes aromatiques un produit qui sert à assaisonner les mets.

Ainsi, on dessèche des poids égaux de *thym, sauge, serpolet, sarriette, lavande* ou *aspic, romarin, feuilles de laurier, clous de girofle, écorce d'orange, piment, marjolaine, basilic,* etc.

On pulvérise, après dessiccation au soleil, ou dans un four à une douce température. On passe au tamis fin et on garde dans des flacons ou des boîtes bien fermés.

D'après M. Malpeaux, toutes les herbes condimentaires, *persil, céleri, cerfeuil, ciboulettes, pourpier,* etc., peuvent être conservées par le séchage à l'évaporateur. Il est presque inutile de les échauder. On les arrange en couche mince sur les claies. La dessiccation doit se faire lentement vers 60°. Elle n'exige que deux heures.

Estragon au naturel. — On blanchit dans l'eau légèrement salée, bouillante, huit à dix secondes seulement. On égoutte et rafraîchit, puis met dans des flacons avec l'eau qui à servi au blanchiment et que l'on additionne d'une pincée de sel de Vichy par litre.

On bouche et porte au bain-marie. On maintient l'ébullition cinq minutes pour un quart de litre, et dix pour un demi-litre.

Nos conserves de légumes à l'étranger.

Aux États-Unis. — « Nos conserves de haricots verts, de champignons et de petits pois sont très demandées. Il en est de même de nos truffes. Nous avons d'ailleurs une clientèle de premier choix et la réputation de nos produits est universelle. Mais nous avons à lutter contre la concurrence locale et étrangère. Les conserves de tomates sont presque exclusivement fournies par l'Amérique. Pour les autres produits, nous avons à compter avec la concurrence italienne, belge, espagnole et même allemande. Certes, la clientèle des grands hôtels et

(1) Aux États-Unis.

des bons restaurants nous reste acquise ; mais la clientèle moyenne, qui constitue le nombre, est sollicitée par nos rivaux et nous commençons à être serrés de près par l'importation italienne qui a fait d'énormes progrès en raison de l'extrême bon marché de ses produits. Il y a toutefois lieu de remarquer que la vitalité de notre commerce s'est affermie, en dépit de la crise, par une augmentation sensible de nos importations de légumes en 1908 (1.220.837 dollars en 1908 ; 995.695 en 1909, au lieu de 888.271 dollars en 1907 ; Italie, 891.622 dollars en 1908, 590.884 en 1909, au lieu de 541.083 en 1907).

Les droits de douane n'ont pas été modifiés par les nouvelles dispositions douanières.

	Unités.	Droits perçus.	
		Dollars.	Francs.
Fèves, pois, champignons et truffes préparés ou conservés en boîtes de fer-blanc, en bouteilles ou autrement, y compris le poids des emballages intérieurs.............	Livre.	0 02 1/2	0 285
Champignons, coupés, en tranches, ou séchés, en colis non divisés contenant au moins 5 livres............	*Idem.*	0 02 1/2	0 285
Légumes coupés, en tranches, ou séchés, ou non entiers, ou desséchés, grillés, conservés ou marinés dans le sel, la saumure, l'huile, ou préparés de toutes manières, non dénommés, y compris haricots conservés, produits similaires	Valeur.	40 p. 100.	40 p. 100

« Les conserves de légumes sont généralement présentées en boîtes métalliques de 1/4 pour le commerce de détail, et 1/2 et 4/4 pour le commerce de restaurant. Les conserves de tomates et d'épinards se vendent couramment en boîtes de 4/4. Les ouvertures sont en bande. Les boîtes doivent être mises dans des caisses très solides de 100 boîtes de 1/4 ou de 50 boîtes de 1/2. Chaque boîte doit porter l'étiquette « France ». Il est inutile de renouveler les stocks, si les marchandises sont tenues au frais.

« La France importe aussi un certain nombre de légumes secs et de légumes frais et primeurs. Il est même à noter que notre pays qui n'avait importé que 7.450 dollars de haricots et de pois secs en 1907, peut enregistrer 678.260 dollars à son actif pour l'année 1908 et 1.300.000 pour 1909, dépassant sensiblement nos concurrents, sauf peut-être l'Autriche-Hongrie. Il y a donc là un marché intéressant à surveiller et que je crois devoir recommander à l'attention de nos compatriotes ; je crois devoir également signaler le marché des oignons. On importe de 800.000 à 900.000 dollars par an d'oignons étrangers en Amérique ; celui des pommes de terre, qui offre de bonnes occasions aux importateurs quand la récolte américaine est déficitaire, ce qui fut le cas en 1904, en 1906 et en 1909.

« Il se fait une importation assez considérable de légumes frais et de primeurs, bien que la concurrence américaine soit redoutable, dans le sud et l'ouest des États-Unis. Les plus gros importateurs de légumes frais sont : l'Allemagne, l'Italie, le Canada, et l'île de Cuba. La part de la France est de 30.000 à 33.000 dollars annuellement, mais elle pourrait être sensiblement augmentée en ce qui concerne les champignons, les artichauts, les endives. Les emballages de légumes frais doivent être particulièrement soignés. »

Au Danemark. — Les conserves françaises les plus appréciées sont : fonds d'artichaut, cèpes, céleris, champignons, petits pois, tomates, truffes. On reproche les prix élevés. Les flacons à bouchage hermétique sont frappés de droits plus élevés qu'avec une capsule ordinaire ou uu bouchon cacheté.

A Londres. — On préfère les haricots secs gros et plats très blancs. Les *soissons*, dans les bonnes maisons de Londres. Les gros haricots de Madagascar sont très estimés. Les flageolets blancs et surtout les verts sont de vente courante. Les rouges ne sont pas demandés. Emballage en sac de 100 kilog. et de 40 à 50 kilog. pour ceux de Madagascar.

CHAPITRE XXI

CHICORÉE A CAFÉ
ET RACINES DIVERSES

La *chicorée à café* est cultivée surtout dans le nord de la France, en Belgique et en Allemagne.

L'*Aisne* compte 200 hectares réservés à cette plante.

Dans le département du *Nord* ce sont principalement les arrondissements de Valenciennes, Lille et Dunkerque qui produisent la chicorée (en 1903 Dunkerque 1.458 hectares ; Lille 981 ; Valenciennes 659 ; Cambrai 142 ; Douai 108 ; Hazebrouck 25 ; Avesnes 12) ; en 1903 la production moyenne de la chicorée verte à l'hectare s'est élevée à 260 quintaux, soit, au total, 880.000 quintaux, ce qui correspond à 220.000 quintaux de cossettes sèches. Malgré l'augmentation croissante de la culture, il entre encore beaucoup de cossettes sèches venant principalement de Belgique.

La chicorée verte est vendue directement aux fabricants, séchée au préalable par le cultivateur lui-même.

Aujourd hui on ne sèche plus guère la racine de chicorée non lavée.

En général, la vente des cossettes se fait par l'intermédiaire de commissionnaires qui se rendent dans les principaux centres producteurs ou qui passent au domicile du cultivateur. Il se tient chaque mercredi après midi, à Lille, un marché aux cossettes de chicorée, où s'établissent les cours pour la semaine.

Dans la Somme, il y a, à Rue et à Crotoy, plusieurs cossetteries importantes. Dans les territoires de Rue et de Péronne on compte 600 hectares de chicorée à café.

La chicorée à café est arrachée quand les feuilles de la plante commencent à jaunir, c'est-à-dire au début d'octobre, et se poursuit jusque fin novembre. Comme les semis se font en lignes, on a intérêt à se servir d'une arracheuse semblable à celle qui est employée pour les betteraves. La récolte à la fourche ou à la bêche spéciale est plus longue et coûte plus cher. Le travail d'un ouvrier ne dépasse pas une moyenne de 2 ares et demi par jour. Dans le nord de la France, l'arrachage à la main revient à 120 francs. Le *décolletage* des racines revient à 30 à 40 francs par hectare. Une fois bien nettoyées, on en fait de petits tas que l'on recouvre avec les collets, en attendant la livraison aux usiniers.

Le plus souvent, les cultivateurs, comme on l'a vu, transforment eux-mêmes les racines vertes en *cossettes sèches*.

A cet effet, on les lave soigneusement, puis on les coupe dans le sens de la longueur en deux ou en quatre pour réduire en menus fragments les portions ainsi obtenues. Mais on peut, aussi, employer le coupe-racines.

La matière est alors mise à sécher à une température de 50 à 55°, soit dans les tourailles de brasserie, soit dans des étuves spéciales. On conserve, ensuite, dans un local bien sec.

L'hectare donne 18.000 à 35.000 kilos de racines vertes qui, desséchées, représentent un poids de 3.950 à 8.750 kilos.

On trouvera dans le *Bulletin de l'office de renseignements agricoles*, 1904, *p.* 1191 (Imprimerie nationale, 87, rue Vieille-du-Temple, Paris, 0 fr.60) une intéressante étude technique et économique sur la culture et le séchage de la chicorée en Belgique, dont nous extrayons ce qui va suivre à propos de la dessiccation.

Le décret du 4 mai 1907 (*Officiel* du 15 mai 1907) règlemente l'admission temporaire en France des racines de chicorée destinées à être torréfiées et moulues.

Dessiccation. — Dans les Flandres et le Hainaut, la plupart des producteurs possèdent chacun leur four, qui est considéré comme une des constructions de l'exploitation. Il est, ordinairement, établi par le propriétaire, mais le fermier paie l'intérêt des débours au taux de 4,5 à 5 p. 100. La construction d'un petit four à un ou deux foyers coûte de 1.500 à 2.000 francs. Un grand four, bien agencé, avec six foyers et deux étages de séchage, revient à environ 6.000 francs.

La plupart des petites installations sont en briques et de forme oblongue. Le premier des deux étages est occupé par des foyers ouverts, et le deuxième présente une ou deux chambres avec des plaques de tôle perforée, placées à $2^m,5$ au-dessus des fourneaux.

Un four moderne à une chambre et un étage de séchage a, ordinairement, trois foyers. Au-dessus de ces derniers sont suspendues des pièces métalliques qui, en même temps qu'elles répartissent mieux le calorique, empêchent les petits morceaux de chicorée, la poussière, de tomber dans les fourneaux.

Les *cossettes* sont placées sur la plaque perforée en une couche de 25 centimètres. Elles subissent, pendant vingt-quatre heures, l'action d'une température de 60° centigrades. Toutes les deux heures on retourne la matière à la pelle.

Dans les installations pourvues de deux plans de séchage, ceux-ci sont disposés l'un au-dessus de l'autre, à une distance de 1^m,80, environ, et dans la même chambre, ou bien l'un à côté de l'autre dans deux chambres, un mur les séparant ainsi. Dans le premier cas, les fourneaux sont munis d'une cheminée en briques, qui fait légèrement saillie au-dessus du plan de séchage inférieur. Cette cheminée est pourvue, à son sommet, d'une trappe, que l'on peut manœuvrer à volonté au moyen de poulies, de façon à mieux régler la température. Les gaz chauds, s'échappant par des trous ménagés sur les côtés de la cheminée, viennent sécher la chicorée, qui repose sur le plan inférieur.

Comme pour les fours simples décrits plus haut, des distributeurs de chaleur sont suspendus au-dessus de chaque cheminée.

La chicorée brute, après être restée douze heures sur l'étage supérieur, est poussée avec des pelles dans des ouvertures spéciales, d'où elle tombe sur l'étage inférieur, et y achève sa dessiccation pendant encore douze heures.

Pour empêcher les petites cossettes de brûler, les trous des plaques du plan supérieur sont plus grands que ceux du bas. De la sorte, les débris de racines tombent directement sur l'étage inférieur.

On comprend que dans ce type de four, non seulement la dessiccation soit progressive et régulière, mais encore que l'on utilise mieux l'air chaud de la partie supérieure.

La pratique a montré, cependant, qu'il vaut mieux disposer les deux plans de séchage au même niveau, dans des chambres séparées par un mur muni d'une ou de plusieurs portes de communication ; le plan de séchage de gauche est, alors, double de celui de droite, et chauffé par un nombre double, aussi, de fourneaux, la température ne dépassant guère 60° centigrades.

La chicorée est, d'abord, placée à gauche, où elle reste douze heures ; sa dessiccation s'achève à droite, où on la dispose sur une épaisseur double, soit 50 centimètres, et où elle reste vingt-quatre heures. Sur les deux plans, la matière est retournée toutes les trois à quatre heures.

On a conseillé de laisser refroidir les racines pendant vingt-quatre heures sur un plan de briques situé entre les deux chambres de séchage avant de la faire passer sur le deuxième plan.

Dans les anciens fours, les interstices laissés entre les tuiles de la toiture constituent les seuls canaux de ventilation ; mais les fours plus modernes sont ventilés au moyen d'une cheminée en bois.

Dans la pratique, on admet un rendement de un pour quatre.

La matière séchée est mise, au sortir du four, dans des sacs en toile grossière, où on la laisse refroidir et durcir quelques heures. Les sacs sont, alors, vidés, et la chicorée mise en tas dans un local sec, obscur et exempt de courants d'air. Un peu de chaux vive, placée dans un coin de la pièce, absorbe l'excès d'humidité de l'atmosphère. Les cossettes insuffisamment desséchées s'échauffent au bout de quelques mois, elles perdent leur couleur, moisissent et deviennent la proie des mites.

Un grand producteur des environs de Courtrai évalue le prix de revient du séchage à 9 francs par 1.016 kilos de racines brutes, soit 36 francs pour le même poids de chicorée sèche. Quatre hommes et un enfant, ce dernier gagnant 1 fr. 85 par jour, les hommes 3 francs, sèchent par jour 8.128 kilos de racines brutes·

En résumé, 1.016 kilos de chicorée sèche coûtent à produire au récoltant d'abord 111 fr. 50 pour les 4.064 kilos de racines brutes, plus 36 francs de séchage ; soit 147 fr. 50.

On estime, en Belgique, que le prix de vente ne doit pas descendre au-dessous de 152 francs, environ, pour les 1.016 kilos. Ajoutons que la poussière et les fragments de chicorée qui tombent par les trous des plaques (environ 13 kilos) se paient le septième du prix des cossettes.

Ce séchage au premier degré, ou séchage blanc, est complété par un second que font subir les exportateurs en Angleterre avant d'embarquer la marchandise. Le séchage au deuxième degré, qui s'opère dans des fours spéciaux, sur des plaques perforées ou dans des cylindres en fer, fait subir à la matière une sorte de grillage et de caramélisation, mais lui fait perdre aussi 20 p. 100 de son poids.

La chicorée qui a, ainsi, subi le deuxième séchage (*high dried chicory*) est vendue, ordinairement, avec rendement garanti de 102 livres anglaises ($47^{kg},157$) de chicorée moulue par cwt (50^{kg},8). Mais le rendement est, le plus souvent, supérieur à ce chiffre. Les prix varient suivant ceux de la chicorée qui n'a subi que le séchage ordinaire.

La moyenne, vers 1904, était de 1.892 francs les 1.016 kilos (ton) franco à bord à Ostende ou Gand.

Café de racines. — Avec la *betterave*, la *carotte* et la *chicorée* on prépare une sorte de poudre qui peut servir de *succédané* au café. Cette préparation se pratique, dans le Nord, d'octobre à janvier.

A cet effet, on prend une partie de betteraves, une de carottes et deux de racines de chicorée. On découpe en morceaux de 2 à 3 millimètres d'épaisseur à l'aide d'un coupe-racines ou de tout autre appareil.

Chaque produit est passé séparément à l'étuve. La chicorée est sèche après vingt-quatre heures, la carotte après trente heures, et la betterave après trente-six heures. Le rendement est d'environ 22 p. 100 pour la chicorée, 12 pour la carotte et 11 pour la betterave. 15 quintaux de houille, ou trois stères de chêne, doivent suffire pour dessécher 100 quintaux de racines vertes. Avec les évaporateurs perfectionnés dont on dispose aujourd'hui, il doit être possible d'employer des quantités moindres de combustible.

Au sortir de l'étuve, les produits secs sont portés dans un fourneau, où ils sont arrosés avec de la mélasse. La quantité qu'il faut employer de cette matière sucrée, la température que l'on doit entretenir et la durée de l'opération dépendent de la qualité et de l'état des racines. D'ailleurs, la pratique est le meilleur guide.

Il ne reste plus qu'à réduire la substance en poudre, en se servant d'un moulin. Mais il ne faut pas arriver à un trop grand degré de finesse. La poudre est mise, en la comprimant fortement, dans des cylindres ou cartouches de papier en contenant 60 grammes (1).

Sirop de guimauve. — Faire bouillir, durant sept à huit minutes, dans 4 litres d'eau, 100 grammes de racine de guimauve sèche, mondée et coupée en morceaux. Passer à

(1) Voir le *café de figues* et le *café de châtaignes* dans les *Conserves de fruits*, et le *café de seigle*, dans le **présent** volume p. 143.

l'étamine et faire fondre dans le liquide 1^{kg},5 de sucre par litre. Clarifier avec des blancs d'œuf, écumer et faire cuire au *petit perlé*. Mettre en bouteilles après refroidissement et addition d'un peu d'eau de fleur d'oranger.

Vin de réglisse. — Faire bouillir 1 kilo de racine de de réglisse ratissée et concassée dans 25 litres d'eau, durant trente minutes. D'autre part, laisser infuser 50 grammes de graines de coriandre dans 5 litres d'eau bouillante et dissoudre une demi-kilo de crème de tartre dans un peu d'eau chaude. Filtrer les trois liquides, les mélanger et ajouter de l'eau pour faire un total de 100 litres. Après avoir mis encore 100 grammes de levure et 4 litres d'eau-de-vie, on laisse fermenter.

Quand la fermentation cesse, bien boucher le fût et, huit jours après, mettre en bouteilles.

A la place de la coriandre, on peut employer une quantité égale de mélisse, écorce d'orange, fleurs de sureau, etc.

CHAPITRE XXII

GRAINES DIVERSES

Café de seigle. — Pour préparer le *café de seigle*, on fait macérer les grains pendant une nuit dans l'eau froide. On fait ensuite écouler le liquide et le remplace par de l'eau pure fraîche, que l'on chauffe aussitôt jusqu'au point d'ébullition.

Les grains gonflent, puis s'ouvrent. On les jette alors sur une passoire et on lave à trois reprises différentes avec de l'eau bouillante.

Quand la matière est bien égouttée, on la sèche *rapidement* au grand soleil ou, mieux, dans un four, une étuve, un évaporateur.

Les grains sont passés, alors, dans un brûleur et on les torréfie, comme on le fait pour le café. Après avoir réduit en poudre, on conserve celle-ci dans des récipients bien bouchés.

Pour utiliser ce succédané du café, on en emploie environ 60 grammes, pour trois tasses, que l'on fait bouillir un quart d'heure. On ajoute, parfois, très peu de sel. Enfin, on peut faire un mélange avec le café ordinaire.

Ratafia de semences chaudes. — Piler 8 grammes de graines de fenouil, d'ache, de cumin, d'anis, de carvi, de persil, de panais sauvage, et 250 grammes de sucre. Mettre dans une cruche avec un litre d'eau-de-vie et boucher le récipient. Laisser macérer un à deux mois en agitant souvent le vase, puis filtrer et conserver en flacons.

Autre. — Piler dans un mortier 30 grammes fenouil, 31 grammes aneth, 30 grammes anis, 33 grammes semences d'angélique, 30 grammes carvi, 30 grammes coriandre, 30 grammes cumin. Laisser infuser le tout pendant un mois dans 7 litres d'eau-de-vie. Filtrer, sucrer et mettre en bouteilles.

Génépi des Alpes. — Faire macérer un mois dans 4 litres d'alcool à 90° : 50 grammes génépi, 25 grammes calamus aromaticus, 75 grammes menthe, 25 grammes myrte, 15 grammes baies genièvre, 25 grammes fenouil, 25 grammes angélique, 25 grammes anis, 10 grammes girofle, 10 grammes carvi. Filtrer et mélanger avec un sirop de sucre froid et colorer en vert.

Anisette. — Faire macérer pendant un mois, dans un litre d'eau-de-vie, 30 grammes d'anis vert, 15 grammes de coriandre, 1 gramme de cannelle. Filtrer, ajouter un demi-kilo de sucre fondu dans de l'eau et mettre en bouteilles.

Crème d'anis. — Laisser infuser, pendant six jours, 25 grammes de graines d'anis dans un litre d'eau-de-vie. Filtrer à travers un linge, en pressant fortement les graines, puis ajouter au liquide un sirop formé de 1^{kg},200 de sucre et d'un demi-litre d'eau. Après repos de quelques jours filtrer encore, si besoin est.

DEUXIÈME PARTIE

LES FLEURS

LES FLEURS EN CONFISERIE

§ I. — Fleurs candiées ou cristallisées.

Les *violettes*, *fleurs d'oranger*, *roses*, *lilas*, *jasmin*, peuvent être *confites* au sucre tout en gardant ainsi leur forme et leur parfum. Bien entendu on fait un choix parmi les plus belles et on détache les corolles des calices avant de les soumettre au traitement approprié.

Le plus souvent on ne les prépare qu'à demi. On les met, ainsi, dans l'impossibilité de se gâter, dans les caisses où on les emmagasine pour ne les sortir qu'au fur et à mesure des besoins.

La ville de Grasse, cette capitale de la Provence fleurie, et le monde horticole du pays, pourrions-nous ajouter, ont l'avantage de compter un industriel très distingué, M. Joseph Nègre, qui a créé dans la région une spécialité constituant un débouché de plus aux fleurs coupées.

Nous avons eu l'occasion, en accompagnant nos élèves de l'École d'agriculture d'Antibes, de visiter l'usine de M. Nègre.

C'est un vrai régal pour les yeux, et nous dirions presque pour la bouche, aussi, que de voir les délicates et fraîches corolles écloses sous le brillant soleil de la Côte d'Azur, manipulées avec dextérité et sortir rigides des mains habiles des ouvrières, sous le manteau de sucre tout scintillant, qui doit leur conserver une éternelle jeunesse.

Mais passons plutôt notre plume inexperte à narrer les phases d'une telle transformation à M. Joseph Nègre lui-même, qui a bien voulu nous donner, avec la plus grande amabilité, des détails très intéressants sur cette branche de la confiserie, qu'il dirige avec une grande compétence.

« Tout d'abord je dois dire que le *créateur* véritable de l'industrie des fleurs sucrées est mon grand-père, Jean-Joseph Nègre, fondateur de notre maison en 1818. Il sucra d'abord les pétales de fleurs d'oranger, ensuite les violettes, puis les roses, et aujourd'hui nous préparons, ainsi, une grande variété de fleurs qui, outre les trois ci-dessus, sont : le lilas, la lavande, l'œillet, le mimosa, l'acacia, les feuilles de menthe et de verveine, la rose-thé, etc.

« Étant dans le pays des fleurs, et voyant que l'industrie de la parfumerie était prospère, mon grand-père eut l'idée d'utiliser les fleurs dans son industrie, à côté des fruits confits et autres produits de confiserie. Les essais réussirent, mais, au début, les quantités de fleurs sucrées fabriquées furent minimes. Cette spécialité a pris, depuis, un développement relativement important, et nous avons dû, depuis quelques années, créer un outillage spécial pour la fabrication des fleurs sucrées.

« Il y a deux procédés pour cette fabrication : celui employé, par exemple, pour les violettes, et l'autre pour les roses.

« 1° *Violettes* : Les fleurs sont enduites de sucre en poudre après avoir été, préalablement, trempées dans un sirop épais, qui a pour but de faire adhérer le sucre à la fleur ; ce sucre est coloré artificiellement (1), de façon à produire l'illusion de la nuance de la fleur fraîche. — Après avoir tamisé les violettes, pour enlever l'excès de sucre qui leur donnerait l'aspect d'un bloc, celles-ci, conservant leur aspect de fleur, sont portées dans une étuve chauffée à 50° à 60°, sur des claies en toile métallique, où elles se dessèchent en conservant leur forme.

« Une fois sèches, il reste à les cristalliser ; à cet effet on range les violettes dans des récipients en fer-blanc et on verse sur ces fleurs un sirop cuit au degré voulu. On laisse les fleurs dans ce sirop pendant douze heures environ, soit du soir au matin, ou du matin au soir. On égoutte ensuite ces récipients, et la partie

---

(1) Pour les colorants, voir Les *Conserves de fruits*, p. 197 et 203 et la fin de ce volume.

cristallisable du sucre a adhéré à la fleur ; on retire les fleurs une à une de ces récipients, on les remet sur des claies en toile métallique pour les sécher à nouveau dans une étuve, et la fleur est complètement préparée et terminée, et, une fois sèche, elle peut s'emballer et s'expédier dans tous les pays.

« 2° *Roses* : On détache les pétales des roses, et on fait *cuire* ceux-ci dans un sirop que l'on amène à une cuisson suffisante. Une fois cuites, on les *masse* (expression signifiant qu'on fait tourner le sucre en le refroidissant, et en remuant le mélange de fleurs et de sucre au moyen d'une spatule en bois). En refroidissant, les fleurs (ou plutôt les pétales) peuvent se détacher l'une de l'autre, ce qui nécessite néanmoins une main-d'œuvre assez minutieuse.

« Les pétales, une fois détachés, sont séchés dans une étuve comme les violettes, et; ensuite, cristallisés, comme il est dit plus haut pour ces fleurs. »

§ II. — Les Roses.

Compote de roses. — On ne prend que les pétales (vulgairement appelés les feuilles de la fleur). On les plonge dans de l'eau bouillante pour les faire blanchir. On les y laisse jusqu'à ce qu'ils ne craquent plus sous la dent.

Après les avoir égouttés, on les plonge dans de l'eau froide pour les rafraîchir.

D'autre part, on prépare un sirop marquant 32° au pèse-sirop. On le verse dans la terrine, au fond de laquelle on a placé les pétales bien égouttés. Tout en versant le liquide, on remue un peu le tout pour que chaque pétale, pour ainsi dire, soit bien noyé dans le sirop, sinon la matière formerait paquet.

Le lendemain on fait couler le sirop, on le filtre à la chausse et le concentre jusqu'à marquer 30°. On le reverse, alors, sur les pétales.

On recommence encore les mêmes opérations le lendemain et jours suivants. Quand on a, ainsi, fait subir cinq traitements semblables, on met les pétales dans un compotier en les dégageant un peu, et l'on verse dessus du sirop, préalablement clarifié au blanc d'œuf (1) et bien écumé, puis passé à la chausse et, enfin, légèrement coloré en rose par l'addition de quelques gouttes de carmin.

Confiture de roses.— Faire un sirop de la consistance du miel blanc avec 5 kilos de sucre et 1ᵏᵍ,250 d'eau. Ajouter encore 2ᵏᵍ,500 de sucre et 3 kilos de pétales de roses. Mélanger bien le tout et porter sur un feu doux, où on laisse une heure en tenant constamment couvert. Il ne faut enlever le couvercle qu'après complet refroidissement.

On opère de même avec les violettes, les fleurs d'oranger, etc.

Sirop de rose. — Dans un demi-kilo d'eau de rose on verse 1 kilo de sucre dissous dans juste assez d'eau. On fait bouillir et écume. On ajoute le jus d'un citron et un peu de colorant rouge et on continue l'ébullition jusqu'à la consistance désirée.

§ III. — **Les Violettes.**

Confiture. — Faire bouillir les *violettes* avec un peu d'eau, puis ajouter du sucre et continuer l'ébullition jusqu'à la consistance pâteuse, les fleurs flottant, cependant, encore à la surface.

Une préparation qui demande à être consommée immédiatement, c'est la suivante. On fait frire légèrement les fleurs avec du beurre, puis on les plonge dans de la crème et les saupoudre de sucre.

Gelée. — Ajoutez, par exemple, à 2 kilos de gelée de pommes, et cela cinq minutes avant la fin de la cuisson, 250 grammes de violettes. Il ne reste plus qu'à tamiser avant de mettre en pots.

Sirop. — Faire bouillir un quart de kilo de fleurs équeutées dans trois quarts de kilo d'eau. Retirer du feu au premier bouillon et couvrir immédiatement pour conserver le parfum.

(1) Voir les *Conserves de fruits*, p. 190.

Après refroidissement, séparer le liquide en jetant le tout
sur un linge, par exemple, et y ajouter 1ᵏᵍ,250 de sucre. Faire

Phot. A. Rolet.

Fig. 31. — La récolte des violettes à Hyères.

bouillir après avoir additionné d'un jus de citron, jusqu'à la
consistance des sirops ordinaires.

On traite de même l'œillet, le muguet, le chèvrefeuille.

§ IV. — La Fleur d'oranger.

Confiture. — Faire bouillir dans un peu d'eau 1 kilo de
fleurs, et, quand elles sont bien ramollies, les étendre sur une
planche et les recouvrir d'une étoffe. Presser avec un rouleau,
par exemple, pour expulser le plus d'eau possible. Mettre, alors,
dans une marmite 2 kilos de sucre, 2 verres d'eau et les deux

tiers du jus d'un citron, faire bouillir, puis, quand le sucre est fondu, ajouter les fleurs. On continue la chauffe jusqu'à la consistance pâteuse.

Ratafia. — Laisser macérer durant quatre jours, dans 2 litres d'eau-de-vie, 100 grammes de fleurs d'oranger mondées. Filtrer et ajouter 750 grammes de sucre fondu dans un demi-litre d'eau.

Liqueur. — Laisser une minute 500 grammes de fleurs d'oranger, placées dans un panier, dans de l'eau bien chaude, en les agitant avec un bâton. Mettre, ensuite, à macérer, durant six à sept heures, dans 8 litres d'eau-de-vie à 60°. Passer au tamis, sans presser, et mélanger le liquide avec un sirop composé de 3 kilos de sucre fondu dans 5 litres d'eau.

Filtrer et mettre en bouteilles, que l'on bouche bien hermétiquement.

§ V. — Liqueurs de fleurs diverses.

Prendre, pour un litre de crème, 25 à 30 grammes de fleurs ; un tiers de litre d'alcool ou un demi-litre de forte eau-de-vie ; 300 à 400 grammes de sucre fondu dans un quart ou un tiers de litre d'eau.

Après avoir émondé les fleurs, on les froisse et verse dessus un mélange bouillant de sucre et d'eau. Laisser infuser cinq minutes, puis ajouter l'alcool.

Filtrer et mettre dans un vase. Chauffer légèrement en fermant hermétiquement. Aussitôt la liqueur refroidie, la mettre en bouteilles.

Pour la crème de *menthe*, faire fondre 4 kilos de sucre dans un litre d'alcool et 4 litres d'eau. Verser dans ce sirop 2 litres et demi d'alcool dans lequel on a fait dissoudre 4 grammes d'essence de menthe. Colorer et agiter fortement la liqueur. Après deux semaines de repos, filtrer, puis mettre en bouteilles.

Pour préparer de la *liqueur de fleurs d'acacia*, on fait fondre 750 grammes de sucre dans un demi-litre d'eau. Quand le sirop est bouillant on y jette 200 grammes de fleurs mondées et on les y laisse quatre heures. On tamise, alors, et ajoute au sirop

1 litre d'eau-de-vie. Laisser reposer jusqu'à clarification complète et mettre en bouteilles.

Sur 100 à 150 grammes de pétales secs de *chèvrefeuille* dans
un pot, verser un litre d'eau bouillante et laisser infuser une
demi-journée. Dans cette infusion, passée au tamis, faire fondre

Phot. A. Rolet.

Fig. 32. — Cueillette de la fleur d'oranger à l'École d'agriculture
d'Antibes.

au bain-marie 1 kilo et demi de sucre à feu lent et embouteiller
froid.

Oter les queues aux fleurs de *coquelicot* et laisser sécher les
fleurs à l'ombre. En peser 30 grammes. Les mettre dans un
saladier. Verser dessus 300 grammes d'eau bouillante. Couvrir
et laisser cinq à six heures. Passer puis filtrer, ajouter au liquide
450 grammes de sirop de sucre. Mettre sur un feu doux. Remuer

et laisser faire deux ou trois bouillons. Mettre en bouteilles. Boucher après refroidissement (employer contre la dysente-rie, l'asthme ; pris avant de se coucher il provoque le sommeil).

On prépare de même des *sirops* de capucine, de rose, de réséda, cônes de boublon, etc.

Pour tous les sirops dont il vient d'être parlé, il faut une con-sistance de 32 degrés. L'opérateur doit être muni d'un pèse-sirop (1) gradué, qu'on trouve chez tous les marchands d'ins-truments de précision, d'optique, pharmaciens, etc., au prix de 1 fr. 25 à 1 fr. 50.

Les fleurs de *sureau*, de *violette*, d'*oranger*, de *fenouil*, d'*iris*, de *coriandre*, etc, peuvent servir à préparer une sorte de boisson.

On les fait macérer deux jours dans un vase en faïence avec 20 litres d'eau et 20 grammes de houblon, 1 kilo de cas-sonade, 2 verres d'eau-de-vie ou de vinaigre, 2 poignées de fa-rine de malt. On recouvre le récipient avec un linge humide.

Après deux jours on tamise, met en bouteilles et ficelle les bouchons. On obtient, ainsi, une boisson gazeuse.

Autre. — Faire bouillir cinq minutes 20 grammes de fleurs de sureau, 30 grammes de violettes, 30 grammes de houblon, dans 3 à 4 litres d'eau. Passer le liquide dans un linge et verser dans un fût avec 50 litres d'eau, en mélangeant énergi-quement.

On ajoute, alors, 2 verres de vinaigre, 2 kilos de sucre, 6 grammes de levure de bière. Agiter, boucher le fût et soutirer après quelques jours.

Autre. — Dans 50 litres d'eau mettre 50 grammes de fleurs aromatiques, 3 kilos de sucre et 1 litre de vinaigre.

Avant fermentation, écraser quelques framboises, ajouter le jus et recouvrir le vase d'un linge humide. Après deux jours, tamiser et mettre en bouteilles dont on ficelle les bouchons.

Le ratafia de fleurs de tilleul s'obtient en faisant infuser dans de l'alcool, durant deux semaines, des fleurs fraîches de tilleul. On ajoute, ensuite, 750 grammes de sucre fondu par litre d'alcool, on filtre et met en bouteilles.

(1) Voir les *Conserves de fruits*, p. 194.

TROISIÈME PARTIE

LES ŒUFS

L'œuf après la ponte. — L'*œuf* fraîchement pondu est complètement plein. Il resterait ainsi si la coquille n'était percée d'une infinité de pores qui mettent l'intérieur en rapport avec le milieu extérieur. L'eau abandonne le blanc à l'état de vapeur et il se forme, dès lors, un vide ou *chambre à air*, qui va s'agrandissant et que les *microbes* envahissent. L'œuf perd de la sorte par jour de 3 à 4 centigrammes de son poids, dans les premiers jours, suivant l'épaisseur et le porosité de la coquille.

Cette dessiccation progressive amène le goût de *vieux* et quand l'œuf a perdu un cinquième de son poids il ne peut être mangé d'aucune façon.

Sous l'influence des germes étrangers, de l'oxygène de l'air, qui pénètrent ainsi, le contenu de l'œuf finit par s'altérer si on ne l'utilise à temps, ou le met à l'abri des causes d'altération qui peuvent faire naître de vrais poisons pour le consommateur. Remarquons qu'il n'est pas rare de rencontrer dans l'œuf des tænias. On en a cité qui mesuraient jusqu'à 6 centimètres de long. Les toxines dans le vieillissement aseptique sont dues à l'autolyse ovulaire.

Mais même sans l'intervention des microbes, à la longue l'albumine s'oxyde.

Le blanc, d'alcalin devient neutre; après plusieurs semaines il se liquéfie ; le jaune, plus léger, se colle contre la coquille ; le tout se mélange quand on casse l'œuf et le jaune est fade, huileux.

Le cloaque des poules visitées par les coqs renferme des germes de la putréfaction, qui traversent l'enveloppe molle des œufs (bacilles coli, subtilis, prodigiosus, termo).

Ainsi donc, pendant sa formation dans les organes de l'animal, l'œuf est déjà contaminé par les microbes. Ceux-ci sont détruits par la cuisson. Mais lorsque les œufs sont gobés crus ils peuvent, à la longue, infecter l'intestin des personnes qui en font un usage continu, surtout dans le cas ou ces personnes sont dans un état de santé qui laisse à désirer. On a d'ailleurs constaté que l'abus des œufs crus engendre l'entérite.

Certains auteurs prétendent que l'intérieur de l'œuf est pratiquement stérile. Les moisissures et bactéries ne pénètreraient qu'à travers la coquille.

Quand les œufs frais renferment des microbes ils contiennent rarement des *toxines*, poisons que ces derniers n'ont pas encore eu le temps de fabriquer. Mais il n'en est pas de même à mesure qu'ils vieillissent. Les œufs en voie d'altération peuvent contenir des toxines susceptibles de provoquer des troubles graves, et même des accidents mortels. A maintes reprises on a eu à déplorer des empoisonnements causés par l'ingestion de pâtisseries à la crème. On a généralement attribué le fait aux toxines qui se seraient développées dans ces pâtisseries, sans que l'on ait pu établir exactement les raisons de la formation de ces redoutables poisons.

Les Romains appelaient « *œufs d'or* » les œufs du jour et « *œufs d'argent* » ceux de la veille.

Contrôle de l'âge. — On comprend l'intérêt qu'ont le consommateur, le producteur et le vendeur à connaître l'*âge* des œufs, autrement dit leur degré de fraîcheur.

Diverses méthodes ont été proposées dans ce but. Nous en examinerons quelques-unes plus loin.

Mais disons que les agents du service de la répression des fraudes ont été invités à surveiller avec le plus grand soin la vente des œufs. Cette mise en vente, sous la désignation « d'*œufs frais* » pour être mangés à la coque, quand il s'agit en réalité d'œufs *conservés* soit à la *chaux*, soit par tout autre moyen, constitue une infraction à la *loi du* 1er *août* 1905 concernant la répression des fraudes.

L'*œuf frais* a été défini au premier Congrès international pour la répression des fraudes alimentaires organisé à Genève, en septembre 1908, « celui qui, n'ayant été soumis à aucun procédé de conservation, ne décèle au mirage aucune déperdition, aucune trace d'altération ni de décomposition ».

L'œuf conservé est un œuf « qui a été, pendant un temps plus ou moins long, mis à l'abri des causes d'altération spontanée par l'emploi de différents procédés non nocifs de conservation ».

Ordinairement l'œuf frais est celui qui n'est pas pondu depuis plus de deux jours en été et six en hiver.

Malgré tout, il est difficile de bien définir un œuf frais. On a dit qu'il vaudrait mieux considérer comme tel celui qui vient d'être pondu. Malheureusement il est, paraît-il, des poules dont les œufs présentent à leur naissance une grande chambre à air, ce qui est un caractère d'ancienneté.

Pour le tribunal de Rouen l'*œuf frais* c'est celui dont la ponte ne remonte pas à plus d'*un mois* au maximum.

La Société d'aviculture admet 15 jours à la condition de le garder dans les matières pulvérulentes, par exemple.

En fin de compte, il serait peut-être plus simple d'admettre comme œufs frais ceux que les *compteurs-mireurs* assermentés considèrent comme tels.

Les Anglais donnent aux œufs de première qualité le nom de *frais pondus* (new-laid), et désignent ainsi ceux

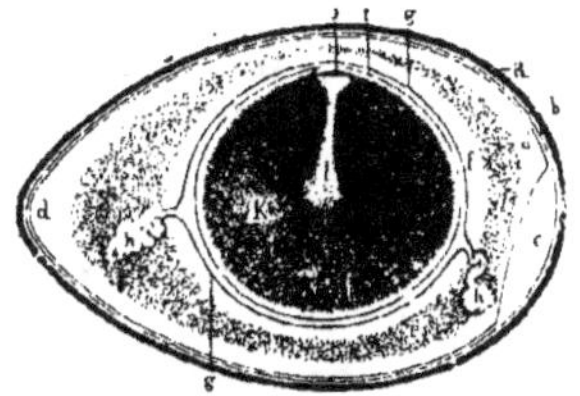

Fig. 33. — Coupe d'un œuf.

a. coquille. *b.* double membrane de la coque; *c.* chambre à air; *d.* couche albuminoïde superficielle fluide; *e.* couche albumineuse moyenne épaisse; *f,* couche profonde liquide; *g,* membrane chalezifère; *h,* chalazes; *i,* membrane vitelline; *j.* cicatricule ou germe; *k.* jaune, *l. latebra* du jaune.

qui n'ont pas plus de 5 jours. La plus grande partie viennent de l'Angleterre même et du Pays de Galles et des départements du nord de la France, spécialement du Pas-de-Calais. La seconde qualité, c'est l'œuf de déjeuner (l'œuf à la coque), qui a de 5 à 8 jours et qui vient des mêmes localités. Une troisième qualité, c'est celle des œufs simplement frais, qui sont irlandais, danois ou français. Quelques-uns viennent du nord de l'Italie. L'œuf employé pour les plats a, d'ordinaire, trois à six semaines, après quoi il est conservé par les procédés en usage.

L'œuf sans autre qualificatif n'a qu'un âge incertain qui varie de un à deux trimestres.

Densité. — L'œuf perd de son poids, à mesure qu'il vieillit . Voici, à ce sujet, les résultats obtenus par la station expérimentale de l'État de New-York :

		Poids spécifique.
	frais	1.090
Œufs	de 10 jours	1.072
	de 20 jours	1.053
	de 30 jours	1.035

La perte de poids subie a été trouvée égale à :

	de 10 jours	1.60 %
Œufs	de 20 jours	3.16 %
	de 30 jours	5.00 %

La température moyenne de la chambre où ces œufs ont été conservés était de 17º,7 C. On a trouvé que l'évaporation augmente légèrement avec la température.

Le vide qui se produit dans la *chambre à air* va grandissant.

On peut donc se servir de ces deux données, *poids de l'œuf* et *volume de la chambre à air*.

VÉRIFICATION PAR L'EAU SALÉE. — Un œuf *frais* plongé dans l'eau tombe au fond.

Il est même plus lourd aussi que cette eau dans laquelle on a fait dissoudre en faible proportion un sel quelconque.

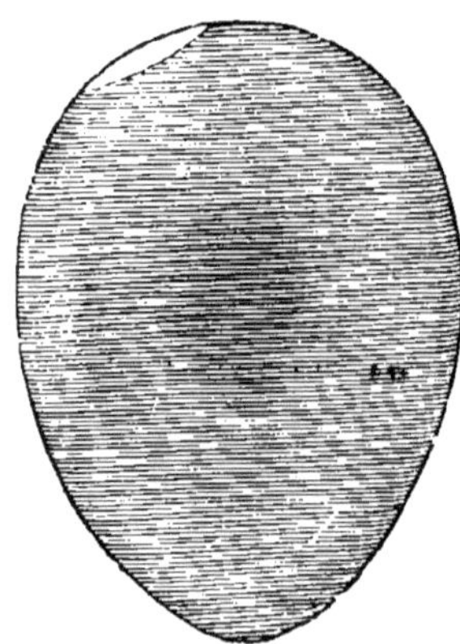

Fig. 34. — Œuf frais.

Mais on comprend que si l'on met assez de ce dernier pour que l'œuf en question descende juste au fond, à mesure qu'il vieillira, comme il devient plus léger, il arrivera à rester à diverses profondeurs pour surnager même.

C'est là un procédé simple de contrôle baptisé d'un nom un peu rébarbatif la *docimasie*.

Si l'on ajoute à l'eau 100 à 125 grammes de sel de cuisine par litre, on voit l'œuf se précipiter au *fond* le premier jour ; le deuxième il s'arrêtera un peu avant ; le troisième il flottera au milieu du liquide et à partir du cinquième il surnagera. La coque ressortira d'autant plus de la surface de l'eau que l'œuf sera plus âgé.

On peut employer autre chose que du sel marin, par exemple un de ces engrais chimiques, comme le *nitrate de soude*, le *chlorure de potassium*, que l'on trouve presque toujours dans une ferme.

Quand on est sûr de l'âge de quelques œufs, on prépare facilement la solution qui doit remplir les conditions qui découlent de ce que nous venons de dire : les œufs trop âgés y surnageront, ceux d'âge moyen y resteront à peu près en équilibre en tous les points du liquide, et les œufs tout à fait frais se tiendront nettement au fond.

Inclinaison. — Il est aisé de comprendre qu'à mesure que la chambre à air s'agrandit dans le gros bout, le centre de gravité se déplace.

Il en résulte que dans l'eau l'œuf s'inclinera différemment suivant son âge.

On a voulu tirer de là un autre procédé de contrôle.

L'*angle* formé par l'*œuf* sur l'horizontale se détermine à l'aide d'une aiguille à tricoter et d'une montre. On dispose l'aiguille suivant le grand axe de l'œuf. La montre est tenue verticalement, le centre du cadran placé sur l'aiguille. Si celle-ci coupe le cadran à la cinquième minute, l'angle formé est de 60° (œuf de 14 jours) ; à la dixième minute, l'angle a 30° (œuf de 6 jours). Les positions de l'aiguille comprises entre la deuxième et la troisième minute, la septième et la huitième, la douzième et la treizième donnent, de même, des angles de 75°, 45°, 20°, correspondant aux œufs de 3 semaines, 8 jours, 4 jours (*La Corse agricole*).

La Société d'aviculture de Saxe a fourni encore les données suivantes :

Un œuf frais reste horizontal dans l'eau ; de 3 à 5 jours il fait avec l'horizontale un angle de 50° ; au bout 8 jours, un angle de 55°; au bout de 15, un de 60°; après 3 semaines 75°. Quand il reste debout sur sa pointe il a 30 jours ; enfin, plus vieux, il flotte comme un bouchon.

Succussion. — En agitant doucement l'œuf (*succussion*) tenu entre le pouce et l'index et en lui imprimant une légère secousse, on perçoit un ballottement s'il n'est pas frais ; il n'y en a pas s'il est *frais*. Ce ballottement est produit par le jaune qui est mobile quand il y a une certaine quantité d'air dans la chambre et que les *chalazes* sont relâchées (l'évaporation de la partie aqueuse à travers la coquille est d'environ 3 à 4 centigrammes par jour dans les premiers jours).

La langue posée sur un des bouts de l'œuf perçoit, avec un œuf frais, une agréable sensation de fraîcheur. S'il s'agit d'un œuf vieux, on ressent une impression de tiédeur, parfois même de chaleur.

Mirage. — Le *mirage des œufs* consiste à vérifier leur contenu à travers la coquille, pour apprécier le volume de la chambre à air qui, nous l'avons dit, caractérise leur degré de fraîcheur. Par ce moyen on peut également vérifier si un œuf a été ou non *fécondé*, chose qui doit être considérée quand on fait un choix parmi les œufs à conserver. Enfin, par le mirage on peut déceler la présence de *taches*.

Fig. 35. — Ovoscope pour mirer les œufs.

L'opérateur a devant soi une bougie fixée dans un épais ressort de métal servant de chandelier et la flamme est toujours ainsi maintenue à la même hauteur. Dans chacune de ses mains le mireur prend deux œufs qu'il place tour à tour en regard de la flamme. L'œuf apparaît à ses yeux transparent quand il est frais, ou obscur, terne ou taché s'il est vieux ou altéré. Quand les œufs qu'il tient entre le pouce et les deux premiers doigts sont examinés, il les fait passer, grâce à un habile escamotage, dans la paume des mains.

Les frais de mirage s'élèvent à environ 60 centimes par 1000.

On a aussi imaginé des appareils pour ce travail.

Ainsi, nous empruntons à M. de Loverdo la description suivante :

Les œufs, placés dans une sorte de large trémie légèrement inclinée, s'engagent dans les petits coquetiers articulés d'une bande sans fin qui les amène dans une espèce de guérite, tout en leur imprimant un mouvement de rotation. La bande est mue à l'aide d'un petit volant placé à la droite du mireur. A la gauche de celui-ci se trouve un tiroir destiné à recevoir les œufs gâtés (défective eggs). On peut

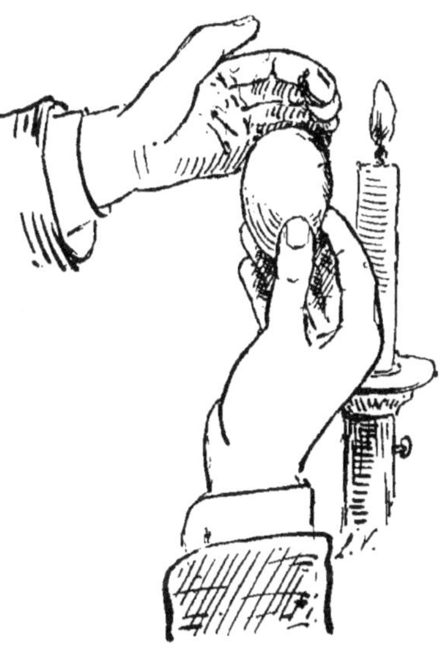

Fig. 36. — Mirage des œufs à la main.

ainsi faire l'examen très rapidement. Le mireur, au lieu d'examiner les œufs un par un à travers la lumière, n'a qu'à jeter un coup d'œil sur les rangs d'œufs qui, lentement, se déroulent sous ses yeux au-dessus d'une lampe.

La bande, continuant son mouvement, quitte la guérite avec les œufs mirés qu'elle décharge de l'autre côté sur une longue table inclinée.

On peut ainsi mirer avec quelque habitude de 1 500 à 2 000 œufs par heure.

On a aussi signalé l'emploi des rayons X pour l'examen des œufs.

Voici sommairement comment on procède : Une chambre noire est aménagée, dans l'intérieur de laquelle se trouve l'appareil avec l'ampoule électrique de Crookes, le tout ayant sensiblement la forme d'une lanterne hermétiquement close à l'exception d'une cavité offrant la dimension d'un œuf de poule.

On place l'œuf à examiner dans la cavité où il se trouve exposé aux rayons d'examen. Les œufs frais sont immédiatement reconnus par une translucidité parfaite ; on les marque « 1re catégorie ». Si, au contraire, l'œuf a un défaut, une petite tache apparaît sur l'écran fluorescent qui accompagne l'appareil : l'œuf est alors rangé dans la seconde catégorie ; si la tache

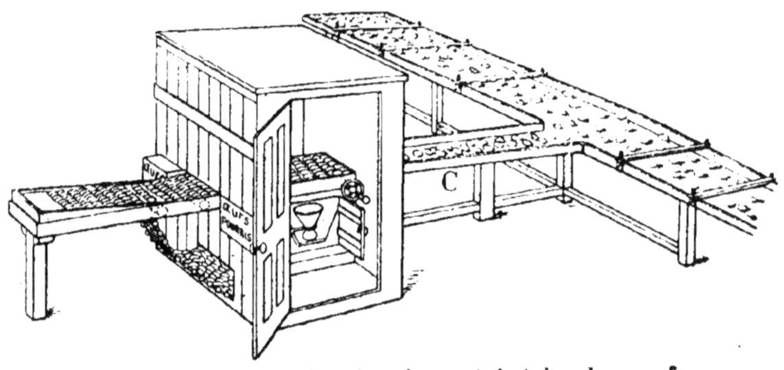

Fig. 37. — Machine à mirer et à trier les œufs.

observée est d'assez grande dimension ou si elle se déplace, c'est que l'œuf est gâté ; il est impitoyablement rejeté.

C'est l'Union nationale des éleveurs de volailles d'Angleterre qui a eu la première l'idée de ce procédé. Cette Union compte 40 succursales réparties dans 20 districts différents et on estime qu'elle fournit à la ville de Londres 200.000 œufs par semaine. Les maisons sérieuses et importantes de Londres faisant le commerce des œufs n'acceptent plus que les œufs examinés, « examined eggs ».

Par ce procédé les taches même de dimensions assez minimes pour être invisibles à l'œil nu se voient très nettement.

Maladies des œufs. Les œufs tachés, etc. — Les *œufs* sont sujets à certaines *maladies*. Voici les principales, d'après MM. Victor Dodé et Solvet.

La *tache d'humidité* (bleue, verte, rouge, jaune, noire) est une sorte de moisissure intérieure que l'on observe assez fréquemment par les temps chauds. On la reconnaît, au *mirage*, à son aspect jaune, puis noir. Quand l'œuf devient vieux, la tache en question s'agrandit et finit par envahir le tout, qui pourrit. La moisissure serait plus fréquente que l'infection et la putréfaction.

M. Chrétien, du service vétérinaire sanitaire de la Seine, a étudié, au point de vue microbiologique, les *taches* dites d'*humidité* que présentait un œuf au mirage. Ces taches sombres étaient disséminées sans lieu d'élection spécial et n'avaient que quelques millimètres de dimension. Elles intéressaient à la fois la coquille et la membrane coquillière. Les unes étaient noires, les autres couleur chocolat. Le blanc de l'œuf ne paraissait pas modifié dans leur voisinage, et le jaune n'adhérait pas à la membrane coquillière.

Le contenu de ces taches, ensemencé dans divers milieux de culture, révéla,. dans une tache chocolat, la présence d'un microbe appartenant au genre *pasteuralla*, qui est peu ou pas pathogène, et dans une tache noire un bacille du genre *colibacille*. dont la culture en bouillon dégageait une odeur très accusée d'œuf pourri. Ce bacille, inoculé à deux cobayes et à une poule, n'a donné aucun résultat.

La moisissure est généralement attribuée au *penicillium glaucum* et à l'*aspergillus glaucus*.

On remarque parfois aussi des *taches de sang* en caillots, en filets ou en couronne dans les œufs, qui étaient en formation avant la ponte, ou quand la poule a commencé à couver.

En résumé, on peut distinguer deux groupes d'*œufs tachés* : ceux qui sont frais, mais qui ont été atteints soit par l'humidité (pluie, goutte d'eau, contact avec la paille humide), soit par une goutte de sang tombée de l'oviducte ; ceux qui sont vieux, qui ont commencé à s'altérer.

Il est certain que les premiers ont plus de valeur que les seconds au point de vue alimentaire; ces derniers peuvent renfermer de véritables poisons, des ptomaïnes, etc. Il est vrai que l'œuf *pourri* a une forte odeur d'acide sulfhydrique dû surtout aux microbes *coli, paracoli, de Gaertner*.

Malheureusement, il est difficile, pour ne pas dire impossible, de différencier ces deux groupes, sauf le cas de l'avarie produite par la goutte de sang.

La lutte contre les *œufs tachés*, a-t-on dit, pourrait se limiter aux deux ordres de mesures suivantes :

1º Pour les œufs français, obtenir des préfets qu'ils prennent des arrêtés interdisant la vente des œufs tachés, ce qui enrayerait *au départ* toute spéculation ;

2º Pour les œufs étrangers, qui viennent *tous* (dans la proportion de 95 p. 100) à Paris, obtenir des compteurs-mireurs officiels existants, le timbrage *en gare* des œufs, à la date de leur arrivée, ce qui édificrait immédiatement le consommateur sur la date approximative de naissance des œufs exotiques.

La 9ᵐᵉ chambre de la *Cour de Paris* a pris l'arrêt suivant au sujet de la *vente* des *œufs tachés* :

« Considérant que la corruption des œufs vendus doit s'entendre de l'impossibilité de les employer à l'alimentation de l'homme, dans les conditions ou le vendeur les savait destinés à cet objet ;

« Que les œufs tachés ne peuvent être l'objet que d'un commerce spécial par la vente à des pâtissiers pour dorer la croûte de leurs produits ; qu'ils sont donc corrompus, au regard du consommateur auquel ils sont destinés ;

« Considérant que la mauvaise foi résulte de l'omission, qu'exige la loyauté commerciale, de la vérification de la marchandise, à l'expédition, s'agissant d'œufs vendus au cours et non au rabais, comme les œufs tachés... »

Le prévenu a été condamné à 500 francs d'amende et 1.000 francs de dommages-intérêts envers son acheteur.

Dans l'œuf *étalé* le jaune se mélange au blanc. C'est, en général, un indice que l'œuf n'est pas frais.

Quand l'œuf vieillit, ou quand la poule est malade, il devient *galeux*. Le jaune se marbre, tandis que le blanc, d'une couleur sale, se reconnaît à sa teinte lie de vin qui tranche avec la chambre à air.

L'œuf *à la paille* est celui qui a la saveur particulière de cette matière. Il vient généralement de ce que l'*emballage* s'est effectué dans de la paille humide. Il ne présente aucun signe caractéristique qui puisse le faire reconnaître.

Quand l'œuf *a gelé*, il se fend suivant une ligne droite d'une extrémité à l'autre. Quand il dégèle, cette fente se referme hermétiquement. L'œuf gelé sans être fendu s'appelle *frisé*. On le considère comme bon.

Dans les œufs conservés à la *chaux*, le jaune, plus léger que le blanc, qui se trouve imprégné d'eau, s'attache à la partie supérieure de la coquille, quand on les laisse trop longtemps couchés sur le même côté. Il faudrait pouvoir faire tourner de temps à autre les œufs placés dans l'eau de chaux, mais sans briser la petite croûte de carbonate de chaux qui se forme à la surface du liquide

CONSERVATION

Importance de la conservation. — Le peu de temps (8 à 15 jours en été) pendant lequel les œufs conservent leurs qualités, lorsqu'on les abandonne à eux-mêmes sans prendre de précautions spéciales, et aussi la variabilité de la ponte suivant les saisons, expliquent facilement la grande différence des prix qu'atteint cet article de consommation pendant les différents mois de l'année. De l'été à l'hiver ils varient du simple au double et, même, au triple. C'est pour profiter de cette hausse considérable qui se produit dans l'intervalle de quelques mois, que de nombreux procédés ont été essayés en vue de la conservation des œufs.

Choix des œufs à conserver. — C'est de la mi-août à la mi-septembre que l'on met de côté les œufs à conserver. On pourrait le faire aussi en avril, mai-juin, époque du maximum des pontes.

Toutefois, c'est dans la première période citée (entre les deux Notre-Dame, dit le dicton, 15 août et 8 septembre), qu'il y a le plus de chance de les trouver non fécondés, parce qu'alors les coqs sont épuisés. Nous l'avons dit, c'est dans cette condition qu'ils se conservent le mieux.

On objecte qu'en août-septembre la vente est assez rémunératrice.

Les œufs tardifs se conservent bien aussi, mais à l'arrière-saison ils sont plus rares et se vendent mieux.

Quoi qu'il en soit, il est toujours possible de retirer les coqs de la basse-cour.

Avec un peu d'habitude, il est assez facile de reconnaître un œuf fécondé. On imite ce que font les mireurs. On emploie, par exemple, un cylindre en carton noirci à l'intérieur et du diamètre d'une forte noix. L'opérateur se place dans une chambre obscure, devant une lampe ou une bougie. Là, tenant l'œuf entre les doigts, le gros bout en haut, il l'approche de la flamme, puis, au moyen du cylindre en carton en guise de lunette, il en observe l'intérieur en faisant tourner l'œuf entre ses doigts. Si l'œuf apparaît blanc, il n'est pas fécondé ; dans le cas contraire, il présente un point foncé semblable à une araignée.

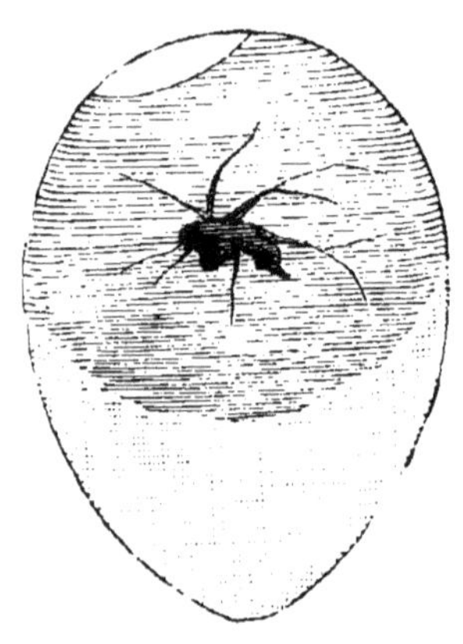

Fig. 38. — Œuf fécondé montrant le germe après trois jours d'incubation.

Ainsi donc, on choisira, pour conserver, les œufs frais non fécondés, non échauffés au soleil ou dans les nids sous les poules, non fendus (les frapper l'un contre l'autre). On doit les manipuler le moins possible et, suivant certains auteurs, les tenir à l'abri de la lumière.

Expériences sur la conservation des œufs. — Toutes les méthodes de conservation des œufs, empiriques ou scientifiques, reposent sur le même principe. Elles consistent à les mettre à l'abri : de l'air en vue d'empêcher l'évaporation de l'eau, des microorganismes extérieurs, des oxydations internes et autres transformations chimiques.

Disons qu'à ce point de vue on recommande de ne jamais *laver* les œufs, sauf le cas de souillures, car on enlèverait la couche mucilagineuse existant naturellement à la surface de la coquille, et empêchant l'introduction des germes dans l'intérieur. Cependant la chose est discutable quand les œufs doivent être tenus, par exemple, dans un liquide.

Certains modes de conservation sont connus depuis longtemps dans les campagnes, mais les résultats qu'ils donnent sont loin d'être concordants. Quelquefois les œufs restent frais et conservent leur bon goût. D'autres fois ils se gâtent.

Plus rarement on met en œuvre des ingrédients présentant des propriétés antifermentescibles, en vue de diminuer encore les risques de décomposition en contrariant le développement des germes nuisibles qui auraient pu pénétrer dans l'œuf avant le commencement du traitement. La plupart de ces antiseptiques, acide salicylique, etc., sont interdits par la loi (1). Le commerce vend aussi des produits spéciaux.

Les procédés de conservation. — On a fait un peu partout, notamment en Allemagne, aux États-Unis et au Canada, des expériences pour déterminer les *meilleurs procédés* de conservation des œufs.

En Allemagne, des essais qui ont duré 8 mois ont donné les résultats suivants (proportion p. 100 d'œufs conservés en bon état) :

Œufs immergés dans l'eau salée	0 %
— enveloppés dans du papier	20 %
— immergés dans une solution d'acide salicylique et de glycérine	20 %
— frottés avec du sel	30
— placés dans du son	30
— enduits de paraffine	30
— enduits d'une solution d'acide salicylique et de glycérine	30
— maintenus durant 12 à 15 secondes dans de l'eau bouillante	50
— traités par une solution d'alun	50
— traités par une solution d'acide salicylique	50
— enduits de verre soluble	60
— enduits de collodion	60
— enduits de laque	60
— placés dans la poussière de tourbe	80
— placés dans la cendre de bois	80
— traités par une solution d'acide borique et de verre soluble	80
— traités par une solution de permanganate de potasse	80
— enduits de vaseline	100
— immergés dans de l'eau de chaux	100
— immergés dans une solution de verre soluble	100

(1) Voir le volume *Les Conserves de fruits*.

Ce sont donc les *corps gras*, *l'eau de chaux* et le *verre soluble* qui ont donné les meilleurs résultats.

Nous en reparlerons un peu plus longuement, ainsi que de la conservation par le *froid*, procédé plus récent.

En ce qui concerne les œufs à *l'eau salée*, on voit, par ce qui précède, qu'aucun n'était en bon état. Ces œufs, cependant, n'étaient pas gâtés. Mais une certaine quantité de sel avait pénétré dans leur intérieur et leur avait donné un goût désagréable qui les rendait impropres à la consommation. On se livra donc à de nouveaux essais. A l'Université de Berlin on recherchera quelle est la proportion de sel qui pénètre dans des œufs immergés dans des solutions salines de différentes concentrations. On arriva à cette conclusion que dans une solution à 1,5 p. 100 de sel les œufs se conservent en bon état durant 4 semaines sans contracter le goût du sel. D'autres expérimentateurs ont dit qu'il faut plus de 5 p. 100 de sel et que ce n'est pas pratique.

Les Chinois conservent les œufs pendant plusieurs années en les traitant de la façon suivante. Ils les font durcir dans de l'eau fortement salée. La porosité de la coquille permet au sel de pénétrer dans l'intérieur et assure la conservation.

L'eau *boriquée* donnerait un goût fade ; la coquille se ramollit ; le blanc prend un aspect dilué. Le jaune resterait intact.

L'eau *formolée* communiquerait un mauvais goût également.

On a prétendu que, quel que soit le procédé de conservation utilisé, surtout ceux qui consistent à enfouir les œufs dans une matière pulvérulente (sable sec, blé, son, talc, craie, chaux, etc.), on augmente les chances de conservation en plongeant au préalable les œufs dans l'eau *bouillante salée* à 10 p. 100 pendant une minute au plus.

Rappelons que l'on a proposé aussi d'appliquer le procédé Appert. On les met dans un bocal avec, dans les vides, de la chapelure de pain, par exemple. On bouche hermétiquement, puis laisse au bain à 75° quelques instants.

Matières pulvérulentes. — On peut employer les matières pulvérulentes de la façon suivante. On prend du son, de la cendre, de la poussière de tourbe, de la chaux vive, du plâtre,

de la farine, de la poudre de charbon, du sable ou de la sciure
de bois. On en emplit soit un tonneau, soit une caisse ou un
pot en grès, suivant les besoins, en superposant des couches
d'œufs et des couches de matière. On fait en sorte que les
œufs ne se touchent pas, qu'ils soient bien couverts et la
pointe en bas.

Une fois pleine et refermée, on couche la barrique dans un
local aéré quelconque où la température reste aussi basse que
possible. Puis, tous les quatre ou cinq jours, on la fait rouler
d'un demi-tour sur elle-même. Ce balancement alternatif du
jaune de l'œuf est très utile à la conservation.

M. Éon a pu ainsi conserver les œufs 3 à 4 mois dans de la
tourbe.

On a aussi proposé le mélange sel et son, sable et charbon,
plâtre et alun, sel seul.

La sciure de bois, qui absorbe facilement l'humidité de l'air,
communiquerait son odeur spéciale aux œufs.

Les Chinois emploient aussi la *chaux* en poudre pour conserver les œufs, mais ils recherchent un autre but que nous. Qu'on
lise plutôt ce qui suit :

« ... Les Chinois font une consommation considérable d'œufs,
qu'ils prennent surtout bouillis et durs. On en trouve dans
toutes les petites auberges des routes. Les Chinois ont une
façon de manger les œufs qui vaut d'être signalée.

« Ce sont, ainsi que le désigne leur langage imagé, les « œufs
de cent ans ». Les œufs n'ont pas toujours un siècle, mais peuvent avoir plusieurs années.

« L'œuf frais, de canard ou d'oie de préférence, est placé avec
des herbes aromatiques dans de la chaux éteinte et laissé
un temps plus ou moins long : cinq à six semaines sont un minimum pour la préparation. Sous l'influence du temps, le jaune
se liquéfie et prend une coloration vert foncé. Le blanc se coagule et se colore en vert.

« Le produit, qui a une odeur d'œufs pourris à laquelle on se
fait vite, se mange comme hors-d'œuvre et a le goût du ho-
mard. »

En Angleterre on enveloppe les œufs dans des morceaux de
vieux journaux, puis on les met dans un filet, le petit bout en

bas. On ferme le sac en serrant bien et on le suspend dans une cave fraîche et aérée. Tous les huit jours on accroche le filet dans la position contraire où il était la veille.

On a reproché à l'encre d'imprimerie de communiquer son odeur spéciale. Préférer du papier gras, fin, imperméable.

Avant de placer les œufs dans une de ces matières, on a proposé encore de les fumiger au *gaz sulfureux*, de les laisser durant deux à trois semaines dans l'eau de chaux, de les enduire de silicate de potasse additionné de 2 à 3 fois son volume d'eau (laisser égoutter), d'huile de lin, de graisse, etc.

Enfin, les œufs conservés de la sorte doivent être tenus dans un endroit sec et à basse température, sans que, bien entendu, celle-ci puisse descendre au-dessous de 0°.

Enrobage. — L'enrobage consiste à enserrer les œufs dans une pellicule protectrice. On utilise à cet effet la paraffine, préalablement fondue, la cire, les matières grasses, la gomme arabique, le plâtre gâché, les mélanges benzine-naphte-gutta-percha ; gomme arabique et formaline, gomme arabique et acide salicylique ; acide fluosilicique ; l'exposition momentanée dans de l'acide sulfurique suivie d'un lavage immédiat. Ce procédé n'est guère recommandable parce que ces produits sont d'une efficacité douteuse, onéreux, ou, encore, d'un emploi peu aisé.

Les expériences que nous avons relatées ci-dessus sont cependant parfois en contradiction avec les résultats d'autres chercheurs.

Ainsi Sacc, en 1877, montrait que des œufs enduits de paraffine (1 kilo pour 3.000 œufs) se conservent en excellent état et sans la moindre perte de poids durant de longs mois, et même pendant plusieurs années.

Procédés divers. — On a fort prôné l'*acide salicylique*. Mettre les œufs dans un baril ; les couvrir d'une solution froide d'acide salicylique à 7 p. 1.000. Maintenir le tout au moyen de quelques petites planches flottant sur le liquide et recouvrir d'un linge. On prépare la solution antiseptique en faisant dissoudre une cuillerée à bouche d'acide salicylique dans 5 litres d'eau bouillante. On ne fait bouillir qu'une partie de l'eau, le reste est ajouté froid. On ne doit pas mettre la dissolution en contact avec un métal. Enfin, tenir dans un local bien aéré.

L'eau bouillante ne peut guère être utilisée que pour la consommation ménagère.

Quand on y plonge les œufs une demi-minute, l'albumine, sous l'effet de la chaleur, se coagule en une couche très mince qui recouvre l'intérieur de la coquille et empêche l'air de pénétrer.

Nous ne ferons que signaler *l'eau acidulée électrisée*, l'eau *salée bouillie* puis refroidie et renfermant 2 kilos de sel par 10 litres.

Il ne faut pas oublier que quand on conserve les œufs dans un liquide contenant un produit quelconque en dissolution, une petite quantité de ce dernier peut passer dans l'œuf et lui communiquer son goût ou son odeur, comme la *chaux*, l'*acide borique* (fade), le *silicate de potasse* basique (savon), la *glycérine* (doux), etc., ou ses propriétés toxiques, tels que l'acide salicylique, l'acide borique. Ces derniers produits antiseptiques sont d'ailleurs chez nous, comme nous l'avons dit, interdits par la loi. Voici cependant une formule. Laver les œufs frais du jour avec une brosse imbibée d'eau bouillie. Les placer dans une passoire et les tenir 5 secondes dans l'*eau boriquée* bouillante, puis, sans les toucher, les immerger complètement dans de l'huile bouillie additionnée d'acide salicylique.

Eau de chaux. — C'est l'ingrédient le plus employé, le plus pratique.

On met 1 à 2 kilos de chaux vive dans 10 litres d'eau. Quelques-uns conseillent d'ajouter à la chaux son dixième de sucre en poudre, 10 grammes par litre. On agite de temps en temps, comme pour un lait de chaux. Après repos de 24 heures on verse le liquide clair qui surnage sur les œufs rangés la pointe en bas dans un récipient. Le liquide doit bien recouvrir le tout. Mettre un couvercle et tenir dans une cave fraîche et obscure où la température ne devrait pas dépasser 7° et manipuler le moins possible.

M. Miramon de la Roquette recommande l'eau de chaux obtenue avec 10 p. 100 de chaux vive et 20 p. 100 de chaux éteinte.

La petite quantité de chaux dissoute bouche les pores de la coquille et donne avec le gaz carbonique du carbonate de chaux.

Il est préférable de n'employer que l'eau de chaux (eau claire) et non le lait de chaux, bien que ce dernier ne présente pas d'inconvénient.

Au bout d'un certain temps il se forme à la surface de l'eau, grâce au gaz carbonique de l'air, une légère croûte que l'on ne brisera qu'au moment d'enlever les œufs car elle empêche l'arrivée de l'oxygène.

Pour de grandes quantités de ces derniers, on emploie une citerne (1.000 douzaines par mètre cube). On y descend les œufs dans le liquide en les plaçant dans un panier, sur une claie, que l'on retourne avec précaution.

Nous rappelons qu'il importe de n'employer que des œufs fraîchement pondus (moins d'une semaine), très propres et non fendus. Un seul mauvais peut gâter tous les autres, le liquide n'étant pas très antiseptique.

Pour empêcher l'appauvrissement de l'*eau de chaux* (carbonatation) dans laquelle plongent les *œufs*, on met dans celle-ci un sac de toile contenant un peu de chaux éteinte qui se dissout et vient remplacer celle qui s'est transformée en carbonate. On remplit le sachet chaque fois que besoin est.

Ou encore on peut recouvrir l'eau de chaux d'une couche très légère d'huile végétale. Ces précautions ne s'imposent que lorsqu'on a brisé la légère croûte de la surface pour enlever des œufs et que l'on n'a pas employé le lait de chaux.

La durée de la conservation peut être de 5 à 6 mois.

L'eau de chaux ne peut servir deux fois.

On a reproché à la chaux de communiquer un goût particulier (odeur fade, goût alcalin, goût de vieux). Ce défaut serait plutôt dû aux alcalis solubles que l'on pourrait entraîner en lavant deux ou trois fois la chaux, au préalable, avec de l'eau chaude. D'après le Dr Kubel, on peut éviter cet inconvénient en ajoutant au liquide 600 grammes de sel marin par 10 litres, de manière à lui donner la même densité que celle du blanc d'œuf et empêcher ainsi les phénomènes osmotiques.

D'aucuns prétendent que cette précaution est inutile, si même elle n'est pas nuisible en favorisant la pénétration de la chaux.

On a reproché encore à cette dernière de ramollir la coquille qui est très blanche. Les œufs sont alors difficiles à manipuler. Ils se fendent parfois dans l'eau bouillante. Percer la coque au gros bout avec une aiguille ou faire cuire progressivement dans l'eau froide. En outre, leur jaune se mélange aisément au blanc et ce dernier se bat difficilement en neige.

Toutefois, M. Frank T. Shutt, chimiste des Fermes expérimentales du Gouvernement canadien, qui a fait une longue série d'expériences sur les *différents procédés de conservation des œufs*, dit à ce sujet :

Les œufs immergés d'une manière continue dans de l'*eau de chaux* saturée étaient d'apparence excellente. Le jaune était non adhérent, de bonne couleur et bien globulaire. L'albumine était un peu plus limpide que dans des œufs frais, et avait pris une légère teinte jaunâtre et une faible *odeur de vieux*. La chambre à air était normale. Enfin, les œufs pochés en vue de la dégustation avaient bonne apparence et étaient dépourvus de tout goût désagréable.

« On ne trouvera jamais, dit M. Shutt, un procédé plus simple et moins coûteux que la solution saturée de chaux. » Toutefois il résulte de ce que l'on vient de lire que, dans le cas où l'on craindrait pour les œufs le goût de chaux, l'on devrait recourir à l'emploi du verre soluble dont le prix n'est pas, non plus, très élevé et qui a donné de bons résultats.

Conservation dans les coopératives danoises. — On sait que le Danemark exporte beaucoup d'*œufs*. Cette exportation est faite par des marchands particuliers, des sociétés d'exportation, des *coopératives*. Sur la totalité des œufs expédiés, 80 p. 100 sont frais et 20 p. 100 conservés.

Voici ce que dit M. Ed. Brown sur la *station d'emballage* de l'association coopérative d'Alborg (Jutland), qui exporte 6.000 caisses (8.640.000 œufs) par an, dont 1.600 (2.304.000 œufs) renferment des *œufs conservés* :

« Pour conserver les œufs on a recours à de vastes caves ou citernes souterraines, froides, ventilées et rigoureusement propres. Elles sont remplies avec 70.000 à 80.000 œufs jusqu'à $0^m,20$ du sommet, puis complétées par du liquide conservateur. La solution de *silicate de soude* est parfois utilisée, mais on a plus souvent recours à l'*eau de chaux*, qui coûte moins cher et donne d'aussi bons résultats. Parfois on ajoute 10 p. 100 de sel marin dans la mixture. Il faut se rappeler que la *chaux* et le *silicate de soude* ne font que garder l'eau pure et nette de tous germes. On doit remarquer que la chaux a l'inconvénient de rendre les coquilles rugueuses.

« Le stock des œufs conservés est ramassé en avril ou, au plus tard, en mai, période d'abondance. On a soin de ne traiter que les meilleurs, la vente des œufs conservés commençant en octobre. Pour prendre les œufs, les hommes se servent d'une large pelle en métal à bords ronds, recouverts de caoutchouc. Les œufs sont lavés dans de l'eau pure, puis séchés dans un courant d'air. Ils sont ensuite contrôlés et emballés suivant le procédé ordinaire.

« Il fut un temps où l'on pensait que la conservation par le *froid* était la meilleure, mais des expériences faites en Danemark et en Amérique ont démontré que la méthode ci-dessus est préférable. » (Cela s'écrivait en 1908.)

M. Mauré a indiqué le procédé suivant qui permettrait de conserver les œufs pendant six mois avec un très faible déchet.

On plonge les œufs dans un mélange contenant 100 *grammes de chaux* et 10 *grammes* de sucre par litre d'eau. On peut les retirer au bout d'une quinzaine de jours, les sécher et les conserver dans du son.

Le seul inconvénient, c'est que la coque devient assez fragile.

On a aussi proposé de garder les œufs dans un mélange par parties égales de *glycérine* et d'*eau*. Toutefois les œufs ainsi conservés ne peuvent être ensuite utilisés qu'en pâtisserie car ils sont sucrés.

Silicate de potasse. — Le *verre soluble* se trouve dans le commerce sous la forme d'un liquide sirupeux qui est, le plus souvent, un mélange de silicate de potasse et de silicate de soude, ce dernier plus fluide.

On peut se le procurer chez les droguistes.

La station expérimentale du Dakota du Nord (États-Unis) recommande de dissoudre 1 litre de ce liquide sirupeux dans 10 litres d'eau, quantité suffisante pour 10 douzaines d'œufs.

La station donne les conseils suivants aux personnes qui

veulent être sûres d'obtenir un bon résultat. N'utiliser que des œufs bien frais, propres, lavés, n'ayant pas plus d'une semaine. Enlever ceux qui monteraient à la surface du liquide.

On doit éviter d'employer un *verre soluble* qui aurait une réaction alcaline. Quant à l'eau, elle doit être très pure et il est bon de la faire bouillir, puis de la laisser refroidir avant de préparer la solution. Celle-ci doit être versée avec précaution sur les œufs placés dans un récipient absolument propre. Si l'on emploie des tonneaux en bois, il est indispensable de les traiter préalablement à l'eau bouillante. On devra conserver les œufs dans un endroit frais, à 8, 10° au plus, car si la température était trop élevée le silicate se déposerait sur la coquille et les œufs ne se conserveraient pas bien.

On a trouvé que des œufs ainsi tenus dans la solution à 10 p. 100 *de verre soluble* s'étaient parfaitement conservés pendant 3 mois et demi, et qu'au bout de ce temps ils possédaient encore toutes les qualités des œufs frais. Non seulement ils avaient tout à fait l'apparence et le goût de ces derniers, mais encore le jaune s'y trouvait dans sa position normale et les œufs se laissaient très bien battre en vue de la préparation et du glaçage des gâteaux, qualités que perdent la plupart des œufs imparfaitement conservés.

En résumant les résultats de toutes les expériences de *conservation des œufs* faites dans les différentes stations expérimentales des États-Unis, M. C.-F. Langworthy s'exprime ainsi :

« Il serait peut-être exagéré de prétendre que les œufs conservés par un procédé quelconque peuvent avoir toutes les qualités des œufs frais. Mais il semble que ceux qui sont conservés par le *verre soluble* sont supérieurs à la plupart de ceux qui ont été soumis à d'autres méthodes de conservation. »

Dans une première expérience à la Société coopérative de laiterie de Bavière, sur 2.950 œufs mis dans le liquide conservateur en avril 1902, 7 seulement, en décembre, n'étaient pas susceptibles d'être expédiés mais pouvaient encore être utilisés immédiatement.

Une partie des œufs immergés en avril, ayant été laissés dans le liquide jusqu'au printemps suivant, se conservèrent parfaitement.

Les œufs ne doivent être retirés de la solution qu'au moment même de leur utilisation.

Quand ils doivent être *cuits* à la *coque*, on doit les percer avec une épingle, autrement l'air intérieur, ne pouvant s'échapper par les pores qu'a bouchés le silicate, les ferait éclater. Ce détail fait qu'on ne peut guère utiliser le procédé que pour la consommation à la ferme.

Il faut dire, d'ailleurs, que l'on doit laver les œufs conservés avant de les employer.

Les autres procédés expérimentés n'ont pas donné d'aussi bons résultats.

Le Comité spécial permanent de l'agriculture et de la colonisation du Canada préfère la *chaux*. M. Shutt a conclu de ses expériences :

« Les œufs restés immergés dans une solution à 2 p. 100 de *verre soluble* étaient aussi d'excellente apparence. Leur jaune et leur blanc ne présentaient pas grande différence avec ceux des œufs conservés dans l'eau de chaux. Cependant l'albumine avait une odeur de savon assez marquée. Cette particularité s'accentua encore quand on prépara les œufs pochés. Leur chambre à air était normale. » Nous avons dit que cet expérimentateur préfère l'eau de chaux. Pour lui, l'eau pure et la chaux ne donnent pas le goût de chaux spécial, c'est l'eau de chaux salée, au contraire, qui peut être incriminée.

M. le Dr Campanini, qui a expérimenté le *silicate de potasse* du commerce en dissolution au dixième dans l'eau bien homogène, et conservé les œufs dans un endroit frais à 8-10°, a trouvé aussi quelques inconvénients à cette méthode. Elle est surtout peu pratique pour les petits producteurs à cause des difficultés de préparation de la solution, de la température nécessaire.

Signalons encore cet autre mode d'emploi des sels de potasse.

On dissout un huitième de litre de salicylate de soude ou de potasse et 5 grammes d'alun pulvérisé dans 4 litres d'eau bouillante.

On remue bien le mélange et après refroidissement on verse le tout sur 100 œufs.

CONSERVATION DANS LES MATIÈRES GRASSES

Saindoux. — Le Dr Campanini a obtenu des résultats satisfaisants avec le procédé suivant :

On enduit les œufs frais de *saindoux*, en les frottant de façon à ce que la graisse bouche bien tous les pores. Ainsi on empêche tout échange entre le contenu de l'œuf et le milieu extérieur (oxygène, microrganismes). Même s'il se trouve quelque germe à l'intérieur, l'air qui est naturellement dans l'œuf n'est pas suffisant pour le faire vivre.

Si les pores sont bien bouchés, on empêchera, en outre, l'évaporation de l'eau. Même après un an de conservation on peut voir à la lumière que la *chambre à air* n'a pas augmenté de volume. D'ailleurs, le poids de l'œuf est aussi resté constant.

Quant au contenu de l'œuf, il ne subira pas, non plus, d'altération. Aussi bien le blanc que le jaune conservent leur densité et leur couleur. Ils ne prennent aucun goût étranger. Il a été seulement remarqué un très léger épaississement de la membrane vitelline. Au contraire, dans les œufs conservés par les autres procédés, la diminution de résistance de la membrane permet au jaune de se répandre dans l'albumine.

Le local où se fait la conservation doit être parfaitement sec. De plus, il faut avoir soin, en préparant les œufs, de les enduire uniformément de graisse, sans en mettre trop cependant. En outre, au fond de la caisse ou de la corbeille dans lesquelles on les entrepose, on met, d'abord, une légère couche d'étoupe ou de frisure de bois. Puis on range les œufs de façon à ce qu'ils ne se touchent pas entre eux, en les séparant avec de l'étoupe. Sans ces précautions on verrait se développer des moisissures qui pénètreraient à l'intérieur où elles formeraient une petite tache grise. En outre, la saveur et l'odeur de l'œuf s'en ressentiraient grandement.

Quant à la température, le Dr Campanini a tenu les œufs ainsi préparés assez longtemps à 8 à 10° au-dessous de zéro comme à 22 à 24° au-dessus, sans noter aucune altération. Des œufs conservés dans un milieu « d'été très chaud et d'hiver glacial » étaient toujours en parfait état au bout d'un an.

20 centimes de saindoux sont suffisants pour enduire cent œufs. Une femme adroite peut préparer cette quantité en une heure. .

Huile de lin. — Si l'on enduit les *œufs* d'*huile de lin*, celle-ci, une fois sèche, forme un revêtement presque imperméable. On laisse sécher 2 à 3 jours sur une planche, puis emballe dans du son. Dans une expérience on employa comparativement l'huile de lin et l'huile de pavot. Les œufs traités, ainsi que des témoins, furent placés côte à côte dans du sable et sans se toucher. Ils furent pesés après 3 et 6 mois de conservation, puis ouverts à l'expiration du 6ᵉ mois.

Les œufs qui n'*avaient pas été recouverts* d'*huile* avaient perdu au bout de 3 mois 11 p. 100, et au bout de 6 mois 18 p. 100 de leur poids. Ouverts, ils furent trouvés à moitié vides. Ils exhalaient une odeur d'œuf gâté.

Ceux frottés avec de l'*huile de pavot* avaient perdu au bout de 3 mois 3 p. 100 et au bout de 6 mois 4 1/2 p. 100 de leur poids. Ouverts, ils furent trouvés pleins et n'exhalaient aucune mauvaise odeur.

Enfin, les œufs traités par l'*huile de lin* avaient perdu, au bout de 3 mois 2 p. 100 et après 6 mois 3 p. 100 de leur poids. Ils étaient restés pleins et avaient conservé l'odeur d'œufs absolument frais.

L'*huile de lin* est donc préférable à l'huile de pavot pour la conservation des œufs, mais le procédé est assez délicat ; la couche doit être suffisante mais sans excès. On traite jusqu'à 600 œufs à l'heure. On peut se dispenser de laisser sécher et rouler tout de suite dans de la cendre pour mettre dans du son ou de la sciure.

Vaseline. — En Russie on emploie la vaseline en guise de corps gras.

Les œufs, bien nettoyés, sont enduits par deux fois de ce corps, en laissant un intervalle de 3 à 5 jours. Ainsi badigeonnés, on les enfouit dans du son contenu dans un panier ou tout autre récipient. L'important, c'est de tenir ce dernier dans un local sec et frais.

Il serait utile, avant d'employer les matières grasses, salées au besoin, de stériliser l'œuf dans l'eau bouillante. Il y aurait aussi avantage à laisser complètement les œufs dans la matière grasse, qui ne s'oxyderait pas.

Colle. — On fait cailler du lait avec un peu de vinaigre. On sépare le petit-lait et mélange la matière solide à des blancs d'œufs battus en neige. On ajoute alors de la chaux vive à ce mélange, de façon à obtenir une matière gluante avec laquelle on badigeonne aussitôt les œufs.

CONSERVATION PAR LE FROID

Conditions. — Miss Pennington, du laboratoire du Ministère de l'agriculture des États-Unis, a étudié la *conservation* des œufs par le *froid*. Les œufs examinés avaient tous été pondus depuis 48 heures au plus. L'expérimentateur a trouvé qu'ils renfermaient 35 espèces de *bactéries*, soit dans le jaune, soit dans le blanc. Sur 26 œufs fécondés, 11 en avaient un plus grand nombre dans le jaune que dans le blanc, 9 dans le blanc que dans le jaune. Dans 6 œufs les nombres étaient égaux. Au contraire, sur 9 œufs non fécondés, 1 blanc et 3 jaunes seulement se montrèrent infectés, mais pas par des bactéries, par des germes de moisissures. Miss Pennington en conclut que, pour la conservation, les œufs *non fécondés* sont de beaucoup préférables.

Ajoutons qu'à la rigueur les œufs fécondés peuvent être utilisés, à la condition d'être ramassés de grand matin et placés immédiatement dans un lieu frais pour empêcher l'évolution du germe.

L'état de l'œuf conservé par le froid dépend autant de la température à laquelle il est soumis que de son jeune âge.

Pour une longue durée de conservation il faudrait choisir les œufs de mars, avril, mai, début de juin. Quand le temps devient chaud, l'œuf, en effet, se détériore vite. Des œufs emmagasinés en juillet ont donné 20 p. 100 de déchet; d'autres, en avril, n'en ont eu que 5 p. 100. A cette dernière époque la conservation peut encore commencer 10 à 12 jours après la ponte, tandis qu'en juillet les œufs doivent avoir moins de 8 jours. Il faut expédier au frigorifique le plus tôt possible, la nuit de préférence.

Les écueils à éviter dans ce mode de conservation sont : le développement sur la coquille d'une végétation parasitaire blanchâtre et invisible, qui communique à la matière alimentaire une saveur de *moisi* appelée *goût fort* ; l'*évaporation* d'une partie de l'*eau* contenue dans l'intérieur de l'œuf (augmentation du volume de la chambre à air), l'*adhérence du jaune* à la *coquille*.

Non seulement il y a lieu de se préoccuper de la *température*, qui doit, pour une durée supérieure à 4 mois, rester aussi constante que possible entre 0° et + 1°, mais aussi de l'état *hygrométrique* (78°) assuré par un système régulier de ventilation, qui, tout en évitant les condensations sur la coquille, ne dessèche pas trop l'œuf. Or, les dispositifs de frigorifiques sont très variables à ce point de vue (1).

Les œufs se congèlent s'ils restent plusieurs jours à — 3°. Quand ils reprennent la température ordinaire, le blanc redevient normal, mais le jaune à la consistance du caoutchouc; il ne peut être battu.

A leur sortie de la chambre froide, les œufs sont laissés deux jours avec leurs emballages dans une pièce à température intermédiaire, + 8° par exemple, si l'air extérieur est à + 12°. On maintient la température favorable par un système de ventilation quelconque, qui fait circuler l'air dans une tuyauterie spéciale refroidie à la température voulue par une saumure incongelable, puis réchauffée dans une seconde tuyauterie où circule de la vapeur.

On peut loger 3.000 œufs par mètre cube de chambre froide.

Pour une usine comprenant 2.000 mètres cubes de chambres froides, on compte qu'il faut 200.000 francs de frais d'installation (100 franc par mètre cube). Quant aux frais de fonctionnement, ils atteignent environ 24 francs par mètre cube, soit 48.000 francs pour le cas qui nous occupe.

Pour une usine qui comprend 300 mètres cubes de chambres froides, la dépense d'installation se réduit à 40.000 francs (135 francs par mètre cube) et les frais de fonctionnement s'élèvent à 30 francs par mètre cube, soit 9.000 francs.

(1) Voir *Les Conserves des fruits.*

Le prix de revient pour la conservation de 1.000 œufs pendant douze mois varie entre 6 et 10 francs.

Au point de vue économique on doit chercher à installer les entrepôts de conservation au voisinage des cours d'eau, qui fourniront la force hydraulique. En outre, il les faut au centre

Fig. 39. — Conservation des œufs en chambre frigorifique.

des pays de production et, enfin, à proximité d'une gare de chemin de fer.

Rappelons qu'un moteur à gaz pauvre ne consomme que 400 à 700 grammes de charbon par cheval-heure pour une force comprise entre 10 et 60 chevaux.

En Australie. — En Australie la *conservation des œufs* par le froid est très employée, notamment par les fermiers de la *Nouvelle-Galles du Sud*, qui peuvent disposer, à cet effet, de *magasins frigorifiques.*

Un rapport officiel du *Bureau des exportations de Sydney* a

fourni des indications intéressantes sur le fonctionnement de
ces locaux frigorifiques.

Voici d'abord le *degré d'humidité* qu'il y a eu lieu de conserver
dans les chambres suivant la température.

28° F (1° Fahr. vaut les 5/9 de 1° C) 80 % d'humidité.
29° F (ou 1°,5 C. au-dessous de 0). 78 —
30° 76 —
31° 74 —
32° (0° C.) 71 —
33° 69 —
34° 67 —
35° 65 —
36° 62 —
37° 60 —
38° 58 —
39° (ou + 4° C°) 56 —
40° 53 —

On emploie le *système Linde* à air sec et les locaux sont convenablemment ventilés. De la sorte on n'a pas à dégeler les petits
glaçons qui se forment parfois au plafond lorsque les portes
sont ouvertes pour un instant.

Les œufs à conserver doivent être parfaitement frais et l'air
du local très sec. Mais comme une certaine quantité d'humidité
se dégage des œufs, il faut une ventilation appropriée, sinon il
y aurait à craindre les *moisissures*.

Les œufs ne seront ni lavés (revêtement naturel de la coquille), ni enduits de substances conservatrices quelles qu'elles
soient.

Il n'est pas de rigueur que les œufs soient *non fécondés* ou
stériles, à condition, toutefois qu'ils aient été recueillis le
matin et gardés au froid, car si le germe a commencé à évoluer,
si peu soit-il, la conservation de l'œuf est compromise.

Le température la plus convenable à maintenir dans les locaux doit être aussi voisine que possible de 0° C. avec un maximum de 1° 2/3 et un minimum de — 1°.

Les boîtes *brevetées* employées pour les œufs sont telles que,
lorsqu'on les empile, un certain intervalle reste libre entre
elles pour la circulation de l'air.

Dans un règlement spécial l'administration donne les
instructions suivantes :

Pour que les œufs puissent se garder frais et bons 4 à 6 mois, il est nécessaire de ne prendre que ceux qui sont nouvellement pondus. Si c'est possible, il est préférable de les avoir *stériles*. Sinon le germe commence à se développer dès que l'œuf est exposé à une température de 35-38°, même pendant un instant. Il faut recueillir les œufs tous les matins « avant que le soleil soit chaud. On les range en une fois dans des boîtes que l'on place dans un endroit frais. Pour être vendus le plus cher possible, ils doivent avoir été assortis, quant à la couleur et à la grosseur, dans les boîtes marquées en conséquence. Il faut veiller également à ce qu'ils soient propres et exempts de taches suspectes. Les boîtes seront du modèle commercial usuel. Elles contiendront 36 douzaines. Elles seront en bois, sans odeur, les œufs étant particulièrement aptes à contracter l'odeur des objets environnants. Ces boîtes, ainsi que les compartiments en carton, seront parfaitement secs avant d'être employés, cela pour s'opposer à l'envahissement par les moisissures. En dehors des compartiments en papier, il ne faut employer aucune autre matière d'emballage afin de laisser échapper l'humidité naturelle qui se dégage des œufs. Sans cela, on sentirait à l'ouverture des caisses une odeur de moisi. On doit envoyer au plus tôt au frigorifique les œufs destinés à être frigorifiés. Ils seront manutentionnés avec le plus grand soin durant le voyage. »

Règlement d'un frigorifique. — Dans les *frigorifiques* de l'État de la Nouvelle-Galles du Sud, les *droits de garde* sont fixés à 3 pence (30 centimes) par caisse pour l'entrée et la sortie ; 3 pence par caisse et par semaine pour le magasinage. De la sorte, les œufs peuvent être gardés onze semaines pour 1 penny (dix centimes) par caisse.

Les frais de camionnage ou de transport par chemin de fer, bateau, etc., sont à la charge des propriétaires des œufs.

Le secrétariat du *Governement Export Depot* doit être avisé par la poste de l'envoi. Le gouvernement n'est responsable d'aucune perte ou d'aucun dommage.

Les caisses ne sont distribuées que sur la production du reçu délivré à l'entrée. Elles doivent être du modèle donné et en bois sans odeur. Chacune contient 36 douzaines d'œufs con-

venablement emballés dans des compartiments en carton
fournis avec les caisses. Elles coûtent à Sydney, 2 sh. 6 d. (1)
chacune. Il est recommandé aux propriétaires résidant loin
du dépôt de faire examiner les œufs avant leur emmagasinage.
Il est de l'intérêt des propriétaires de donner avis des reprises
d'œufs 48 heures à l'avance, pour que ces œufs puissent passer
graduellement de la température du magasin à celle de l'extérieur.

En Amérique. — C'est surtout en Amérique que l'on a appliqué en grand les procédés *frigorifiques* de conservation des
œufs. Mais on y a recours, également, dans un grand
nombre de villes d'Europe.

Dans une brochure intitulée *Eggs and their uses as food,*
M. C. F. Longworthy, du *Bureau des stations expérimentales*
dépendant du Ministère de l'agriculture des États-Unis, fait
remarquer que les plus basses températures obtenues artificiellement par l'homme sont incapables de tuer les microbes. On
ne peut donc chercher par ce moyen à détruire les germes
dont le développement empêche la bonne conservation des
œufs. Il suffit de soumettre ceux-ci d'une manière continue
à une température à laquelle ces germes restent inactifs. Il
faut d'ailleurs viser à l'économie et éviter la congélation.

On peut se contenter d'une température de $+ 4^o$ à $+ 1^o$,
mais il est préférable d'adopter $+ 1^o$ à $- 1^o,5$.

Si l'on descend au-dessous de ce dernier chiffre, il faut consommer les œufs immédiatement après leur sortie de l'appareil
frigorifique.

La Commission canadienne d'agriculture et de laiterie a
donné les conseils suivants sur cette matière.

Les caisses doivent être bien fermées afin d'éviter la circulation de l'air, qui favoriserait l'évaporation du contenu des
œufs. A leur sortie du magasin frigorifique, les caisses ne doivent pas être ouvertes immédiatement dans une atmosphère
où la température est élevée. Il faut les laisser fermées durant
2 jours, de façon que la température des œufs puisse s'élever graduellement jusqu'à celle du local où les caisses ont été

(1) Le shilling vaut 1 fr. 25 environ.

déposées. Sans cette précaution, l'humidité de l'air se condenserait sur la coquille et les œufs paraîtraient « suer ». Cette sudation apparente n'est donc pas une transpiration du contenu de l'œuf à travers la coquille (1).

Il est bon de retourner fréquemment (deux fois par semaine) les œufs pour éviter que le jaune ne vienne adhérer à la coquille, à moins que la température ne soit au-dessous de 0°, car le blanc et le jaune sont alors suffisamment raffermis pour que ce dernier n'adhère pas à la coquille. On doit tenir les œufs la pointe en bas car le jaune, plus léger que le blanc, dit-on, monte alors vers la chambre à air.

A Chicago on entrepose au mois d'*août* dans des caisses contenant 30 douzaines, et sans les laver. On les met aussi dans des boîtes en métal de 50 livres anglaises. La température est environ de 1° au-dessous de 0, sans varier de plus d'un demi-degré.

On tient autant que possible les œufs dans le frigorifique à l'écart de tout produit émettant une forte odeur (fromages, oignons, etc.).

Le frigorifique doit être désinfecté chaque année ; blanchir à la chaux après avoir desséché la pièce par l'aération et même le chauffage, puis pulvériser une solution de sublimé à 1 p. 1 000.

En Allemagne. — En Allemagne (2) les frais s'élèveraient à 8 francs par 1000 œufs. Ceux-ci sont mis dans des caisses avec fond à claire-voie, qui facilite la circulation de l'air froid, et placées les unes sur les autres sur des clayons. On les garde ainsi 8 à 9 mois à 0°.

Autant que possible, il vaut mieux adopter les caisses qui peuvent servir dans le commerce pour expédier les œufs.

Les caisses de 500 œufs ont 0m,92 de long, 0m,48 de large, sur 0m,18 de haut. Celles de 60 douzaines : 97 × 48 × 22 ; celles de 90 douzaines : 97 × 48 × 32 ; celles de 120 douzaines : 197 × 48 × 22.

---

(1) M. de Loverdo a imaginé un appareil *ad hoc* pour ménager cette transition aux œufs. Cet appareil paraît être plus économique que la *chambre* spéciale de *réfrigération Nelson*. Il permet de transformer en salle de décongélation une chambre quelconque.

(2) En Allemagne les frigorifiques les plus importants pour la conservation des œufs sont à Berlin, Hambourg, Nuremberg, Cologne.

Au magasin frigorifique de Hambourg plusieurs millions d'œufs sont entreposés tous les ans au printemps. En fait, la majeure partie des œufs vendus en hiver sont des *œufs conservés*.

La laiterie coopérative d'Oldendorf (Hanovre) a fait construire un magasin frigorifique pour les œufs en prenant pour modèle de l'installation certains magasins frigorifiques qui fonctionnent en Danemark. Depuis, presque toute la production des œufs de premier choix va dans ces locaux frigorifiques dès la mi-avril, alors que se produit la baisse des prix, pour les revendre en hiver comme *œufs conservés*.

La température est maintenue entre $+ 1^o$ et $+ 3^o$ C.

L'installation en question est pourvue d'un « accumulateur de froid » et d'un dispositif spécial pour la purification de l'air.

L'accumulateur de froid consiste dans un appareil à congeler l'eau, afin qu'en cas de non fonctionnement de la machine à gaz carbonique la température ne s'élève pas brusquement (surtout en été) (1).

Les dimensions des locaux ont été calculées de façon que l'on puisse y loger 150 000 œufs environ, répartis dans des caisses en contenant 300. Dans des essais préalables, bien que la température se soit élevée jusqu'à $+ 6^o$ C. et plus, la proportion des œufs gâtés n'a été que de 5 p. 100.

On a signalé à Glandorf (Hanovre) la première *société coopérative* pour la vente des *œufs* non rattachée à une association agricole d'élevage ou de laiterie. Cette question présente de l'intérêt pour le commerce des *œufs conservés*. A Hambourg, les marchands en gros conservent des œufs par millions dans les glacières de l'abattoir.

Il importe que les coopératives cherchent à garder pour l'hiver une partie des œufs, au moment où les poules pondent le plus. Or, les membres de ces sociétés doivent payer les œufs aux cultivateurs et fermiers au moment des livraisons ; comment feront-ils s'ils ne perçoivent le produit de la vente que longtemps après ? C'est à propos de cette question qu'apparaît l'utilité

---

(1) Voir notre volume *Conserves de fruits*, page 114.

pour les sociétés importantes de vente des œufs de se faire inscrire au registre des *sociétés coopératives*, en prenant pour base de fixation de leur fonds de garantie, de l'apport de leurs membres, la moitié de la valeur approximative des œufs à mettre en conserve au printemps. Elles peuvent ainsi obtenir le crédit nécessaire pour assurer les paiements dans les conditions habituelles qui ne sont pas susceptibles d'être modifiées.

Les œufs garantis frais peuvent être facilement payés aux *sociétés coopératives* 10 à 11 pfennigs (1) pièce. On en offre 12 pfennigs dans certaines villes de la province rhénane, à Bonn par exemple. Or, au printemps, les coopératives de Hanovre paient les œufs 4 pfennigs et demi, en moyenne. En comptant 1 pfennig par œuf au maximum, pour les frais de conservation et pour l'intérêt de l'argent avancé, on voit que, même avec un prix de vente de 6 pfennigs et demi à 7 pfennigs en hiver, les producteurs réaliseraient encore un beau bénéfice (2).

Efficacité du procédé de conservation par le froid. — M. le Dr Bordas, membre du Conseil d'hygiène publique de France, a ainsi apprécié la *conservation des œufs par le froid*. Il constate que ce procédé se répand de plus en plus en France, et tout fait prévoir qu'il remplacera un jour tous les agents et modes de conservation, plus particulièrement l'*eau de chaux*. De toute façon, cependant, l'œuf ayant subi longtemps l'action des basses températures doit être considéré comme œuf de *conserve*, quoique de qualité bien supérieure à l'œuf conservé par l'eau de chaux.

Le froid, au bout de 5 à 7 mois, n'altère pas sensiblement l'aspect et l'odeur de l'œuf, alors qu'au bout d'un laps de temps bien moindre l'eau de chaux rend l'albumine jaunâtre, aqueuse, et communique à l'œuf l'odeur caractéristique de la chaux. L'œuf conservé par le froid peut particulièrement être mangé à la coque au bout de 3 à 4 mois, ce que l'on ne pourrait faire avec l'œuf sortant de l'eau de chaux. Mais, à partir du quatrième mois, l'évaporation agrandit la chambre à air. Dès lors,

(1) Le mark (100 pfennigs) vaut 1 fr. 25 environ.
(2) Bulletin de l'Office de renseignements agricoles, 1902, p. 157.

son utilisation est plus indiquée pour d'autres usages culinaires et pour la pâtisserie.

Il est désirable qu'au point de vue hygiénique les œufs employés en pâtisserie soient ainsi conservés, ce qui permettrait d'écarter les *jaunes* d'œuf d'origine exotique.

L'industrie du *froid artificiel*, soutenue par les associations syndicales a développé d'une façon extraordinaire le commerce des œufs :

La Russie a exporté en 1906 : 2 833 millions d'œufs, d'une valeur de 161 488 000 francs.

Aux États-Unis, en 1907, il a été entreposé 105 millions de francs d'œufs. Il en a été exporté pour 8 600 000 francs.

Au Danemark, le chiffre d'exportation d'œufs atteint annuellement 178 millons de francs.

A Constantinople, il y a un entrepôt pour la conservation des œufs qui emmagasine actuellement plus de 75 millions de caisses d'œufs. Chaque caisse contient environ 100 œufs.

Malgré tout, des progrès restent encore à réaliser dans cette voie, pour favoriser au maximum la fabrication des biscuits, des pâtes alimentaires, de la pâtisserie, etc.

Les entrepôts frigorifiques sont encore très peu nombreux et d'ailleurs le procédé ne pourra être mis à la disposition de tout le monde.

Les producteurs, comme nous l'avons déjà dit à plusieurs reprises, doivent se grouper pour pouvoir utiliser le froid industriel, rassembler les produits des adhérents et exercer sur la réception la surveillance la plus minutieuse. A l'étranger, il est de ces groupements qui possèdent déjà des magasins *réfrigérants* dans lesquels les *œufs* sont conservés en bon état de fraîcheur en attendant le moment de la vente et les cours favorables.

La France (1), pays des grains et des volailles, peut réaliser ces mêmes améliorations, ce qui permettrait d'étendre notre commerce et de reconquérir peut-être, à ce point de vue, l'Angleterre, pays gros consommateur d'œufs, comme on sait.

Il y a une dizaine d'années, nous y importions 15 172 000 kilo-

(1) Elle importe 200 millions de kilos sur 500 millions consommés.

grammes d'œufs, représentant une valeur de 21 705 000 francs. Aujourd'hui la France est distancée par la Russie, le Danemark, la Belgique et l'Allemagne. Elle n'arrive qu'au cinquième rang, avec 8 400 000 kilogrammes, représentant une valeur de 13 520 000 francs, alors que la Russie figure pour 50 400 000 kilogrammes, d'une valeur de 59 800 000 francs ; le Danemark avec 25 600 000 kilogrammes, d'une valeur de 44 300 000 francs; la Belgique avec 16 760 000 kilogrammes, d'une valeur de 22 770 000 francs, et l'Allemagne avec 19 300 000 kilogrammes, d'une valeur de 26 700 000 francs.

Rappelons à ce sujet que les Anglais demandent de gros œufs à coquille épaisse, ce qui facilite la conservation, et de couleur jaune. A ce point de vue, on apprécie la race *faverolles*. On cite comme donnant des œufs roux : les *langshan, plymouth rock, orpington, cochinchinoise, wyandotte;* les croisements *minorque* × *langshan, leghorn* blanche ou *ancone* et *langshan, leghorn* blanche ou brune et *orpington* fauve, *minorque* ou *ancone* et *orpington* fauve, etc.

Les expéditions se font surtout de février à août. Il faut apporter un soin minutieux à la livraison régulière. Bien classer la marchandise, la bien vérifier. Rejeter impitoyablement les œufs douteux. Transporter dans les meilleures conditions d'emballage.

Traitement combiné par le froid et le gaz carbonique. — A leur arrivée à l'usine frigorifique, les œufs sont déballés, mirés, toqués et mis à refroidir dans une salle spéciale où s'opère le remplissage des caisses. Ces caisses, au lieu d'être en bois, sont en fer-blanc et peuvent être fermées hermétiquement. Leur poids est de 40 kilogrammes et leur contenance de 500 œufs. Elles portent, à leur partie supérieure, une ouverture permettant de loger facilement les œufs sans qu'il se produise de casse, puis elles sont entourées de deux chapes en bois à claire-voie, l'une extérieure, qui permet l'arrimage des œufs dans les chambres froides, l'autre intérieure, qui facilite la circulation de l'atmosphère gazeuse autour des œufs.

Le remplissage des caisses étant terminé, on met à l'intérieur un peu de chlorure de calcium anhydre pour maintenir l'atmosphère sèche nécessaire à la bonne conservation, puis on

soude les couvercles, en ne laissant qu'un petit trou circulaire
de 5 millimètres de diamètre, pour livrer passage au gaz dans
les opérations qui suivent. Après quoi, les caisses sont déposées
sur de petits chariots de dimensions telles qu'un chariot permet
de traiter 36 caisses par opération, soit environ 20 000 œufs.
Les chariots sont alors introduits dans un autoclave ayant
la forme d'un réservoir cylindrique couché horizontalement
sur deux pièces de bois entaillées.

On fait le vide dans l'autoclave : on enlève ainsi l'air qui
entoure les œufs et les gaz en dissolution dans l'albumine. On
introduit ensuite de l'anhydride carbonique provenant d'une
source liquide, ce gaz étant préalablement réchauffé afin d'éviter qu'il n'arrive trop froid sur les œufs et qu'il n'en brise les
coquilles.

Quand la pression est devenue légèrement supérieure à la
pression atmosphérique, on arrête l'introduction du gaz carbonique. Le manomètre baisse petit à petit en raison de l'absorption du gaz par l'albumine des œufs ; de temps à autre on
introduit à nouveau de l'anhydride jusqu'au moment où, le
manomètre restant immobile, on a la certitude que les œufs
sont saturés de ce gaz ; on laisse alors partir l'excès de pression
à l'intérieur de l'autoclave, pour éviter que l'anhydride carbonique ne liquéfie, à la longue, l'albumine et ne diminue la qualité
intrinsèque et la valeur marchande des œufs. Avec une pompe
à vide on enlève donc une certaine quantité de gaz carbonique
que l'on remplace par de l'azote à l'état de gaz comprimé, au
besoin fabriqué sur place en faisant passer de l'air sur du cuivre
porté au rouge ; on a de l'*azote* pur, stérilisé et refroidi à 15°
par son passage à travers un refroidisseur.

Lorsqu'on juge que l'albumine des œufs est saturée d'azote,
on arrête l'introduction de ce gaz, on sort les caisses d'œufs de
l'autoclave, puis on ferme, par un grain de soudure, le petit
trou laissé ouvert sur le couvercle des caisses. Par ces manipulations, les œufs sont donc placés dans un milieu composé de
gaz carbonique et d'azote, sans oxygène. Les proportions respectives de ces deux gaz, à l'intérieur comme à l'extérieur des
œufs, sont celles que l'on rencontre dans l'albumine des œufs
lorsqu'ils sont fraîchement pondus.

Il ne reste plus qu'à transporter les caisses dans les chambres froides, où ils sont conservés à une température comprise entre 0 et + 2°. Cette conservation se fait donc en vase clos. On n'a plus à se préoccuper de la ventilation des locaux ni du degré hygrométrique de l'air des chambres froides (1). Le réchauffement progressif des œufs, à leur sortie des chambres et avant leur emballage pour l'expédition, se fait à l'intérieur même des caisses, et ne nécessite pas d'installation spéciale. Quand leur température a atteint 7° à 8°, pour une température extérieure de 15°, on sort les caisses du local et les œufs peuvent être emballés pour l'expédition.

Les avantages de ce système, dit l'auteur, sont les suivants : il n'y a plus d'évaporation à la surface des œufs ; pas de phénomènes d'oxydation, par conséquent les œufs n'ont pas le goût de vieux, on peut les manger à la coque, même après dix mois, et l'albumine conserve la belle couleur blanchâtre qu'elle a dans les œufs fraîchement pondus. Les œufs peuvent attendre un certain temps à leur sortie des chambres froides, avant d'être livrés à la consommation ; il n'en est pas de même des œufs conservés par le froid seul. Les bacilles, bactéries et moisissures sont anéantis par la basse température et le milieu gazeux antiseptique, donc pas d'œufs moisis ni pourris, pas de déchet.

Le prix de revient de la conservation par ce procédé n'est que très peu supérieur à celui de la conservation par le froid seul. La caisse en fer-blanc, contenant 500 œufs, coûte 8 francs ; le logement de 1 000 œufs revient donc à 16 francs. Ces caisses. très robustes, peuvent durer dix ans et au delà. En calculant l'amortissement à 8 p. 100, la dépense annuelle, relative au logement des œufs, ressort à 1 fr. 30 le mille. Le traitement par le gaz carbonique et l'azote revient à 0 fr. 70. La dépense supplémentaire occasionnée par ce traitement se monte donc à 2 francs par 1 000 œufs conservés, dépense insignifiante si on la compare à la plus-value donnée aux œufs.

Ce procédé est particulièrement recommandable pour les

(1) Voir le chapitre relatif aux frigorifiques dans notre volume, *Conserves de fruits.*

entreprises importantes, disposant de capitaux assez élevés, et pour les *Sociétés coopératives*.

M. Fernand Lescardé a d'ailleurs fait appliquer son procédé en France et à l'étranger, notamment à l'usine des Coindres, à Châtellerault (Vienne), et au frigorifère de Courtrai (Belgique), où il donne d'excellents résultats.

Les œufs conservés par cette méthode perfectionnée, dit l'auteur, peuvent atteindre sur les marchés des prix très élevés, car ils peuvent être mangés à la coque. Leur chambre à air est très petite et, au mirage, rien ne les différencie des œufs fraîchement pondus. Ils peuvent très bien atteindre le cours moyen de 110 francs. Or, on peut acheter au printemps de beaux œufs au prix moyen de 68 francs le mille rendus à l'usine. Les frais du traitement au gaz carbonique sont de 2 francs par mille ; ceux de réfrigération sont de 0 fr. 65 par mille et par mois. Pour une conservation de neuf mois, le bénéfice réalisé peut être évalué à 34 fr. 15 par mille, cela pour des œufs payés 68 francs le mille.

Il y a donc là une industrie extrêmement intéressante, capable de rémunérer très largement les capitaux engagés.

Emballage et vente. — Le meilleur mode d'*emballage* pour les *œufs* consiste en caisses en bois, qui peuvent en contenir de 500 à 1 440 selon le goût de la clientèle. Ces caisses en bois ne doivent jamais avoir ni dessus ni dessous, aucune traverse, de façon à éviter les heurts.

On garnit ces caisses de compartiments en carton, qui ne communiquent aucune odeur aux œufs, contrairement à ce qui arrive avec les emballages en paille.

Ces cartonnages sont élastiques, ce qui diminue la casse. Ils permettent de placer rapidement l'œuf à emballer par bout et non sur champ et de classer par grosseurs. D'autre part, il suffit, pour le déballage, d'enlever la partie supérieure du carton. Chaque rang est séparé par une feuille ondulée.

Les *coopératives* de producteurs d'œufs sont trop rares en France. Il n'est pas besoin cependant d'insister, après tout ce que nous venons de dire, sur les soins qu'il faut apporter à la conservation des œufs, pour faire comprendre l'importance de ces genres d'associations pour le conditionnement et la vente en commun des œufs.

Nous signalerons, dans cet ordre d'idées, le syndicat d'expéditeurs-exportateurs d'œufs et de volailles du Centre-Ouest, fondé à Niort en 1906.

Cette association étend son action aux départements des Deux-Sèvres, de la Vendée, de Maine-et-Loire, de la Vienne, de la Charente et de la Charente-Inférieure. Elle a pour but :

1º D'encourager le producteur à l'amélioration des races

Fig. 40. — Caisse à œufs (Midi).

de poules pondeuses, afin de n'obtenir que des marchandises de premier choix, comme grosseur ;

2º De démontrer à ce même producteur que son intérêt est de ne présenter au commerce que des œufs et volailles bien traités, et susceptibles, par suite, d'atteindre les plus hauts cours ;

3º D'obtenir que les œufs et volailles sortant de Paris et à destination de la banlieue soient dégrevés de tous droits d'octroi ;

4º De poursuivre, au besoin, la suppression complète, à Paris, des droits d'octroi sur les œufs ; l'œuf devant être considéré comme un aliment de première nécessité et son prix étant généralement élevé dans la capitale, sa consommation n'est guère possible aux classes nécessiteuses ;

5º De solliciter des Compagnies de chemins de fer des modifications aux tarifs actuels, beaucoup trop élevés comparativement à certains tarifs internationaux ;

6º D'unir son action à celle de la fédération des syndicats.

Le minimum de la cotisation annuelle des membres de ce syndicat coopératif est fixé à 10 francs (1).

--

(1) Bénéfice annuel par poule 4 francs ; frais d'organisation 6 000 à 7 000 francs ; personnel réduit ; frais généraux 0 fr. 028.

Il y a aussi une coopérative près du Mans.

STATION D'EMBALLAGE DANOISE. — Dans les *Sociétés coopératives danoises* (800 sociétés, 70 000 membres) pour l'exportation des *œufs*, à l'arrivée dans chaque *station d'emballage* les œufs sont pesés avec et sans les caisses, choisis et mirés. Pour faire le triage des œufs, on les place d'après leurs dimensions sur des plateaux percés de trous de différentes grandeurs. Ces plateaux contiennent, généralement, dix douzaines d'œufs. Ceux-ci sont groupés suivant leurs grosseurs en catégories dont le poids varie de 13 livres anglaises à 18 livres anglaises les 120 œufs. Les œufs disposés sur les plateaux sont, alors, portés dans une chambre obscure pour être mirés. A cet effet, les plateaux sont posés au-dessus de lampes électriques (ou à pétrole, ou à gaz), placées au fond d'une caisse dont les parois sont munies de réflecteurs. La lumière concentrée éclaire les œufs de bas en haut et permet de se rendre compte de leur degré de transparence. Les œufs obscurs ou troubles sont retirés et leurs propriétaires mis à l'amende (7 francs) ; s'ils sont reconnus bons, on les leur paie, cependant.

Le fermier ne doit pas livrer au *collecteur* des œufs qui ont plus de six jours, sous peine d'une amende de cinq couronnes. Le collecteur lui-même ne peut les garder plus de quatre jours. Le cachet apposé sur l'œuf permet ce contrôle (1).

Une fois choisis et mirés, les œufs sont *timbrés* à la marque de la société coopérative et emballés définitivement.

Nous avons dit que l'on a soin de classer d'abord par grosseurs. Les petits œufs sont demandés par la Suède, tandis que l'Angleterre les veut aussi gros que possible. En outre, il serait dangereux d'emballer dans de la paille ou des copeaux, sans séparation, des œufs qui ne seraient pas de la même grosseur. On s'exposerait ainsi à une grande casse, les petits œufs étant libres et pouvant jouer entre de plus gros.

Les caisses employées sont longues, à deux compartiments dont chacun contient six « grandes centaines », soit 720 œufs

____

(1) Formule pour encre indélébile : 35 grammes d'eau, 4 glycérine, à sucre, 5 albumine sèche, 7 violet de méthyle (ne pas chauffer).

par compartiment, et 1 440 en tout. Chaque caisse revient de
1 fr. 50 à 2 francs. Au fond on place une couche de paille
longue faisant coussin, puis des copeaux, puis la première
rangée d'œufs, puis de la paille, etainsi de suite. Chaque œuf
porte *imprimé* au tampon en caoutchouc le signe de la fédération ou de la société. On recouvre ensuite de copeaux, puis de

Fig. 41. — Caisse à œufs (exportation).

paille, sur une épaisseur de 5 centimètres, et il en est de même
sur les parois latérales. Ne pas mettre plus de 5 couches.

La société la plus importante, « L'Association danoise pour
l'exportation des œufs », réunit plus de 30 000 membres et se
trouve divisée en 500 cercles environ. Chacun des adhérents
reçoit un timbre en caoutchouc avec deux numéros, celui du
cercle et le sien propre.

Les œufs en Bulgarie. — La *Bulgarie* exporte beaucoup
d'*œufs*, particulièrement vers l'*Autriche*. Mais tous les œufs
expédiés dans ce pays ne sont pas consommés sur place. On
les centralise à Vienne pour les réexpédier ensuite vers les
marchés extérieurs, comme l'Allemagne, la Belgique.

Le centre principal de ce commerce était, autrefois, *Rasgrad*.

C'était de ce point qu'une grande partie de l'exportation était dirigée par la voie de *Varna* vers *Constantinople* et, de là, sur *Marseille* et *Anvers*. Le reste était expédié sur les marchés de l'*Europe centrale*. Aujourd'hui la consommation des œufs bulgares a diminué en Turquie et augmenté, au contraire, dans l'Europe centrale. Aussi est-ce *Sofia* qui est devenu, maintenant, le marché centralisateur, et qui fait tous les envois vers l'étranger.

Les œufs sont empaquetés dans de la paille hachée. On utilise ceux qui viennent à se briser : les jaunes, desséchés, sont employés par les fabriques de *margarine*. Ils servent, aussi, à la nourriture de la volaille. Quant aux blancs, ils sont également séchés et utilisés dans les confiseries et les fabriques de toiles.

Les œufs sont expédiés à l'étranger dans des caisses étroites et allongées, en contenant 1 440 disposés sur quatre rangées superposées.

Les œufs bulgares atteignent des prix élevés à cause de leur grosseur et de leur qualité de conservation que ne possèdent pas à un pareil degré les œufs italiens et russes. Cette propriété tiendrait au climat assez sec de la Bulgarie et au fait que la terre contient, généralement, beaucoup de chaux, ce qui rend la coquille très dure. On assure que des œufs achetés en septembre se conservent jusqu'au mois de mars.

ŒUFS CONSERVÉS HORS COQUILLE

On peut conserver les œufs hors coquille avec ou sans antiseptiques, soit à l'état liquide, soit desséchés.

Antiseptiques. — Quand il s'agit de produits destinés à l'alimentation, on sait qu'il n'est possible d'employer comme antiseptique que le *sel*. Mais cet ingrédient se montre insuffisant : 12 p. 100, dit M. Salvain Gondinet, importateur à Marseille, dans son rapport au deuxième Congrès international pour la répression des fraudes à Paris, en novembre 1909, ne suffisent pas toujours pour assurer la conservation du produit liquide.

Le *sucre* à forte dose ne tarde pas à fermenter. L'*acide bori-*

que à 2 p. 100, le sulfate de soude à 2 p. 100, etc., seraient efficaces, mais leur usage est interdit. Nous ferons remarquer cependant que l'on ne connaît pas la liste des antiseptiques non prohibés.

Œufs liquides conservés.

On a défini les *œufs liquides* « un produit commercial constitué par le mélange du contenu (jaune et blanc) des œufs de même espèce, sans addition ni soustraction ».

Les pays de grande production exportent généralement les « blancs » et les « jaunes » séparément, et bien que nous ne puissions employer les antiseptiques, nous recevons et consommons des œufs liquides traités de la sorte. La Russie, la Sibérie, le Japon sont nos principaux fournisseurs. Les œufs de Syrie sont concentrés à Mossoul. Les jaunes sont mis en futailles avec 1 p. 100 d'acide borique et 10 p. 100 de sel marin.

Les *jaunes* liquides, par exemple, entrent en franchise, exonérés du droit de 6 francs par 100 kilos, parce qu'ils sont reconnus impropres aux usages alimentaires et destinés seulement à des emplois industriels : mégisserie, etc. (1).

Mais, malgré tout, la biscuiterie, la confiserie, la boulangerie même, en tirent profit (2). Les Chinois ne mangent-ils pas les œufs pourris ?

Devant cet état de choses, le professeur Bordas, du Conseil supérieur d'hygiène, a demandé que l'on dénaturât le produit en question à son entrée en France avec 2 p. 100 d'*huile de camphre* brute.

Ajoutons qu'on importe ainsi non seulement des jaunes, mais des blancs liquides et, même, des œufs complets additionnés de 2 p. 100 d'acide *borique* ou de 12 p. 100 de *sel* avec 1 p. 100 de ce dernier *acide*, ou encore, comme on le fait au Japon, de 12 p. 100 de *sel*, 2 p. 100 d'*acide borique, alcool, sucre*, etc.

Aux États-Unis les œufs liquides sont, parfois, conservés

(1) **Mélangés** à de la fécule, des crottes de chien, etc., pour assouplir les peaux d'agneaux et de chevreaux.

(2) **Mélangés** au beurre et à la margarine, ils les colorent et leur font **retenir** de l'eau.

sous cette forme dans les *magasins réfrigérants*. On se sert, à cet effet, de bidons qui en contiennent 20 à 25 kilos. La température recommandée dans ce cas est un peu inférieure au point de congélation, soit — 1°,1 C. (l'œuf se congèle à — 3°). Dans ces conditions, les œufs se conserveraient aussi longtemps qu'on le désire. Mais on doit les employer *aussitôt* qu'ils sont *sortis* du magasin frigorifique et sont revenus à l'état liquide.

Remarquons que la Commission des douanes de la Chambre a prévu un droit d'entrée pour les jaunes propres à l'alimentation. Ces droits sont les mêmes que pour les œufs en coque augmentés des droits sur les produits alimentaires ayant servi à les conserver, tels que : *alcool, sucre, sirops*, ou autres produits taxés d'un droit d'entrée.

Dessiccation des œufs.

On peut conserver les *jaunes d'œuf*, une fois séparés de leur blanc ou *albumine*, en les durcissant de la façon suivante. On les laisse durant douze heures dans un bain d'eau ordinaire saturée de sel (40 à 50 parties de sel par 100 parties d'eau). Après ce laps de temps ou les retourne pour les laisser à nouveau en repos dans la solution pendant douze heures encore. En les retirant du bain on les dépose sur des plaques où on les laisse se sécher spontanément à une température un peu chaude.

Les jaunes d'œuf préparés de la sorte prennent l'aspect d'abricots confits. Délayés dans de l'eau, ils peuvent servir à tous les usages domestiques, même culinaires.

Le commerce livre les jaunes d'œuf sous forme de granulé, ou jaune porphyrisé, et les blancs à l'état de sable ou de paillettes. Enfin on dessèche aussi les œufs complets par la chaleur dans le vide, puis on pulvérise. On traite aussi séparément le blanc et le jaune.

Voici ce que dit M. Gondinet sur les œufs desséchés :

« Le *blanc d'œuf* est le plus facile à sécher. L'albumine solide est *connue de temps immémorial*. Le cassage des œufs est depuis longtemps une grande industrie qui sèche l'albumine rationnellement, rapidement et sans aucune intervention de produits antiseptiques.

« L'albumine sèche remplace le blanc d'œuf frais dans tous ses emplois en général, tels que biscuiterie, pâtisserie, nougats, clarification, produits pharmaceutiques, etc.

« L'albumine est livrée en plaquettes plus ou moins épaisses, mais brillantes, transparentes et inodores. L'albumine de poule est d'un joli jaune clair ; l'albumine de cane est reconnaissable à sa teinte plus pâle.

« Les albumines bien fabriquées conservent indéfiniment leur aspect et leurs propriétés.

« Il y a plusieurs années, quelques fabricants avaient eu l'idée malencontreuse de mettre dans leurs albumines, pour sécher plus commodément, de l'acide borique ou de l'acide salicylique. On s'en est aperçu et ils ont chèrement payé les conséquences : aussi n'ont-ils pas recommencé.

« L'albumine est quelquefois livrée en poudre, mais c'est plus rare, parce que la poudre est trop facile à frauder.

« Les fraudes les plus communes sont le mélange avec les colles ou gélatines, les gommes, la dextrine et la caséine. Ces fraudes sont ordinairement, pour les personnes un peu exercées, faciles à reconnaître à l'œil, à l'odeur ou au goût, mais il est parfois avantageux de recourir aussi à l'analyse chimique. Celle-ci ne peut pas se contenter de doser l'azote puisque la fraude emploie souvent des matières azotées, gélatine ou caséine.

« Il n'y a pas à craindre le mélange avec l'albumine du sang, celle-ci se reconnaissant facilement à ses seuls caractères organoleptiques.

« Depuis de longues années on prépare du jaune d'œuf sec pur, mais il restait assez cher et se vendait peu. Il y a seulement trois ou quatre ans qu'on est arrivé à le produire à des prix assez modérés pour pouvoir en fabriquer et en écouler de notables quantités. Cette industrie prend de jour en jour de l'importance. C'est ainsi qu'en 1907 il a été présenté à la seule douane de Marseille, et admis par elle, plus de 25 000 kilos de jaune d'œuf desséché « propre aux usages alimentaires ».

« Le jaune d'œuf bien séparé du blanc est séché immédiatement sans aucune addition de matière antiseptique. Chaque arrivage est, du reste, soumis par la douane française à l'examen de ses laboratoires et elle ne l'admet qu'après constatation du parfait état de conservation et de l'absence de tout produit conservateur.

« Des nombreux emplois du jaune sec, il suffit de citer entre autres la pâtisserie, la biscuiterie et la préparation de produits pharmaceutiques.

« Le jaune d'œuf sec est ordinairement livré en poudre grossière ; il a une consistance grasse et tache rapidement le papier. Il a l'odeur franche et naturelle de l'œuf. Son maintien en bon état est très facile, même des années, dans un lieu abrité de l'humidité et de la grande chaleur.

« Le jaune sec de poule a une belle couleur jaune clair et un goût plus fin que le jaune sec de cane.

« Celui-ci est d'un jaune orangé, plus gras que le jaune de poule et d'un goût différent, mais bon aussi. Le jaune de cane est même préféré pour certains emplois alimentaires. D'ailleurs, il donne un rendement plus abondant.

« On imite grossièrement le jaune sec par de la caséine colorée en jaune, mais il est très facile de reconnaître que ce n'est pas de l'œuf, car la poudre est sèche et ne tache pas en gras.

« Les recherches chimiques sur l'authenticité et la pureté du jaune d'œuf peuvent porter notamment sur la matière grasse, l'azote, l'acide phosphorique et les colorants étrangers.

« On prépare aussi depuis quelque temps de l'œuf complet sec et il commence à être assez employé. C'est toujours par la seule dessiccation qu'il est conservé, sans antiseptique.

« Ses emplois sont les mêmes, pâtisserie, biscuiterie, etc...

« L'œuf complet sec et habituellement en poudre est plus pâle, par suite de la présence du blanc, que le jaune seul.

« L'œuf de poule et celui de cane se distinguent entre eux par leur nuance, mais tous deux sont assez gras pour ne pas être confondus avec l'œuf faux, car on fait aussi de l'œuf complet faux avec de la caséine colorée. »

Les œufs cassés en Bulgarie. — Étant donnée l'extension du commerce bulgare des œufs, il est tout naturel, surtout avec le mode de ramassage des œufs au moyen de chariots traînés par des buffles, que beaucoup soient cassés ou endommagés. Ces œufs cassés trouvent cependant leur emploi à l'intérieur, lorsque les prix sont élevés. Mais, à l'époque des bas prix, ils doivent être vendus très bon marché ; on en fait alors des conserves.

Jusqu'ici il n'existait qu'une fabrique de conserve d'œufs à Philippopoli (Roumélie Orientale), fonctionnant comme section d'une importante maison d'exportation ; actuellement, cette maison en construit une deuxième à Sofia. Ces fabriques utilisent principalement les œufs cassés ainsi que les œufs anciens, non gâtés, mais ne pouvant plus, sans danger, être exportés au loin. Primitivement, on salait le jaune, qui était employé en cet état par l'industrie, mais le commerce de ces jaunes d'œuf a eu, depuis quelque temps, beaucoup à souffrir de la concurrence des jaunes d'œuf de canard, salés, de Chine. On les sèche maintenant pour les fabriques de pâtes alimentaires et aussi pour l'alimentation des oiseaux. Le blanc d'œuf est également séché et employé principalement par les fabriques d'indiennes et par les confiseurs.

Le séchage des jaunes et des blancs d'œuf s'opère sur des plats de zinc, dans des étuves, à une température d'environ 50° C., de manière que le blanc ne se coagule pas. On obtient, de 1 000 œufs, environ 30 kilogrammes de blanc et 16 kilogrammes de jaune non séché. Au séchage, 30 kilogrammes de blanc ne donnent qu'environ 3 kilogrammes de blanc sec (albumine) ; les 16 kilogrammes de jaune fournissent environ 8 kilogrammes de produit sec.

L'industrie des œufs en Chine. — « Cette industrie consomme en moyenne 3 400 douzaines d'œufs par jour. Elle fonctionne pour l'exportation, et fournit surtout aux demandes d'Allemagne et de Sibérie. Il a fallu pour Vladivostok, en 1911, plus de 1 820 milliers de douzaines. Les œufs, recueillis dans les provinces de Chantoung, Tchili et Honan, sont apportés à Tsingtaou dans de vieilles boîtes de conserves de grandes dimensions, avec de la sciure ou du son pour les caler et les conserver. Et c'est pourquoi la Chine achète en Amérique d'importantes quantités de grandes boîtes de conserves vides. On commence par examiner chaque œuf à la lumière électrique, pour ne pas s'exposer à employer des œufs peu frais. Puis on lave soigneusement la coquille, et l'on ouvre celle-ci en séparant jaune et blanc. Des *boys* chinois se livrent à ce travail douze heures par jour, avec une dextérité digne de leur race. Les jaunes sont confiés à une machine qui les dessèche en quinze secondes, et transmis à une deuxième machine qui les réduit en une poudre dont la conservation en un endroit frais et sec est, paraît-il, indéfinie. Le blanc, de son côté, est desséché par une autre machine, puis pulvérisé. »

Poudre d'œuf artificielle. — On rencontre dans le commerce de la *poudre d'œuf artificielle*. Cette industrie est, d'ailleurs, plus simple, sans doute, que les prétendus *œufs artificiels complets*, qui, a-t-on dit, nous viennent d'Amérique.

Au simple aspect, le *granulé* de jaune d'œuf *naturel* et le jaune *artificiel*, qui se présente sous forme d'une poudre fine et bien sèche, ne se différencient pas et, même, ni l'odeur ni la saveur ne révèlent la fraude. Cependant, dans le produit *artificiel*, il n'y a guère que de la caséine colorée par des dérivés de la houille. MM. Bordas et Touplain, qui ont eu l'occasion d'analyser de ces produits falsifiés, ont remarqué que l'éther et l'alcool ne les dissolvent pas complètement. Il reste un résidu qui a le caractère des albuminoïdes, et qui contient presque la totalité du colorant.

En opérant de la même façon avec les jaunes d'œuf naturels, la matière colorante, au contraire, est solubilisée en entier. Comme autres données fournies par les expérimentateurs, disons, entre autres, que l'analyse des cendres des échantillons falsifiés n'a pas décelé la présence de phosphore organique, principe qui, on le sait, accompagne l'œuf de poule.

Mais MM. Bordas et Touplain ont donné un moyen plus simple de révéler la fraude. On fait chauffer à feu doux le produit suspect dans un *flacon* soigneusement bouché à l'émeri. Si l'on vérifie l'odeur après ouverture du flacon, elle rappelle, à s'y méprendre, celle du lait aigri, en raison de la caséine du lait employée dans la préparation. La poudre d'œuf véritable, traitée de la même façon, donne l'odeur caractéristique de l'œuf.

Œuf artificiel. — S'il faut croire certains journaux, la préparation des *œufs artificiels* comprendrait : la confection du jaune, celle du blanc, celle de la pellicule et celle de la coquille.

Le *jaune* est un mélange de farine de maïs, d'amidon de blé, d'huile et de divers autres ingrédients. On le verse à l'état de pâte épaisse dans l'ouverture d'une machine où il prend une forme ronde, puis s'y congèle. Le jaune passe ensuite dans un autre compartiment où il est entouré par le blanc, lequel est composé d'albumine comme dans l'œuf naturel.

Ce nouveau liquide se congèle et, grâce à un mouvement rotatoire particulier, il prend une forme ovale. L'œuf passe ensuite dans un réceptacle, où il est entouré d'une légère peau ; c'est la pellicule également à base d'albumine.

Enfin il reçoit sa dernière enveloppe sous forme d'une écaille de gypse, un peu plus épaisse que la coquille naturelle.

L'œuf, ainsi préparé, est alors placé sur des plateaux sécheurs. L'écaille sèche tout d'un coup, tandis que l'intérieur se dégèle graduellement.

Le produit est fabriqué et prêt à être livré à la consommation.

On a dit que ces *œufs artificiels* auraient l'avantage de se conserver, ce qui permettrait de les exporter au loin, en Extrême-Orient, par exemple.

OEufs durs au vinaigre. — Pour la consommation familiale on prépare des œufs durs comme à l'ordinaire, mais on les laisse cuire une demi-heure.

Après leur avoir ôté la coquille, on les met dans un bocal et on verse dessus du vinaigre froid, mais que l'on aura d'abord fait bouillir durant quelques minutes avec des épices et un peu de sucre.

QUATRIÈME PARTIE

PRODUITS DE LAITERIE

Généralités. — Les produits de laiterie sont, par leur nature même, fragiles, éminemment altérables, et, par suite, de conservation malaisée.

Le lait, surtout, est une proie facile pour les microbes. Au point de vue particulier de la contamination et de la propagation des germes de maladies, les hygiénistes le regardent d'un fort mauvais œil.

Une prescription capitale, qui doit dominer, ici encore, toutes les questions qui se rapportent à la conservation du lait et du beurre principalement, c'est l'observation de la plus rigoureuse *propreté* dans toutes les manipulations : propreté des ustensiles, pureté de l'eau, propreté corporelle des opérateurs et des femelles laitières, pureté de l'air.

Les procédés auxquels on peut avoir recours pour combattre les germes d'altération, emploi du froid, de la chaleur, des antiseptiques, de gaz inertes, de l'électricité, etc., sont un pis-aller qui, en aucun cas, ne doivent faire oublier la règle élémentaire d'hygiène dont nous venons de parler. C'est cette manière de faire qui est encore la plus apte à conserver à l'aliment toutes ses qualités propres et qui en font la valeur diététique.

Parodiant l'article qui domine aussi de toute son importance une loi de la technique des chemins de fer, nous dirions volontiers, en parlant de la laiterie : « Tout agent, quel que soit son grade, doit obéissance passive à la propreté. »

Nous ne pouvons ici nous étendre aussi longuement que nous le voudrions sur les *altérations* du lait, du beurre et du fromage, non plus que sur les procédés de conservation et les

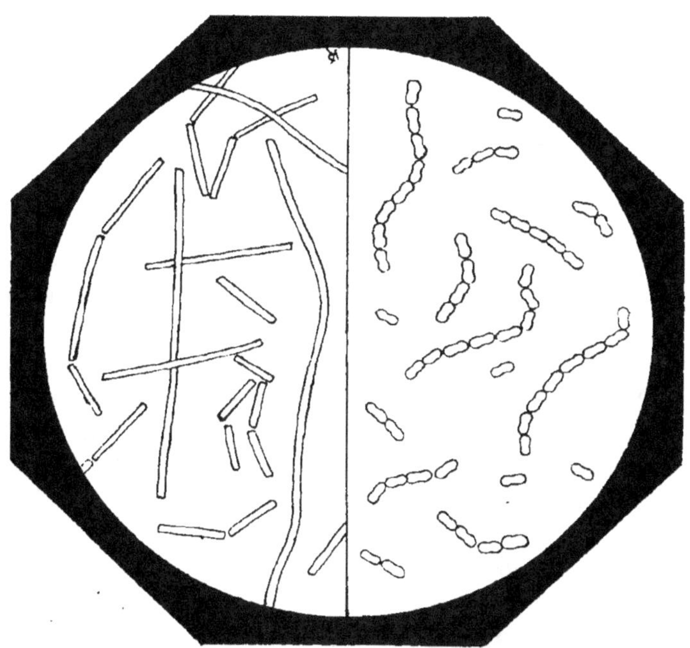

Fig. 42. — Formes diverses de ferments lactiques isolés du yoghourt (Delaval).

modifications que ces derniers peuvent apporter dans la constitution du lait-aliment.

Nous renverrons les lecteurs qui voudraient plus de détails aux ouvrages que nous avons publiés sur la matière (1).

(1) A. ROLET, *Le lait hygiénique.* — A. ROLET, *L'industrie du beurre.* — A. ROLET, *L'industrie laitière* et aussi KAYSER, *Microbiologie agricole* (Encyclopédie Wery).

LE LAIT

CONSERVATION PAR LE FROID

La mise à contribution du *froid* pour la *conservation du lait* (1) présente l'avantage, sur l'emploi de la chaleur ou des antiseptiques, de ne pas altérer la valeur hygiénique de l'aliment.

Mais il ne faudrait pas, disent certains auteurs, arriver jusqu'à la congélation, qui détermine la séparation des différents composants du liquide, à cause de leurs points différents de solidification, de sorte qu'au moment où on le ramène à l'état liquide on obtient une masse qu'il est bien difficile de rendre homogène.

En restant au-dessus de 0°, on conserve au lait toute son homogénéité, toutes ses propriétés gustatives, digestives, nutritives. On peut dire que c'est encore un lait vivant, bien que, cependant, cette appellation ne puisse s'appliquer qu'au liquide qui sort à peine de la mamelle. Mais, quand on lui laisse reprendre la température ambiante, on constate qu'il n'a subi histologiquement, chimiquement, biologiquement, aucune modification qui puisse le différencier du lait fraîchement obtenu.

Ce dernier, a-t-on dit, jouit d'une propriété bactéricide faible. Elle se conserve au contraire durant trois heures dans le lait réfrigéré quand il est ramené à la température de 20°. En outre, le développement des bactéries y est arrêté durant neuf heures.

On comprend, dès lors, l'intérêt qu'il y a à refroidir *immédiatement* le lait après la traite (seau à traire à double fond

(1) Voir notre ouvrage : *Le lait hygiénique,* pages 60 et 255.

renfermant de la glace), et à le maintenir, ainsi, le plus longtemps possible.

Le produit recueilli présentera, alors, toute garantie au
point de vue population microbienne, à la condition, bien
entendu, que les vaches seront saines, indemnes de tuberculose ou autres maladies, et que la traite sera entourée de
toutes les précautions désirables au point de vue propreté.

Phot. A. Rolet.

Fig. 43. — Aussitôt après la traite le lait doit être filtré.

Il résulterait, cependant, des recherches de Conn et Esten,
de Ravenel, Hastings et Hammer, de Pennington, qu'aux
basses températures de + 1° à — 9°, il y aurait augmentation considérable des bactéries.

On peut appliquer, aussi, la réfrigération au lait *stérilisé*,
bouilli ou *pasteurisé*, et immédiatement après ces opérations,
pour conserver tout le bénéfice de l'anéantissement des micror-

ganismes. Après réfrigération à + 2º, le liquide sera conservé à une température qui n'excédera pas 10 à 12º.

Deux inventeurs allemands se sont préoccupés, presque simultanément, des moyens de *refroidir le lait* en vue de sa conservation.

M. Bernstein le congèle, ce qui permet de l'expédier en masses

Phot. A. Rolet.

Fig. 44. — Mise en bidon du lait glacé.

solides d'une teneur uniforme en matière grasse. M. Casse le refroidit au moyen de blocs de lait congelé empêchant ainsi la crème de se séparer du liquide par l'action de la fusion desdits blocs dans le lait refroidi. Ce dernier procédé s'applique, aussi, à la conservation de la *crème*, sans production prématurée de beurre. Une société s'est fondée en 1896 pour l'exploitation en Danemark du brevet Casse. Le lait est refroidi à 2º-3º C., puis placé dans des récipients de 500 litres, dans lesquels il est expédié après addition de 50 p. 100 de lait congelé (bloc de lait). Arrivé à destination, il est conservé dans des locaux frigorifiques, et dégelé seulement immédiatement avant la vente (ailleurs on transporte les bidons à lait

Phot. A. Rolet

Fig. 45. — Transport en tonneau et dans le liège des bidons pleins de lait glacé.

refroidi et renfermant un *bloc de lait*, dans des baquets pleins de poudre de liège) (1).

La chambre d'agriculture brandebourgeoise a émis l'avis que les fournisseurs ordinaires de lait de Berlin et des grandes villes devaient faire leur profit des avantages offerts par

(1) On opère à peu près de la même façon à la laiterie coopérative de Guillaume (Haut Var).

le nouveau procédé, s'ils ne voulaient être supplantés par des laitiers plus éloignés qu'eux des centres où est appliquée la congélation.

L'ingénieur Helm a simplifié le procédé Casse en l'adaptant aux conditions du pays. Il a réduit les frais de son application en diminuant la durée de conservation du lait qui, à Copenhague, va jusqu'à quatre semaines et en abaissant, en conséquence, la quantité de lait congelé à y ajouter.

Après avoir passé par une centrifuge, qui le débarrasse des corps en suspension, le lait est envoyé dans un pasteurisateur à haute pression, puis dans un refroidisseur alimenté par de l'eau froide à sa partie supérieure et par une saumure incongelable dans sa moitié inférieure. Le liquide est ainsi refroidi au voisinage de 0° C. On le met, alors, dans les boîtes Helm, que l'on entrepose dans un local où une machine frigorifique maintient une basse température. En été on y ajoute, au moment de l'expédier, du lait congelé obtenu en plongeant dans une saumure refroidie à — 20° des récipients étroits remplis de lait.

Les boîtes Helm sont cubiques et peuvent être entassées à raison de 7 000 litres de lait par wagon de 10 tonnes, et de 11 000 litres par wagon de 15 tonnes. Elles forment, alors, une masse compacte facilement isolée au moyen de paillassons. Elles sont disposées de manière à éviter, lors du transvasement, un contact prolongé du lait avec l'air. Après fusion du plomb de garantie, le couvercle est enlevé et remplacé par un autre muni d'un robinet.

Les boîtes pleines pèsent environ 55 kilos. Dans le local où le lait est débité, elles sont fixées dans un fourreau de protection.

M. Bernstein a obtenu un brevet pour un procédé qui consiste à maintenir mécaniquement les blocs de lait congelé à la partie inférieure des récipients contenant le lait refroidi, pendant leur séjour en magasin et pendant leur transport.

A défaut de ce dispositif, les blocs de lait congelé ayant un poids spécifique inférieur à celui du lait liquide, flottent à la surface et n'empêchent pas la crème de se séparer des éléments plus lourds et de se rassembler à la partie supérieure du récipient.

Les couches inférieures deviennent, ainsi, moins riches en matière grasse.

Un dispositif spécial permet de maintenir les blocs de lait au fond du récipient. Ou bien encore on place préalablement dans la quantité de lait à congeler un morceau de métal qui se trouve, alors, immobilisé.

On a fait quelques reproches, comme nous l'avons dit, au lait congelé. D'abord il aurait un goût de suif, ensuite il ne conserverait pas son homogénéité. Il convient de ne le débiter que lorsque le dernier bloc est fondu. Mieux vaudrait s'en tenir, quand la chose est possible, au lait simplement refroidi.

Les avantages de la congélation sont à retenir. Au point de vue hygiénique on doit signaler la pureté obligatoire du lait soumis à l'opération ; la destruction des germes morbides par la pasteurisation ; la suppression des transvasements et autres causes d'adultération. En ce qui concerne la technique on peut : procéder à la traite au moment de la journée qui paraît être le plus favorable ; éliminer les produits défectueux ; transporter plus commodément à la laiterie et en ville au point de vue de l'heure. Citons encore la suppression des pertes, en raison de la faculté de conservation ; l'augmentation de la consommation résultant de tous ces avantages ; l'utilisation des machines frigorifiques pour la fabrication et la conservation du beurre et du fromage.

Transport en wagon frigorifique. — Dans la République Argentine le *lait* qui approvisionne Buenos-Ayres, que ce lait soit stérilisé ou pasteurisé, attend le départ dans des chambres *frigorifiques* (10°). Il est embarqué au dernier moment dans le *wagon frigorifique*. Ce véhicule est de grande capacité, à double paroi laissant un intervalle rempli d'une matière mauvaise conductrice de la chaleur. Au centre se trouvent quatre récipients cylindriques, d'environ 1 mètre de hauteur qui contiennent de la glace en gros morceaux. Aux deux bouts, le wagon renferme les blocs entiers destinés aux succursales de la capitale.

A côté de la glace on place le lait pasteurisé en jarres de 30 à 50 litres; le lait stérilisé et le lait maternisé dans leurs récipients respectifs, et dans des caisses, pour éviter la casse.

Le wagon est fermé par un agent de l'établissement, si bien que personne ne peut y pénétrer jusqu'à son arrivée à destination.

Le plus souvent, dans le dépôt principal, on dispose d'une chambre souterraine réfrigérante à 8-9°, où l'on met en réserve du lait dans le cas où il ferait défaut dans quelques succursales.

Le lait congelé en Danemark — Le Danemark envoie en Angleterre du *lait congelé* dans des flacons ou dans des barils en bois.

Du lait fraîchement trait et pasteurisé à 70° est solidifié à — 10°. Les blocs ainsi obtenus sont mis dans des récipients que l'on achève de remplir avec du lait simplement pasteurisé. Le glaçon représente à peu près le quart du volume total.

La Suède et la Hongrie ont également fait des tentatives dans ce sens pour l'alimentation journalière de Londres et de Constantinople. En procédant ainsi les Américains auraient pu exposer du lait qui a remporté une médaille d'or au concours de Vincennes lors de l'Exposition de 1900.

D'après M. Grandeau, les établissements hospitaliers de Copenhague ont adopté du lait conservé de la sorte, qui leur est envoyé d'une distance de 160 kilomètres.

Le transport du lait ainsi traité doit se faire dans des wagons ou bateaux réfrigérés. Il faut donc une organisation spéciale et un grand débit, au moins 10 000 litres par jour, a-t-on dit, pour assurer la réussite de l'entreprise.

Saumure ou eau glacée? — Pour obtenir les blocs de lait on opère comme pour les mouleaux de glace dans la saumure incongelable. Si l'on ne veut refroidir le lait qu'à 2°, 3°, on remplace l'eau du réfrigérant ordinaire par de la saumure ou encore par de l'eau à très basse température.

A ce propos, voici ce que disent MM. Escher Wyss et Cie, de Zurich (Suisse), en parlant d'une installation de laiterie :

« Le lait est refroidi par l'eau douce glacée prise au réfrigérant d'eau douce de la machine à glace. Ce système de refroidissement du lait est le meilleur et possède de grands avantages sur le refroidissement par évaporation directe ou par eau salée.

« En effet, en employant de l'eau douce glacée, la différence de température entre le lait et le médium réfrigérant n'est pas grande, et la précipitation de l'albumine, qui se présente dans les deux autres cas, ne peut avoir lieu de cette façon. L'eau douce n'attaque pas le réfrigérant de lait et, surtout, pas ses soudures, comme l'eau salée.

« Au cas où le réfrigérant de lait aurait une fuite, ce dernier ne se gâtera pas si l'on emploie de l'eau douce pour son refroidissement. Si, au contraire, on opère ce refroidissement au moyen d'eau salée, ou par évaporation directe de l'ammoniaque ou du gaz sulfureux, la moindre fuite gâtera le lait.

« Un autre avantage du réfrigérant à eau douce consiste dans le fait que celui-ci fonctionne comme un accumulateur de froid en emmagasinant le froid nécessaire à la réfrigération du lait sous forme de glace. En conséquence, la production du froid nécessaire à ce refroidissement peut être répartie sur plusieurs heures de marche de la machine frigorifique. Dans ces circonstances, pour suffire à l'installation on aura besoin d'une machine beaucoup plus petite que celle qui serait nécessaire dans le cas où le froid total devrait être fourni pendant le refroidissement du lait même. En outre, les dimensions des chaudières, machines à vapeur ou autres moteurs sont, naturellement, directement proportionnelles à celles de la machine frigorifique et, par conséquent, plus faibles, ce qui diminue aussi les frais d'installation, leur amortissement, et les frais d'exploitation. »

CONSERVATION PAR LA CHALEUR

Ébullition. — L'ébullition est le mode d'application de la chaleur au lait le plus simple. Une ébullition de dix minutes tue bon nombre de bactéries, surtout des germes de maladies (tuberculose, etc.) (1). Nous savons que les spores sont plus résistantes. Au besoin on répète cette pratique le lendemain et les jours suivants.

(1) Voir. pour l'action de la chaleur sur les microbes du lait, *Le lait hygiénique*, par A. ROLET.

Gay-Lussac a montré qu'en chauffant le lait à 100° tous les deux jours, ou tous les jours en été, il peut ensuite être gardé des mois entiers sans qu'il s'aigrisse.

Il nous est arrivé, cependant, de trouver le lendemain matin du lait caillé (par les ferments de la caséine) amer que

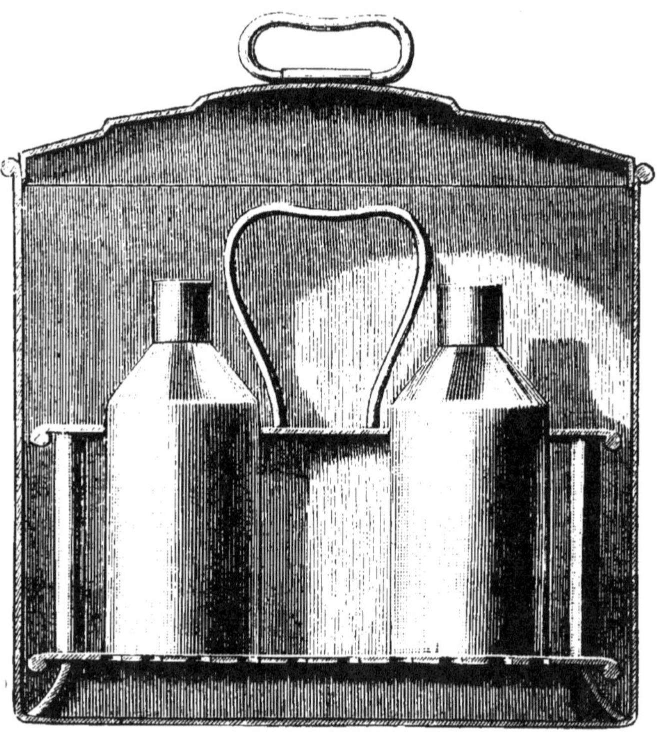

Fig. 46. — Bain-marie Soxhlet.

l'on avait fait bouillir la veille au soir, cela, il est vrai, par les fortes chaleurs de l'été. Si l'on veut assurer une conservation de quelque durée, il faut *stériliser* le liquide à 105-108°, comme nous le verrons plus loin.

Mais l'ébullition altère déjà plus ou moins le lait et lui communique le goût de cuit.

On vend dans le commerce de petits dispositifs pour la stérilisation domestique au bain-marie des bouteilles pleines de lait, par exemple l'appareil *Soxhlet*.

Pasteurisation. — Quand on ne vise qu'une conservation de peu de durée, la température à laquelle on porte le liquide est de 70° environ, ou 65° maintenus durant demi-heure. Mais pour détruire le microbe de la tuberculose il faudrait 85°.

On a construit des appareils qui permettent de traiter en

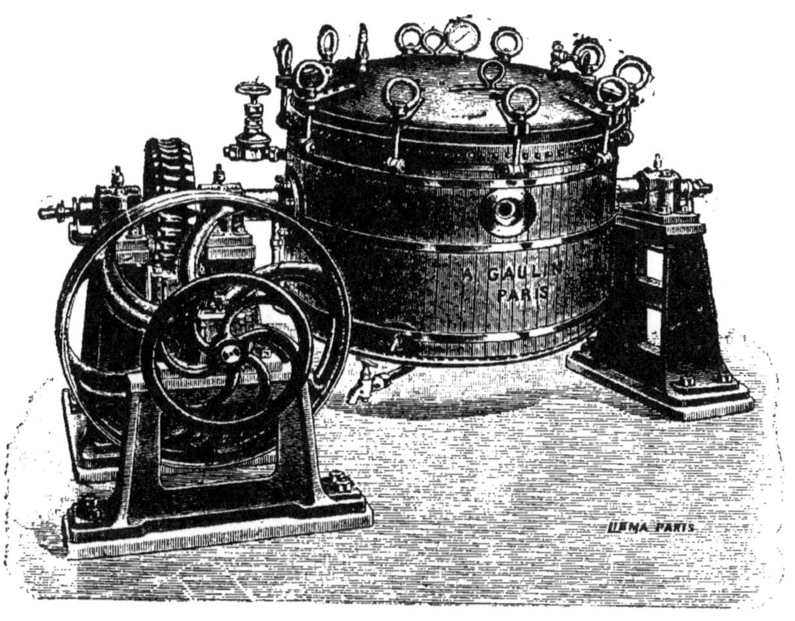

Fig. 47. — Stérilisateur rotatif Gaulin.

masse le liquide; dans d'autres on chauffe les flacons pleins au bain-marie.

Nous avons déjà parlé de l'avantage que présentent les appareils stérilisateurs, en général, qui tiennent les récipients en mouvement, de façon à favoriser la répartition du calorique. Nous citerons, par exemple, le stérilisateur rotatif Gaulin.

Un appareil domestique ingénieux, c'est celui du Dr Heryng. Il peut, dans un temps très court, stériliser 200 à 250 centimètres cubes de lait, ration suffisante pour un nourrisson. Un vaporisateur d'air comprimé divise et projette le lait sur un condensateur de cristal, et pendant ce temps le liquide s'échauffe jusqu'à 75 à 80°. Ce lait vaporisé sur les parois du vase se condense ensuite et tombe goutte à goutte dans un réfrigérant. Avant de se servir de l'appareil on stérilise le condensateur en y faisant passer un courant de vapeur émanant du vase où l'on fait bouillir l'eau et dont la température est de 95°.

Ce système stériliserait d'une façon efficace le lait destiné aux enfants, sans lui ôter aucune de ses qualités et, en outre, ce lait stérilisé pourrait se conserver huit jours sans aigrir,

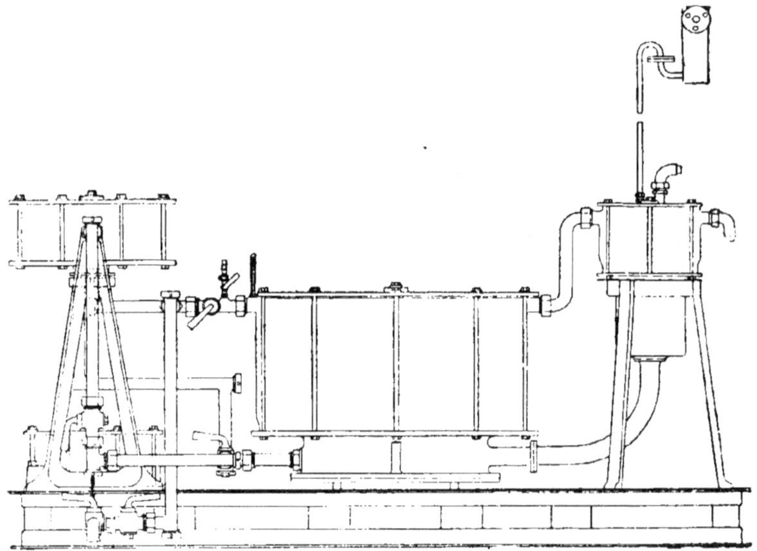

Fig. 48. — Pasteurisateur à lait et à crème Arthaud-Berthet.

à la condition de le tenir à l'abri de la lumière et à la température de 4° C.

Le pasteurisateur système Arthaud-Berthet et Perrier est basé sur le principe de l'échange calorique au moyen de deux cylindres contigus affectant la forme de chambre hélicoïdale. Les avantages de ce dispositif résident dans une plus grande surface de chauffe permettant de traiter un plus grand volume de liquide, d'où économie de combustible.

La réduction des frais de chauffage atteindrait les neuf dixièmes de la dépense exigée par le procédé du chauffage direct.

L'appareil se compose d'un caléfacteur, d'un récupérateur-échangeur et d'un réfrigérant, constitués chacun par deux feuilles en cuivre étamé enroulées parallèlement à elles-mêmes autour d'un cercle en bronze, de manière à laisser entre elles deux canalisations distinctes et d'égal volume pour la circulation du liquide chaud et du liquide froid.

Pasteurisation dans le vide. — On a cherché à utiliser le vide pour la conservation du lait pasteurisé.

La Société des *Établissements Weissenthanner* a imaginé un système de fermeture des bouteilles. Une simple pasteurisation à 70-75° suffirait, après que le liquide aurait été soustrait à l'action de l'air. Les appareils qui opèrent sur une bouteille ferment 300 à 350 flacons à l'heure. Ceux qui peuvent en recevoir 6 ou 8 en ferment 1 200 à 2 000.

Tyndallisation. — La tyndallisation consiste à chauffer le lait à intervalles plus ou moins éloignés, mais à une température relativement basse. Dahl opère de la façon suivante.

Le lait, immédiatement refroidi après la traite à 10-12°,

Fig. 49. — Pompe Éclair.

est mis en boîtes que l'on soude hermétiquement. On les porte ensuite à 70° une heure trois quarts dans de l'eau. On les refroidit alors rapidement à 40°. Après trois quarts d'heure on recommence une deuxième fois les mêmes opérations ; puis une troisième, mais on ne chauffe alors à 70° que durant une demi-heure. Enfin, on amène à 100° en trois quarts d'heure et refroidit ensuite à 10-12°.

Le vide qui est laissé dans les boîtes pour tenir compte de la dilatation du liquide, et qui faciliterait le barattage du lait, est comblé en aplatissant les boîtes après la stérilisation.

Stérilisation. — Pour anéantir complètement la *flore bactérienne* du lait, il faudrait maintenir le liquide à la température de 115° durant vingt à trente minutes. Malheureusement il prend, alors, le goût de cuit, il se colore en jaunâtre, etc. Mieux vaut s'en tenir à 102-105°, par exemple, durant quarante à quarante-cinq minutes.

Nous avons décrit (1) les appareils de chauffage, autoclaves, étuves, et les récipients à employer.

Rappelons que l'eau saturée de sel marin bout à 108°. On peut traiter dans ce bain-marie les bouteilles bouchées et ficelées. Ainsi chauffé durant trente-cinq à quarante-cinq minutes, le lait peut se conserver dix à douze mois.

D'après M. Amège, les gaz devraient pouvoir sortir, en particulier l'ammoniac et le gaz carbonique, qui proviennent de la décomposition du carbonate d'ammoniaque, et qui, à haute température, réagissent sur les éléments du lait et l'altèrent. La crème resterait aussi parfaitement émulsionnée. L'auteur conseille de mettre une aiguille double entre le goulot

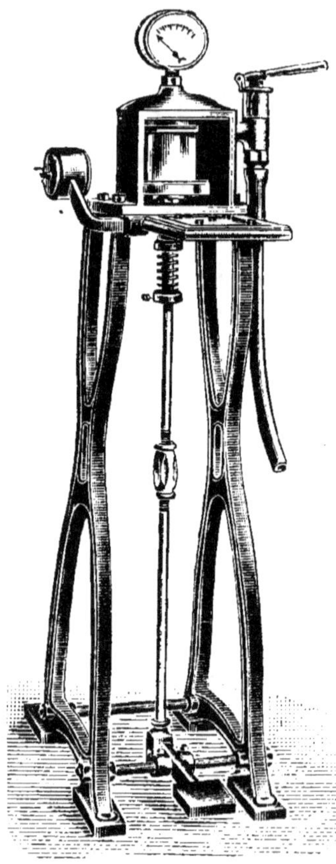

Fig. 50.— Appareil à fermer dans le vide.

et le bouchon. On chauffe en plusieurs fois à 35°, 60°, 80° et 109°. On enlève l'aiguille après l'opération.

M. Cazeneuve, professeur à la faculté de médecine de Lyon, a montré qu'en portant le lait à une température de 98° on

(1) Voir notre volume sur *les conserves de fruits*.

le désoxygène, comme on désoxygène l'eau en la faisant bouillir. Après avoir désoxygéné le lait, si on le place dans le vide, c'est-à-dire dans un vase privé d'air, et conséquemment dépourvu d'oxygène, il se conserve très bien, et « après plusieurs mois il est aussi digestif et agréable au goût que du lait frais ». On met le lait dans un flacon fermé avec une capsule en étain percée d'une cheminée. On chauffe quarante minutes à 90°, et on arrive ainsi à éliminer l'air complètement. On pince alors la cheminée pour obturer tout passage à une rentrée d'air. Il suffit ensuite de porter vingt minutes à l'autoclave à 112° et de refroidir brusquement. Il se produit au-dessus du lait un espace vide grâce auquel on peut vérifier le phénomène bien connu du marteau d'eau.

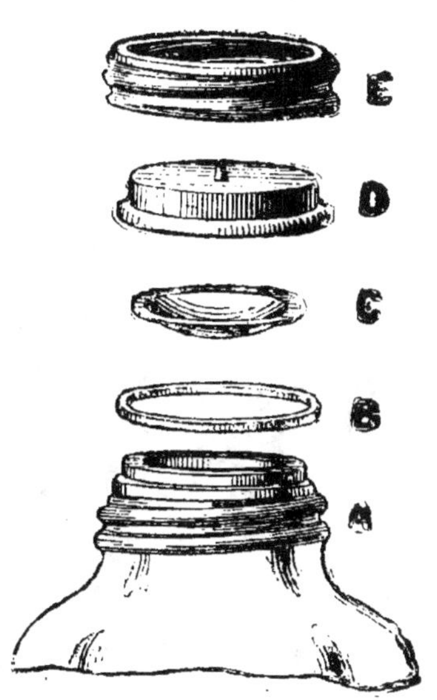

Fig. 51. — Système de bouchon muni d'un téton perforé.

Procédé Kuhn. — La *stérilisation du lait* par le procédé Kuhn consiste à chauffer le liquide dans un grand cylindre à l'intérieur duquel est disposé un faisceau tubulaire argenté extérieurement comme l'est le cylindre sur la paroi interne.

Le lait chauffé se dilate. On en laisse, alors, écouler une petite quantité de façon à obtenir une pression de 3 à 4 atmosphères à la température de 108 à 110°.

Aussitôt la stérilisation obtenue on remplace l'eau chaude du serpentin par de l'eau froide, de façon à abaisser le plus rapidement possible la température du lait. Celui-ci est alors soutiré avec de grandes précautions dans des récipients stérilisés par la chaleur.

Valeur des laits stérilisés. — Le *lait stérilisé* par la chaleur subit certaines modifications. D'abord il prend le goût de *cuit*. On peut atténuer celui-ci en refroidissant brusquement le liquide aux environs de $+7$ à $+8°$, comme nous l'avons dit, ou par l'emploi du charbon de bois.

La chaleur détruit plusieurs *oxydases*. La teneur en *lécithines* est diminuée.

Dans le lait frais l'*acide citrique* se trouve à l'état de citrate tribasique amorphe. Sous l'influence de la chaleur il se trans-

Fig. 52. — Machine Gaulin à fixer le lait.

forme en citrates cristallisés alcalins, beaucoup moins solubles. Le pouvoir antiscorbutique du lait serait ainsi diminué.

La chaleur insolubilise aussi une partie des *phosphates* et entraîne la perte d'une certaine quantité de *lécithines*. Enfin, elle altère le *sucre* et la couleur du liquide devient légèrement jaunâtre.

Malgré tout, le Dr Variot dit que le lait stérilisé à 108° conserve toute sa valeur nutritive même pour les nourrissons.

Homogénéisation. — Un inconvénient que présente le lait en bouteille, qui est forcément incomplètement remplie (à moins de dispositifs spéciaux sur les bouchons qui permettent au lait de se dilater au moment du chauffage, pour être reçu dans un vase d'expansion), c'est de former à la surface, par l'agitation durant le transport, des agglomérations de beurre. Le fait ne se produit plus si avant la stérilisation on *pulvérise* les globules gras avec l'appareil Gaulin, par exemple, qui donne du lait dit *homogénéisé* ou encore *fixé*.

Le commerce vend diverses formes de bouteilles à lait stérilisé avec fermeture pneumatique (par pression d'air), ou autre système (Budin, Rothschild, Popp et Becker, Borde, Hignette, Soxhlet).

On a recommandé les verres de couleur rouge ou noire, car les rayons chimiques de la lumière exercent une certaine action nuisible qui combinée à celle de l'air donne naissance à un alcaloïde, un poison.

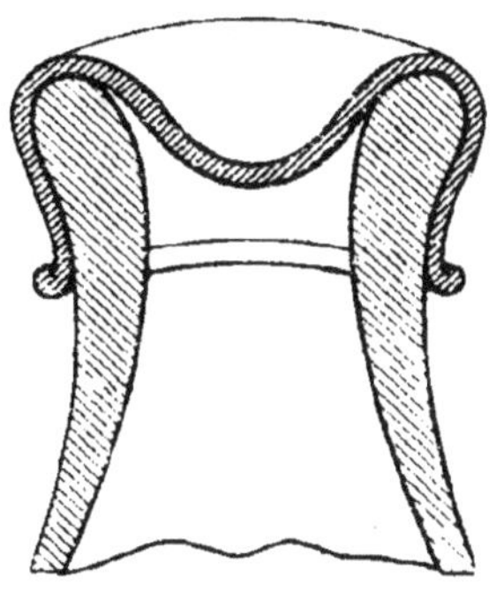

Fig. 53. — Capuchon Budin.

CONSERVATION PAR LES ANTISEPTIQUES

Aucun *antiseptique* n'est toléré par la loi pour la conservation du lait. Une propreté rigoureuse en tout et une basse température sont préférables.

Le Conseil supérieur d'hygiène a admis que l'*eau oxygénée* pure peut, sans danger pour la santé publique, être introduite dans le lait, mais à la condition que celui-ci serait pasteurisé après, et que nulle trace de ce conservateur ne s'y retrouverait au moment de la vente au consommateur.

On emploie en général l'eau oxygénée dite à 12 volumes (elle dégage 12 fois son volume de ce gaz). D'après Budin la dose est de $0^{cmc},3$ à $0^{cmc},5$ par litre. On chauffe ensuite à 52° (1 centimètre cube correspond à peu près au volume d'un dé à coudre).

Nous engageons les producteurs à faire au préalable des essais sur quelques litres pour vérifier la durée de conservation et le goût que peut garder l'aliment. Quand il reste des

Obturateur automatique en place.

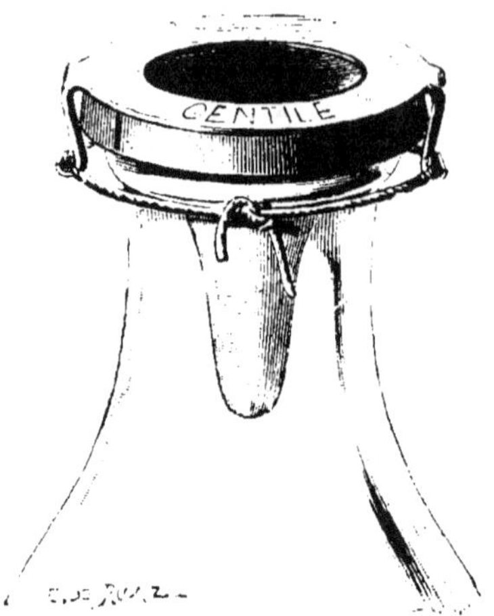

Obturateur ficelé.

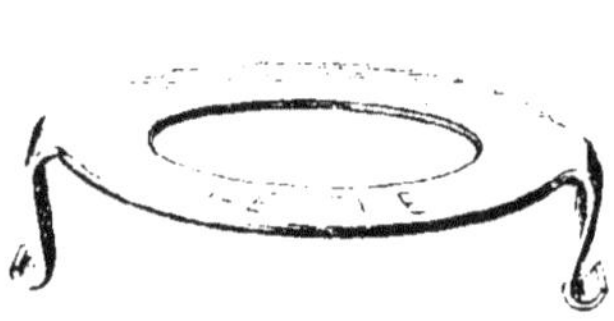

Armature.

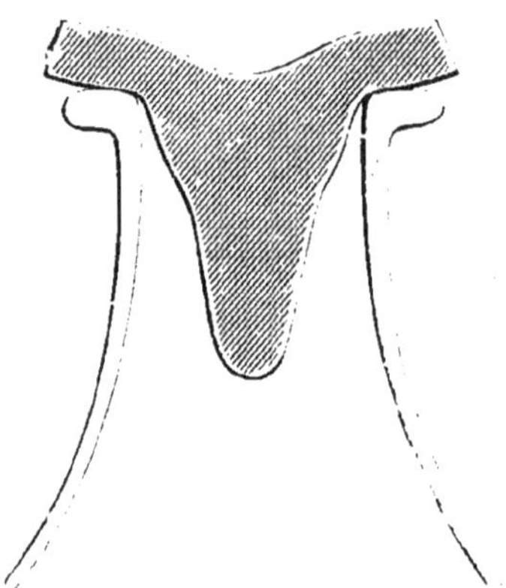

Obturateur déprimé.

Appareil Gentile.

Fig. 54 à 57.

traces d'eau oxygénée, le lait contracte en effet la saveur métallique.

Il faut donc être prudent quant aux doses à employer. On doit, d'ailleurs, opérer sur du lait très frais et non chauffé.

Bonjean conseille $0^{gr},05$ par litre de solution à 7 volumes. Après vingt-quatre heures, la marche de l'acidité dans un lait traité de la sorte serait la même que dans un lait ordinaire. Au point de vue de la conservation, l'ingrédient donnerait des résultats inférieurs à ceux du

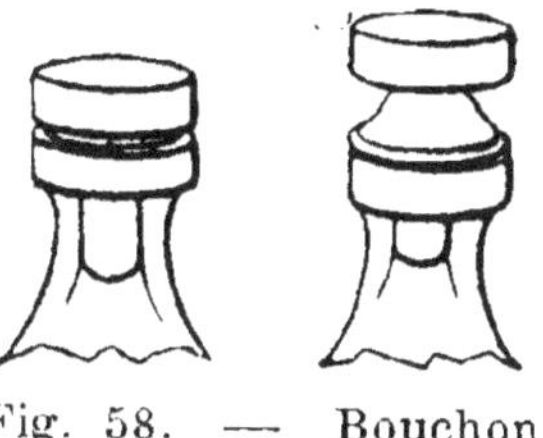

Fig. 58. — Bouchon pneumatique Hignette.

chauffage à 75°, mais il permettrait de retarder de trois à quatre heures la pasteurisation après la traite, ce qui peut rendre quelques services pour

Partie supérieure d'une bouteille, à ouverture évasée sur laquelle on a placé un disque en caoutchouc.

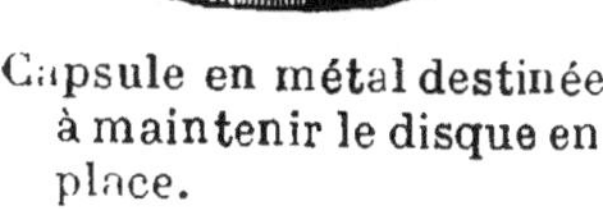

Capsule en métal destinée à maintenir le disque en place.

Disque en caoutchouc enfoncé dans le goulot sous la pression atmosphérique.

Fig. 59 à 61. — Bouchon Soxhlet.

les laits de ramassage. Toutefois la pasteurisation après le traitement ne s'impose pas moins. Bude préconise 0,05 p. 100 puis un chauffage immédiat en vase clos à 50°, et durant cinq à huit heures. La durée de la conservation serait ainsi de plusieurs jours avec anéantissement des microbes pathogènes.

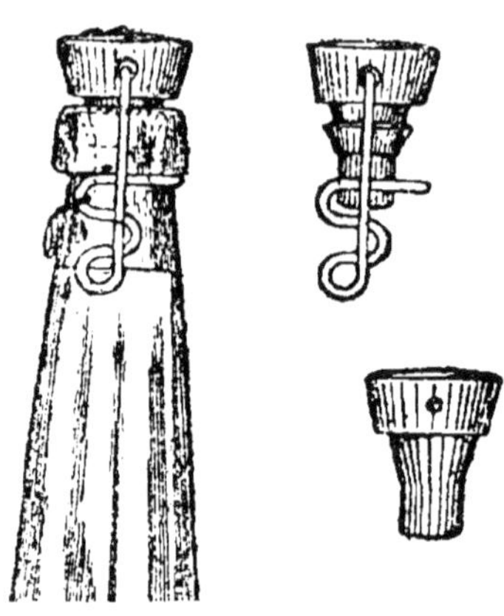

Fig. 62. — Bouchon à ressort Hignette.

Waele, E. Sugg et Van der Welde ont proposé les fortes doses de 3 à 4 grammes par litre, mais ils détruisent ensuite l'excès d'agent actif par les propriétés *catalyti-ques du sérum sanguin* stérilisé au filtre Chamberland, sérum qu'ils ajoutent après repos de trois à huit jours à la dose de 1 à 2 grammes. On obtiendrait ainsi une très longue conservation.

Le *bicarbonate de soude* (ou *sel de Vichy*), dont on faisait jadis un si fréquent usage en été à .la dose de 1ᵍʳ,5 à 3 grammes par litre, est interdit aujourd'hui. Ce sel, qui n'est pas un antiseptique, agit en saturant l'acide lactique produit par les microbes. Mais ceux-ci sont alors plus à l'aise pour décomposer le sucre de lait, de même que les ferments qui sont gênés par l'acidité. En outre les *alcalins* peuvent communiquer le goût de savon au lait cuit.

L'*acide borique* et le *borate de sodium* ou *borax* s'emploient aussi à la dose de 1 à 2 grammes par litre pour le premier et de 4 grammes pour le second. Le borax, qui contient de l'acide borique également, apporte en plus de la soude qui sature l'acidité du lait. On le préfère à l'acide borique, car il est plus soluble.

Le *formol*, 0ᵍʳ,125 à 0ᵍʳ,250 (le lait doit être un peu acide) ; l'*acide salicylique*, 0ᵍʳ,25 à 0ᵍʳ,75 ; l'*acide benzoïque*, 0ᵍʳ,25, ont été également proposés. L'acide salicylique passe pour être très dangereux.

Rappelons que l'on a conseillé, pour garder le lait pendant huit jours, d'ajouter par chopine une cuillerée à bouche d'eau distillée de radis sauvage (*raphanus raphanistrum*).

Gaz carbonique et oxygène sous pression. — On soumet le lait fraîchement trait à une forte pression de *gaz carbonique*. Après quelques heures on chauffe le réservoir à 70°. Après trente minutes de chauffage on ouvre le réservoir. Le gaz s'échappe et à cette température la quantité dissoute ne laisse aucune trace de goût. Le lait est alors placé dans les appareils de vente, qui sont bouchés sous pression d'oxygène.

Après le chauffage à 70°, sous pression de gaz carbonique, dit l'auteur qui préconise cette méthode, tous les ferments aérobies sont tués et dans un milieu oxygéné les ferments butyriques vivent mais ne se multiplient pas. La vente sous pression d'oxygène aurait, en outre, deux avantages capitaux : 1° la fraude est rendue impossible ; 2° le lait ne se baratte pas sous l'influence de l'agitation.

Le récipient qui le renferme étant ouvert, le lait se conserve frais quarante-huit heures au moins. Enfin, un second chauffage à 85° stérilise le lait d'une façon absolue (Clerc).

Malheureusement, il y a en tout cela le prix de revient assez élevé.

On a encore cherché à conserver le lait en le traitant par l'*électricité* (courant alternatif amené par deux électrodes en charbon platiné dans un baquet en matière isolante), ou en le soumettant à l'action des rayons *ultra-violets* de la lampe en quartz à vapeur de mercure.

Ces procédés ne sont pas encore entrés dans la pratique.

Crème. — On conserve la *crème* par les mêmes procédés que ceux employés pour le lait. Le froid est recommandable avant tout. On doit, d'abord, bien la refroidir dès qu'elle sort de l'écrémeuse et on l'expédie dans un colis frigorifique. Aux États-Unis on fait, paraît-il, une très grande consommation de *crème glacée*.

Quant à l'emploi de la chaleur, il faut être prudent et ne pas dépasser 70°, car si le produit est acide la caséine peut se coaguler.

LAIT CONDENSÉ OU CONCENTRÉ

Le lait contient en moyenne 87 p. 100 d'eau. Si on lui enlève une partie de cette eau on peut mieux, ainsi, non seulement le transporter, mais aussi le conserver. En général on ajoute alors une forte proportion de sucre. Il est possible même d'arriver à le dessécher presque entièrement et à le mettre sous forme de poudre plus stable et plus maniable encore.

C'est au chimiste français Appert que revient l'honneur d'avoir le premier obtenu du *lait condensé*. En 1827, en évaporant du lait jusqu'à la moitié de son volume, et en y incorporant des jaunes d'œufs, il prépara un produit pâteux se conservant aisément.

Peu d'années après, Martin de Lignac arrivait au même résultat en chauffant au bain-marie du lait additionné de 75 grammes de sucre par litre. Quand le liquide était réduit au cinquième de son volume primitif, il le versait dans des boîtes soudées à l'étain, qu'il stérilisait dans un autoclave à 104° C.

Mais pour opérer sans danger d'altérer la composition et les propriétés du lait, il fallait pouvoir le concentrer à une température plus basse que celle de l'ébullition.

C'est à Newton que l'on doit (1835) l'emploi du *vide*.

Cependant tous ces essais de *concentration* du lait ne constituaient que des expériences de laboratoire. La question ne commença à recevoir une sanction pratique que grâce à deux professeurs américains MM. Horsford et Dalsin (1849).

Il faut arriver à 1856 pour voir établir par M. Gael Borden une importante usine dans l'État de New-York. Cet industriel, après avoir employé le lait pur, mit en œuvre du lait sucré.

A partir de ce moment la préparation du lait concentré prit un essor considérable. A Cham, près de Lucerne, M. Henri Page installa une petite condenserie qui travailla, d'abord, le lait de 263 vaches. Ce furent là les débuts de ce qu'est devenue depuis l'importante *Compagnie anglo-suisse* actuelle. Celle-ci traite actuellement le lait de 800 vaches et elle expédie annuellement 16 à 17 millions de boîtes de lait condensé.

Aux États-Unis on compte dans quatorze provinces plus de cinquante fabriques qui produisent environ 200 millions de litres de lait condensé représentant, approximativement, 12 millions de dollars.

D'après un rapport de M. Hummelnick, de la Haye, au Congrès international de laiterie de Paris en octobre 1905, on consacre journellement en Hollande plus de 300 000 litres de lait à cette préparation. L'importation en Angleterre s'est élevée, de 1902 à 1904, à 45 millions de kilogrammes environ, représentant 41 millions de francs.

On rencontre encore des « condenseries » en Allemagne, en Angleterre, en Autriche, en Belgique, en Danemark, en Norvège, en Russie.

En France nous ne comptons guère que quelques grandes condenseries : l'usine de MM. Genvrain, à Maintenon (Eure-et-Loir) ; l'usine de la Compagnie des laits purs, à Neufchâtel (Seine-Inférieure); celle de la Société bretonne de stérilisation du lait, à Rennes; l'établissement de l'Union laitière du Jura. Ajoutons que nous achetons chaque année 4 millions de kilogrammes de lait condensé.

Ce furent d'abord les colonies qui utilisèrent la plus grande quantité de lait condensé : de même que les bateaux, les troupes.

Aujourd'hui certains pays, l'Angleterre notamment, en font une grande consommation aussi. C'est Londres qui constitue le plus fort consommateur de lait condensé du monde. Elle en importe non seulement pour son usage propre, mais encore pour l'approvisionnement de ses colonies. Sur ce marché mondial les produits français sont les plus recherchés.

L'Angleterre a importé plus de 45 000 tonnes de lait condensé en 1900, d'une valeur de 40 millions de francs, de France Hollande, Norvège, Amérique, Belgique, Allemagne, Italie.

La France, « berceau », pour ainsi dire, du lait condensé, n'a pas su tirer tout le parti désirable de cette industrie, eu égard à son importante production laitière. C'est une branche de l'agriculture qui pourrait prendre certainement un bien plus grand développement, surtout si des mesures douanières venaient protéger nos industriels.

13.

Préparation. — La préparation du *lait condensé* demande un tour de main assez délicat que l'on n'acquiert que par la pratique.

Le liquide doit être très frais, très sain, non acide, ce dont on se rend compte avec l'acidimètre. Les laits riches en matière grasse se traitent mal. On vérifiera donc au *Gerber*.

Le lait, à son arrivée à l'usine, est chauffé au bain-marie

Fig. 63. — Appareil Gaulin à concentrer le lait dans le vide.

à 94° C. après avoir été additionné de sucre raffiné en poudre fine, qui favorise la conservation et rend le liquide homogène, à raison de 12 à 13 kilogrammes par hectolitre. Le mélange est alors introduit dans la chaudière à cuire dans le vide. Le liquide, aspiré mécaniquement par la différence de pression, doit arriver dans l'appareil assez chaud pour entrer immédiatement en ébullition à 50°. Quand la masse est violemment agitée par cette ébullition, on introduit la vapeur pour maintenir la température nécessaire à l'ébullition continue. Il importe de ne pas laisser se former de dépôt au fond de la chaudière, dépôt qui ferait obstacle à la propagation de la chaleur et arrêterait, alors, l'ébullition. Cet écueil de la fabrication se produit quand on chauffe trop vite ou quand le liquide reste quelque temps au repos.

Quand l'opération est bien conduite on obtient un liquide sirupeux (D = 1,3) qu'on laisse refroidir, puis que l'on introduit dans des boîtes en fer-blanc. Si la concentration est trop avancée, le *lactose* cristallise. 100 litres de lait donnent 70 boîtes d'une livre anglaise de 450 grammes (rendement 31,50 p. 100).

On a cherché à produire du lait condensé non sucré. Le point délicat c'est encore ici d'éviter le dépôt durant la cuisson. En outre, le produit obtenu est plus aqueux. Une fois dans les boîtes métalliques fermées hermétiquement, il faut le stériliser à l'autoclave à la température de 120°.

On emploie aussi du lait écrémé partiellement. Voici la composition du lait condensé préparé soit avec du lait entier ou écrémé, soit avec du sucre ou sans sucre.

	Lait condensé sucré.		Lait condensé non sucré.	
	Lait non écrémé.	Lait écrémé.	Lait non écrémé.	Lait écrémé.
Eau %	24.6 à 28.02	28.94	61.46	68.62
Matières azotées..	8.06 à 12.71	12.71	11.17	12.43
Matières grasses..	9.55 à 11.39	2.63	11.42	0.26
Lactose.........	11.48 à 12.89	13.99	13.96	15.73
Saccharose......	39.49 à 41.22	39.49	»	»
Matières minérales	1.53 à 2.24	2.24	1.99	2.96

Le lait condensé, fait avec un produit partiellement écrémé, étant meilleur marché, trouve un large débouché auprès de la population ouvrière des villes. Les travailleurs anglais, en particulier, apprécient la boîte de « penny tin », qui constitue leur petit déjeuner (1).

Concentration du lait dans les ménages. — M. Georges Thin a fait remarquer la supériorité, pour certains malades obli-

(1) Voir notre ouvrage sur l'*Industrie laitière.*

gés de boire du lait et que rebute l'absorption d'une quantité
un peu considérable de ce liquide dans son état naturel, du

Fig. 64. — Appareil à condenser à l'air libre. Appareil à un axe, prêt
à marcher.

ait concentré extemporané sur le lait concentré et conservé en
boîtes. Il s'agit, en l'espèce, du lait évaporé à la moitié de son
volume au fur et à mesure des besoins.

On trouve chez certains fournisseurs spéciaux, dit M. Francis Marre, un petit appareil construit pour réaliser cette évaporation lente du lait. Cependant l'appareil en question n'est

Fig. 65. — Appareil à condenser à l'air libre
Appareil à un axe démonté pour nettoyage.

pas indispensable. Il suffit, dit l'auteur, de se servir d'une casserole émaillée quelconque placée sur un feu doux et de surveiller attentivement le chauffage. On ne doit jamais amener le liquide à l'ébullition. Il faut compter environ sur une demi-heure pour réduire à moitié de leur volume 300 grammes de lait. L'opération est plus longue quand on laisse la crème se réunir à la surface. Le goût est aussi moins agréable. On doit donc remuer constamment le liquide sur le feu. Il faut, de même, continuer à l'agiter doucement, pour éviter la formation de la « peau ». Il est prudent, d'ailleurs, de consommer au plus tôt la boisson, pour ne pas donner le temps à la crème de se séparer, d'autant que le lait ainsi réduit s'aigrit plus rapidement.

LAIT DESSÉCHÉ OU LAIT EN POUDRE

Dessiccation après congélation. — Pour *dessécher le lait*, MM. Lecomte et Lainville substituent le *froid* à la *chaleur*.

La congélation du lait peut se produire dans les bacs qui sont employés couramment pour la fabrication de la glace alimentaire. Le liquide est versé dans ces moules à glace et il y est soumis à une réfrigération modérée, aux environs de — 2° C., en prenant les précautions nécessaires pour que l'eau du lait ne se solidifie pas en masse, mais qu'elle se présente sous la forme de cristaux neigeux. Cet état rend plus facile la séparation ultérieure de la matière sèche.

La séparation s'obtient par le passage de la masse ainsi obtenue dans une essoreuse animée d'une assez grande vitesse.

Les éléments solides du lait sont rejetés au dehors, tandis que l'eau congelée reste dans l'appareil. On obtient de la sorte une pâte molle, onctueuse, qui renferme encore une certaine proportion d'eau ; on l'introduit dans une étuve à température modérée, mais constante, qui achève la dessiccation.

Ce procédé serait plus économique que l'emploi de la chaleur seule : il n'exigerait qu'un kilogramme de charbon par 10 kilogrammes de lait. D'autre part, les machines frigorifiques sont déjà employées dans les grandes coopératives de laiterie.

Enfin, grâce à la température modérée à laquelle s'opère la dessiccation, la poudre ne contracterait pas le goût de cuit.

Dessiccation par la chaleur seule. — Les procédés les plus courants sont basés sur l'emploi de la chaleur.

Par exemple, l'appareil Just Hatmaker, d'origine américaine,

Fig. 66. — Appareil Just Hatmaker. Côté de l'arrivée de vapeur.

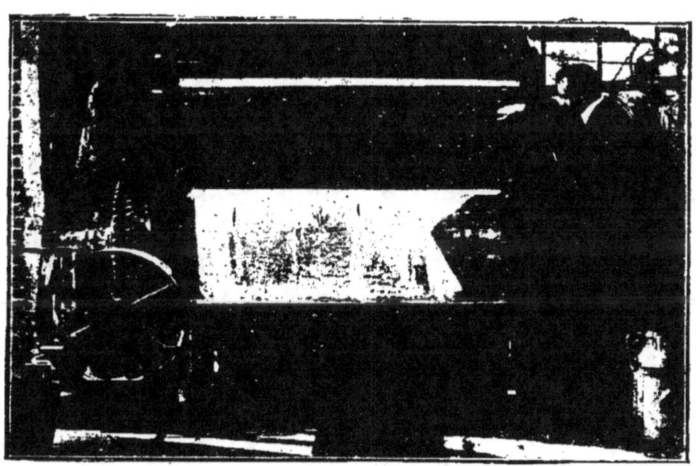

Fig. 67. — Appareil Just Hatmaker en fonction avec la pellicule de lait desséché. La pellicule laisse voir le cylindre.

consiste en un fort bâti en fonte qui porte deux cylindres en acier creux parallèles et séparés par un intervalle de quelques millimètres. Ces cylindres tournent lentement sur leurs axes en sens inverse. Les axes sont creux et reliés par des tubes à un injecteur de vapeur qui envoie celle-ci sous la pression de trois atmosphères. La température des cylindres est ainsi portée à 110° environ.

C'est sur ces cylindres que tombe le lait en lame extrêmement mince. Aussitôt, la plus grande partie de l'eau est évaporée et s'échappe en buée dans une hotte munie d'un aspirateur et placée au-dessus de l'appareil.

La matière sèche, qui est restée adhérente aux cylindres sous forme d'une pellicule extrêmement mince, rencontre une lame qui la détache et la fait retomber en arrière sous l'aspect d'une sorte de mousseline qui se désagrège et que reçoit un récipient placé sous l'appareil dans un tamis. Avec ce dernier on sépare ainsi une poudre sèche, jaunâtre, très légère.

M. H. Sagnier a vu à Oostcamp (Belgique) une semblable machine sécher 300 kilogrammes de lait en cinquante-cinq minutes. Avec le lait entier non écrémé le rendement est de 12 kilogrammes environ de *poudre de lait* par 100 kilogrammes de lait, poudre qui ne contient que 6 à 7 p. 100 d'eau.

D'après les recherches du laboratoire Carnegie, de New-York, cette méthode de dessiccation n'altérerait pas les propriétés de la matière sèche du lait. Cette poudre, jetée dans une quantité convenable d'eau chaude (88 d'eau pour 12 de poudre, par exemple), reconstitue un lait normal qui ne diffère du lait frais que par le goût de cuit qui est ici inévitable. La matière grasse se sépare rapidement et l'on peut en faire du bon beurre.

Mais on ne peut pas fabriquer de fromage avec le lait reconstitué, car la caséine, au lieu de se prendre en masse, se coagule en grumeaux extrêmement fins qui n'adhèrent plus les uns aux autres.

C'est surtout en vue du traitement du lait écrémé que la méthode paraît devoir présenter les plus grands avantages dans les laiteries coopératives.

Toutefois on affirme que le lait reconstitué avec la poudre de lait entier est excellent pour les enfants. L'estomac le supporte mieux et l'on a toute sécurité, l'opération ayant stérilisé le lait ; ce dernier point est, cependant, contesté.

On comprend que la poudre de lait puisse rendre des services à tous ceux qui ont besoin d'employer des conserves alimentaires. Elle se comprime facilement en tablettes d'un poids déterminé. On peut la mélanger avec du cacao ou avec d'autres denrées alimentaires. Les applications sont, en somme, nombreuses.

Pour assurer la stérilisation complète de la poudre, certains y ajoutent des antiseptiques (borax, fluorure de sodium, etc.), ou encore des ingrédients alcalins (carbonate et citrate de soude) pour la rendre plus soluble.

Au cinquième Congrès international de laiterie, qui s'est tenu à Stockholm du 28 juin au 1er juillet 1911, les vœux suivants ont été émis en ce qui concerne les conditions que doit remplir le lait desséché ou condensé.

« Le *lait desséché* destiné à la vente devrait être muni des indications suivantes : 1° composition centésimale, et particulièrement la teneur en graisse, et indication de la nature du lait utilisé pour la fabrication (lait entier, lait écrémé) ; 2° époque de la fabrication ; 3° manière dont il a été fabriqué ; 4° remarques sur la solubilité (dans combien d'eau, dans l'eau froide, chaude et bouillante) ; 5° comment on doit conserver le lait desséché ; 6° qu'il soit défendu de vendre du lait desséché fabriqué avec du lait demi-écrémé.

« Le *lait condensé* est le produit obtenu par évaporation partielle de l'eau d'un lait entier, pasteurisé ou stérilisé, avec ou sans addition de sucre (saccharose).

« Le lait employé pour la production du lait condensé ne doit avoir subi dans sa composition aucun changement, à l'exception de ceux qui résultent normalement de la pasteurisation, de l'homogénéisation ou de l'addition éventuelle de crème ou de saccharose.

« Aucune matière préservatrice, autre que le saccharose, n'est admissible.

« Le lait écrémé condensé est un lait condensé fabriqué avec du lait écrémé. Il ne peut être vendu que sous le nom de « lait écrémé condensé », et cette dénomination doit être indiquée en caractères apparents sur l'étiquette. »

CASÉINE

La caséine est la matière azotée du lait. C'est elle qui se coagule sous l'influence de la présure pour former le fromage.

Quand on caille ainsi du lait complètement écrémé, c'est-

Fig. 68. — Moulin à caillé Pilter.

à-dire dépourvu de sa matière grasse, on obtient du fromage maigre, qui, lorsqu'il a perdu la presque totalité de son humidité (qui entraîne en grande partie avec elle le sucre de lait), peut être séché, puis broyé et amené à l'état de poudre. Celle-ci se conserve alors indéfiniment.

On emploie cette caséine desséchée à divers usages industriels. Dans l'alimentation humaine, elle peut servir dans la préparation des biscuits, etc., etc.

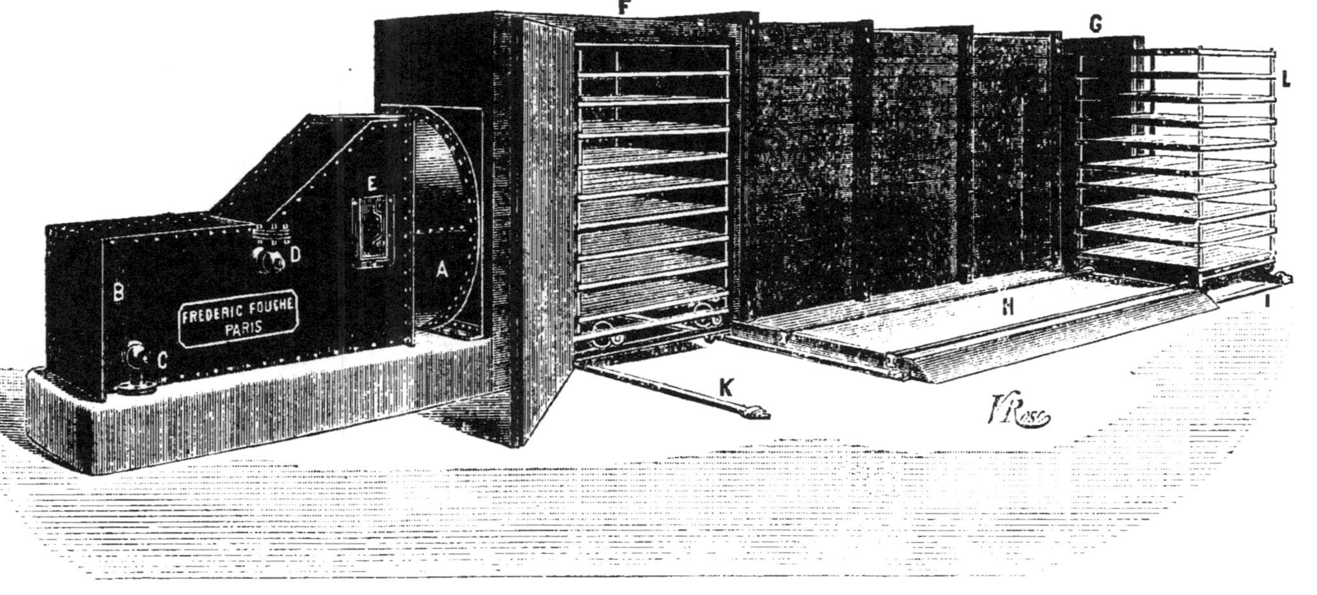

Fig. 69. — Séchoir à chariots pour la caséine (Fouché).

LE BEURRE

Le beurre à conserver doit être avant tout très frais et avoir été préparé dans les meilleures conditions de propreté, bien malaxé, bien délaité, etc.

On prolonge beaucoup la durée de la conservation en le lavant avec de l'eau parfaitement *stérilisée* par les *rayons ultraviolets*, surtout les beurres de crème pasteurisée. Dégustés après un mois, des beurres ainsi traités ont été reconnus frais comme ceux de deux à trois jours de fabrication.

L'acide lactique, qui est un produit qui se forme naturellement dans la maturation de la crème, est regardé comme un préservatif du beurre. On conseille d'en ajouter 2 à 3 grammes à chaque litre d'eau qui sert au lavage.

On a proposé d'employer la méthode suivante *d'enrobage* pour conserver le beurre en pains.

On le lave et le façonne en mottes prismatiques, puis on recouvre ces dernières d'une faible couche d'un vernis spécial. Celui-ci est simplement composé d'une solution épaisse de sucre blanc en poudre dans de l'eau distillée. A l'aide d'un pinceau très doux, on enduit la surface du beurre de ce sirop, porté à une température de 50° environ : la chaleur faisant fondre le beurre sur une petite épaisseur, sirop et matière grasse se mêlent intimement et donnent une mince croûte laquée imperméable à l'air.

Le succès réside dans l'habileté de l'opérateur, qui ne doit oublier aucun coin de la motte.

Récipients. — Il ne faut employer pour conserver le beurre que des *récipients* bien propres.

Les pots en grès, en faïence ou en porcelaine sont échaudés à l'eau de soude bouillante, récurés, rincés à l'eau fraîche pure et séchés. On les expose à l'air dans un endroit sain, non envahi par les poussières.

Les *barils* sont exposés deux à trois semaines à l'air en les lavant fréquemment.

On peut employer, pour les frotter, la chaux vive, ou une solution de cristaux de soude dans l'eau bouillante. On les rince à l'eau froide et on les laisse sécher à l'ombre. On recommence les mêmes opérations quand on est prêt à les employer.

Au moment de les remplir de beurre, on les frotte partout avec du sel.

On a accusé le bois de chêne fraîchement employé de favoriser le rancissement du beurre. Il est recommandé, avant de l'utiliser, de laisser les douves dans l'eau bouillante durant quatre heures.

En Écosse on a prétendu que le bois de tilleul est le plus propre à la confection des

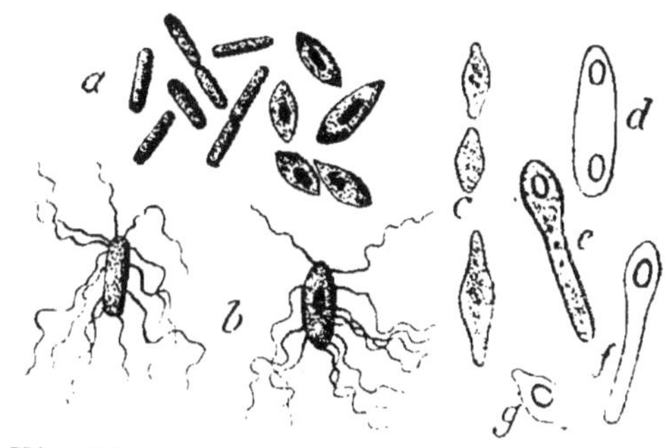

Fig. 70. — Clostridium butyricum de Prazmowski.

a. Cellules sporulées ; *b*. cellules avec cils ; *c*. formation de la spore ; *d*. cellules avec deux spores ; *e*. cellules avec une spore ; *f*. et *g*. spores. Grossissement : 800.

barils, de même que le peuplier, le saule, l'érable.

Dans le Holstein on accorde la préférence au hêtre. On croit qu'il conserve le beurre longtemps sans lui communiquer le moindre goût. L'époque la plus propice pour l'abatage des arbres est décembre et janvier. Les planches sont ensuite plongées dans l'eau courante, où on les laisse un mois. On les sèche à l'ombre dans un courant d'air.

On peut les utiliser au bout d'un an.

Conservation par le froid. — Voici ce que disait le rapporteur du Comité régional lyonnais, au sujet des entrepôts frigorifiques

« Grâce aux entrepôts frigorifiques, les agriculteurs et les commerçants peuvent mettre en dépôt des beurres aux époques où ils sont bons et bon marché, par exemple en mai et juin, pour les revendre en hiver au moment où ils atteignent des prix élevés. C'est ainsi qu'en juillet 1907 des beurres ont été mis dans nos établissements à un prix d'achat de 220 francs les 100 kilogrammes.

« A l'heure actuelle, en plein carême, les beurres se vendent

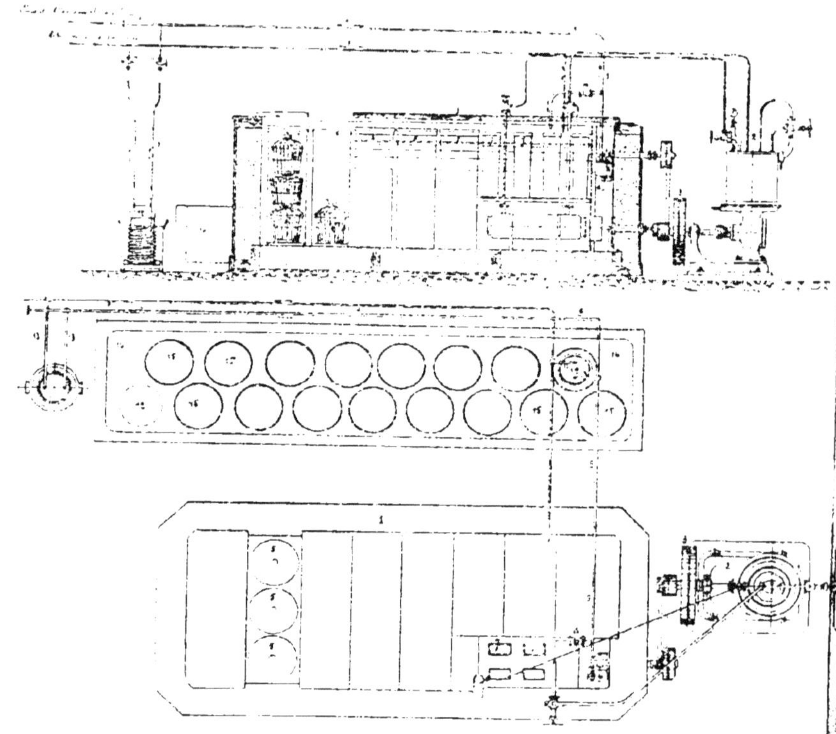

Fig. 71. — Frigorifique alvéolaire Corblin et Douane.

320 francs. Ils ont, en outre, un avantage sur les beurres produits en cette saison. Au mois de juillet, les beurres sont de très bonne qualité par suite de la mise des vaches aux pâturages. Ces beurres sont restés intacts en chambres frigorifiques et sont plus recherchés que les beurres produits en hiver, alors que le bétail n'a pour nourriture que des fourrages médiocres. »

Nous devons dire que l'on n'obtient pas toujours d'aussi bons résultats (1).

Il ne faut conserver par le froid que les beurres à arome pur, net, à texture délicate, transparente, à couleur uniforme, et contenant 13 à 14 p. 100 d'eau.

Les variations brusques de température dans la chambre froide font naître le goût de suif.

En résumé, beurre bien préparé, bien délaité, beurre de *centrifuge* et de *crème pasteurisée* surtout. Celui de mai est préférable.

Les beurres fermiers ordinaires rancissent vite (crèmes vieilles, trop acides, souvent amères; mauvais délaitage, etc.) (Dornic).

Bien emballer le produit en mottes de 50 kilogrammes, par exemple ; tenir à l'obscurité ou dans des vases clos opaques avec un degré d'humidité à 80 à 75 p. 100 ; + 2º et + 4º conviennent pour une conservation de vingt jours et de dix jours ; 0º pour un mois à six semaines ; — 5º pour quatre à cinq mois (à Chicago, dans ce dernier cas, on ne maintient que — 2º,5). Mais on n'a pas intérêt à arriver à ce point. Il faut tenir compte, en outre, que le capital engagé ne produit rien, au contraire, il y a des frais à supporter.

Les travaux de Soyer, Rahn et Farrand, de Rogers et Gray, montrent que les basses températures nuisent au développement des microrganismes (produits de sécrétion, probablement), mais + 5º à 0º seraient plus efficaces que — 5º à — 24º, car au-dessous de + 5º à 0º, leur nombre s'accroît à nouveau.

Emballer le beurre comme à l'ordinaire (calicot fin, puis papier sulfurisé sec, papier paille, paillon, panier d'osier). Dans quelques cas, préférer les caisses en bois blanc préalablement lavé à l'eau bouillante, égoutté, séché, puis badigeonné avec de la colle à la caséine, pour rendre imperméable.

Les trop grosses mottes se laissent pénétrer difficilement par le froid. En boîtes hermétiquement closes, en pots en grès, en poterie vernissée parfaitement fermés, le séjour peut être plus prolongé.

Porter le beurre dans la chambre froide aussitôt fabriqué, en employant, au besoin, des véhicules réfrigérés. L'entrée

(1) Voir dans *L'industrie du beurre*, par A. Rolet, Le froid en beurrerie, p. 99.

dans le frigorifique, comme la sortie, doivent se faire avec une transition ménagée. Dans le second cas, attendre au moins deux jours pour déballer si la température extérieure est assez élevée.

Quoi qu'il en soit, il est difficile de faire passer pour frais du beurre ainsi conservé. L'arome si subtil de l'aliment en question disparaît. Même à très basse température, la conservation laisse à désirer ; des modifications dans la composition naissent, qui sont d'autant plus importantes que l'acidité de la crème était plus élevée.

Nous avons été appelé à examiner des échantillons d'un lot très important de beurre conservé tout l'été en chambre froide. Ce beurre était complètement immangeable tellement il était fort. Nous l'avons traité de toutes les façons sans pouvoir atténuer sensiblement son goût particulier qui le rendait inutilisable.

L'action du froid ne peut donc raisonnablement être mise à contribution que pour la conservation commerciale, soit pour une durée d'une vingtaine de jours.

Pour l'*expédition des colis postaux* employer de petites boîtes munies à l'intérieur d'un petit réservoir où l'on place de la glace au moment de l'expédition.

On a parlé, pour la *livraison à domicile*, de caisses métalliques à compartiments chargés de glace. A la place de celle-ci on empile aussi, côte à côte, des boîtes closes de $38 \times 38 \times 7,5$ et pleines de *saumure froide*. Au retour de la livraison, on met ces boîtes à refroidir dans la machine à glace.

Cales frigorifiques. — L'Australie exporte de grandes quantités de *beurre*, surtout en Angleterre, dans des *bateaux frigorifiques*. Malgré ce mode de transport, des millions de livres de beurre se détériorent chaque année en cours de route. Il résulte des expériences faites à ce sujet que l'on doit s'efforcer de maintenir dans les cales du navire transporteur une température uniforme de 5° Fahrenheit pendant la durée du voyage.

Conservation par les antiseptiques.

Sel. — Le *sel* est le seul ingrédient antiseptique dont l'emploi soit autorisé.

D'après K. Fischer et O. Gruenert il conserve mieux le

beurre que l'acide benzoïque, l'acide salicylique ou l'acide borique ; 3 p. 100 de sel marin suffiraient pour 3 mois. M. Fortin, grand exportateur de beurre, dit, à ce propos, que le sel est insuffisant pour le beurre mal délaité. Il préfère 1 gramme par kilo de *fluorure de sodium*.

L'opération de la *salaison* est très délicate et doit se faire avec beaucoup de précaution.

Le beurre, comme nous l'avons dit, doit être bien délaité bien sec, et aussi frais que possible. Les beurres de crème pas teurisée et fermentée conviennent particulièrement. Il en est de même de ceux qui sont à pâte longue.

D'autre part, le sel doit être de bonne qualité, très fin, très sec, non hygroscopique et préalablement stérilisé. Nous avons dit en effet, dans le premier volume, qu'il peut apporter des mauvais germes.

La quantité de chlorure de sodium à employer peut être limitée à 3 p. 100 s'il est bien réparti dans toute la masse, mais on en emploie jusqu'à 5 à 10 p. 100, et même, dans certaines régions, 50 p. 100.

Le *Congrès de l'Aliment pur* (Genève) a fixé la limite à 15 p. 100. Au-dessus la proportion doit être indiquée à l'acheteur.

Le sel appauvrit le beurre en eau, ce qui rend la vie des microbes plus difficile. Dans un beurre salé normalement, la multiplication de ces derniers s'arrête au bout de deux mois. Dans le beurre non salé, elle continue pendant près de quatre mois.

Il ne faut pas que les ferments lactiques soient détruits trop tôt. Pour un beurre à 12 p. 100 d'eau, la meilleure dose est de 2,5 à 3 p. 100. Dans un beurre à 9 p. 100 d'eau, une dose de sel de 4 p. 100 détruit trop rapidement les ferments lactiques. Certaines bactéries paraissent résister à 5 p. 100 de sel (Fettick).

On étale le beurre en couche mince et on le saupoudre avec une salière à trous. Puis on coupe et recoupe jusqu'à ce que l'on ne sente plus le sel sous les doigts. On sale également au malaxeur. On met ensuite en pots.

On conseille, avant d'employer les pots, préalablement lavés comme nous l'avons dit, de les frotter en outre, à l'intérieur, avec un linge très propre, imbibé de vinaigre, ce qui aurait pour effet d'empêcher la matière grasse de se coller sur les parois.

On tasse le beurre par couches successives, en faisant en sorte de ne laisser aucun vide, si petit soit-il. Quand le récipient est plein, on verse à la surface du beurre une saumure préparée de la façon suivante. On prend du sel de bonne qualité que l'on met dans de l'eau très propre, tant qu'elle peut en dissoudre à l'ébullition. On maintient celle-ci durant une demi-heure, en ayant soin d'enlever de temps à autre l'écume qui se forme à la surface du liquide. Après refroidissement on filtre et l'on peut employer. Quelques praticiens condamnent la saumure, sous prétexte qu'avec elle l'aliment conserve un goût spécial dit « de pot ». Ils opèrent, alors, de la façon suivante, qui laisserait au beurre son goût frais.

On étend à la surface du beurre une mousseline fine assez grande pour le recouvrir parfaitement. Toutefois, le bord de cette mousseline doit être assez relevé pour qu'on puisse le saisir facilement. On met alors le sel dessus. Enfin, on ferme avec un papier parcheminé.

Huit jours après, on examine le beurre, dont la masse s'est contractée. On le tasse à nouveau. Comme il monte un peu de saumure à la surface, on l'absorbe avec une mousseline ou un linge très fin et très propre. Après avoir remis la mousseline chargée de sel fin et attaché à nouveau le papier, on tient au frais dans une cave.

Dans ces conditions, le beurre se conserverait bon, dit-on, huit à douze mois.

Chaque fois qu'on en prélèvera, on aura soin de bien égaliser la surface avant de remettre le sel.

D'ailleurs, il est préférable d'employer de petits pots, des toupines, qui durent moins longtemps une fois entamés.

Le beurre salé, conservé l'hiver dans les emballages ordinaires, ou à nu, dans un milieu sec et froid, présente parfois à sa surface des taches blanches provenant de la cristallisation du sel, par suite de l'évaporation de l'eau. Le remède s'indique de lui-même : maintenir dans un milieu convenable.

Mélanges divers. — On a encore recommandé le procédé
suivant. On met au fond d'un vase un mélange formé de
15 parties de *bicarbonate de soude* pour 12 d'*acide tartrique*
en poudre. On tasse ensuite le beurre par couches et on remplit les vides avec de l'eau. On ferme alors hermétiquement
pour empêcher le départ du gaz carbonique qui assure la
conservation.

On vend encore, sous le nom de *sel de conserve*, un mélange
d'*acide borique*, de *nitrate de potasse*, de *sel marin*.

La *méthode Twamley* pour conserver le beurre en *baril*
consiste d'abord à réduire en poudre fine et à mêler ensemble
une partie de *sucre*, une partie de *nitre* et deux parties de
sel commun pur. On ajoute de 10 à 30 grammes de cette composition par 500 grammes de beurre, bien débarrassé de son
babeurre. On pétrit le tout parfaitement.

On presse ensuite fortement le beurre dans les barils. Au
bout de huit jours on comble les vides, s'il y a lieu. En attendant, la surface étant unie, on recouvre d'un linge propre sur
lequel on place un morceau de parchemin humide, ou, à défaut,
un linge fin imprégné de beurre fondu. On le fait adhérer tout
autour sur les parois du baril.

Quand le moment vient d'ajouter encore du beurre, on enlève la couverture et on foule soigneusement la matière sur
l'ancienne. Après avoir uni de nouveau la surface on replace
les linges, on verse par-dessus un peu de beurre fondu, enfin
on saupoudre de sel et fixe solidement le fond.

Acide borique, borax, crysoléine, acide salicylique.
— On a reproché aux *beurres* normands expédiés en Angleterre
d'être additionnés d'*antiseptiques*, de *borax* entre autres,
pour assurer leur *conservation*. On a donné cette raison pour
expliquer la préférence des Anglais pour les beurres du Danemark, du Canada, de l'Australie, conservés, eux, par le froid.

« No Normandy butter used here » (il n'est pas fait usage du
beurre de Normandie), lit-on sur une pancarte accrochée
au mur dans certains restaurants en Angleterre.

On a cité le cas d'un marchand de *beurre* condamné en
juin 1895 pour avoir ajouté de l'*acide borique* à son beurre.
Mais le tribunal de la Seine (huitième chambre) ne lui fit

pas application du paragraphe 2 de l'article 1er de la loi du 27 mars 1851, qui prévoit la vente de marchandises « contenant des mixtions nuisibles à la santé ». Il le condamna du chef de falsification, en constatant que, lors même que l'acide borique n'aurait pas de propriétés nuisibles, son introduction dans la fabrication du beurre était de nature à en altérer la pureté.

La Cour d'appel de Paris (septième chambre), par un arrêt du 6 novembre 1896, confirma le jugement en ces termes.

« Attendu que par jugement du 7 décembre 1894, MM. Brouardel, Bardy et Villiers ont été commis à l'effet de : « Dire si « le borate de soude et l'acide borique sont nuisibles à la santé, « additionnés à des substances alimentaires de nature ani-« male ; — dans le cas d'affirmative, dire à partir de quelle « proportion ces produits sont nuisibles à la santé ; — dire, « dans l'espèce, quelle était la proportion de borate de soude « ou d'acide borique additionnés au beurre saisi » ;

« Attendu que les experts expliquent dans leur rapport que, si l'emploi du borax et de l'acide borique pour la conservation des matières alimentaires a été pendant assez longtemps l'objet d'appréciations diverses, des expériences remontant à un certain nombre d'années ont fait la preuve de la nocuité de l'addition de ces substances aux aliments et ont permis d'affirmer que leur absorption continue, même à petites doses, peut être de nature à causer à la santé des consommateurs un préjudice plus ou moins grave et en rapport avec la réceptivité particulière de chacun d'eux ;

. . . .

« Attendu, à ce point de vue (la falsification), que les experts relèvent à bon droit dans leur rapport que l'acide borique aussi bien que le borax sont des substances à peu près complètement étrangères aux éléments qui constituent nos divers produits alimentaires et qui notamment font complètement défaut dans le beurre :

. . . .

« Attendu enfin que l'emploi de l'acide borique est interdit en France dans les vins par une loi du 11 juillet 1893, et que le Comité consultatif d'hygiène publique, ainsi que le Conseil d'hygiène et de salubrité de la Seine ont tous deux donné un avis défavorable à son emploi pour la conservation des matières alimentaires... »

Remarquons que la *Croix-Blanche de Genève* est d'avis que l'on autorise l'emploi de l'*acide borique* à la dose de $0^{gr},5$ par kilogramme pour les beurres d'exportation.

Mais, en général, on pratique le boratage à plus forte dose, 5 grammes par kilogramme.

M. Duclaux cite un beurre d'Argentan conservé au borax finement pulvérisé qui possédait encore au bout d'un an un goût très agréable.

L'emploi du *fluorure de sodium* peut se faire à 1 p. 1000 ou de la façon suivante : on malaxe le beurre dans une solution de cet antiseptique à raison de 5 grammes dissous dans un litre d'eau, en se servant d'un malaxeur-broyeur. Le beurre est ensuite tassé dans des bidons que l'on achève de remplir avec la même dissolution. A cet effet, chaque bidon est fermé par un couvercle assujetti par une vis de pression ; un joint d'amiante assure la fermeture hermétique. Le couvercle porte un petit entonnoir à robinet par lequel on verse le liquide. Il ne reste plus alors qu'à fermer le robinet après remplissage. Le beurre ainsi traité peut se conserver plusieurs mois sans aucune altération. Au moment de le livrer à la clientèle on l'extrait du bidon et on le malaxe avec de l'eau.

L'acide *salicylique* est ajouté au beurre à la dose de $0^{gr},5$ par kilogramme, l'*acide benzoïque* à la même dose.

Beurre fondu. — Quand on fait *fondre* le *beurre* au bain-marie pour mieux le *conserver*, il faut éviter les *coups de feu* qui altèrent l'aliment, par suite de la décomposition des glycérides.

On doit aussi enlever l'écume, après avoir agité légèrement. Quand elle ne monte plus, on laisse refroidir vers 60° et décante en évitant de remuer trop, pour ne pas remélanger les impuretés qui sont tombées au fond. On remplit les pots en passant sur un linge fin. On ferme ces pots comme nous l'avons dit.

Pour éviter le goût de cuit, mieux vaudrait opérer à basse température, mais le déchet est plus grand et les germes moins atteints.

Dans les hauts alpages de la Savoie on prépare avec le lait des troupeaux vivant tout l'été dans la montagne des *toupines* de beurre qui se *conserve* longtemps. La *toupine* est un simple pot en terre à large panse. Le beurre d'*août* est le meilleur pour ce genre de préparation. On le fait fondre sur un feu vif dans une marmite en fonte, et l'y laisse ainsi environ deux heures. Il y a un point délicat à saisir. Au début, le beurre bouillonne. La fusion est parfaite lorsque le liquide est bien limpide, homogène et jaune clair. On le verse, alors, dans une toupine. Si l'on continuait à chauffer, le beurre recommencerait à bouillonner, il noircirait et prendrait de l'odeur. Un beurre bien *fondu* donne une graisse très compacte et d'aspect cristallin.

Procédé Appert. — Pour *conserver le beurre* par le procédé Appert on le coupe en morceaux et le presse dans un linge pour expulser l'eau. On le met, ensuite, dans un bocal à large goulot, que l'on ferme hermétiquement avec un bouchon maintenu par de la ficelle et de la cire. On chauffe dans un bain-marie à eau salée, en prenant les précautions d'usage (mettre dans l'eau froide, chauffer avec précaution). On laisse ensuite refroidir. On peut ainsi garder le beurre 4 à 6 mois.

On emploie encore les boîtes soudées que l'on stérilise à l'autoclave.

Rajeunissement du beurre.

On a conseillé, pour faire perdre le goût de *rance* au beurre altéré, de le malaxer avec de l'eau qui contient 25 à 30 grammes de chlorure de chaux par kilogramme de beurre.

On emploie aussi 15 grammes de bicarbonate de soude. Mais il est difficile de fixer les doses exactes, car un excès fait naître, dit-on, le goût de pomme.

Quand on a bien pétri le beurre avec l'eau chargée d'un principe actif, on l'y laisse ainsi deux heures. Après ce laps de temps on pétrit dans l'eau fraîche. Parfois aussi, après ce malaxage, on en fait un autre avec du lait, de la crème, et on délaite. On baratte encore le beurre avec du babeurre.

On a proposé de faire bouillir le beurre rance après l'avoir lavé avec du charbon pilé puis de le filtrer (1).

(1) Pour plus de détails sur la conservation du beurre, voir notre ouvrage, *L'Industrie du beurre* en France et à l'étranger.

LES FROMAGES

Froid. — L'utilité du *froid* artificiel est incontestable en fromagerie.

On sait que la maturation des fromages est d'autant plus active que la température est plus favorable.

Par contre, l'aliment doit être consommé quand l'affinage est suffisant.

On comprend que si l'on peut guider à sa guise la température des locaux où sont entreposés les pains, il soit possible de ne les faire mûrir qu'au moment voulu, ou encore de les conserver *faits* sans qu'ils s'altèrent. Inutile d'insister, aussi, sur l'avantage du transport par wagons réfrigérants.

En Amérique on a constaté que la température la plus favorable est de 31 à 32° F. (soit à peu de chose près 0° C.), avec une variation de 1° au maximum. Mais il n'y a pas de doute qu'ici, comme pour les fruits et les légumes, il doit y avoir des différences suivant les variétés de fromages.

Le froid n'est pas, toutefois, sans reproche.

Ainsi, lorsque la conservation des roqueforts, par exemple, a été mal conduite dans le frigorifique, ces derniers se distinguent assez facilement, avec un peu d'expérience, des fromages non réfrigérés. Ils sont plus friables, ils se brisent facilement et ont un goût de *renfermé* que l'on est obligé de leur faire perdre en les laissant encore un certain temps dans l'air des caves. Au sortir du réfrigérant, où ils étaient à 0°, la fermentation, ralentie durant ce temps, reprend avec intensité (E. Marre).

En outre, quand l'air est trop sec, les fromages peuvent perdre jusqu'à 20 p. 100 de leur poids. Parfois la pâte contracte le goût de suif attribué à un phénomène d'oxydation.

On a remédié à ces deux derniers inconvénients en enveloppant les parois de papier d'étain. Les roqueforts peuvent ainsi rester huit mois au voisinage de 0°.

D'ailleurs la maturation normale du roquefort exige toujours des caves à basse température. On sait que dans la région de ce nom les industriels mettent à contribution les grottes naturelles que l'on rencontre dans les rochers du Combalou.

Là, des courants d'air froid, qui arrivent par des ouvertures appelées « fleurines », maintiennent l'atmosphère au degré favorable (7 à 8°) qui doit permettre à la moisissure interne (*penicillium glaucum*), dont on a ensemencé les germes sous forme de poudre dans la pâte au moment de la mise en moules, de bien se développer sans trop souffrir des autres ferments plus sensibles à l'abaissement de température.

Ces considérations concernent plus particulièrement tous les autres fromages dits « bleus ». Cependant il est toujours avantageux, à un moment donné, de pouvoir, dans une fromagerie importante, arrêter la maturation des produits pour régler la vente.

Nous citerons l'exemple de la fromagerie de la *maison du Val*, près de Noyers (Meuse), qui posséderait des *machines frigorifiques* de 80 000 frigories mues par un moteur à gaz pauvre, qui sert à refroidir, à une température voisine de 0°, 5 000 mètres cubes de salles où l'on peut emmagasiner 200 000 kilos de fromages avant toute fermentation, ce qui facilite l'affinage et la mise en vente au fur et à mesure des demandes.

Mais l'industrie du roquefort a pris une telle importance que les fabricants, ne pouvant toujours disposer de caves naturelles, ont été obligés d'en construire et d'y entretenir la température nécessaire en se servant de *machines frigorifiques*.

En même temps, des entrepôts frigorifiques ont été aménagés, où l'on garde les fromages qui attendent la vente. On sait qu'en été, avec la consommation des fruits, l'écoulement est difficile, il en résulte un encombrement qui est encore accru par la plus grande production à cette époque.

Voici, d'ailleurs, ce que dit sur ce sujet M. P. Lebrou, ingénieur des Arts et Manufactures, directeur de la grande société P. Lebrou et Cie, à Roquefort :

« La maturation du fromage en cave d'affinage est le résulsultat de deux natures de fermentations :

« 1º De fermentations *anaérobies*, ou fermentations intérieures se produisant à l'abri de l'air ;

« 2º De fermentations *aérobies*, ou fermentations extérieures ayant besoin d'air pour se poursuivre ; celles-ci, ajoutant leur effet à celui de l'évaporation, amènent la formation de la *croûte* à la surface du fromage.

« Par le froid intense, sous l'enveloppe d'étain, les premières sont ralenties, tandis que les secondes, manquant d'air, sont complètement enrayées.

« Il en résulte que si, au moment du pliage pour la conservation, la croûte est déjà formée sur le fromage, elle ne peut y augmenter, et, bien plus, elle y est détruite.

« La *croûte*, en effet, tend à disparaître par voie de transformation, parce que, malgré un abaissement de température au voisinage de 0 degré centigrade, les fermentations anaérobies, qui se produisent encore, déterminent des réactions qu'accompagne un dégagement de chaleur, et partant une élévation de température à l'intérieur. Cet accroissement de température a pour conséquence la vaporisation d'eau et de principes volatils contenus dans le fromage. D'autre part, la température de l'air de la salle étant le plus souvent inférieure, notamment pendant le fonctionnement des appareils frigorifiques, à celle de l'intérieur du fromage, et la feuille d'étain s'opposant à la sortie des produits vaporisés, cette enveloppe va faire office de paroi condensante. Contre, et à l'intérieur de la feuille, on va donc retrouver du liquide qui, ne pouvant s'écouler au dehors, ramollit la croûte et tend à la rendre de même texture et de même composition que le noyau, en l'imprégnant de principes qu'elle avait perdus à l'affinage.

« Ajoutons à cela la privation complète de lumière, et, après quelques mois de froid vif, nous retrouverons le fromage absolument blanc, tendre jusqu'à son épiderme, et beaucoup plus homogène qu'à l'affinage, quoiqu'il ait été plié avec une croûte dure, de couleur terne, et généralement immangeable.

« A ces avantages il convient d'en ajouter deux autres qui ne sont pas moins importants.

« L'emmagasinage en frigo permet de mettre les fromages à mûrir plus à l'aise, dans les caves, et de leur assurer ainsi de meilleures conditions sanitaires en laissant à chacun une plus grande quantité d'air ; c'est là un avantage considérable pour la régularité des fermentations, que d'éviter l'encombrement à l'affinage.

« Cette réserve, à l'abri des altérations, permet encore, et ce n'est pas là le moindre bienfait du froid, de régler l'écoulement de la marchandise sur la demande, tandis que sans frigo, c'est la production qui règle la vente... et le plus souvent les bénéfices !

« A Roquefort, le volume des salles de conservation est actuellement suffisant pour emmagasiner toute la production fromagère d'une année. Cela seul suffirait à préserver son commerce d'une débâcle. »

Il y a à Roquefort une dizaine d'installations frigorifiques dans les fromageries (1). Pour assurer un fonctionnement régulier, elles disposent, en général, de deux compresseurs dont chacun est capable de fournir le nombre total de frigories nécessaires au refroidissement complet de leurs chambres.

Pour la réfrigération des locaux de *conservation*, le seul mode adopté jusqu'ici consiste dans la circulation d'air froid.

Ces caves réfrigérées sont de grande capacité et installées à l'intérieur des caves d'affinage dont la température n'est jamais supérieure à + 8° C. Le thermomètre s'y maintient autour de 0° C.

Une machine de 20 000 frigories, entretenant la saumure à —5° C., doit fonctionner seulement cinq à six heures par vingt-quatre heures en été, au moment des plus fortes chaleurs, pour maintenir 1 500 mètres cubes de chambres où sont emmagasinés 200 000 fromages, soit un poids d'environ 500 000 kilogrammes de matière. Les chambres sont isolées par un simple revêtement de 0ᵐ,12 de liège aggloméré sur une cloison de

(1) Citons les maisons Sarrouy et Robert, Maria Grimal, Louis Rigal, Nouvelle société anonyme des propriétaires, Calmes, Jeans Casse (Aurillac).

0^m,15 en briques creuses de terre cuite, ou par un mince matelas de charcoal retenu entre deux cloisons (P. Lebrou) (1).

Enrobage et emballage. — En enrobant les fromages dans une matière qui s'oppose à la pénétration de l'air et de l'humidité ou qui, au contraire, empêche la dessiccation de la pâte, on favorise leur durée de conservation.

C'est ainsi que l'on peut enduire d'huile de lin, de paraffine, les fromages à croûte ferme.

Dans une expérience faite en Australie, quatre petits fromages pesant ensemble 20^{kg},810 avaient été enduits de *paraffine* ; quatre autres de même poids servaient de témoins. Tous furent conservés pendant quatorze semaines et demie à une température variant de 14 à 21° C. Les experts, consultés, ont déclaré que les fromages protégés par la paraffine étaient supérieurs comme saveur et consistance.

On sait que le fromage italien *gorgonzola* est entouré d'une couche de sulfate de baryum, qui lui donne aussi du poids.

En général, les fromages qui doivent supporter un certain voyage sont emballés dans de la poudre de charbon de bois.

Les fromages à pâte molle, plus susceptibles de s'altérer, sont enfermés complètement dans des *boîtes* en sapin, hêtre, etc., auxquelles on donne, ensuite, une couche ou deux de peinture à l'huile.

Le plus souvent, on se contente de les envelopper dans du *papier imperméable* ou des *feuilles d'étain*.

Pour l'expédition dans des pays lointains on met d'abord *une feuille* de papier d'étain, puis du papier *parchemin* et, enfin, du papier bulle (blanc). On emballe souvent dans des boîtes en fer-blanc soudées.

Antiseptiques. — Rappelons que l'emploi de *présures* trop fraîches, de laits *malpropres*, le mauvais *égouttage,* donnent des fromages qui se conservent mal. Le *boursouflement* est souvent dû à des microbes que renferme l'eau contaminée. Le sel lui-même peut apporter des germes.

Dans certaines régions, on frotte les fromages qui fermentent

---

(1) Pour la construction et la conduite des frigorifiques voir le volume *Les conserves de fruits*.

trop avec une poudre obtenue en mélangeant, puis tamisant, une livre de *salpêtre* et une once de *bol d'Arménie*.

Ailleurs, on sale plus fortement les pains, ou même, dès qu'ils sont suffisamment consistants, on les laisse tremper quelque temps dans de l'eau saturée de sel. On les tient encore à basse température.

On emploie aussi des poudres conservatrices comme pour le beurre, le plus souvent à base d'*acide borique* ou de *borax*. On en ajoute (1 à 2 kilos par 25) au sel ordinaire employé pour le salage des fromages à pâte molle (5 kilogrammes du mélange pour 100 kilogrammes de fromage, soit 50 grammes par kilogramme). Ces produits ne seraient pas, non plus, sans efficacité contre les vers des mouches, mites, etc.

Mais on accuse les poudres en question de durcir la pâte des fromages, qui devient alors cassante.

D'ailleurs, le sel comme antiseptique tue ou affaiblit les *ferments lactiques*, entrave l'action des *diastases*, de sorte que les fromages peuvent ne pas mûrir quand il y a excès d'ingrédient. La pâte ne peut alors s'affiner qu'avec le concours de grandes quantités d'ammoniaque, qu'on obtient en mettant les pains dans de la cendre, des feuilles mortes, etc.

Pour prévenir le *boursouflement*, on a conseillé de chauffer le lait trois quarts d'heure à 50°, puis de l'additionner de ferments lactiques.

Contre la maladie de la « croûte » (ulcérations) le *formol* à 1 p. 100 a produit, dans certains cas, de bons résultats. On pratique aussi le paraffinage

Voici le texte de la circulaire du Ministre de l'agriculture (19 juillet 1910) aux directeurs des laboratoires de la répression des fraudes, concernant la présence des antiseptiques dans les fromages.

« J'ai l'honneur de vous informer que, dans sa séance du 6 avril dernier, sur le rapport de M. Ogier, le Conseil supérieur d'hygiène publique de France a émis l'avis que l'usage de saupoudrer ou d'imbiber la croûte des fromages avec des poudres ou des solutions contenant des antiseptiques (acide borique notamment) présente des dangers pour la santé des consommateurs.

« Des expériences ont, en effet, montré que les antiseptiques dont il s'agit pénètrent dans la pâte du fromage et ne restent pas localisés, comme on aurait pu le croire, à sa surface.

« Des soins appropriés rendent d'ailleurs l'emploi des antiseptiques inutile ; aussi, l'usage des poudres dont il s'agit, loin d'être général, est inconnu dans beaucoup de régions fromagères.

« Dans ces conditions, les poudres ou solutions antiseptiques pour fromages doivent être dorénavant considérées comme destinées à falsifier lesdits fromages, et la présence d'un antiseptique dans la croûte et dans la pâte de ces derniers est une falsification qui rend le produit toxique au sens de la loi du 1er août 1905, c'est-à-dire nuisible à la santé.

« Toutefois, pour conclure ainsi, il faut que la proportion d'antiseptique trouvée soit notable, car, dans sa séance du 11 juillet courant, le Conseil a émis l'avis qu'il y avait lieu de tolérer la présence d'antiseptiques (acide borique, salicylique, etc.) dans la présure, mais à la condition que la dose ne dépasse pas celle qui convient strictement à assurer la conservation de ce produit.

« Le Conseil a considéré que la présure n'est pas une matière alimentaire, ou, du moins, qu'elle intervient en quantité trop faible dans la préparation des fromages pour qu'une exception à la règle de l'interdiction des antiseptiques puisse être faite en sa faveur.

« Il y aura lieu, à l'avenir, de ne pas considérer la présence d'un antiseptique dans un fromage comme une infraction à la loi, s'il s'agit seulement de traces imputables à la présure. »

Contre les mouches et autres insectes. — L'été surtout, les *fromages* sont attaqués par des larves de *mouches*, mouche commune (*musca domestica*), mouche vert doré de la viande, etc.

On doit les gratter, les laver soigneusement à l'eau salée, à l'eau vinaigrée, etc., puis on les sèche avec un linge.

Les tablettes sur lesquelles reposent les fromages seront lavées, également, avec de l'eau bouillie bouillante, chargée de chlorure de chaux ou de cristaux de carbonate de soude, puis rincées à l'eau pure.

On rince, de même, le plancher, blanchit les murs au lait de chaux. Envisageant un autre point de vue, il est prudent de passer cinq couches de lait de chaux additionné de 5 p. 100 de sulfate de cuivre.

Les mouches ne sont pas les seuls insectes à combattre. Il y a, par exemple, les *acarus* ou *cirons*. Ce sont de très petites bestioles à peine visibles, dont le corps tout hérissé de cils raides est porté par huit courtes pattes. Fouillant de leur tête pointue la croûte puis la pâte tendre, elles vivent en sociétés innombrables sous l'abri de la croûte et dans les crevasses du fromage.

L'amas de ces animalcules ressemble à de la poussière. Mais avec de l'attention on reconnaît bientôt que cette poussière est vivante, qu'elle se meut et grouille, enfin qu'elle est formée d'un nombre prodigieux de très petits poux.

Si on laisse les *mites* se multiplier à l'aise, peu à peu le fromage se désagrège et tombe en poudre. Pour prévenir leur invasion il faut, de temps en temps, brosser les fromages avec une brosse rude et laver à l'eau bouillante les planches sur lesquelles on les tient. Si les fromages sont déjà attaqués, après les avoir bien brossés on les enduit d'huile qui fait périr les insectes par asphyxie. Un moyen plus énergique consiste à mettre les fromages dans une caisse close, dans laquelle on allume un peu de soufre. Dans les ménages, pour conserver l'été les tranches de *gruyère*, par exemple, il faut les tenir à la cave en les enveloppant d'un linge imbibé d'eau salée.

CINQUIÈME PARTIE

LE MIEL

Au moment où on l'extrait, le *miel* est liquide, transparent. Au bout d'un certain temps, variable suivant les plantes, il devient opalescent, puis opaque, quelquefois très dur : c'est *le miel granulé.*

Avant de le mettre en pot il doit être d'abord débarrassé de ses impuretés. L'extraction par centrifugation est préférable au simple tamis.

On le laisse donc au repos quelques jours dans un *maturateur,* vase en fer-blanc (le zinc est attaqué) ou encore en bois, par exemple un tonneau en hêtre défoncé d'un côté et pourvu d'un robinet à la base. Toutes les parties légères montent à la surface. On écume avec soin, puis soutire par le robinet. Au besoin on sépare par qualités suivant le degré de concentration.

Les miels qui ont un mauvais goût peuvent être traités par le procédé Thénard : mettre dans une bassine en cuivre 2^{kg},937 de miel, 857 gr. d'eau et 76 de craie ; faire bouillir durant deux minutes ; jeter dans la bassine 152 grammes de charbon pulvérisé, lavé et séché ; faire bouillir de nouveau deux minutes ; ajouter trois blancs d'œuf battus dans 91 grammes d'eau. Après une troisième ébullition de deux minutes, laisser refroidir et filtrer.

Le même remède serait applicable au miel qui commence à fermenter.

On a encore conseillé de faire fondre le miel au bain-marie, puis d'y plonger un fer rouge.

Les meilleurs pots pour la conservation du miel et sa rapide cristallisation sont ceux en grès ou en terre cuite vernie. Les boîtes en fer-blanc à fermeture hermétique ne peuvent guère servir que pour les expéditions par chemin de fer.

Dans tous les cas, les récipients doivent être parfaitement propres et exempts de mauvaise odeur.

On ne les ferme que lorsque le miel s'est suffisamment épaissi et a perdu son humidité, sinon il fermenterait facilement. Il est bon de rappeler, à ce propos, qu'il ne faut récolter le miel que lorsqu'il est entièrement operculé, ou au moins quand la grande majorité des rayons sont cachetés ; avant, il est trop riche en eau.

Les pots seront tenus dans une chambre sèche, un grenier par exemple, où circule constamment un courant d'air. A l'humidité le miel pourrait en absorber jusqu'à 40 p. 100 de son poids.

Quand l'évaporation est suffisante, on met un papier parcheminé imbibé d'alcool et, par-dessus, du papier ordinaire, puis l'on ferme. On remarque parfois de l'écume sur les *miels blancs de sainfoin* ; c'est la marque d'origine, pourrait-on dire. On doit la laisser sur le pot où elle granule en même temps que le miel. Toutefois, à Paris les marchands en gros enlèvent cette mousse à l'aide d'une spatule en bois, avant de livrer aux acheteurs qui, pour la plupart, ne sont pas connaisseurs, et cette partie plus blanche leur paraît suspecte. D'aucuns prétendent, cependant, qu'elle a un goût exquis.

Pour activer la *granulation* du miel on le soumet à des alternatives de chaud et de froid ; on le remue ; on y ajoute quelques fragments de miel granulé.

Nombre de consommateurs préfèrent le miel liquide. Certains croient qu'il est ainsi plus pur. Dans tous les cas, il n'agace pas les dents et il n'irrite pas la gorge comme le granulé. Dans les rayons il n'est pas rare que le miel reste liquide plus d'un an.

Pour le conserver fluide il faut lui faire subir un traitement approprié, car il est de la nature même du miel de se solidifier. S'il est déjà granulé, la liquéfaction ne s'obtient parfois qu'au détriment de sa qualité.

On fait intervenir la chaleur. Si elle est trop élevée, l'aliment peut prendre mauvais goût et se colorer en brun. La simple chaleur solaire a l'inconvénient de ne pas pénétrer uniformément dans toute la masse.

Certains auteurs recommandent, cependant, l'exposition du miel au soleil, dès sa sortie de l'extracteur. Le plus souvent on le chauffe, mais jamais à feu nu, car le produit tournerait en sirop et son goût serait altéré. Il faut éviter, aussi, d'atteindre l'ébullition.

M. A.-L. Clément cite une série de procédés pour traiter le miel solide, qui lui ont été fournis par des apiculteurs. M. Fenouillet, président de la Société d'Apiculture de la Haute-Savoie, chauffe au bain-marie jusqu'à ce que la fusion soit presque complète, mais sans faire bouillir ni brasser ou agiter. Il laisse ensuite refroidir lentement. C'est ainsi que procéderaient, paraît-il, les hôteliers suisses pour la clientèle anglaise, qui ne veut que du miel liquide en toute saison.

M. Pierre, apiculteur à Épernay, se trouve bien de la pasteurisation à 90° durant quinze minutes. Mais il est généralement admis qu'il vaut mieux s'en tenir à une température moindre, 50 à 55° par exemple, qu'on laisse agir plus longtemps. On court moins le risque, ainsi, d'altérer l'arome.

En Belgique on ne traite qu'au moment de consommer. Les pots ou flacons sont mis dans un bain pourvu d'un double fond pour éviter le contact direct du verre avec la surface chauffée.

En Amérique on emploie des appareils spéciaux pour chauffer le miel granulé. Comme combustible on préfère le gaz ou le pétrole, d'une conduite plus facile, plus régulière, que le charbon ou le bois.

L'appareil Chalon-Fowls comprend un foyer à pétrole et une cuve à eau dans laquelle on met le bidon de miel et l'on porte à 72°-83° C. On soutire le miel tout chaud à l'aide d'un siphon, pour remplir les pots destinés à la vente.

L'appareil Pouder a une chaudière à gaz en fer-blanc d'une douzaine de litres. La vapeur qui se dégage se rend dans un serpentin placé dans le réservoir supérieur cylindrique où est le miel. Enfin on soutire ce dernier, liquéfié, par un robinet de vidange. Pour éviter à ce moment l'entraînement de bulles

d'air dans la masse où elles resteraient emprisonnées et nui-
raient à la conservation, on donne au vase à miel une grande
hauteur, au moins triple de son diamètre.

M. A.-L. Clément rappelle encore qu'en Amérique le miel
granulé, surtout celui qui devient très dur, est aisément transporté dans des sacs en papier paraffiné. On doit l'y introduire
quand il commence à granuler. On obtient comme des briques
ou pavés de miel faciles à empaqueter.

Si on le fait prendre dans des bidons en fer-blanc, on obtient
des blocs volumineux. Ou bien on découpe avec le fil des
plaques, des cubes que l'on enveloppe dans du papier paraffiné. Les bidons, d'une valeur insignifiante, sont coupés
en morceaux quand on veut libérer le contenu.

SIXIÈME PARTIE

LA VIANDE

Généralités. — Il en est des viandes comme des fruits, des légumes, etc. : leur conservation est d'autant plus difficile qu'elles sont moins saines. C'est ainsi que l'on a pu écrire : « Les expériences faites dans les laboratoires ou dans les stations d'essais des divers gouvernements ont établi d'une façon indiscutable qu'aucun moyen de conservation n'est pratiquement applicable lorsque l'abatage est effectué sans soins. »

En principe, dit M. J.-B. Escoffier, vétérinaire départemental, les masses musculaires qui proviennent d'animaux sains et nouvellement abattus sont stériles, c'est-à-dire indemnes de microbes dans leur intérieur. La contamination de la viande se fait pendant le dépouillement, la préparation, les manipulations des cadavres. Les bactéries ne s'arrêtent pas à la surface, elles pénètrent dans la profondeur des tissus par les vaisseaux sanguins, par les vaisseaux lymphatiques et par le tissu conjonctif. L'origine de la putréfaction est extérieure.

Les germes microbiens mis au contact des muscles trouvent un terrain extrêmement favorable à leur développement, grâce à la présence des matières albuminoïdes et de l'eau entrant dans la composition intime de la fibre musculaire. Les altérations bactériennes sont d'autant plus rapides que la température ambiante se rapproche davantage de 37°, température la plus propice à la multiplication des germes de la putréfaction.

Ceux qui préparent la viande doivent, par conséquent, opérer avec une grande propreté. Autant que possible ne sectionner qu'aux jointures, et, en outre, s'efforcer de réaliser rapidement, au début, la dessiccation de la coupe superficielle, qui formera couche protectrice.

« Une expérience facile à répéter, dit M. Martel, consiste à prendre un animal de petite taille (lapin, chien), à l'abattre d'un façon quasi aseptique, puis à le mettre en morceaux par des coupes passant au niveau des articulations et, enfin, à le soumettre à l'action desséchante de l'air chaud à 200° jusqu'à perte de poids de 8 à 10 p. 100 et raccornissement des surfaces libres. On constate que les morceaux ainsi préparés peuvent .être conservés dans des bocaux à l'abri de l'humidité pendant trente-cinq à quarante jours (Blanc).

« Dans la pratique il convient de chercher à se rapprocher le plus possible de ces conditions idéales. D'ailleurs, ces constatations ne sont pas nouvelles: Vaillard avait déjà indiqué le rôle capital de la dessiccation par l'air chaud; dans l'industrie frigorifique il est classique de faire agir, au début de la conservation par la réfrigération simple, de l'air aussi sec que possible renouvelé constamment, de manière à déterminer la formation d'une couche protectrice recherchée de tout temps par les bouchers au cours des saisons chaudes. »

Les procédés de conservation généraux de la viande sont les mêmes que ceux que nous avons déjà signalés pour les fruits, les légumes, etc., autrement dit l'emploi des *antiseptiques*, *l'enrobage*, la *dessiccation*, la *cuisson*, le *froid.*, etc.

CHAPITRE PREMIER

CONSERVATION PAR LES ANTISEPTIQUES.

Le *sel* est le plus employé. Mais parfois on l'associe à des ingrédients chimiques divers dont l'usage est interdit chez nous, comme *acide borique*, *borax*, *fluorure de sodium*. Ainsi en Angleterre et aux États-Unis un mélange très employé c'est le suivant : 10 kilogrammes *sel marin*, 800 grammes *sucre* (il empêcherait le durcissement des fibres), 300 grammes *salpêtre* (conserve la couleur rouge). Les *jambons d'York* américains sont salés avec un mélange de *sel*, *salpêtre* et *borax*.

Les hygiénistes ne voient pas seulement dans les *antiseptiques* autres que le sel des produits nuisibles à la santé, mais des agents qui masqueraient un commencement d'altération dans l'aliment.

Nocard disait à ce sujet au Conseil d'hygiène :

« L'emploi de ces produits (*borax*, *acide borique*, *bisulfite de soude* ou *de potasse*) aurait un résultat doublement fâcheux. Il permettrait de conserver pour la vente des viandes ayant déjà subi certaines altérations qui les auraient fait exclure du marché. Même en supposant que ces altérations commençantes ne les rendent pas insalubres ou toxiques, du moins elles modifient la composition des éléments organiques au point de leur enlever une partie de la valeur nutritive qui leur est propre. D'autre part, l'action directe du produit conservateur peut, aussi, modifier plus ou moins profondément la valeur nutritive de la viande, en y provoquant la formation d'éléments inorganiques qui n'existent pas dans la viande fraîche.

« Enfin, il n'est pas impossible, aujourd'hui que l'acide sulfurique est fabriqué avec des pyrites arsenicales, que les

15.

sulfites en provenant retiennent des traces de composés *arsenicaux*.

« Pour toutes ces raisons j'estime que les produits dont il s'agit (*borax, acide borique, bisulfite de soude* ou de *potasse*) ne peuvent être utilisés pour la conservation des matières alimentaires d'origine animale. »

L'abus du *nitrate de potasse* pour conserver la coloration *rose* de la charcuterie amène une irritation des organes urinaires. On ne connaît pas de contrepoison pouvant arrêter les effets de l'intoxication par le *salpêtre*.

Ajoutons que l'on emploie encore la *fuchsine* (1 p. 100).

Les commerçants de mauvaise foi, pour augmenter leurs bénéfices et pour empêcher les salaisons de se gâter, ont trop souvent recours à ces ingrédients sans se soucier de la santé des consommateurs, qui souffrent ensuite de troubles d'estomac pouvant dégénérer en gastro-entérite, cachexie scorbutique, intoxications diverses dont on ignore ordinairement l'origine.

Nous ajouterons que malgré l'interdiction faite à nos charcutiers de l'emploi du borax, nous ne consommons pas moins les jambons d'York boriqués qui nous viennent de l'étranger.

En Amérique, en effet, l'emploi du *borax* est courant. Cet antiseptique permet de faire des *salaisons* en toute saison. Il a une force de pénétration exceptionnelle et, par suite, une grande puissance de conservation que ne possèdent ni le sel marin, ni le salpêtre.

ARTICLE PREMIER

LES PROCÉDÉS DE SALAGE DES VIANDES

On ne peut refuser au sel toute action sur les microbes, mais on sait aussi qu'il attire à l'extérieur l'eau des produits. En les desséchant ainsi, et en coagulant l'albumine, il contribue à leur conservation. La saumure qui se forme n'est pas simplement de l'eau salée, elle contient du jus de viande, en somme, du bouillon avec toutes ses parties actives, organiques et animales.

D'après l'examen pratiqué par J. Girardin sur le *tasajo* (viande salée de bœuf américaine), dans la saumure ou se prépare cette viande il se trouvait dans un litre de liquide :

Eau	622gr,250
Albumine	12gr,300
Autres matières organiques	34gr,050
Acide phosphorique	4gr,812
Chlorure de sodium	290gr,071
Autres matières salines	36gr,517
Azote sur 100 d'extrait sec	2.269 p. 100.

Le salage produirait donc le même effet que la lixiviation. On comprend que ce sont les viandes tendres, comme le *mouton* et le *veau*, qui perdent le plus. Le *porc* résiste le mieux, à cause de sa graisse.

On pourrait éviter ces pertes en évaporant la saumure, de manière à séparer le sel par cristallisation. On ajouterait, alors, à la viande salée, après l'avoir cuite, l'eau-mère sirupeuse qui est une solution très concentrée de jus de viande. C'est là, malheureusement, un procédé dispendieux.

Le sel qui couvre abondamment la viande, a dit Fonsagrives, rend alcalines les humeurs, ce qui est une des causes de la cachexie scorbutique.

En résumé, le salage, en altérant plus ou moins profondément les qualités gustatives, la valeur alimentaire et le degré de digestibilité des viandes en particulier, sans parler du goût qu'il transmet, n'est pas le procédé idéal de conservation. On sait qu'il peut apporter avec lui des germes d'altération (Grosseron et Rappin). Il est prudent alors d'employer du *sel stérilisé*, comme celui que fournit M. Thomas Grosseron, de Nantes.

On sale les viandes soit *à sec*, soit avec une *saumure* (sel dissous dans l'eau), soit encore en combinant ces deux procédés. On associe aussi la *dessiccation*, l'*enfumage*.

A la ferme le saloir est, le plus souvent, constitué par une huche en bois ou en grès, fermée hermétiquement, que l'on doit rincer au préalable avec de l'eau bouillante, dans laquelle on aura mis thym, sauge, etc. Il est préférable d'avoir plusieurs petits saloirs pour les morceaux de même catégorie qu'un grand. On frotte les morceaux de viande refroidie et par temps sec et froid avec du sel de cuisine bien pur et *sec*, ordinairement du gros sel blanc dans les campagnes, et on les dispose par couches pressées dans le saloir, en alternant avec des couches de sel. On recouvre de même d'un lit de sel. Enfin on met un linge sur le couvercle.

Le sel devient rapidement déliquescent et forme autour de la viande une saumure épaisse qui la garantit contre le milieu extérieur.

Le porc est la viande que l'on traite de préférence par la *saumure*. Ce procédé est plus facile à appliquer, mais il est moins recommandable que le salage à sec. Nous rappellerons qu'à la température ordinaire l'eau dissout 404 grammes de sel marin par litre. A chaud le produit ne se dissout guère mieux. Les charcutiers tiennent la saumure où trempe la viande dans des cuves en pierre de liais cimentées à la limaille de fer.

Dans les fermes on reconnaît d'une façon simple que le degré de concentration de la saumure est suffisant quand, à l'approche de l'ébullition du liquide, un œuf frais ou une pomme de terre remontent à la surface.

Un mélange souvent employé est celui qui est composé de : eau 3 litres, sel 0ᵏᵍ,50, sucre 25 grammes, nitre 15 grammes, dans lequel on laisse les pièces dix à quinze jours.

On peut combiner l'emploi de la saumure avec le salage à la main. Ainsi, on commence par frotter la viande avec un mélange d'une livre de sel fin et de 30 grammes de salpêtre. Il est bon d'ouvrir les parties trop épaisses pour y pratiquer des poches que l'on emplit de sel. Quand la viande dégorgée est mise dans la saumure, celle-ci doit être tenue à une température qui ne dépasse pas 10°.

La saumure est obtenue en faisant bouillir 10 litres d'eau additionnée de 3 kilogrammes de sel, trois quarts de kilogramme de cassonade et 75 grammes de salpêtre. On peut ajouter des aromates, tels que thym, romarin, baies de genièvre.

Une poitrine doit séjourner dans ce liquide de quatre à cinq jours ; un jambon, trois semaines ; une langue de bœuf,

environ dix jours, et tout autre morceau un temps proportion-
né à sa grosseur.

Des expériences ont montré que lorsqu'on soumet à l'action
d'un *courant électrique* les jambons en saumure (solution de
sel, de sucre et de salpêtre), les pores de la viande s'agran-
dissent et le liquide actif pénètre plus facilement dans les
tissus. La durée du salage, qui est d'ordinaire de quatre-vingt-
dix à cent jours, se trouverait ainsi réduite à trente à trente
cinq jours.

En l'espèce il s'agit de l'entreprise de salaisons J.-C. Roth
et Cie, de Cincinnati.

Les jambons sont empilés sur des plateaux dans des cuves
en bois de $4^m,8 \times 1^m,2 \times 1^m,5$ (chaque cuve reçoit 2 250 kilogrammes). Aux deux extrémités opposées de la cuve sont placées les deux électrodes dont chaque jeu consiste en cinq cylindres de charbon de 8 mètres de long, $1^m,2$ de large et
logés sous des tuiles tubulaires non vernissées. La saumure,
introduite dans la cuve à 1° à 2°, est maintenue en circulation au moyen de pompes. On fait passer en même temps un
courant alternatif de 30 à 35 ampères et de fréquence 60.
Il paraît prouvé que l'on peut interrompre le courant
pendant 24 heures sur 48.

Par le même procédé on réduit la durée du salage du lard
à trois à quatre jours, au lieu de dix-huit à vingt.

Au lieu de disposer les morceaux de viande entre des couches
de sel, ou de les noyer dans la *saumure*, on peut *injecter* celle-ci
dans les *vaisseaux*. C'est aussi le procédé suivi pour l'embaumement des cadavres.

Ainsi, avec le procédé américain Morgan, on injecte dans
l'aorte des animaux abattus une solution aqueuse contenant
33 p. 100 de *sel marin* et 1 p. 100 de *sel de nitre* (nitrate de
potasse).

Un vétérinaire russe, M. D.-V. Devel, a perfectionné le procédé. Il prépare cette solution avec de l'eau bouillie et filtrée en
trois fois, d'abord sur une grosse toile, puis sur une plus fine,
enfin sur une flanelle. Cette solution n'est pas injectée d'un
seul coup, mais à l'aide d'une pompe imitant les pulsations
du cœur. Un tuyau en cuivre est enfoncé dans le ventricule

droit du cœur où retournent les liquides usés, et un ajutage
en caoutchouc les conduit au loin, sans qu'ils aient souillé la
viande par leurs éclaboussures.

On doit suivre attentivement la marche de l'opération. Un
sang épais commence, d'abord, à sortir. Puis le liquide s'éclair-
cit peu à peu et devient limpide. On contrôle la fin en sec-
tionnant alors la queue, les sabots, les fosses nasales, etc. Si
le liquide qui s'égoutte est clair, c'est que l'opération a réussi.
En quatre à sept minutes et en employant quatre à six seaux
de solution, on prépare un animal. Il ne reste plus qu'à le couper en quartiers, que l'on place dans des tonneaux remplis
d'une saumure filtrée identique à celle que l'on a injectée.

L'Italien Craveri injecte dans la veine une solution de sel
marin et d'acide acétique. Un veau et un mouton ainsi traités
auraient été conservés soixante-quinze jours en cave à la température de 16°.

On a signalé une compagnie française établie à *Belgrade*
pour le salage et la préparation de la *viande de porc*, qui sale
la viande au moyen d'*aiguilles perforées* par lesquelles une
pompe à bras envoie la saumure. Les carcasses sont alors
mises en tas, soit sur le sol de la salle de salage, soit dans des
cuves spécialement préparées, où elles restent couvertes de
sel sec pendant environ huit jours. Puis elles sont emballées
et chargées sur les wagons qui viennent les prendre à la porte
des magasins. Les *jambons*, les *côtes* et les *flèches de lard* ainsi
préparés sont expédiés, pour la majeure partie, en France ou
dans les colonies françaises.

M. Cirio, de Turin, fait intervenir le vide pour la pénétration de la saumure. A cet effet on introduit la viande dans
un récipient étanche. Après avoir fermé, on ouvre le robinet
du couvercle qui communique avec une pompe pour faire
un *vide* aussi parfait que possible.

Par cette diminution de pression la viande se gonfle et
son volume augmente d'un tiers. On ferme ce premier robinet et en ouvre un second qui amène une solution de *sel
marin* seul ou additionné de 2 à 5 p. 100 de salpêtre, si l'on veut
obvier à la décoloration de la viande. Cette saumure pénètre
dans tous les pores à la faveur du vide.

Après quelques minutes on retire la viande et la laisse égoutter durant quelques jours dans une pièce bien aérée. On peut alors la mettre en caisse et l'expédier.

Caractères de la saumure. — La bonne saumure rougit le papier de tournesol. Sa densité est de 23 à 25° B. ; son odeur rappelle celle des décoctions froides de viande.

La *saumure* mal préparée ne se conserve pas bien. La viande reste humide, prend une teinte verdâtre et dégage une odeur désagréable. Quand elle est avariée, elle a une odeur nauséabonde et se teinte en jaune sale, car elle renferme des *microbes* de la fermentation *putride*. En outre, elle est *trouble*, couverte d'une écume blanche. Elle ne rougit pas le papier de tournesol.

L'examen microscopique y révèle la présence de nombreux microbes, agents de la fermentation (1). La saumure qui présente ces caractères doit être rejetée. La saumure vieille qui contient une grande quantité de jus de viande fermente facilement. Elle rougit encore un peu le papier de tournesol. Son odeur et son goût sont normaux, mais on y trouve, d'après Mathieu, quelques vibrions, etc.

On a constaté de nombreux cas d'empoisonnement dus à l'ingestion de quantités plus ou moins grandes de viandes salées avec des saumures avariées.

Des expériences exécutées par M. Reynal professeur à l'École d'Alfort, il résulte que :

La saumure administrée pure à la dose de 5 centilitres est un vomitif pour le chien. A la dose de 2 à 3 décilitres elle produit des phénomènes d'intoxication sans occasionner la mort si l'animal peut vomir ; mais si on lie l'œsophage du chien, il meurt au bout d'un laps de temps très court. A la dose d'un litre la saumure provoque chez le cheval une irritation de la muqueuse intestinale. A la dose de 2 à 3 litres, elle l'empoisonne au bout de vingt-quatre à quarante-huit heures. A la dose d'un demi-litre elle est toxique pour le porc. Il n'est donc pas prudent de donner, comme on le fait quelquefois, la saumure aux porcs à la fin de l'engraissement pour exciter leur

(1) Voir notre volume sur les *Conserves de fruits*, p. 16.

appétit. Enfin elle est toxique pour les poules, à la dose de 2 à 4 centilitres.

Cette action nocive de la saumure est d'autant plus prononcée que sa préparation remonte à une date plus éloignée et aussi que le liquide provient de viandes rances. Sans doute que, dans tout cela, les *ptomaïnes* jouent un certain rôle, surtout quand il s'agit d'une saumure vieille, dans laquelle on constate la présence de vibrions, mycrozymas, etc., agents de la fermentation putride.

Le sel, nous l'avons dit, n'est pas, d'ailleurs, un microbicide parfait.

Il est prudent de toujours rincer les salaisons à l'eau bouillante avant de les consommer.

Quand on le peut, il est préférable de conserver les salaisons en frigorifique.

Les inconvénients des viandes salées. — On a signalé des empoisonnements, dont quelques-uns mortels, de personnes qui, dans un repas, avaient mangé du *jambon cuit* préparé avec du porc importé d'Amérique.

L'agent incriminé, plus dangereux que la *trichine*, fut reconnu pour être un bacille.

Le *botulisme* est un mal mystérieux surnommé « épidémie de Berlin », car il a causé en Allemagne de nombreux accidents mortels, à la suite d'ingestions de *charcuterie avariée* ou de conserves de viandes mal préparées (de *botula*, boudin).

Un poison analogue au *wurstgrift* (poison des saucisses) peut se développer dans le jambon et autres viandes salées ou fumées, les pâtés ou hachis de viande, les poissons salés (esturgeon, saumon).

Le principe toxique est sécrété par un microbe, le *bacillus botulinus*, retiré par Van Ermengen du *jambon avarié*. Ce microbe anaérobie ne peut se développer que dans les matières privées d'air. C'est ce qui explique qu'il se développe dans les aliments mis à l'abri de l'air, plongés dans la saumure ou enveloppés d'une couche de graisse fondue, d'huile.

Il est à remarquer que le poison est détruit par une température relativement basse (80°). La *cuisson* rend donc inoffensifs tous les aliments botuligènes. Que l'on n'oublie pas

que la profondeur des masses de viandes n'atteint que difficilement et lentement des températures élevées et que cette
cuisson des viandes salées doit être prolongée.

La maladie est surtout caractérisée, chez le consommateur,
par une paralysie des nerfs de l'œil. Au niveau des deux yeux
la paupière supérieure est tombante (ptosis) ; les globes oculaires sont déviés en dehors ou en dedans (strabisme) ; les
pupilles sont dilatées et ne se contractent plus sous l'influence
de la lumière. La vision rapprochée est devenue impossible.
La mort peut survenir après quatre à cinq jours par suite de
paralysie progressive des centres nerveux, etc. (Dr R. Burnier.)

Il faut compter aussi avec les maladies qui peuvent se transmettre par l'ingestion de viande d'animaux malades (tuberculose, trichinose, cysticerques, etc.).

En République Argentine, où l'industrie des *salaisons* est
très importante, on a demandé que l'inspection sur ces produits comprenne :

1° L'examen des viandes de porc ou de bœuf, afin de s'assurer si elles ne proviennent pas d'animaux malades ;

2° L'inspection des salles de travail, des outils, des machines,
des vêtements, du personnel, en veillant tout particulièrement
à faire éloigner tout ouvrier présentant des symptômes de
maladie contagieuse ;

3° La surveillance sur toutes les dépendances de l'établissement, afin de s'assurer s'il s'y trouve des produits nocifs ou
en mauvais état pouvant être affectés à la préparation des
salaisons ;

4° La surveillance de la saumure en en ordonnant le renouvellement quand cela sera nécessaire.

ARTICLE II

ANTISEPTIQUES DIVERS

Conservation par le gaz sulfureux. — M. H. de
Lapparent a pensé qu'un procédé dont il se sert depuis très
longtemps dans une campagne où il ne peut se procurer de
la *viande* qu'une fois par semaine, et qui lui a toujours parfai-

tement réussi, pourrait, en y apportant quelque perfection-
nement, rendre service pour une plus longue durée de conservation. Rappelons qu'en 1815 Hildebrand avait **pu ainsi**
garder de la viande à l'air durant soixante-seize jours, après
l'avoir soumise à l'action du gaz sulfureux.

Dès l'arrivée de la viande on la suspend dans un garde-
manger ordinaire en treillis en fil de fer. Après avoir allumé
dans une assiette quelques centimètres de *mèche soufrée*, on
en referme la porte. La viande se trouve ainsi baignée dans
une atmosphère de vapeurs sulfureuses. Il est impossible de
percevoir à la dégustation aucun goût de soufre.

Pour conserver la viande pendant plusieurs mois, il faut
d'abord la manipuler aussi proprement que possible dès l'abatage ; cet abatage ne se fera que vingt-quatre heures après le
dernier repas de l'animal, pour prévenir la contamination des
tissus par les bactéries qui peuvent accompagner le chyle.
Ensuite :

1º La sulfurer le plus tôt possible en vase clos ;

2º L'y mettre en morceaux ne présentant pas de section
d'os, car c'est toujours par ces sections que les altérations
débutent, pour se répandre de là avec rapidité dans les tissus.
Par suite, pour les gros morceaux, il convient de procéder par
désarticulation ;

3º Remplir le récipient, au bout de vingt-quatre à quarante-
huit heures, avec du gaz carbonique, au moyen de tubes de
ce gaz liquéfié que l'on trouve dans le commerce.

Devant les résultats obtenus par M. de Lapparent en opérant sur l'arrière-train d'un mouton, une commission militaire fut nommée par M. le ministre de la Guerre, qui expé-
rimenta sur diverses viandes conservées durant quarante-
trois jours. Les analyses démontrèrent : 1º que la viande ainsi
préparée ne contenait pas d'acide sulfurique libre ; 2º que la
viande cuite renfermait 22 grammes par 100 kilogrammes de
sulfites et de bisulfites. En résumé, les résultats furent très
satisfaisants, au moins pendant quarante-trois jours. Cependant restait la question de la nocivité des *sulfites* et *bisulfites*.
Or, la loi française n'admettant pour la conservation des ali-

ments que le chlorure de sodium, le ministre de la Guerre ne crut pas devoir adopter ce procédé.

Cependant, n'emploie-t-on pas couramment l'anhydride sulfureux pour le mutage des moûts ; ne mèche-t-on pas les barriques au moment des soutirages, fait remarquer avec juste raison M. de Lapparent ? M. A. Ch. Girard constate, d'autre part, que la proportion d'anhydride sulfureux dans les viandes en question est très voisine du chiffre admis par les hygiénistes les plus autorisés et les plus sévères en la matière. On sait que le *Comité consultatif d'hygiène* a fixé à 2 décigrammes la proportion d'anhydride sulfureux à ne pas dépasser dans un litre de vin. C'est dire que la consommation d'aliments sulfités, à moins d'en faire un usage quotidien, peut être parfaitement supportée. Il est d'ailleurs toujours possible, sinon économique, de *parer* la viande avant de la consommer. Il est certain qu'en temps normal il est inutile d'user de viandes contenant de l'anhydride sulfureux libre ou combiné quand on en a de la fraîche.

M. de Lapparent a fait encore remarquer que, personnellement, ni lui ni sa famille n'ont jamais éprouvé le moindre inconvénient en mangeant de la viande soumise aux vapeurs sulfureuses.

Enfin, ajoutons que « la viande soumise à l'action du gaz sulfureux a l'aspect de la viande rassise. Une couche superficielle, un peu noirâtre et ferme, forme un revêtement protecteur. A la coupe, l'aliment a toutes les qualités de la viande fraîche ».

Conservation par les vapeurs de formol. — Le *formol*, proposé pour conserver les *matières animales*, a été expérimenté en grand par l'administration de la Guerre. En 1901, 80 000 hommes de troupe ont consommé, pendant les manœuvres, des *viandes formolées*.

Les viandes soumises dans une chambre en espace clos aux vapeurs de formol ont leur surface stérilisée, qui forme alors couche isolante, au niveau des places dépourvues de graisse de couverture. Buchanam et Schrvver ont retrouvé l'antiseptique jusqu'à 2 centimètres de profondeur dans le muscle.

Quand on veut consommer l'aliment, il est possible de faire

disparaître la couche indigeste constituée par la combinaison du formol avec les matières albuminoïdes. On *pare* le morceau, autrement dit on enlève le revêtement externe.

Enfumage ou boucanage. — La *fumée* du bois en combustion entraîne avec elle des antiseptiques, comme la créosote (du grec *kreas*, chair, et *sozo*, conserver), des acides analogues aux acides phénique et crésylique, du formol, etc. En soumettant des *viandes* à l'action de ces produits divers on peut leur assurer un certain degré de conservation. On *enfume* ou *fume* les viandes. Cette opération s'appelle, aussi, *boucanage, saurage.*

Le bois, que l'on brûle en copeaux ou sous une autre forme, ne doit pas avoir contracté de goût désagréable de moisi ou autre. La qualité de la fumée, si l'on peut dire, a beaucoup d'influence sur l'odeur et le goût de la viande et le moindre de ses défauts se communique à l'aliment.

On utilise surtout, à cet effet, le chêne, le hêtre, que l'on accuse, cependant, de donner une fumée peu aromatique, l'oranger, le citronnier, etc.

Quand on le peut, on ajoute des végétaux plus ou moins odorants : sauge, thym, marjolaine, romarin, branches et baies de genièvre, feuilles de laurier, genêt vert, etc. Il faut beaucoup de fumée et peu de chaleur. L'action de la première doit être lente et prolongée ; par conséquent, la combustion peu active, avec des produits couverts aux trois quarts de sciure humide (toutefois, la fumée non chargée de vapeur d'eau est à désirer), dégagera une quantité de fumée modérée, qui ne devra arriver que tiède sur les viandes à traiter. Une circulation suffisante de la fumée en amènera sans cesse de nouvelles quantités à leur contact sans que la même, chargée d'humidité ou dénaturée par un trop long séjour, lèche la viande plus d'une fois.

Avec un *enfumage* lent, les principes empyreumatiques ont le temps de pénétrer dans la viande avant qu'elle soit sèche. On conseille de ne faire agir la fumée qu'un peu chaque jour.

On empêche la suie de s'attacher à la viande en enveloppant les pièces avec des torchons, ou en les roulant dans du

, son que l'on enlève après l'opération. Cela protège aussi contre les mouches.

La durée pendant laquelle les produits doivent subir l'action de la fumée varie avec divers facteurs : la grosseur et l'épaisseur des morceaux que la fumée met plus ou moins de temps à pénétrer dans toute leur masse ; la température et l'état hygrométrique de l'air : ainsi, pendant les gelées, la fumée pénètre mieux que dans les temps humides. On fume rarement en été et, quand on le fait, c'est pour de petites pièces qui ne demandent pas un long traitement; malgré cela, il faut bien surveiller que la viande ne s'aigrisse pas.

Dans les fermes, quand on n'a qu'une petite quantité de matière à fumer, on se contente de suspendre les morceaux dans la cheminée au bout d'une perche ou à des crampons. Mais avec ce dispositif, il y a à craindre les coups de feu qui accélèrent le rancissement des matières grasses, et on n'est jamais assuré d'obtenir un même degré de boucanage qui, d'ailleurs, est lent.

Mieux vaut adopter une armoire spéciale en bois de 2 à 3 mètres de haut, munie de tablettes pour porter les produits et au-dessous desquelles on dispose le foyer. Ménager une cheminée.

Les viandes à fumer sont, en général, préalablement salées, car alors les produits de la combustion les pénètrent mieux, mais on emploie ici moins d'ingrédient conservateur. Il ne faut pas oublier que le sel à certaine dose dénature en partie la viande et altère plus ou moins sa saveur, comme nous l'avons vu plus haut. D'ailleurs, le fumage fait perdre à l'aliment une partie de sa saveur âcre due au salage.

Pour conserver autant que possible sa belle couleur rouge au produit, on emploie du nitrate de potasse ou salpêtre.

Enfin, il est prudent de ne *fumer* que des viandes déjà cuites, car on n'est pas toujours sûr qu'elles soient parfaitement saines.

750 grammes de viande fraîche se réduisent à 500 grammes de viande fumée.

Les fermes d'élevage qui voudraient se livrer à l'industrie du *boucanage* ne pourraient se contenter d'une simple cheminée, encore que dans certaines régions il en existe de très vastes sous le manteau desquelles plusieurs personnes peuvent se tenir à l'aise.

Voici la façon d'agencer une chambre spéciale à enfumer les viandes.

Dans une pièce, cave ou autre, d'environ 3 mètres de long, 2 de large et 2ᵐ,30 de haut, on installe sur le mur du petit côté

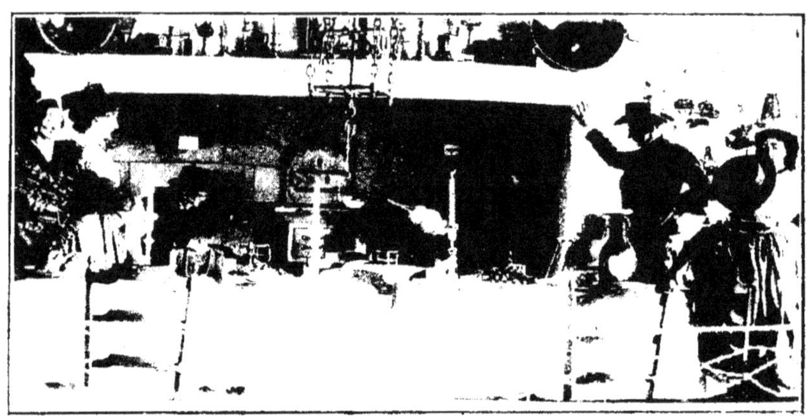

Fig. 72. — Exemple de grande cheminée.

une cheminée à manteau dont la largeur dépendra de la quantité de fumée à produire.

Au-dessus est un double plancher avec un vide d'environ 70 centimètres de haut. Dans cet espace sont couchés horizontalement et dans le sens de la longueur quatre conduits (fonte ou brique).

Ces conduits sont raccordés entre eux et les coudes, auxquels on peut facilement accéder du dehors, car ils sont tout près des parois, représentent des tampons qui faciliteront, le cas échéant, le ramonage des conduits.

Une des extrémités de ce tuyau horizontal est en communication avec la cheminée de la pièce inférieure et l'autre débouche verticalement dans la chambre au-dessus. Une clef placée dans cette portion du canal permet de régler l'arrivée de la fumée. Celle-ci pénètre d'abord dans une sorte de tambour fait d'un canevas de toile qui s'étend tout le long de la paroi (largeur) et monte jusqu'au premier plancher dont il va être question. Dans cette sorte d'antichambre, la fumée dépose les particules solides grossières qu'elle entraîne. Une ouverture pratiquée dans la paroi de la salle, non loin du canevas, permet, pendant le fonctionnement, de le battre avec une baguette pour faire tomber la suie et dégager les mailles de la toile. Dans tout ce parcours, la fumée s'est suffisamment refroidie et n'arrive que tiède sur la viande.

La salle supérieure est en planches bien jointes et se recouvrant en partie l'une l'autre, ou encore en briques. Sa largeur et sa longueur sont les mêmes que celles de la pièce inférieure. Sa hauteur est proportionnée à la quantité de produit à enfumer à la fois. Par exemple, si on lui donne 3 mètres, on pourra y emmagasiner 4.000 à 5.000 kilogrammes de viande. D'ailleurs, nous allons le voir, on divise la salle en question en plusieurs compartiments.

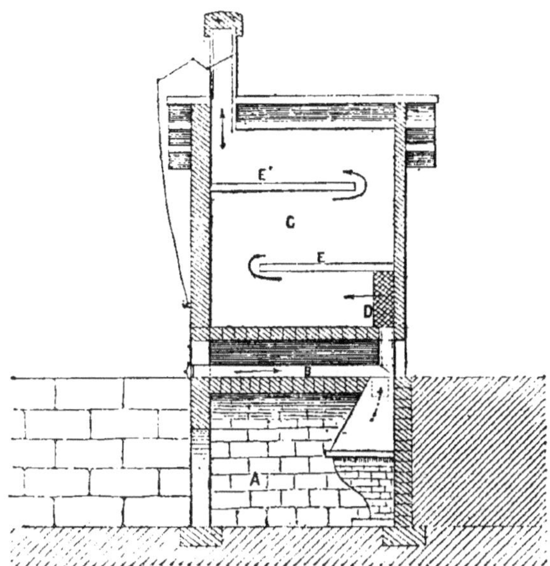

Fig. 73. — Chambre pour le boucanage des viandes.

Une porte placée sur la face opposée à celle du tambour, et qui règne sur toute la hauteur de la chambre, donne accès dans celle-ci et aux planchers supplémentaires.

On comprend qu'il faudra garnir la chambre d'abord dans la partie supérieure. En se retirant, on fermera en même temps la portion correspondante de la porte à l'aide de trappes à coulisses qui s'ouvrent, ainsi, à différentes hauteurs.

De même on ménagera des fenêtres à châssis vitrés mobiles, placés spécialement à différentes hauteurs pour aérer ou pour surveiller du dehors. Cette surveillance sera encore plus efficace si l'on met à l'intérieur des thermomètres en face de ces fenêtres.

Avec la hauteur de 3 mètres que nous avons prise comme exemple, on adopte deux planchers mobiles, reposant sur des tringles fixées dans les parois et faits de planches à rainures et languettes pouvant se démonter au moment du chargement. Ces planchers diviseront le cube total en trois étages. Mais ces trois compartiments ne sont pas complètement isolés l'un de l'autre, car il faut permettre la circulation de la fumée sur toute la hauteur de la chambre.

Ainsi, le premier plancher inférieur sera fixé à 1^m,30 de la hauteur, et il ne s'étendra pas sur toute la longueur de la chambre. Ayant une longueur d'environ 2^m,60, il laissera entre lui et le mur opposé au tambour, par où arrive la fumée, un espace de 0^m,40. C'est par là que celle-ci entrera dans le deuxième compartiment, limité en partie en haut à 1^m,10, par un deuxième plancher. Celui-ci sera adossé à l'opposé du premier, et laissera un vide égal avec le mur du tambour. La fumée passant par là se répandra dans le compartiment supérieur. Finalement, elle s'échappera au dehors par une ou deux cheminées ménagées dans la toiture, mais du même côté et à l'opposé de celui où elle a pénétré dans le troisième et dernier compartiment. La cheminée est munie d'une trappe que l'on peut actionner avec une corde, soit pour laisser la fumée agir plus longtemps, soit pour activer le tirage. Cette marche en zigzag de la fumée lui fait bien imprégner toutes les pièces à boucaner.

Le chargement, avons-nous dit, commence par l'étage le plus élevé. Trois rangées de tringles en bois, placées dans le sens horizontal et qui peuvent glisser sur des liteaux fixés à diverses hauteurs sur les plus longues parois de la chambre, servent à suspendre les morceaux de viande, soit à l'aide de crochets étamés, soit avec des ficelles. On met là *saucissons*, *cervelas*, *andouilles*, *boudins*, *saucisses*, les pièces les plus petites étant sur la tringle supérieure, les plus grosses sur l'inférieure.

Le deuxième étage ne contiendra que deux rangées de *jambonneaux, oies, petits gigots, langues,* etc.

Enfin, on réservera pour le premier étage, l'inférieur, les plus gros morceaux, jambons, pièces de bœuf, gros gigots, que l'on répartira également sur deux rangées de tringles.

Autres ingrédients. — L'*acide pyroligneux* ou *vinaigre de bois*, liquide brun, plus ou moins épuré, a été proposé par Monge. On l'utilisait dans l'antiquité pour l'embaumement des cadavres. Mais à cause des ses impuretés on n'y laisse pas les substances à demeure.

Il doit ses propriétés à l'*acide acétique*, à des huiles empyreumatiques, de la créosote, du goudron, etc.

De la viande que l'on a plongée durant quelques minutes dans cet acide et séchée à l'air libre se conserve bien. Elle perd au bout de quelques jours l'odeur des huiles empyreumatiques. Ainsi traitée, elle ressemble à de la chair boucanée, mais elle se dessèche davantage, elle gonfle moins à la cuisson, et enfin elle est moins tendre.

Son goût particulier répugne à beaucoup de personnes.

L'*acide acétique* (base du vinaigre), corps saturé, ne forme pas de combinaison avec les composants de la viande; il ne fait que créer un milieu acide et il retarde le développement des microbes. L'armée allemande a expérimenté avec succès un procédé préconisé par Emmerich en 1901, qui consiste dans l'abatage aseptique complété par le badigeonnage des viandes avec de l'acide *acétique glacial.*

Certains sels de l'*acide acétique* (acétates) sont utilisés. Ainsi on procède avec l'*acétate de soude* comme avec le sel marin pour le salage à sec (employer un quart du poids de la viande). Après quarante-huit heures (on retourne après vingt-quatre heures), la viande est prête, mais on peut la laisser dans sa saumure ou la dessécher. Pour la consommer, on la fait tremper dix-huit à vingt-quatre heures dans de l'eau additionnée de 10 grammes par litre de sel ammoniac.

On emploie encore les sulfites, le *bisulfite* de soude sec (20 à 50 p. 100 d'acide sulfureux), et divers composés dits conservateurs, comme l'*aseptine double* (2 grammes d'acide borique et 1 gramme d'alun de potasse); l'*australian,* poudre jaune composée de 33 p. 100 chlorure sodium, 48,6 sulfate de sodium, 16 bisulfite de sodium, 1,7 chaux, magnésie ; l'*antisepticum* (acide borique fin avec 1/10 d'aluminate de chaux), etc. ; les *glycéroborates* de sodium et de calcium, qui sont très solubles dans l'eau.

L'*iode* constitue la base du procédé de conservation de Revel et Mathieu. La viande est plongée à cet effet, durant quelques minutes, dans la solution suivante, puis on la fait sécher dans un fort courant d'air :

Iode	5	parties
Iodure de potassium	15	—
Eau	100	—

CHAPITRE II

CONSERVATION PAR ENROBAGE

Le *charbon de bois* n'est pas un microbicide, mais il absorbe les mauvaises odeurs, surtout quand il est sous forme de poudre. En outre, il produit l'effet des matières inertes utilisées pour l'enrobage (1).

On emploie non seulement le charbon de bois, mais encore le noir animal pulvérisé, certains schistes, etc. On enveloppe la viande d'un linge, puis on l'enfonce dans la matière et laisse dans un endroit frais, au nord si possible. Le linge n'est pas indispensable, mais il faut ensuite laver la viande. On conserve le bouillon pendant les chaleurs en mettant dans ce liquide, préalablement passé à la passoire fine, un morceau de charbon de bois lavé puis essuyé.

Dans certaines régions de l'Est, par exemple, on conserve la viande en été dans du *lait aigri*, qui agit par son acide lactique. On la met, en effet, dans de grandes terrines ou dans des pots en grès pleins de lait caillé, que l'on porte dans un cellier ou une cave. On doit charger la viande de pierres propres pour la tenir immergée. Elle se conserverait ainsi plus de quinze jours sans prendre, paraît-il, le moindre mauvais goût. Au moment de l'utiliser, il suffit de la laver, puis de l'essuyer.

Le lait caillé est ensuite donné aux porcs, aux volailles, etc.

Nous verrons que l'on utilise encore l'*huile*, la *graisse*, la *gélatine*, sans parler de la *vaseline*. On emploie jusqu'au *vernis* pour les saucissons.

(1) Voir notre volume sur les *Conserves de fruits*, p. 24.

Mais pour que la matière soit bien efficace, il faut qu'elle renferme un antiseptique, sulfites, etc.

Pendant la guerre russo-japonaise, les soldats russes appliquaient à la surface de la viande une solution antiseptique de composition inconnue qui formait, après quelques jours, un revêtement dur, noirâtre et parfaitement élastique et conservait deux semaines les viandes dites de poche.

CHAPITRE III

CONSERVATION PAR LA DESSICCATION

La dessiccation, en enlevant à la viande la plus grande partie de son humidité, nuit au développement des microbes.

On raconte qu'en 1727, dans une excursion qu'il fit au Pérou, le chirurgien anglais Wafer, parcourant une plage sablonneuse, non loin du port de Visméjo, arriva à un endroit où le sol était littéralement couvert de cadavres d'hommes, de femmes, d'enfants, sur une étendue de près d'un kilomètre ; la vie semblait les avoir abandonnés depuis une semaine, au plus. Mais quand on les touchait, on les trouvait aussi légers et aussi secs qu'un morceau de liège. Le Dr Wafer, ayant consulté les gens du pays sur l'origine d'un spectacle aussi extraordinaire, apprit que ces cadavres étaient les restes d'une peuplade sauvage dont tous les membres s'étaient ensevelis dans le sable pour ne pas devenir prisonniers des Espagnols.

D'une façon générale, la dessiccation a l'inconvénient d'enlever à la *viande* la plus grande partie de son eau qu'elle ne reprend plus ensuite qu'en partie par la cuisson, et la saveur est moins agréable. L'idéal serait de trouver un procédé qui, tout en desséchant les produits, leur permît de reprendre, par la cuisson dans l'eau, la souplesse et la saveur du pot-au-feu de ménage, de donner un bouillon sain et agréable. En outre, des précautions sont à prendre pour préserver les substances desséchées de l'action des moisissures qui se développent à la faveur de l'humidité, ou de celle des insectes. Il est bon de les tenir dans des récipients bien fermés et en lieu sec. On a conseillé de les garder dans du *charbon très divisé*, du noir animal. On est même arrivé à dessécher de la viande qui contenait

62 à 63 p. 100 d'humidité à l'état naturel, et à la rendre aussi sonore que du bois en la plaçant dans du *noir schisteux* de Menat en poudre impalpable et très sèche, en renouvelant les couches au fur et à mesure qu'elles se saturent d'eau. Cette viande est restée ainsi dix-huit mois dans la poudre en bon état, sans moisissure. Elle a donné un bouillon de saveur agréable, rappelant celle du bouillon fait avec du petit salé ou de la viande rôtie.

Quand la chose est possible, on favorise la dessiccation en comprimant, au préalable, la matière pour en exprimer les liquides. Enfin, souvent la dessiccation est complétée par le salage.

Nous examinerons la façon de procéder avec les différentes catégories de viandes.

CHAPITRE IV

CONSERVATION PAR LA CUISSON

On conserve la *viande* par la *cuisson* en suivant le mode opératoire Appert que nous avons étudié en détail dans la *partie générale* des Conserves (premier volume, *Les Fruits*). Nous ne reviendrons pas sur ce que nous disons à propos des récipients employés, des *autoclaves*, etc. Nous ferons simplement remarquer que pour la viande, les soins à prendre pour la stérilisation sont plus minutieux que pour les légumes et les fruits. En particulier la durée du chauffage doit être plus longue. Pour les boîtes, il faut compter une heure et demie pour la viande et la volaille, et deux heures pour le gibier, et pour les flacons deux heures et demie quand on opère

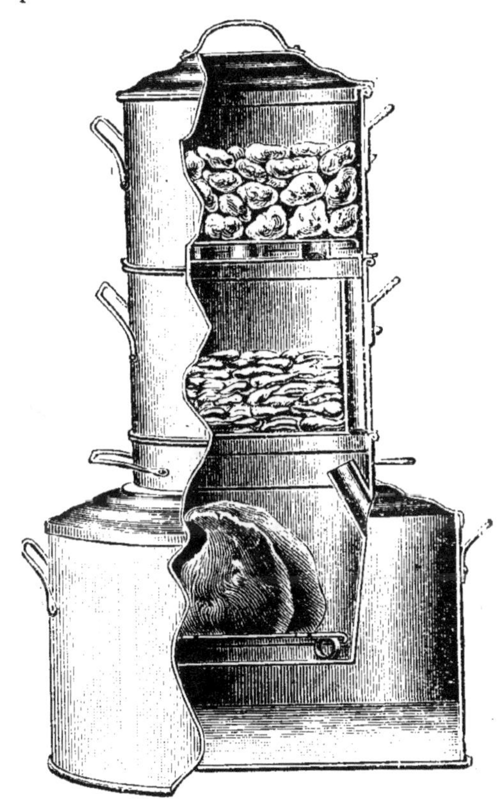

Fig. 74. — Appareil de ménage « Le Phénix » pour la cuisson à la vapeur.

à 100° dans l'eau bouillante. Comme nous le verrons par la

suite, la viande est préalablement cuite aux trois quarts avant d'être introduite dans les récipients, sinon il faut prolonger la stérilisation. La modification que l'on a apportée, et qui consiste à la mettre crue dans les boîtes avec assaisonnements divers et bouillon, ne paraît pas donner d'aussi bons résultats.

Avant d'être consommées, les viandes conservées par le procédé Appert doivent être chauffées au bain-marie dans le récipient qui les contient et que l'on a d'abord ouvert.

Le contenu des boîtes ou bocaux doit être consommé au plus tôt.

Nous entrerons dans plus de détails pour chaque catégorie de viande.

CHAPITRE V

CONSERVATION PAR LE FROID

Généralités. — L'application du froid à la *conservation de la viande* (1) peut, en modifiant heureusement l'état actuel du commerce des animaux, avoir pour conséquence :

1º De supprimer des intermédiaires ; — 2º de laisser plus de bénéfice aux producteurs ; — 3º de vendre la viande à meilleur compte aux consommateurs ; — 4º de fournir constamment de la viande plus saine, plus digestible et de meilleur goût ; — 5º de permettre à l'armée de s'approvisionner des morceaux de 2ᵉ et 3ᵉ qualités, mais provenant d'animaux sains, dans les prix actuels des cahiers des charges.

Le froid arrête ou ralentit la vie des microbes (bactéries, moisissures) et l'activité des ferments autolysants du muscle : il plonge les tissus animaux dans une sorte de « sommeil organique ». A l'inverse de la chaleur, il n'altère pas profondément les propriétés organoleptiques des albuminoïdes.

Le froid exerce aussi une certaine influence salutaire sur les parasites pouvant nuire au consommateur. Ainsi seraient détruits les *cysticerques* ou formes larvaires des ténias par une réfrigération à +2º durant trois semaines.

On sait que les bovidés de certains pays, comme l'Afrique, sont gravement atteints de *cysticercose*.

On sait encore que les *hachis* de viande crue sont des produits éminemment altérables, aussi ne devrait-on les conserver qu'en chambre froide.

Devant ces considérants, on a émis les vœux suivants :

1º Que les gouvernements encouragent par tous les moyens possibles (primes aux communes qui font des installations per-

(1) Voy. LALLIÉ, *Le froid industriel* (J.-B. Baillière).

mettant l'emploi du grand et du petit froid) la création de chambres de conservation par le froid aux abattoirs publics, dans les halles et marchés, voire dans les étaux de vente ;

2º Qu'aux colonies où la température est élevée et la cysticercose fréquente, on préconise officiellement l'usage du froid artificiel (viandes destinées à la fabrication des conserves, viandes destinées à la consommation locale, viandes fraîches destinées à l'exportation) ;

3º Qu'il importe de n'autoriser la vente des hachis de viande crue que dans des débits pourvus de moyens de réfrigération ;

4º Qu'il y a lieu de demander aux administrations (hôpitaux, hospices) des garanties à l'égard des fournisseurs de viande, en spécifiant dans les cahiers des charges que les viandes livrées devront avoir été conservées au frigorifique dans des conditions de température, de temps et d'hygrométricité déterminées (Martel).

Nous devons citer ce qui suit, extrait d'un rapport du Dr Bürgi au gouvernement suisse.

« Depuis le commencement de l'année dernière, on a pu observer souvent des granulations sur la viande de bœuf australienne importée à l'état congelé. D'abord, elles ne se remarquaient qu'à la surface du tissu musculaire des flancs et de la poitrine ; plus tard, toutefois, leur présence fut constatée aussi dans la profondeur des tissus. Pour être renseigné sur la nature de ces granulations, on a soumis le 10 p. 100 des quartiers de viande de bovidés arrivant d'Australie à un examen sérieux qui eut lieu après décongélation et découpage des quartiers. La visite démontra qu'il s'agissait de parasites séjournant de préférence dans les régions susindiquées, mais se trouvant aussi dans les quartiers de derrière et au-dessous du genou, où les granulations forment des cordons jusqu'au pied. Les recherches faites dans la suite ont amené l'autorité à opérer la saisie des morceaux de viande atteints de granulations. Il en résulta des difficultés avec les importateurs de viande, qui réussirent cependant à obtenir la restitution de la viande saisie, et, paraît-il, à réexporter celle-ci. L'expert gouvernemental, le Dr Leipa, déclara qu'il n'était pas improbable que le parasite, par l'usage de la viande atteinte de granulations parasitaires, puisse être transmis à l'homme. Il déclara, par conséquent, la viande impropre à la consommation. Le Dr Leipa range le parasite parmi les *Onctocerca* dont d'autres variétés sont aussi connues sous divers noms. Quant aux granulations, elles varient de la grosseur d'un pois à celle d'une noix. Les capsules renferment une matière purulente ainsi qu'un ou plusieurs vers en forme de vrille. Le Dr Leipa suppose que le parasite se trouve aussi dans d'autres pays que l'Australie. »

Pour assurer le succès de cette méthode par le froid, il faut, dès l'abatage, prendre les précautions générales que nous avons indiquées, sans oublier au début la dessiccation rapide de la surface des pièces par réfrigération simple de l'air aussi sec que possible, renouvelé constamment de façon à déterminer la formation d'une couche protectrice. On prévient, ainsi, le développement abondant, quoique lent, des *levures basses* et de certaines *bactéries*.

Cette dessiccation peut être obtenue avec de l'air chaud, que l'on fait agir durant quelques minutes, de façon à stériliser la surface de la viande.

Il est avantageux de faire perdre à la *viande* sa chaleur vitale avant de l'introduire dans les *chambres froides*, en attendant de dix-huit à vingt-quatre heures.

Les quartiers doivent être assez éloignés l'un de l'autre. Il faut disposer par quintal de viande d'un mètre cube de l'espace ambiant, quand il s'agit de chambres de congélation, c'est-à-dire d'une température de l'air inférieure à 4° au-dessous de 0 (jusqu'à — 20° pour la congélation à cœur et une longue conservation). Mais on place, ensuite, dans des chambres de conservation où la température est de — 4°, et où elle occupe un mètre cube par 300 kilogrammes.

Quand il s'agit d'une conservation *à court* terme, d'une vingtaine de jours, un abaissement de température de l'air de 1 à 3° au-dessous de 0 suffit.

Les quartiers inférieurs doivent être disposés sur des grilles ou claies au-dessus du sol, afin que l'air puisse circuler tout autour.

Au sortir des chambres froides la viande doit se *dégeler très lentement.* Un quartier de viande maintenu dans de l'air à — 25° demande soixante-douze heures pour être complètement dégelé. Si la viande est en morceaux de 1 à 2 kilogrammes, le dégel est beaucoup plus rapide. On reconnaît qu'il est complet quand la partie superficielle se ramollit et qu'un léger suintement apparaît. Il est possible de retarder le dégel en mettant la viande entourée d'une enveloppe de cotonnade dans une substance mauvaise conductrice : tourbe, poussière de charbon, liège, sciure de bois, paille, etc.

On a encore proposé, pour prolonger de quelques jours la durée de conservation de la viande dégelée, de la faire saisir sur toutes ses faces dans de la graisse fondue, ou bien de la plonger dix minutes dans l'eau bouillante.

D'après Jacques Macmeikan, si la vie des germes d'altération est suspendue à une basse température, comme — 4°, celle-ci favorise d'autres organismes spéciaux. Il conseille de conserver la *viande* à une température aussi peu basse que possible, mais, alors, dans de l'*air stérilisé*. La marchandise aurait à la vente une bien meilleure apparence et atteindrait, de ce fait, un prix plus élevé.

En principe, la marche des opérations serait la suivante.

Aussitôt après l'abatage des animaux, les carcasses sont brossées, lavées à l'eau stérilisée. On les suspend ensuite dans un local ventilé avec de l'air stérilisé également, où elles restent six à dix heures pour bien laisser égoutter l'eau.

On les transporte ensuite dans une chambre frigorifique à — 4°, où circule encore de l'air stérilisé qui vient s'écouler par des ouvertures établies sur les carcasses mêmes. La circulation de l'air se fait par pression permettant la stérilisation. Par compression, sa température s'élève à 93-94°. Il faut le refroidir en le faisant passer dans un condenseur à circulation d'eau froide. Enfin on le laisse se détendre partiellement avant de l'envoyer dans les chambres.

En Angleterre, la consommation des viandes conservées par le froid a pris un grand développement. Elles arrivent de l'Australie, de la Nouvelle-Zélande, de la République Argentine, etc. D'année en année, le nombre des carcasses de moutons qui sont ainsi importées augmente considérablement.

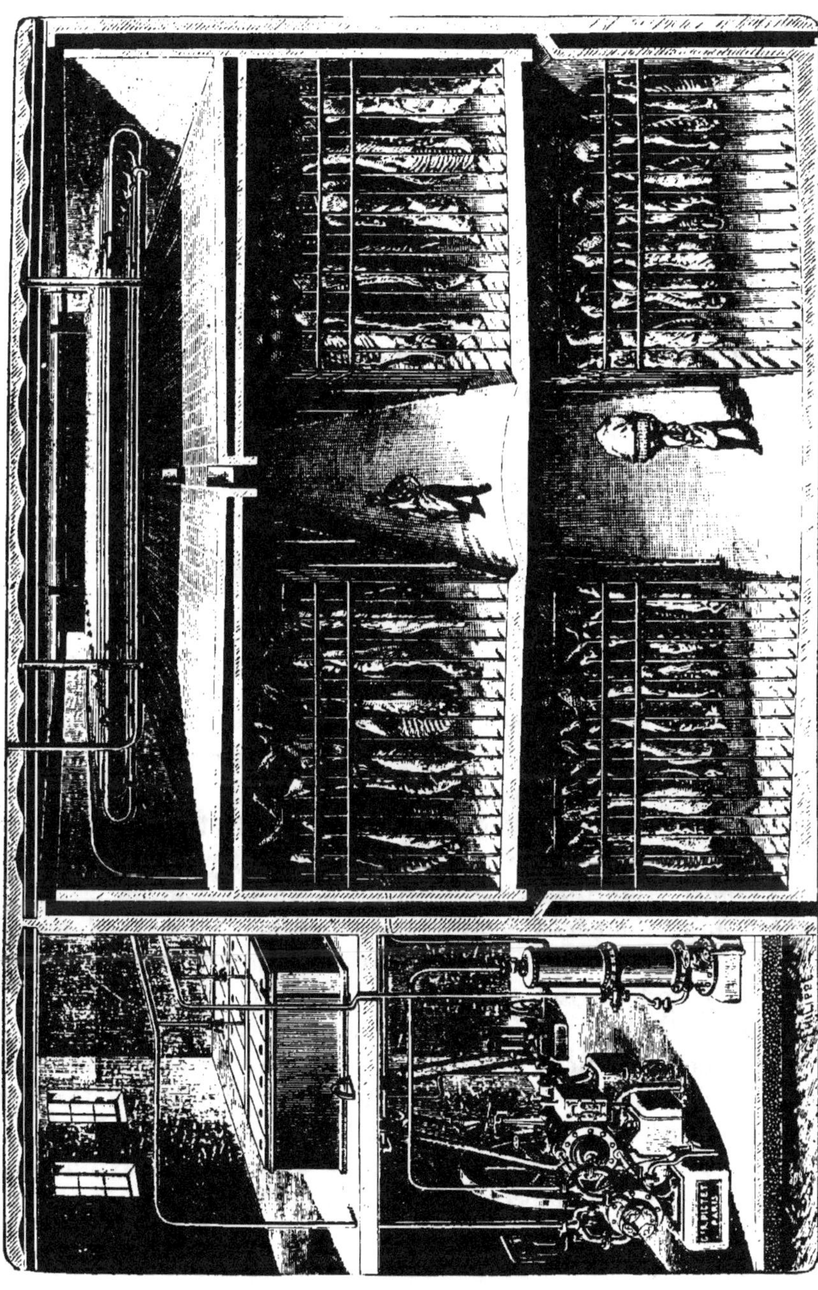

Fig. 75. — Conservation de la viande en chambre froide.

Faisons remarquer qu'un seul chargement comporte un nombre respectable de pièces. Ainsi on a signalé celui dun vapeur *Lizanska* provenant de Hankow et de Vladivostock, et se composant de :

4.270 carcasses de porcs ;
9.226 caisses d'œufs ;
1.504 caisses de lard ;
8.089 caisses de canards sauvages ;
3.744 caisses d'oies sauvages ;
3.716 caisses de bécasses sauvages ;
1.883 barriques de saumon gelé ;
130 livres de caviar.

En prévision de l'extension probable du commerce des produits alimentaires avec la Chine, le *Lizanska* et un autre vapeur destiné à ce trafic ont été munis d'appareils frigorifiques et il était question d'organiser un service régulier entre l'Extrême-Orient et ce port en 1911.

A son arrivée au port, la viande est dégelée progressivement dans les caves spéciales ou *cold storages*.

La livre de *mouton* de la *République Argentine* est vendue 2 pence et demi à 3 pence, soit 25 à 30 centimes.

Mais il ne faut pas trop s'enthousiasmer sur les viandes réfrigérées : elles sont loin de valoir les viandes fraîches. Ce serait une grosse faute que de vouloir faire spécialement chez nous des viandes frigorifiées ; ce procédé est surtout propre à permettre aux bouchers de préserver leur viande par les temps d'orage. En Allemagne, où l'on aime la viande tendre, on a l'habitude de la laisser séjourner une dizaine de jours dans les chambres froides, mais cette viande est complètement dépourvue de jus et présente un goût peu agréable. Nous devons, en France, continuer à manger fraîche l'excellente viande que produisent nos éleveurs, a-t-on dit à la S. N. d'agriculture.

M. Tisserand, à l'appui des déclarations de M. Vassillière, cite les prix des viandes frigorifiées en provenance de la Nouvelle-Zélande ; ces prix sont, sur les marchés anglais, inférieurs de 40 p. 100 aux prix des viandes fraîches.

Pour certains, l'infériorité que l'on veut attribuer à ces viandes tiendrait, non pas à la congélation elle-même, mais à la qualité naturelle de la viande sur pied, que l'on ne saurait comparer à celle que fournit notre bétail, autrement appréciée.

Congélation et réfrigération. — « Tous les produits alimentaires ne supportent pas sans inconvénients les basses températures. Tandis que le muscle des animaux de boucherie peut subir, sans grand danger pour la conservation de ses qualités, l'action de températures qui vont jusqu'à — 10° et — 15°, les volailles tendres (poules de Bresse, pigeons), sous l'influence de la congélation se trouvent profondément dépréciées. »

Sous l'action d'une longue conservation, on a remarqué que la graisse de bœuf subit des modifications ; souvent une sorte de saponification lui enlève toute sapidité, par conséquent sa qualité.

Devant ces défauts, on tend de plus en plus à substituer la *réfrigération* à la *congélation*.

D'après le Dr Butzler, qui a étudié attentivement cette question à l'abattoir de Cologne sur le *bœuf*, le *mouton*, le *porc*, la *volaille*, la *congélation* ne doit être que l'exception.

Le refroidissement de la viande au-dessous de 0° a pour effet de faire perdre à la substance une certaine quantité d'eau, ce qui provoque une corruption rapide au moment de la décongélation. La vapeur d'eau qui, alors, se condense sur la viande est rapidement absorbée par les tissus, d'autant plus que ceux-ci ont été dilacérés par l'action du froid. Avec l'eau pénètrent, naturellement, tous les microgermes dont elle peut être souillée.

Les expériences que nous signalons montrent, en outre, qu'une température inférieure à 0° ne suspend pas toute vie. Des viandes qui avaient été mises en chambre froide en novembre n'étaient descendues à la température de 4° qu'au mois d'août suivant. En février, déjà la couche desséchée dépassait 1 millimètre d'épaisseur. Les viandes de *bœuf* étaient noirâtres et celles de porc grisâtres. Les pertes en eau et en jus de viande étaient, alors, de plus de 8 p. 100 pour le bœuf, de 7 p. 100 pour le porc et de 4,5 p. 100 pour le mouton.

A partir de cette époque les *champignons* et les *bactéries* prirent possession de la viande. Leur vie, quoique ralentie, était cependant trahie par des dégagements aromatiques d'éthers gras.

« La viande congelée à — 10° et — 13° C. devient dure comme du bois et se conserve presque indéfiniment. Mais lorsqu'elle revient à la température ordinaire, elle prend sur la coupe une teinte brune, humide, de mauvais aspect ; elle contracte un léger goût de graillon et donne une bouchée plus sèche, moins sapide que celle de la viande fraîchement abattue.

« Cependant, en ayant soin de décongeler *lentement* cette viande par son exposition dans une chambre frigorifique à $+3°$, les bouchers anglais obtiennent une marchandise présentable, qui n'a rien de commun avec les expéditions d'origine américaine offertes au public français vers la fin du dernier siècle, et qui ont jeté une si mauvaise réputation sur les procédés mécaniques de conservation par le froid. » (J.-B. Escoffier.)

Ajoutons que la congélation à très basse température est beaucoup plus coûteuse que la simple réfrigération.

La congélation à cœur est encore plus funeste aux *poissons*.

En 1902-1903-1904, la Commission d'études des procédés frigorifiques du ministère de la Guerre fit des expériences qui montrèrent que les moisissures (*Penicillium* et *Aspergillus*) commencèrent à se montrer après 15, 17 et 22 jours. Cette apparition est retardée quand la température est de — 1°. Mais même avec la présence de ces cryptogames, la viande peut encore se consommer pendant quelques jours. On sait que le développement des moisissures, en général, est l'indice d'un certain degré d'humidité de la matière.

Au laboratoire central du service vétérinaire de la Seine, la Commission de l'Alimentation au ministère de la Guerre observa, au cours d'expériences effectuées en 1909, que le développement des levures se fait à $+2°$ avec 75 p. 100 d'humidité.

Ces mêmes expériences ont montré qu'à $+ 2°$ la viande de *bœuf*, prise dans le commerce après une journée d'abatage, ne peut pas se conserver plus de quarante à quarante-cinq jours.

Avant ce dernier délai on remarque aussi la présence de bactéries dans les matières albuminoïdes dont elles provoquent la putréfaction lente. Le *proteus vulgaris* fut trouvé dans ces viandes après quatre semaines de conservation à +1°. Toutefois, dans d'autres expériences, on a pu conserver près de deux mois des viandes du commerce à — 1°.

D'après M. H. Martel *la viande congelée* perd beaucoup moins de son poids que la viande *réfrigérée*.

Les expériences faites au laboratoire des Halles Centrales sous la direction de M. le professeur Arm. Gautier ont donné sur ce sujet les résultats suivants.

Viande congelée à — 20° durant trois jours et à —5° durant quarante-sept jours, déperdition p. 100, 4,5 ; viande congelée à — 5° durant cinquante jours, perte p. 100, 4,6 ; viande réfrigérée à — 2° durant trois jours et à +2° durant quarante-sept jours, perte 10 p. 100 ; viande réfrigérée à + 2° durant cinquante jours, 13 p. 100.

Une très basse température a pour effet de faire sortir le suc musculaire, qui cristallise ensuite. Les particules de glace, par leur accroissement de volume, isolent les fibres, qui se trouvent ainsi plus ou moins comprimées.

Si le dégel est très lent, les tissus ont le temps de réabsorber les liquides qu'ils avaient abandonnés et la perte de jus est alors insignifiante.

« La *viande congelée à cœur* supporte bien les manipulations. Il suffit d'une simple protection de la surface contre les souillures accidentelles (emballage dans des sacs) pour conserver au produit un bel aspect et toutes ses qualités. Le transport de blocs de viande dure comme de la glace est facile. En Angleterre, on se contente de placer les quartiers congelés dans des wagons munis de doubles parois isolantes pour les transporter du bateau frigorifique aux villes qui doivent les consommer, c'est-à-dire à plusieurs centaines et parfois jusqu'à près d'un millier de kilomètres de distance.

« La viande congelée met longtemps à perdre ses frigories ; de même qu'elle met longtemps à se congeler lorsqu'on opère par la méthode dite de la congélation lente, à — 5° par exemple. A l'aide d'une aiguille thermo-électrique Meyland'Arsonval, construite sur les indications de M. Bordas, au cours d'expériences faites pour le compte du ministère de la Guerre, on a pu établir que l'équilibre de la température intérieure d'une cuisse de faible volume avec la température ambiante (— 5°) n'était atteinte qu'au bout de quelques semaines (1).

« Le muscle étant en somme très mauvais conducteur de la chaleur, il en résulte que le réchauffement des viandes congelées s'effectue également avec lenteur. Dans la pratique, afin de conserver à la viande un bel aspect, et surtout pour éviter les vastes épanchements de sérosité musculaire qui se produisent à la suite de décongélations trop brusques, on prend soin de mettre les viandes congelées en chambre froide, à basse température, à quelques degrés au-dessus de zéro. A Londres, nous avons pu visiter des chambres de décongélation agencées de façon à capter, au fur et à mesure de sa production, la vapeur d'eau émise au cours de la décongélation. On opère dans des salles chauffées par le bas à 16-18° et refroidies au plafond où circule de la saumure à — 22°. Le givre se dépose au plafond ; la décongélation a lieu en quatorze heures dans un milieu sec (le thermomètre mouillé du psychromètre marque 7° tandis que le thermomètre sec accuse 14°).

« La viande congelée se conserve longtemps après la sortie de la salle de congélation. Pendant cinq à six jours, en été, il est possible de la transporter et de l'utiliser pour la consommation. La Commission supérieure de l'alimentation du ministère de la Guerre vient de faire des expériences qui confirment cette façon de voir.

« Il faut bien penser qu'en cas de guerre les ressources indigènes seraient insuffisantes et que nous serions appelés à recevoir de l'étranger des viandes frigorifiées en quantité considérable. La République Argentine, l'Australie, la Nouvelle-Zélande, l'Amérique du Nord pourraient en peu de temps nous ravitailler d'une façon remarquable avec des viandes offrant de réelles garanties au point de vue de la qualité et de la salubrité. »

(1) Pour certains auteurs, il faut 3 jours à — 20° pour congeler un bœuf, et à — 15°, 15 heures pour un mouton.

Ordinairement la viande simplement refroidie (*carne enfriada* dans l'Amérique du Sud) est un peu plus chère que la viande congelée (*congelada*). Celle-ci doit être réchauffée progressivement pour être consommée. Elle conserve, en outre, un goût spécial qui ne plaît guère aux acheteurs européens.

En Angleterre la viande refroidie (*chilled beef*) conservée à 0° et la viande congelée (*frozen meat*), de provenance du Nord-Amérique, se paient plus cher que celles qui proviennent du Rio de la Plata. C'est là sans doute une question de soins dans la préparation et peut-être, aussi, dans l'élevage des animaux.

On s'accorde donc en général à reconnaître que la simple réfrigération ou « petit froid » à quelques degrés au-dessus de 0 présente moins d'inconvénients que la congélation. Les températures les plus favorables seraient comprises entre 0 et 4° dans un local bien aéré et sec. MM. Costa et Mori ont pu conserver de la viande de *cheval* durant deux mois en quartiers, et un mois en petits morceaux, entre 1° et 4° avec un pourcentage d'humidité cependant élevé, 60 à 70 p. 100. On a cité encore les résultats favorables obtenus par M. Bouley.

La *viande* de mouton peut être conservée en bon état pendant une trentaine de jours, celle de *bœuf* pendant une vingtaine de jours, celle de *veau* et de *porc* pendant une quinzaine de jours, à une température voisine de 0° et avec — 2° et + 3° comme limites extrêmes.

En ce qui concerne la valeur *nutritive* des viandes *congelées* ou *réfrigérées*, elle est au moins égale, dit M. Martel, à celle des viandes fraîches. Les premières seraient même plus digestibles, par suite de la sorte de maturation qu'elles ont subie. Il est entendu qu'il s'agit de viandes saines, conservées dans de bonnes conditions.

« La *viande réfrigérée* à + 2° en atmosphère peu humide, dit cet auteur, conserve longtemps ses propriétés alibiles et gustatives. Malheureusement, à la sortie des chambres froides, lorsque le temps de conservation écoulé est un peu long, la maturation, qui consiste en une sorte d'autolyse du muscle, est telle que, pendant la saison chaude, l'on doit consommer la viande sans délai.

« En ce qui concerne la viande légèrement *formolée* et main-

tenue au voisinage de 0° centigrade (de 28 à 31°,5 Fahrenheit),
on peut dire que les qualités gustatives sont bien conservées.
Au retour d'une mission à Londres, nous avons pu nous assurer que ces viandes présentent à la cuisson (rôti, pot-au-feu)
les caractères des viandes fraîches. Seul le gras subit un commencement d'altération superficielle qui le rend un peu suifeux.

M. A. Gautier a constaté que la *viande* qui sort d'un *frigorifique* a toutes ses qualités. Les matières albuminoïdes sont tout
aussi assimilables que dans la viande fraîche.

D'après M. le Dr Letulle, ni les cellules musculaires, ni leurs
noyaux ne subissent de modification du fait de la congélation.

Les viandes congelées seraient, dit-on, aussi appétissantes et
aussi savoureuses que les autres, si l'on sait convenablement les
dégeler.

Pour M. Bordas, le froid, même à une température très basse,
laisse entière au sérum sanguin et aux extraits organiques
(corps thyroïde, adrénaline) leur toxicité normale.

Certains auteurs prétendent que par l'action d'une basse
température la valeur alimentaire et marchande de la viande
est sensiblement diminuée. En particulier, les sels que contiennent les sucs des cellules désorganisées sont précipités. L'aliment prendrait un petit goût sucré.

« La viande frigorifiée se conserve à l'état de trente-six à
quarante-huit heures de plus que la viande fraîche. Par son
séjour dans la chambre froide, elle devient *rassise*, c'est-à-dire
souple, tendre, juteuse, d'un goût plus agréable et d'une digestion plus facile que la viande trop fraîche, qui est toujours
dure, coriace et insipide. La viande ainsi conservée à l'abri de
la putréfaction subit des modifications chimiques qui la rendent plus digestibles et plus assimilable. »

En Allemagne le gouvernement, par une loi spéciale, obli-
gerait les bouchers à soumettre pendant quelque temps les
viandes à la réfrigération avant de les livrer à la consommation dans les villes où il existe une installation appropriée.
Il y a plus de 300 installations frigorifiques dans les abattoirs.

Rappelons que le premier *Congrès international* pour la répression des fraudes alimentaires (Genève, septembre 1908)
a défini la *viande fraîche* « toutes les parties comestibles des

animaux propres à l'alimentation de l'homme, abattus ou tués récemment, n'ayant subi aucune préparation destinée à prolonger la conservation, autre que la simple *réfrigération.* »

Installations frigorifiques chez les particuliers. — C'est naturellement sous les climats chauds que l'emploi du froid pour la conservation de la viande s'impose.

Dans les *armoires-glacières,* appelées aussi *timbres-glacières,* assez répandues chez les bouchers détaillants, la température ne descend pas au-dessous de $+9^o$ à $+12^o$ et l'air y est toujours

Fig. 76. — Buffet-glacière.

saturé d'humidité. En somme, les fermentations y sont à peine ralenties, aussi les signes de la putréfaction apparaissent-ils dans la viande quelques heures à peine après sa sortie, surtout pendant la saison chaude.

M. Maurice Chassant, professeur à l'École d'agriculture de Montpellier, a présenté au *Congrès du froid* de Lyon un rapport dont nous extrayons les passages suivants, en ce qui concerne la région méridionale.

« Nous avons à signaler plusieurs initiatives qui font le plus grand honneur à ceux qui les ont prises, précurseurs d'un progrès qui certainement se généralisera dans le Midi.

« C'est, d'abord, M. Delorme, boucher et charcutier détaillant, 65, rue de l'Aiguillerie, à Montpellier, qui a construit en sous-sol chez lui, deux chambres froides d'une soixantaine de mètres cubes au total. Le froid est produit par une machine frigorifique verticale sortant des ateliers Quéri de Schiltigheim (Alsace). C'est une machine de 1.500 frigories-heure à anhydride sulfureux fonctionnant à détente directe. Elle est commandée par un moteur électrique Thomson-Houston, triphasé de 3 chevaux et demi, qui reçoit le courant de l'usine de Montpellier. La consommation d'eau (eau de ville) est de 600 à 700 litres par heure en été ; 400 litres en hiver. L'eau des chambres est renouvelée à plusieurs reprises chaque jour au moyen d'un ventilateur. L'une des chambres est utilisée pour la conservation des viandes, l'autre contient des bacs à salaison. La clientèle de M. Delorme est fort satisfaite de la qualité des viandes, savoureuses même aux plus fortes chaleurs des mois d'été.

« La petite ville de Capestang (Hérault) a également droit à un juste hommage. Le conseil municipal a décidé la réfection de l'abattoir et adopté un projet comprenant une installation toute moderne, avec frigorifique. Le devis atteint 120.000 fr. Le projet est actuellement soumis à la préfecture pour approbation. Nul doute qu'avant quelques mois ne soit posée la première pierre du premier abattoir frigorifique du Midi, dans une ville de 4.000 habitants ! Capestang pourra être fière de son initiative.

« Enfin Lodève étudie actuellement la réfection de l'abattoir : le conseil municipal a décidé, en principe, l'adjonction d'une installation frigorifique.

« Il était temps que notre région méridionale suivît l'exemple des villes de progrès, Chambéry, Grenoble, Dijon... et surtout des cités allemandes qui, presque toutes, possèdent leurs chambres froides.

« Il ne faudrait pourtant pas oublier, en signalant ces trop rares initiatives, que d'autres auraient pu se manifester (Montpellier, Béziers, etc.), si la crise des budgets municipaux n'avait arrêté un bel élan de progrès. L'émigration se fait, en effet, durement sentir, particulièrement chez les corps de métier qui ne trouvent plus à occuper leurs bras, et les recettes des octrois, depuis quelques années, ont baissé en proportion inquiétante : aussi les budgets, comprimés à la limite, ne peuvent-ils pas entreprendre des dépenses nouvelles aussi élevées.

« Des sociétés financières ont fait à diverses municipalités des propositions pour édifier des abattoirs et des entrepôts frigorifiques. Ces sociétés se chargeraient des dépenses d'installation, d'entretien, de tous frais pendant une période de vingt, trente années, moyennant le prélèvement d'une taxe sur les animaux abattus, et la faculté d'entreposer en chambres froides des denrées diverses pour l'alimentation de la ville. Au terme du contrat, les installations deviendraient la propriété des villes. Ce sont là des combinaisons financières qui ne sauraient être écartées dès le principe, et qui, dans chaque cas particulier, méritent peut-être d'être étudiées en détail. Il ne nous appartient pas de nous substituer à nos corps élus.

« L'abatage du porc est, par mesure d'hygiène, interdit dans les villes du Midi pendant la période estivale ; la viande « passe » trop vite ; d'ailleurs, à température élevée, « elle ne prend pas le sel » : les salaisons ne sont pas possibles, ou tout au moins peuvent conduire à des échecs trop fréquents.

« Ces inconvénients seraient évités, la conservation de la viande fraîche comme la salaison seraient possibles toute l'année si les charcutiers disposaient de chambres froides. Signalons à toute la corporation l'initiative intelligente des charcutiers de Marseille, qui, sous l'impulsion de M. Dedieu, président de leur syndicat, ont édifié un établissement frigorifique coopératif.

« M. Delorme, à Montpellier, a compris, lui aussi, tout le parti qu'il pouvait tirer des salaisons en chambres froides. »

On cite encore la maison Mignot, à Reims, pour la conservation de la viande et des salaisons ; la maison Geo Foucault, Schwartz et fils, à Paris, pour les mêmes produits ; les établissements Duval, à Paris ; M. Tougard, à Reims ; M. Roth, boucher à Paris, etc.

Les chambres froides sont très utiles, également, aux grandes fabriques de conserves alimentaires, pour y entreposer les viandes qui attendent leur transformation en conserves.

On cite 6 grandes compagnies américaines de conserves qui ont entreposé dans leurs chambres froides, en 1907, pour 4 milliards 800 millions de francs de viandes.

Entrepôts frigorifiques publics. — Beaucoup de grandes villes et même de centres de moyenne importance possèdent aujourd'hui des *entrepôts frigorifiques* publics. Ces installations s'imposent surtout dans les départements où la production de la viande, des œufs, etc., est insuffisante.

M. Martel dit que « les *frigorifiques de l'alimentation* de la Bourse du Commerce peuvent réaliser 750.000 frigories à l'heure. Une usine existe à la Villette, une autre à Aubervilliers et d'assez nombreuses installations dans Paris (salaisonniers, marchands de volailles et gibier, grandes maisons d'alimentation) ».

« A Lyon, après chaque marché, les petits commerçants en volailles et gibiers apportent aux frigorifiques le restant de leurs marchandises demeurées invendues : certains négociants emmagasinent dans les chambres froides des poissons qui sont mis en vente le vendredi, jour de grande consommation. A Paris, à Bordeaux, à Marseille, à Nantes, à Avignon, à Châteaurenard, à Bruxelles, à Amsterdam, etc., se sont organisées des entreprises semblables pour le plus grand bien du commerce et de la population. Dans les ports de mer on voit se multiplier les entrepôts de poissons pour éviter les inconvénients de la mévente au moment des pêches fructueuses : avilissement des prix préjudiciables aux marins, sans avantages durables pour les consommateurs, avarie de la marchandise.

« L'établissement de chambres froides permet l'utilisation profitable des wagons frigorifiques dont le chargement est placé dans une atmosphère appropriée dès son arrivée, et soustrait ainsi aux dangers du retour brusque à la température ambiante. » (J.-B. Escoffier.)

Certains prétendent que l'argent dépensé pour les 30 à 40 millions de quintaux de conserves de bœuf pourrait être utilisé à la construction de frigorifiques militaires ou servir à subventionner les communes. Mais on peut prévoir, entre autres, ce qu'il adviendrait des chambres froides et des viandes qu'elles renfermeraient, le jour où les obus auraient détruit la machinerie. L'Allemagne, par exemple, qui possède d'importantes installations frigorifiques, ne néglige pas pour cela la fabrication des conserves de viande. Elle a des usines à Mayence et à Haselhorst, près de Spandau.

Les techniciens français estiment aussi avec raison qu'il convient de continuer à fabriquer des conserves de viandes, tout en cherchant à perfectionner les méthodes (Martel).

En France, le ministère de la Guerre a des chambres froides pour la viande à Épinal, Toul, Belfort.

D'une manière générale, on peut dire que la plupart des pays étrangers construisent ou possèdent déjà de vastes entrepôts frigorifiques, et qu'en cas de guerre les viandes conservées par le froid joueront un rôle considérable.

Pendant la campagne aux Philippines et à Cuba, les *États-Unis* du Nord de l'Amérique ont considéré avec raison la viande conservée par le froid artificiel comme l'aliment de choix.

De même, les *Anglais*, pendant la guerre du Transvaal, ont fait usage, avec un plein succès, du froid pour la conservation des viandes. Suivant l'expression du colonel Richardson, « la viande congelée sauva le Sud-Afrique ». C'est la raison pour laquelle les Anglais entretiennent des dépôts de viandes réfrigérées dans leurs possessions lointaines et sur la route des Indes : Gibraltar, Suez, Indes... (Martel).

Frigorifiques d'abattoirs. — Les frigorifiques d'abattoirs présentent sur les autres de grands avantages. La viande passe aussitôt des salles d'abatage dans les chambres froides, sans transport préalable dans les voitures où on l'entasse souvent dans des conditions hygiéniques qui laissent à désirer comme soins de propreté, température, etc.

A défaut de pareilles installations, des frigorifiques devraient être aménagés dans les dépendances des halles et des marchés, ou encore dans des bâtiments privés. On y recevrait les viandes préparées dans l'abattoir de la ville ou celles des marchés qui n'auraient pas été vendues par les bouchers, de même que les viandes foraines venant du dehors.

Il importe, toutefois, que ces viandes ne soient pas entreposées dans les mêmes locaux où sont gardées d'autres denrées qui dégagent des odeurs diverses, telles que poissons, fromages, etc.

Ce genre de frigorifique constitue un régulateur entre le consommateur et le producteur. Il permet aux bouchers de s'approvisionner sans crainte de voir la viande s'altérer par les chaleurs orageuses. Ce dispositif facilite aussi la visite des viandes par le service vétérinaire ou sanitaire.

L'Allemagne posséderait ainsi plus de 600 de ces installations. Chez nous, Dijon, Chambéry, Nancy, Grenoble, Angers, Lyon, Soissons, Paris, Évian-les-Bains ont ou vont avoir leur abattoir frigorifique. On parle aussi d'abattoirs régionaux à créer, à Toulouse, Limoges, etc.

Comines et Coudekerque dans le Nord, Thaon-les-Vosges, Oullins dans le Rhône, Évian, Annemasse dans la Haute-Savoie, Soissons, Lyon, Nancy, etc., possèdent des abattoirs pourvus de chambres froides.

« Le frigorifique d'abattoir, dit M. Escoffier, exige des frais de construction et d'exploitation élevés, qui ne peuvent être couverts, sous la législation française, qu'avec les revenus importants des grandes exploitations. Les villes conséquentes doivent seules créer de pareils établissements pour la conservation des viandes.

« Mais le cas est tout différent dans une agglomération située dans un *pays d'élevage* et dont l'abattoir sert, non seulement à l'approvisionnement des habitants, mais encore à la préparation des viandes d'exportation vers les régions plus ou moins éloignées et dépourvues d'animaux de boucherie.

« En Hollande, nation très riche en bestiaux et nettement exportatrice, la plus petite ville munie d'un abattoir avec frigorifique est Ruremonde, comptant 13.500 habitants.

« Un autre motif qui doit conseiller la prudence dans l'annexion des frigorifiques aux moyens abattoirs réside aussi en ce que dans certaines villes les abattoirs ont été construits suivant le système à échaudoirs ou à cases séparées « pour que les bouchers, dit l'architecte Bruyère, jouissent à l'abattoir général de la même liberté que dans leurs ateliers ». Or, c'est là une conception erronée, contraire à l'hygiène des exploitants, à la salubrité de la viande et à la bonne exécution du travail industriel, qui atténuerait certainement le profit que l'on peut tirer d'un frigorifique. La viande préparée dans de pareilles conditions est prompte à la décomposition.

« Un tel agencement d'abattoir est incompatible avec le passage mécanique et rapide des viandes dans les chambres froides.

« Il exige le transport à dos d'homme, s'accompagnant de froissement des tissus, de dilacérations musculaires favorables à l'altération ultérieure et contraires à la bonne conservation.

« L'abattoir avec frigorifique est un établissement industriel dont l'exploitation rationnelle doit répondre à des nécessités économiques, commerciales, législatives, variables selon le milieu et suivant les pays. Avec un hall commun d'abatage, un outillage mécanique et frigorifique, une ligne de chemin de fer le reliant à la gare voisine, il répond aux nécessités de l'hygiène, de la police sanitaire et de l'ordre public, aux besoins des consommateurs et de la défense nationale.

« Le bétail amené directement dans cet abattoir sera abattu et la viande conservée dans des chambres froides qui recevront en même temps, s'il y a lieu, le contenu des wagons frigorifiques provenant des abattoirs éloignés. Ainsi sera prévenue toute tentative de spéculation par la perspective constante de la concurrence entre les bouchers abattant sur place et les bouchers s'aprovisionnant au loin. »

En *Allemagne* presque toute l'armée et une grande partie de la population civile sont nourries, dit-on, de viandes conservées en chambres froides entre + 2° et + 4°. En 1904 la seule maison Linde avait déjà construit 4.610 machines frigorifiques destinées, la plupart, aux installations des abattoirs.

M. Martel estime à environ 18 à 20 millions de frigories-heure la puissance des abattoirs allemands.

Voici quelques chiffres relevés par Schwarz : Cologne, 800.0000 frigories ; Berlin, 650.000 ; Francfort, 500.000 ; Munich, 480.000 ; Düsseldorf, 465.000 ; Elberfeld, 400.000 ; Essen, 375.000 ; Mannheim, 300.000 ; Magdebourg, 240.000 ; Chemnitz, 224.000 ; Mayence, 220.000 ; Dresde, 217.000 ; Nuremberg, 210.000 ; Halle, 200.000 ; Augsbourg, 180.000 ; Solingen, 170.000 ; Strasbourg, 162.000 ; Bonn, Osnabruck,

160.000 ; Krefeld, 160.000 ; Kiel, 160.000 ; Brême, 144.000 ; Braunschweig, Mülheim, 130.000 ; Görlitz, 123.000 ; Göttingen, Duisbourg, Posen, Hagen et Darmstadt, 120.000 ; Remscheid, 110.000 ; Coblence, 100.000 ; Gladbach, 90.000.

En *Angleterre*, les abattoirs frigorifiques de Deptford, Birkenhead et d'Avonmouth, voisins des ports de Londres, Liverpool et Bristol, sont surtout destinés à l'abatage du bétail importé. Voici ce qu'en dit M. J. de Loverdo.

« Édifiés sur l'estuaire de la Mersey, à droite et à gauche du bassin de Wallasey, ces abattoirs comprennent des bâtiments séparés pour les bœufs et les moutons et s'étendent sur un périmètre de 6 à 7 hectares. La disposition de ces bâtiments est tout à fait particulière ; leurs étages supérieurs sont reliés avec le bassin à l'aide de couloirs aériens soutenus par des piliers en fonte.

« Les navires chargés d'animaux, avant de venir s'abriter dans le bassin, débarquent le bétail dans le fleuve, sur une sorte de ponts-levis ou *landing stages*. Ces débarcadères, exclusivement affectés aux animaux, mesurent plus de 100 mètres de longueur sur 20 mètres de large ; ils sont reliés du côté du quai à l'aide d'un plan incliné atteignant les couloirs aériens. Les animaux grimpent sur ce plan, puis s'engagent dans les couloirs et pénètrent ensuite dans les étages supérieurs des bâtiments, où sont installées les étables et les bergeries ; ils y parviennent sans toucher le sol britannique.

« La nourriture les accompagne : le fourrage, en balles comprimées ; le maïs et le son, en sacs. L'administration anglaise fournit l'eau, mais son hospitalité ne va pas plus loin.

« A l'arrivée, les vétérinaires commencent leur inspection ; les animaux qui leur paraissent suspects sont immédiatement descendus, à l'aide de monte-charges, au rez-de chaussée et sacrifiés. Les autres ne peuvent vivre dans les étables plus de dix jours. On les abat donc au fur et à mesure, on laisse leurs carcasses sécher pendant quelques heures, puis on les introduit dans les chambres froides ; dans les couloirs qui existent entre celles-ci circulent les wagons de chemin de fer des *North Western* et *Great Western*, qui se chargent de distribuer cette viande refroidie sur tous les points du royaume.

« Au moment de l'expédition, les vétérinaires reprennent leur inspection et font détruire la viande qui leur paraît douteuse, mais sans apposer aucune marque sur celle qui est jugée bonne. Cette inspection est sans appel.

« Les bâtiments consacrés aux bœufs comprennent, aux étages supérieurs, des étables où 4.000 animaux peuvent tenir à l'aise, et, en bas, 15 chambres d'abatage, 15 chambres d'essorage et 15 chambre frigorifiques. Le tout relié à l'aide de rails aériens permettant à un homme de faire circuler facilement un bœuf abattu à travers toutes ces pièces.

« Les bergeries, placées aux premier et deuxième étages, peuvent contenir 16.000 moutons ; elles sont divisées en compartiments comprenant de 120 à 250 moutons chacun. Au rez-de-chaussée se trouvent : 13 chambres d'abatage, autant d'essorage et autant de chambres froides.

« Les soins sont donnés aux animaux par les grandes maisons d'importation, qui possèdent aussi leurs équipes d'abatage ; elles ont même des bureaux dans l'enceinte isolée. L'administration loue tout simplement les locaux et les chambres froides.

« Le prix pour un séjour maximum de dix jours, d'après les renseignements que nous avons recueillis sur place, est de 0 fr. 80 par tête de mouton, et de 5 francs par tête de bœuf. Le séjour dans les chambres froides est coté ainsi : pour les moutons, 0 fr. 40 pour les premières vingt-quatre heures, est 0 fr. 30 les jours suivants ; pour les bœufs, 1 fr. 85 pour le premier jour et 1 fr. 25 pour les suivants. »

« Le maximum de moutons importés aux abattoirs de Liverpool, dans une année, a atteint 500.000 têtes. Ceux que nous avons vus au moment de notre visite provenaient d'Islande ; ils étaient fort beaux et pesaient, au moins, 35 kilogrammes pièce. »

On comprend que nous aurions aussi, en France, intérêt à établir de pareilles installations dans nos ports pour y traiter le bétail venant des colonies.

La *Hollande* possédait, en 1908, 10 abattoirs avec frigorifiques. Le *Danemark* en a 70 qui fournissent 210 millions de kilogrammes de viande sur 240 produits par tout le pays. La *Suisse* compte de magnifiques installations à Lucerne, Lausanne, Le Locle, Bâle, La Chaux-de-Fonds, etc. L'*Autriche*, la *Hongrie*, la *Roumanie* ont précédé la France dans l'industrie des frigorifiques d'abattoirs.

Gênes possède de vastes magasins avec chambres froides pour la conservation de la viande importée d'Amérique. La Giunta municipale de Rome avait distribué au conseil de cette ville le projet d'un frigorifique à construire au grand abattoir moderne en exploitation depuis plusieurs années au quartier du Testaccio. Le nouvel établissement coûterait 650.000 fr. ; les frais d'exploitation s'élèveraient à 45.000 francs pour un revenu total de 162.000 fr. avec un bénéfice net de 75.000 (J.-B. Escoffier).

Abattoirs frigorifiques dans les centres d'élevage. — Il serait à désirer que l'on établît des abattoirs frigorifiques dans les centres d'élevage mêmes. On sait quels inconvénients présentent pour la qualité de la viande les fatigues que les animaux ont à supporter durant des voyages parfois très longs, soit par la route, soit par chemins de fer. Quelques grands marchés, celui de la Villette à Paris, par exemple, ne sont pas destinés seulement à l'approvisionnement de la ville où ils se tiennent, mais encore bon nombre d'animaux amenés sont réexpédiés sur la province vers des marchés moins importants.

Au cours de ces déplacements forcés, les animaux souffrent du froid, de la chaleur, des piqûres des insectes, des mauvais traitements, du manque d'air, de la faim. Il en résulte un état d'amaigrissement qui peut entraîner une perte de 10 kilogrammes à 50 kilogrammes de viande, sans compter, comme nous l'avons dit, que la chair perd de ses qualités. Il faut compter encore avec une mortalité souvent élevée, des frais d'alimentation et ceux qui résultent du transport d'un poids mort inutile, qui grèvent d'autant le prix de revient de la viande. Enfin, il faut considérer aussi la propagation des maladies épizootiques, la fièvre aphteuse principalement.

La concentration des abatages dans une grande exploitation remplacerait la dissémination des sous-produits dans les petits abattoirs où ils ne peuvent pas être utilisés, encombrent et empestent le voisinage. Des usines annexes travailleraient économiquement le sang, les suifs, les organes saisis pour l'usage industriel. Les bénéfices ainsi réalisés diminueraient d'autant le prix de revient de la viande (1).

« Le commerce de la viande, dit M. Moussu, est encombré de trop d'intermédiaires qui arrivent à majorer considérablement les prix du détail ; car il est bien entendu, et c'est d'ailleurs aussi une nécessité, que chaque intermédiaire doit fatalement prélever sa commission ou son salaire, comme on voudra, sur chaque transaction qu'il effectue. Or, si nous prenons le cas du bétail vendu à Paris, par exemple, ou dans toute autre grande ville, nous voyons qu'au grix de vente primitif viennent s'ajouter les bénéfices prélevés :

« 1º Par le marchand de bestiaux qui opère en province :

« 2º Par le commissionnaire de la Villette ou de tout autre grand marché, qui achète sur ces marchés pour revendre, ou qui vend à la commission aux chevillards ;

« 3º Par les chevillards, c'est-à-dire par ceux qui font le commerce de la viande en gros et qui tuent les animaux dans les abattoirs, pour les revendre ensuite entiers ou par moitié ;

« 4º Par le boucher au détail, qui n'est plus qu'un débitant de viande achetée dans les abattoirs.

« Je néglige encore, dans cet exposé, les cas particulièrement fréquents des animaux qui passent par les mains de deux ou trois courtiers de province avant d'arriver sur le grand marché parisien, et ceux non moins fréquents des intermédiaires qui, achetant sur ce grand marché central, font ensuite la réexportation et vont vendre à d'autres commissionnaires ou intermédiaires des grandes villes du Nord et de l'Est.

« Si l'on ajoute à ces causes nombreuses d'augmentation du prix primitif de vente celles qui résultent des gros frais de transport du bétail vivant à grande distance, celles qui résultent fatalement des accidents ou des cas de mortalité survenant en cours de route et dont la répercussion doit se faire sentir sur les prix définitifs, on conçoit comment la viande arrive à être vendue très cher, alors qu'en réalité le prix du bétail sur les lieux de production n'a rien d'excessif.

(1) Voy. *La Vie Agricole et Rurale* 1912. Articles de M. de MARCILLAC (Nº 12) et LUCAS DALMAGNE (Nº 22).

« Le problème qui se pose est donc :

« 1° De savoir si, par une réorganisation du régime de nos grands marchés, on pourrait limiter la dissémination des maladies contagieuses, dont les conséquences sont si fâcheuses pour notre élevage et si désastreuses pour la fortune publique ;

« 2° De savoir s'il serait possible de diminuer tous les frais résultant des pratiques actuelles dans le commerce du bétail, au bénéfice des populations rurales qui vendent et de celles des villes qui consomment.

« Quel est le remède à cette situation? Tuer les animaux de boucherie le plus près possible de leurs pays d'origine,c'est-à-dire dans les grands centres de production.

« La création d'abattoirs régionaux industriels donne la solution réelle du problème. Une dizaine d'abattoirs modernes (Dijon, Soissons, Angers, Laon, etc.), ne laissent rien à désirer.

« Le commerce des viandes abattues n'est plus qu'une question d'organisation ; du même coup on réalise l'abaissement du prix de la viande et l'on supprime l'une des principales causes de dissémination des maladies contagieuses. La solution se trouve dans la réorganisation du régime de nos abattoirs et dans la modification du fonctionnement de nos grands marchés.

« Il serait indispensable en outre que, partout où la chose est possible, les grands abattoirs fussent pourvus d'entrepôts d'emmagasinement pour les viandes abattues préparées en attente, d'entrepôts frigorifères mettant les bouchers en gros à l'abri des nécessités d'une vente immédiate, sous peine de voir ces viandes s'avarier plus ou moins rapidement suivant la saison.

« En principe, l'abattoir régional ou industriel doit réaliser, tant au point de vue du travail des ouvriers, que de la conservation des viandes et de l'utilisation de ce qu'on appelle les sous-produits, tous les perfectionnements économiques les plus récents, puisque, comme dans toute autre industrie, le succès est basé sur l'économie et les facilités données à la main d'œuvre, sur la bonne conservation des produits travaillés et l'utilisation finale de tout ce qui peut avoir une valeur quelconque. Il lui faut un travail continu, effectué par des équipes d'ouvriers habiles et bien spécialisés ; des commodités de réception pour le bétail vivant, des facilités d'emmagasinement et de conservation des viandes abattues, des commodités d'expédition pour la réexportation de ces viandes, des installations bien adaptées à l'utilisation et à la conservation des sous-produits.

« En d'autres termes, l'abattoir industriel doit être un abattoir moderne et une usine de conservation, c'est-à-dire qu'il doit toujours être pourvu d'un frigorifique. Il doit être construit, autant que possible, dans un grand centre de production, pour que le déplacement du bétail à tuer soit réduit au minimum, et relié directement aux voies ferrées.

« L'économie d'une organisation de ce genre se trouve représentée par la diminution des frais d'abatage, par suite du travail continu ; par la réduction la plus large possible de tous les frais de transport ; par la disparition des pertes de bétail résultant des déplacements à grande distance, et dans toutes les saisons ; par la suppression des pertes de poids (5 à 10 p. 100) que subissent les animaux durant les transports à longue distance.

« Pour qu'un abattoir industriel ou régional fonctionne avec succès, il faut naturellement qu'il puisse vendre les viandes abattues à une clientèle déterminée dans les grandes agglomérations ; et c'est alors qu'intervient forcément la nécessité des transports de viandes en wagons réfrigérants.

« L'expérience est faite, et depuis bien longtemps déjà, de la parfaite conservation des viandes réfrigérées ou congelées dans des frigorifiques convenablement installés, et de la possibilité des transports à grande distance, sans la moindre altération, dans des wagons réfrigérants.

« L'approvisionnement régulier de l'armée dans les régions de l'Est et du Nord-Est, représente l'une des grosses difficultés de l'heure actuelle.

« Quand on songe que des garnisons comme Toul, Verdun, Nancy, malgré la création de boucheries militaires, se trouvent dans l'obligation d'aller faire leurs acquisitions en bétail vivant à la Villette, dans le centre de la France, et parfois même jusque sur le marché de Marseille, on a le droit de se demander ce qui arriverait en temps de guerre si le principe, si cher à

l'intendance, du ravitaillement des armées en déplacement
par des troupeaux en marche à la suite devait une fois de plus
recevoir son application.

« Le problème des abattoirs industriels régionaux intéresse
donc non seulement les conditions de la vie courante, mais
aussi la question du ravitaillement de l'armée en temps de
paix et en temps de guerre ; et il apparaîtra aux yeux de tous
que, si des industries de ce genre venaient à s'implanter dans
nos principaux centres d'élevage, dans les environs de Mâcon
ou Nevers, Poitiers ou Limoges, Cholet, le Mans, Rouen ou Li-
sieux, par exemple, avec une organisation méthodique de
transports de viandes par wagons frigorifiques, elles pourraient
en toute sécurité subvenir dans une très large mesure aux besoins de nos villes et de nos troupes du Nord et de l'Est,
tant que les chemins de fer pourraient fonctionner, et sans
courir les aléas plus que dangereux d'un approvisionnement
en bétail vivant qui doit, lui aussi, être recherché au loin.

« La construction d'abattoirs régionaux aurait enfin l'avantage de décentraliser le commerce de la viande, qui se trouve
aujourd'hui sous le despotisme du marché central de la Villette,
d'éviter les sautes imprévues de cours qui se produisent sur ce
marché, sous l'influence des événements les plus insignifiants,
de donner de la stabilité aux cours de la viande, de permettre
peut-être l'exportation de viandes abattues, d'éviter les pertes
énormes subies par les expéditions ordinaires de viandes
fraîches qualifiées de viandes foraines.

« On a dit aussi que si le projet des abattoirs régionaux devait se réaliser, il porterait un préjudice certain aux marché
et abattoirs de la Villette ? C'est là un fait à peu près incontestable ; mais c'est justement parce que le commerce du marché
central n'a pas subi l'évolution nécessaire exigée par les besoins de la France entière, que cette évolution doit se faire à
côté, puisque les premiers intéressés y sont réfractaires. Si
le commerce de la Villette, moins imbu des prérogatives de
monopole de fait que lui sont départies, avait prévu les exigences des populations et les nécessités sanitaires ; s'il s'était
résigné à faire du marché un marché d'approvisionnement
local, et des abattoirs un centre de ravitaillement pour Paris

et d'exportation de viandes abattues pour la province ; si, en d'autres termes, il avait accepté l'utilisation du frigorifique d'essai qui avait été construit à cette intention, il ne se trouverait pas dans l'alternative actuelle. Et d'ailleurs, rien ne l'empêche, lui non plus, de se transformer comme il convient.

« Il résulte de cet exposé :

« 1º Que la construction d'abattoirs industriels régionaux, dans les principaux centres de production de bétail, apparaît comme une nécessité ; tant pour répondre aux besoin de la population des villes dépourvues de ressources locales, qu'à ceux de l'armée ;

« 2º Que la construction de ces abattoirs est du plus haut intérêt, à la fois pour les éleveurs et pour les consommateurs, tout en étant de nature à diminuer ou même à faire disparaître les risques de propagation des maladies contagieuses du bétail ;

3º Que l'organisation de ces abattoirs, entraînant comme conséquence une modification des habitudes commerciales, il y a lieu de transformer les marchés annexés aux abattoirs des grandes villes en marchés d'approvisionnement, fermés à toute réexpédition de bétail vivant. »

À son tour, M. Ch. Tellier fait remarquer que :

« Les bas morceaux, consommés sur place, constitueront, pour la consommation locale une alimentation à bon compte dont il est facile d'apprécier l'intérêt. Les transports ne pèseront plus que sur la viande de qualité.

« Quand le bétail est expédié, il faut, forcément, le vendre dans un délai très court, sous peine de dépréciation certaine, de frais considérables.

« Voilà donc, de ce chef, le producteur expéditeur en aussi mauvaise posture que possible. Forcément il faut qu'il subisse la loi de l'imprévu et quelquefois plus. Avec les abattoirs régionaux, rien de semblable à craindre.

« Les expéditions peuvent sûrement se raisonner à l'avance, se faire au fur et à mesure des besoins, puisque la viande peut attendre en magasin frigorifique, sans dépréciation, le moment opportun pour son écoulement ; que, chaque jour, le courrier, le télégraphe peuvent fixer sur les

quantités à expédier, et ceci, sans qu'il y ait d'inquiétudes
sur le stock conservé. « Par suite de ces facilités, le producteur n'est plus soumis aux hasards de la criée, qu'il s'agisse
d'animaux vendus sur pied ou abattus. Il est maître de ses
mouvements, maître de sa marchandise.

« Ajoutons que des rapports directs pourraient être établis avec un certain nombre de bouchers qui trouveraient
avantage à être les agents des abattoirs régionaux.

« D'autres commerçants, épiciers, fruitiers, marchands de
comestibles, pourraient aussi s'entendre pour écouler les produits. Nombre de restaurants, de pensionnats, de communau-
tés, etc., etc., auraient intérêt à s'approvisionner directement.

« Bref, les moyens ne manquent pas, quand la possibilité de
les utiliser est certaine.

« Cela précise en quels contacts multiples, presque immédiats,
se trouveraient le producteur et le consommateur. C'est ce résultat surtout qu'il faut obtenir en agriculture, ne l'oublions pas.
En effet, plus les débouchés sont facilités, plus la consommation est grande, plus largement le producteur est rémunéré. »

Ajoutons que, d'après les spécialistes américains, l'usine pour
pouvoir travailler au maximum de son rendement doit traiter,
en moyenne, 80 à 100 têtes de gros bétail par jour. Elle coûtera
au moins deux millions (frigorifique et usine à sous-produits
compris).

**Le transport des viandes en atmosphère réfrigé-
rée** (1). — 1° « Le commerce des viandes foraines est indispensable dans les régions qui consomment une grande quantité
de morceaux de choix : gigots, aloyaux, carrés de côtelettes,
etc., empruntés aux régions les plus éloignées. Pour assurer la
bonne qualité des viandes importées, on a recours à l'emploi des wagons frigorifiques chargés dans les abattoirs des
lieux d'origine et amenés dans les centres de consommation.

« Ces wagons frigorifiques, encore trop peu employés, permettent de supprimer le transport de la viande dans les paniers où elle est emballée avant son refroidissement complet,
presque au moment du passage du train, pour arriver dans les

(1) Voy. POHER, Le Commerce des Produits agricoles *(Encyclopédie agricole.)*

gares de destination prête à la décomposition prochaine si
elle n'est pas consommée dans un bref délai.

« Dans l'état actuel de l'outillage de la boucherie, les
wagons frigorifiques sont d'un emploi très restreint, car le
transport par ces véhicules, surtout pendant l'été, exige
que la viande soit préalablement refroidie, *ressuyée* en terme
du métier. Or, les abattoirs des pays d'élevage sont généralement dépourvus d'installations frigorifiques et, même, de
resserre tempérée. De plus, les centres de consommation manquant dans ces mêmes établissements, la viande réfrigérée ne
peut être emmagasinée dans les pays de destination pour être
distribuée au fur et à mesure des besoins (J.-B. Escoffier). »

En Angleterre, la viande fraîchement abattue aux abattoirs de Birkenhead (Liverpool) est rarement expédiée en réfrigérants. Au sortir de l'abattoir, la viande est enfermée
pendant une douzaine d'heures dans des réfrigérateurs où
elle se raffermit pour mieux supporter le transport. Les pièces,
ou demi-bœufs, sont placées de champ, sur un fond de paille
propre, à raison de 22 par wagon, dans des couverts ventilés
ou simplement sur des plats bâchés.

Le trajet dure quatre heures dix minutes et les viandes
ainsi abattues arrivent sur le marché de Londres dans des
conditions de fraîcheur extrêmement favorables.

Les viandes tuées en Amérique ou au Canada sont glacées
ou réfrigérées. Les premières ne donnent lieu à aucune précaution : les quartiers sont empilés dans des fourgons couverts,
au débarquement des cales frigorifiques, ou bien elles sont,
comme à Southampton, débarquées dans des chariots placés
sur des trucs. A l'arrivée à Londres, les trucs sont descendus
et la viande est dirigée immédiatement sur le marché sans aucune manutention.

La viande réfrigérée (chilled), qui n'a été maintenue qu'à
une température de quelques degrés au-dessus de zéro, exige
plus de précautions dans la manutention.

Les quartiers, qui sont restés suspendus pendant la traversée,
arrivent aux Canada Docks, à Liverpool, d'où ils sont ca-
mionnés à la gare du L. N. W. R., située à proximité. Ces quartiers, enveloppés de toile fine blanche, sont suspendus dans des

ROLET. — Conserves de Légumes.   18

wagons réfrigérants, à l'aide de crochets doubles ancres fixés à la toiture et qui permettent de les adosser.

La distance de Liverpool (Birkenhead) à Londres est de 201 milles. On transporte également de la viande réfrigérée, dans les mêmes conditions, entre Liverpool et Portsmouth (397 milles).

2º *Propriété des wagons.* — Il y a une vingtaine d'années, une compagnie de bouchers de Swansea fit construire des wagons réfrigérants qui servirent à certains transports de viande fraîche, mais les termes du contrat sont demeurés très vagues. Depuis, ces wagons ont complètement disparu. Cela donna l'éveil aux compagnies anglaises et, depuis cette époque, tous les wagons réfrigérants utilisés en Angleterre sont la propriété des compagnies de chemins de fer anglais, à l'exception toutefois d'une vingtaine de wagons spéciaux appartenant à la brasserie Allsopp, de Burton-ou-Trent. Ces wagons sont employés au transport exclusif de fûts de bière Laager entre cette ville et Glascow, Aberdeen, Londres, etc., et principalement pendant l'été.

Les Compagnies du L. N. W. R., Mid. Ry, G. N. R. et G. W. R. possèdent un certain nombre de wagons réfrigérants, presque tous exclusivement affectés au transport de la viande.

On rencontre parfois des wagons munis de grandes pancartes marquées Armour Cº, Swift Cº, Morris Beef Cº. Il s'agit tout simplement d'étiquettes apposées par les compagnies expéditrices de bouchers sur des envois par wagon complet ou réfrigérant, dans un but de réclame, mais tous ces wagons sont bien la propriété des compagnies anglaises.

Les wagons réfrigérants des compagnies anglaises n'ont rien de bien particulier. Ce sont des fourgons couverts, parfois peints en blanc, dont voici les principales dimensions :

Longueur de la caisse, 5ᵐ,80 sur 2ᵐ,35 de large et 3ᵐ,50 de haut ; écartement des essieux, 3ᵐ,20 ; longueur totale du châssis, y compris les tampons, 6ᵐ,90 ; porte roulante de 1ᵐ,50 de large. A l'une des extrémités du fourgon et contre la paroi se trouve disposé un réservoir à glace en zinc, de 0ᵐ,18 de large, que l'on emplit par une ouverture supérieure à l'aide d'une estacade spéciale ou d'une échelle. Les parois, le plancher et la toiture sont doublés de feuilles d'amiante et le plancher est recouvert de feuilles de plomb. Ils sont ordinairement ventilés à chaque extrémité, soit à l'aide de tôles perforées, soit à l'aide de cloisons mobiles. Des ventilateurs du système « torpille » sont disposés sur la toiture.

Ces wagons sont le plus souvent à double usage. Dans les conditions ordinaires d'exploitation, tous les ventilateurs sont ouverts.

Lorsqu'on veut transformer le wagon en réfrigérant pour le transport de la viande, on ferme les ventilateurs et on emplit le réservoir de glace. Pour la transformation en wagon thermique pour le transport des bananes, entre Manchester ou Bristol et Londres par exemple, on ferme tous les ventilateurs et on accouple sur la conduite de vapeur du train des messageries.

3° *Prix de construction*. — Le prix moyen de construction d'un wagon freiné de ce genre est estimé par la Compagnie du L. N. W. R. à 147 livres sterling (3.675 francs), ce qui paraît réellement au-dessous du chiffre vrai. Il n'a pas été possible d'obtenir d'information sur les frais d'entretien ou leur durée moyenne. De même, il n'a pas été possible d'obtenir le prix moyen de construction des wagons à bière de la maison Allsopp.

4° *Location de wagons réfrigérants*. — Il n'existe pas, comme je l'ai dit plus haut, de société spéciale s'occupant, comme en France, de la location de wagons réfrigérants.

5° *Usage des wagons réfrigérants*. — Les compagnies anglaises de chemins de fer, propriétaires des wagons réfrigérants, les tiennent à la disposition de tous les expéditeurs qui en font la demande, à la seule condition de fournir au départ un poids *minimum* de 30 à 40 cwt, suivant la compagnie (1 *t*. 5 ou 2 *tonnes*). Il n'est fait aucune majoration ni réduction sur le tarif en vigueur pour la classe de denrée transportée.

C'est ainsi que la viande fraîche ou réfrigérée coûte 40 shillings (50 francs) la tonne entre Liverpool et Londres, 114 shillings entre Liverpool et Portsmouth.

6° *Conditions de réfrigération*. — La glace doit être fournie et placée dans les réservoirs par les soins de l'expéditeur. La Compagnie n'intervient nullement dans cette opération et s'en désintéresse complètement. L'expéditeur ne jouit d'ailleurs d'aucune facilité ou faveur quelconque. Tout ce qu'on lui demande pour pouvoir utiliser le réfrigérant, c'est de fournir le minimum de poids demandé.

7° Conditions spéciales de transport et *11° Convoyeurs*. — Les wagons réfrigérants ne sont jamais accompagnés pendant le trajet par un représentant de l'expéditeur chargé du réapprovisionnement de la glace, car la distance parcourue ne justifie jamais pareille mesure et le chemin de fer ne s'en occupe pas pour les mêmes raisons.

8° et 12° Chargement des wagons réfrigérants. — L'utilisation des wagons réfrigérants en Angleterre n'est faite que par de grandes compagnies de bouchers (Armour, Swift, Morris, etc.) qui font tous de très grosses affaires. Les wagons sont toujours chargés au complet au départ, ou tout au moins dans la mesure fixée par la clause relative à la charge minimum. Ils ne prennent pas de charges aux gares intermédiaires, car aucun trafic ne justifie ces arrêts.

9° et 10° Retour des wagons aux gares de départ. — Les wagons réfrigérants rentrent ordinairement à vide, *en service*, et le plus tôt possible, à leurs points de départ. Ils sont d'ailleurs marqués de leurs points d'attache. Parfois, mais c'est très rare, ils sont utilisés par des expéditeurs de Londres pour d'autres transports de denrées (volaille gelée de Russie, lapins gelés d'Australie) destinées à la province.

L'utilisation comme réfrigérant est alors subordonnée aux mêmes conditions que pour les transports dont il vient d'être parlé.

C'est grâce aux *cales* frigorifiques des navires que l'on peut exporter de la viande à des distances considérables des pays d'élevage et dans des contrées qui ne possèdent pas le bétail nécessaire à leur élevage.

L'emploi de *thermomètres enregistreurs* placés dans les cales n'a pas été le moindre facteur de prospérité de l'industrie en question.

En arrivant à destination, les commissaires chargés de la réception déroulent les feuilles ou sont inscrits les graphiques et constatent d'un coup d'œil si la température effi-

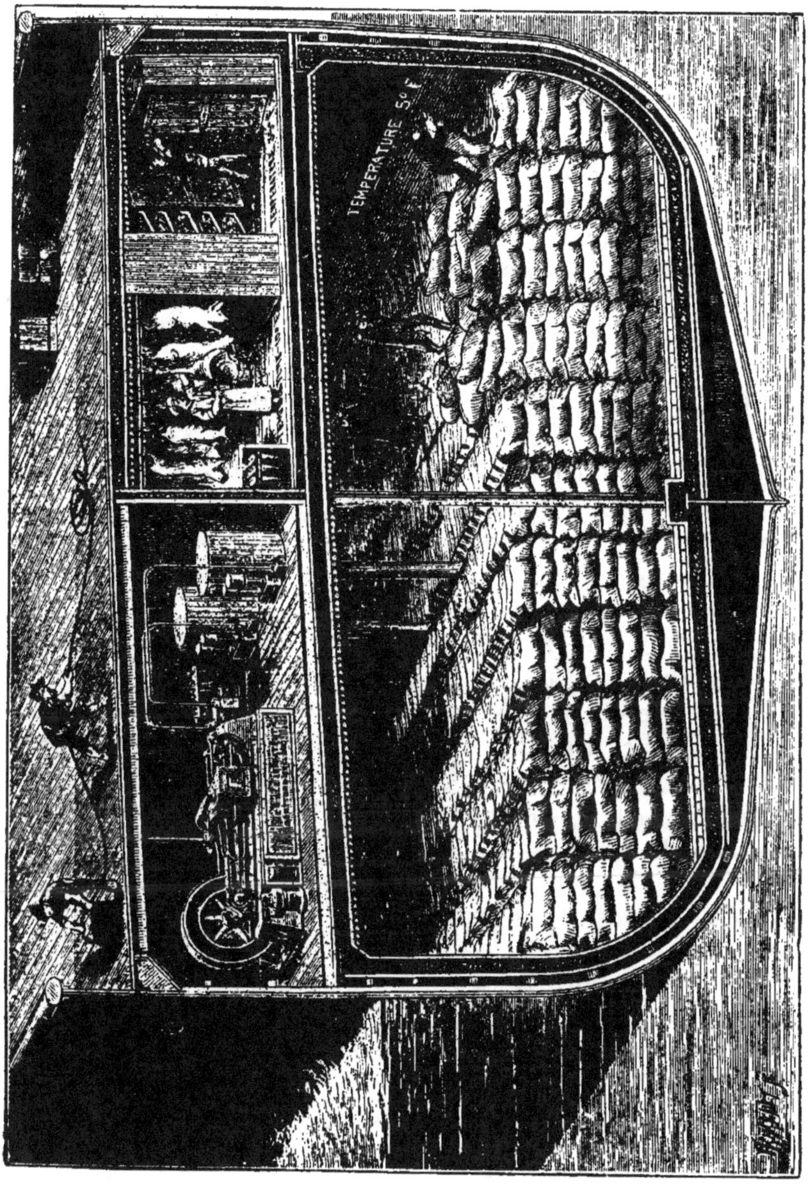

Fig. 77. — Navire frigorifique.

cace s'est maintenue constante. S'il y a eu des à-coups, c'est la compagnie qui en prend la responsabilité.

L'Australie, qui en 1880 exportait en Grande-Bretagne 100 bêtes, en exportait, en 1906, 10.699.892, dont 8.799.892 *moutons* et 1.900.000 carcasses de *bœuf*, le tout d'une valeur de 436.230.425 francs, sans compter les sous-produits.

En 1906, aux États-Unis, il a été conservé par le froid pour 75 millions de francs de *volailles*.

En 1907, l'Angleterre a importé pour 16.043.882 francs de *lapins* provenant presque tous de l'Australie. Dans un de ses voyages, le *Lucánia* a apporté à Liverpool, en 1893, 33.000 dindes et 10.000 lapins d'Australie.

Décret du 6 janvier 1912 modifiant la réglementation de l'entrée en France des viandes fraîches.

Art. 1er. — Le paragraphe 2 de l'article 4 du décret du 26 mai 1888 est remplacé par le suivant :

Toutefois pourront être admis à l'état de pièces isolées :

A. — Pour l'espèce bovine :

1º Les filets et les aloyaux ;

2º Les globes et les culottes, qui ne devront porter aucune trace d'épluchage et pourront être présentés soit isolément soit adhérents entre eux ;

3º Les langues, qui ne devront porter également aucune trace d'épluchage et seront présentées avec les parois pharyngiennes, les ganglions rétro-pharyngiens et sous-glossiens adhérant naturellement, ainsi que le larynx et un tiers environ de la trachée ;

4º Les rognons et les cervelles ;

5º Les ris de veau.

B. — Pour les espèces ovine et porcine :

Les rognons et les cervelles.

En outre, voici ce qui concerne les viandes des colonies :

Les viandes fraîches et les viandes conservées par un procédé frigorifique des espèces bovine, ovine et porcine provenant de l'Algérie, des colonies et des possessions françaises sont soumises, à leur entrée en France, à la même réglementation que les viandes fraîches provenant de l'étranger.

Toutefois, lorsque ces viandes auront été préalablement visitées, au lieu d'abatage, par un vétérinaire officiel qui aura constaté leur état de salubrité, elles ne seront pas soumises à l'obligation de présenter les viscères adhérents ; les viandes de l'espèce ovine pourront être introduites par animaux entiers.

Ces viandes seront accompagnées d'un certificat délivré par un fonctionnaire désigné à cet effet par l'autorité supérieure du pays de provenance.

En Argentine. — Jusqu'à l'année 1900, l'industrie frigorifique (1) en Argentine eut une redoutable rivale dans l'exportation du bétail sur pied. L'industrie des viandes congelées avait une importance secondaire comme le montre le tableau suivant :

	Bétail exporté.	Viande congelée.
	Valeur en pesos d'or.	Valeur en pesos d'or.
1900	4.273.425	7.042.727
1901	2.062.380	9.623.118
1902	3.225.361	13.571.457
1903	9.941.471	14.707.888

L'apparition de la fièvre aphteuse en Argentine, au début de 1900, eut comme conséquence la fermeture des ports anglais au bétail du Rio de la Plata.

Ce fut alors que les frigorifiques, n'ayant plus à craindre la concurrence pour l'achat de bons animaux d'abatage, achetèrent à des prix relativement bas les animaux préparés pour l'exportation sur pied.

Voici le rapport, dans les quatre années consécutives à la fermeture des ports anglais, de l'exportation des animaux sur pied et de la viande congelée :

	Bétail sur pied.	Viande congelée et similaires.
	Valeur en pesos d'or.	Valeur en pesos d'or.
1894	5.095.643	1.936.155
1895	8.357.205	1.754.875
1896	8.083.459	1.948.272
1897	6.539.072	2.233.325
1898	9.433.438	2.666.878
1899	8.482.511	2.665.073

(1) *Revista de la Camara mercantil de Buenos-Aires*, août 1908, n° 92.

L'augmentation de l'exportation du bétail sur pied est due à la vente des chevaux et mulets pendant et après la guerre sud-africaine.

De 113.000 quartiers de bœufs et de 2.500.000 moutons en 1899, l'exportation a atteint dans l'espace de six ans 2.000.000 de quartiers de bœufs et 3.500.000 moutons. En 1910, les chiffres correspondants sont de 3.403.000 et 3.400.000. Autrement dit, l'exportation des quartiers de bœufs a atteint pendant dix ans un chiffre 12 fois plus grand que le chiffre initial.

Les abattoirs frigorifiques argentins ont très sérieusement contribué à la transformation du bétail. Ils ont créé un débouché très important pour les meilleurs animaux, lequel en a fait augmenter la valeur d'environ 50 p. 100, car c'est ainsi que les bœufs, qui valaient 70 piastres-papier, soit 154 francs, il y a une dizaine d'années, se paient aujourd'hui 105 à 110 piastres, soit 231 à 242 francs.

Afin de faciliter l'embarquement du bétail, toutes les gares de la vaste région d'élevage sont pourvues de parcs et de couloirs, et les wagons sont construits de telle façon qu'au lieu de se faire en travers, comme chez nous, le chargement s'effectue dans le sens de la longueur, un pont-levis avec une porte mobile faisant communiquer un wagon avec le suivant, si bien que l'on peut charger toute une rame de wagons sans les déplacer, cela simplement en se servant du premier, qui est à quai par bout, comme d'un couloir permettant d'y faire passer les animaux dans le second, du second dans le troisième, et ainsi de suite jusqu'à celui qui forme l'extrémité du convoi ; puis, lorsque ce wagon est plein, on descend l'espèce de vanne qui le ferme en bout, procédant successivement de même pour tous les autres, le premier wagon étant en somme rempli le dernier.

Pour l'embarquement des moutons, l'opération se fait de la même manière, sauf toutefois que les wagons sont munis d'un plancher mobile qui est soulevé au moyen de treuils une fois que les animaux y sont entrés, afin qu'il y ait deux étages dans chacun d'eux.

C'est ainsi que des trains entiers, comprenant une trentaine de grands wagons contenant 16 à 18 bœufs en moyenne, transportent jusqu'à 500 bœufs de l'intérieur vers les abattoirs frigorifiques.

Il convient toutefois de dire à ce sujet que, comme, en Argentine, le bétail constitue un gros élément de tonnage, les diverses compagnies de chemins de fer ont un matériel spécialisé, alors qu'en France la quantité d'animaux qui est ainsi transportée est trop faible pour qu'on y affecte un assez grand nombre de wagons qui ne serviraient qu'à cela. Or, dans de telles conditions, il n'est guère possible d'opérer autrement qu'on le fait dans la généralité des cas, quoique cependant des améliorations de ce genre pourraient être apportées aux expéditions de bétail qui se font de quelques-unes de nos régions sur le marché de la Villette.

Le poids moyen des bœufs tués dans les frigorifiques est de 600 kilogrammes pour des animaux de trois ans et demi à cinq ans environ et qui rendent 340 kilogrammes de viande nette ; quelques-uns arrivent à peser 700 kilogrammes et à rendre jusqu'à 420 kilogrammes de viande. Ce sont généralement des durhams (85 p. 100), des herefords (13 p. 100) et des polled angus (2 p. 100). Ainsi que je l'ai déjà dit, leur prix moyen par tête était, en octobre 1910, de 105 à 110 piastres-papier, soit 231 à 242 francs, ou encore 17 piastres, soit 37 fr. 40 les 100 kilogrammes vif.

Ces abattoirs choisissent ce qu'il y a de mieux parmi les produits de l'élevage courant, alors que dans ceux de la ville de Buenos-Aires, où l'on tue environ 2.000 bovins par jour, gros et petits, la qualité est moins bonne, car c'est ainsi que des croisés durhams rendant 240 à 270 kilogrammes de viande ne sont achetés que pour le prix de 64 à 70 piastres, soit 140 à 154 francs.

En ce qui concerne l'espèce ovine, les frigorifiques tuent 90 p. 100 de moutons et 10 p. 100 de brebis, sur lesquels il y a environ 65 p. 100 de lincolns, 25 p. 100 de rambouillets et 10 p. 100 de southdowns d'un poids vif moyen de 55 à 60 kilogrammes, rendant 25 à 28 kilogrammes de viande nette. Leur prix moyen par tête, en octobre 1910, était de 9 piastres, soit 19 fr. 80 avec trois quarts de laine entière, ou 16 à 17 piastres, soit 35 fr. 20 à 37 fr. 40 les 100 kilogrammes vif.

Dans les frigorifiques, le travail est fait avec une extrême propreté, et une inspection minutieuse des viandes est passée, sitôt après l'abatage, par des agents spéciaux du gouvernement. Ces établissements, qui sont au nombre de 10, ont nécessité un capital de 111 millions de francs.

D'immenses chambres froides reçoivent les moitiés de bœufs ou les carcasses de moutons, qui sont graduellement portées à une température plus ou moins basse durant un temps variable, suivant que l'on fait du *chilled beef* ou que l'on veut faire la réfrigération à cœur. Après quoi on les enveloppe d'un linge blanc afin de les préserver de toute souillure jusqu'au moment où elles seront débitées.

De l'établissement, généralement construit près d'une voie fluviale, les viandes sont chargées sur des chalands frigorifiques d'où elles sont transbordées sur des navires spéciaux aménagés pour les conduire en Europe, en Angleterre surtout. Le fret est actuellement de 8 fr. 25 par 100 kilogrammes.

En octobre 1910, le cours de la viande était, aux frigorifiques, de 68 fr. 20 les 100 kilogrammes pour le bœuf congelé et de 90 fr. 20 pour le bœuf simplement réfrigéré (*chilled beef*). Le mouton valait 61 fr. 60 les 100 kilogrammes.

A Londres, le prix de la viande ne dépasse guère 0 fr. 90 le kilogramme. En 1909, la République Argentine a exporté pour 105.328.735 francs de bœuf et 26.598.060 francs de mouton. L'Angleterre à elle seule a acheté les 98 p. 100 de ce total.

Les principaux abattoirs frigorifiques (*fabricas frigorificas*) sont :

La Blanca, The La Plata Cold Storage, The Smithfield and Argentina Meat C⁰ Lᵈ, Frigorifico Argentino, The Burzaco Packing Company et *La Postrera*.

« La Blanca », située sur la rive droite du Riachuelo, fut fondée en 1902 et commença à fonctionner en 1903. La société, formée par des capitalistes argentins, éleveurs en majorité, a un capital de 1.500.000 pesos d'or, divisé en 15.000 actions de 100 pesos chacune. Dans cet établissement, on peut abattre journellement 500 bœufs et 4.000 moutons. Il y a 29 chambres réfrigérantes pouvant contenir un maximum de 4.000 tonnes de viande.

Le « Frigorifique La Plata », constitué en 1903 par des capitalistes sud-africains en majorité, est formé de 40.606 actions de 1 livre chacune. La salle d'abatage permet d'abattre journellement 600 bœufs et 5.000 moutons. Les chambres frigorifiques sont divisées en 14 compartiments et 3 dépôts qui peuvent contenir 5.000 tonnes de viande congelée.

« The Smithfield and Argentine Meat C⁰ L⁴ » est une société qui a son établissement situé dans les environs du bourg de Zarate (province de Buenos-Aires). Elle a été constituée en 1903 avec un capital de 200.000 livres sterling, divisé en 200.000 actions réparties entre capitalistes argentins et anglais. Le 24 février 1905 ont commencé à fonctionner ses salles d'abatage, suffisantes pour 230 bœufs et 1.500 moutons par jour. Le frigorifique comprend 9 chambres réfrigérantes, 6 pour la congélation, 2 pour le *chilled beef* ordinaire et 1 pour le *chilled beef* système Linley. Cette dernière n'est pas utilisée. La capacité totale de ces chambres est de 1.000 tonnes de viande congelée.

Le « Frigorifico Argentino », situé à peu de distance de « La Negra », appartient à une société anonyme de capitalistes argentins. Le capital social est de 1.250.000 pesos d'or, divisé en actions de 100 pesos chacune. L'établissement a commencé à travailler en juin 1905. L'abatage journalier atteint, avec les installations actuelles (en 1908) 400 bœufs et 4.000 moutons. Les chambres réfrigérantes, au nombre de 21, ont une capacité de 734.000 pieds cubiques

La *Burzaco Packing Company* tire son origine de la société fondée en 1901 à Burzaco par MM. Matheus et C*e pour la fabrication de produits alimentaires d'origine animale. Cette société a un capital de 200.000 pesos, monnaie nationale, divisé en action de 10 pesos chacune.

Elle peut abattre jusqu'à 200 porcs et les chambres réfrigérantes peuvent contenir 350 tonnes de produits. L'établissement est pourvu de machines ultra-modernes qui permettent de travailler journellement 15.000 morceaux de viande de porc de 1 à 2 livres chacun, 40.000 morceaux de jambon et 20.000 d'autres conserves.

La *Postrera* est une société analogue à la précédente, qui

fonctionne depuis le 1er avril 1907. Elle a un capital de 1 million de pesos, indépendamment de la valeur du terrain, propriété de M. Georges Guerrero et situé à la Estacion Guerrero (F. C. S.). Muni de tous les perfectionnements modernes, l'établissement arrive à un abatage de 250 porcs par jour. Les chambres frigorifiques peuvent contenir 500 porcs et 300 bœufs et les dépôts jusqu'à 400 tonnes de produits.

La *Compania Sansinena* est tout près de Buenos-Aires, à proximité de la mer pour faciliter le transport. Là, un abattoir qui s'étend sur une superficie de 37.000 mètres carrés occupe 1.200 ouvriers. Le service y est surveillé par deux vétérinaires. A 5 kilomètres existent des pâturages pour 5.000 bœufs et 20.000 moutons.

Le froid nécessaire y est obtenu par 7 machines frigorifiques d'une puissance totale de 1.700.000 frigories-heure, soit 2.800 chevaux. Onze chaudières Sulzer produisent la vapeur nécessaire.

Le bétail est amené dans des cours couvertes communiquant avec l'abattoir. A côté de la salle d'abatage, se trouve une salle de séchage où le bétail tué, pour empêcher le dépôt d'humidité (sous la forme de neige) dans les compartiments réfrigérateurs, est séché pendant cinq à six heures, après quoi la viande, élevée par des monte-charges à passerelle, est transportée, par un chemin de fer suspendu, vers les compartiments réfrigérateurs.

Les batteries réfrigérantes sont disposées immédiatement au-dessous du toit, dans des enceintes reliées par des conduites à air aux compartiments réfrigérateurs situés immédiatement au-dessous, de façon à recevoir le froid de l'air refroidi dans les batteries. Après une réfrigération de trois jours, la viande congelée, devenue dure comme la pierre, est descendue dans les magasins froids. Le transbordement dans les steamers de transport occupe environ une semaine.

Les têtes, les intestins, les estomacs et les pieds, consciencieusement lavés au préalable et mélangés à d'autres déchets de viande, sont bouillis dans de grandes chaudières travaillant sous une pression de deux atmosphères. Après une ébullition de trois heures, la graisse est purifiée dans des réservoirs de clarification. Les qualités supérieures de cette graisse sont, après purification, employées comme beurre artificiel ; le reste sert à la fabrication des bougies. Les résidus constituent un combustible fort précieux et les cendres sont vendues comme engrais chimique.

Dans ces puissantes usines, il est possible de congeler 8.000 moutons ou 600 bœufs par jour, ce qui suffirait pour nourrir la moitié de la population totale de la Suisse.

La compagnie dispose de ports spéciaux d'embarquement. Pour réduire les pertes par dégel, le transport sur les navires n'est en général opéré que la nuit.

En Uruguay. — Les établissements de Chicago achètent, quand l'occasion se présente, les « saladeros » uruguayens pour les transformer en usines modernes de conservation et de préparation des viandes avec utilisation des sous-produits. On cite une usine à construire près de Montevideo qui pourra tuer chaque jour 1.500 bovins. L'abattoir sera tout en haut d'un grand édifice à trois étages et les quartiers de viande descendront sur un plan incliné.

La nouvelle société *Frigorifica uruguaya*, au capital de 10 millions et demi de francs, ne compte préparer que des viandes *refroidies*, plus appréciées sur les marchés de consommation que les viandes *congelées*. Elles peuvent, d'ailleurs, se conserver quarante à quarante-cinq jours, à la condition que les viscères ne soient pas adhérents.

Il semble préférable de n'abattre que des animaux de peu de poids. On reproche en effet, en Europe, aux viandes de l'Argentine, leur excès de graisse.

Le gouvernement uruguayen se propose d'exonérer non seulement de droits d'exportation pendant huit années les sociétés qui prépareront dans le pays les viandes refroidies, congelées, cuites et conservées, mais, aussi, de la patente additionnelle de 1 p. 100 et du paiement des droits de timbre.

Devant les débouchés qui semblent ainsi s'ouvrir au bétail du pays, les éleveurs comprennent la nécessité de croiser leurs animaux, d'améliorer les pâturages, de créer des prairies artificielles, ce que facilitent maintenant les nouvelles charrues actionnées par des moteurs à pétrole. Actuellement la viande sur pied coûte 5 sous le kilogramme en été et 8 sous un quart en hiver. Il s'ensuit que dans cette dernière saison un bovin de 420 kilogrammes se paie 180 francs. Tous frais d'abatage et autres payés, la bête morte revient à 200-205 francs chez le boucher. Si l'on déduit la valeur du cuir, 23 fr. 50, et celle du suif, des abats, la somme se réduit à 165 francs environ. Comme l'animal (*novillo*) qui pesait 420 kilogrammes se réduit pour la vente à l'étal à 220 kilogrammes, on arrive à un prix de revient moyen de 0 fr. 75. Ce chiffre est trouvé pour l'Uruguay trop élevé. Aussi accuse-t-on les bouchers de réaliser de trop grands bénéfices, notamment quand la viande sur pied ne vaut que 5 sous en été.

Remarquons, comme il a été dit plus haut, que la viande simplement refroidie, pour pourvoir être conservée quarante à cinquante jours, exige que les viscères ne soient pas adhérents. En France, les règlements sanitaires exigent que les viscères soient adhérents, car c'est le seul moyen de constater l'état sanitaire de l'animal et le délai de conservation est alors réduit à douze jours. On a bien dit que les pays intéressés pourraient envoyer sur les lieux d'abatage des vétérinaires consciencieux qui ne laisseraient embarquer que des viandes saines.

En Australie. — En Australie le *Queensland* peut être considéré comme l'État le plus important pour l'exportation de la *viande* de bœuf *congelée*. La Nouvelle-Galles du Sud (New South Wales) en exporte beaucoup aussi et plus de moutons qu'aucun des autres États, ainsi qu'une grande quantité de produits de laiterie. L'État de Victoria exporte de la viande de mouton et beaucoup de produits de laiterie. L'Australie méridionale n'exporte guère que la viande d'agneau. La *Tasmanie* exporte des fruits gelés.

Les bœufs dont la viande doit être congelée et qui ont voyagé se reposent quelque temps dans des paddocks avant d'être abattus. Ensuite ils sont amenés à l'abattoir, et, dans les usines modernes, sont tués par un coup de marteau sur la tête, procédé plus humain que l'ancienne ablation de la moelle épinière. De plus, l'écoulement du sang est plus complet lorsque l'animal, assommé et suspendu rapidement par les jambes de derrière, est saigné à la gorge et reste dans cette position un temps variable suivant la température.

Quand le sang a suffisamment coulé, l'animal est paré, partagé en deux, puis passe dans les *chambres frigorifiques* une heure après avoir été assommé. Il y reste, environ, dix-huit heures, au bout desquelles sa température est amenée au voisinage de 4°,5 C. Les moitiés sont, alors, divisées en quartiers qui sont transportés dans la chambre de congélation, où ils restent au moins cinq jours. A l'expiration de ce terme, la température des chambres a été portée à environ — 13° C. Le dernier jour, les quartiers sont placés dans des enveloppes ou sacs de toile recouverts eux-mêmes d'une toile d'emballage pour les maintenir propres pendant les manutentions de l'embarquement.

Une fois ensachée, la viande est descendue dans de grands magasins qui, dans les usines modernes, se trouvent immédiatement sous les chambres de congélation et où la température est maintenue entre — 15° et — 18°. Elle reste là au moins durant quatre jours avant d'être embarquée. La température extrêmement basse de — 18° est nécessaire, non pas pour la conservation de la viande elle-même, mais pour permettre à celle-ci de résister à la température de l'air extérieur lors du transport de l'usine au bateau.

Pour traiter journellement un nombre assez important d'animaux, trois chambres frigorifiques sont nécessaires : deux pour recevoir le bétail tué chaque jour et la troisième pour permettre de commencer le travail le lendemain avant que les deux premières aient été vidées de leur contenu à transporter dans les chambres de congélation et soient prêtes pour la réception de nouvelles bêtes.

Le nombre des chambres de congélation doit être d'au moins cinq. Les quartiers de viande suspendus peuvent alors durcir suffisamment avant d'être mis dans les magasins. Dans ces derniers, on les empile jusqu'à une hauteur de 9 à 10 pieds.

On comprend dès lors qu'avec un durcissement insuffisant les couches inférieures se déformeraient. Il est entendu qu'ici la quantité d'animaux reçus journellement dans les deux chambres de refroidissement correspond à la charge d'une chambre de congélation.

Tout ce que l'on vient de lire se rapporte à une usine de capacité journalière maximum de 150 bêtes. Le nombre des chambres doit être augmenté proportionnellement pour une plus grande quantité d'animaux.

Quand les quartiers sont bien empilés, il faut compter un emplacement d'environ 95 pieds cubiques par tonne anglaise de viande.

En ce qui concerne le traitement des *moutons*, les bâtiments sont isolés de la même manière. Cependant les chambres de refroidissement sont beaucoup plus basses. En outre les quartiers de viande, forcément d'un plus faible volume, n'y séjournent que douze heures avant de passer dans les salles de congélation. Celles-ci sont maintenues à la même température que lorsqu'il s'agit de la viande de bœuf. Mais les pièces de mouton convenablement refroidies n'y séjournent que trois et quelquefois deux jours, au lieu de cinq.

Les morceaux de viande, convenablement congelés, sont emballés dans des enveloppes de toile, mais sans toile d'emballage extérieure. On les empile dans les magasins de la même manière que ceux de bœuf. Une tonne de mouton exige un emplacement cubique de 120 à 125 pieds. On embarque la viande après un séjour de deux à trois jours en magasin.

Les usines frigorifiques sont, le plus souvent, à une petite distance du port d'embarquement. Dans de très rares cas la viande peut passer directement du magasin dans le bateau.

Quand la viande doit être transportée par chemin de fer, les wagons sont, naturellement, isolés le plus parfaitement possible. Si un léger dégel se produit, soit des magasins aux wagons, soit de ceux-ci au bateau, l'enveloppe de toile adhère à la viande lorsqu'elle est replacée dans la cale frigorifique du bateau.

Il a été exporté de la Nouvelle-Zélande, du 1er juillet 1901 au 30 juin 1902, *en viande congelée* : viande de mouton 122.135.878 livres ; viande d'agneau, 68.842.800 livres ; viande de bœuf, 31.562.175 livres ; au total : 222.540.853 livres. Ces chiffres représentent, par rapport à ceux de 1900-1901, une augmentation de 44 millions de livres. L'exportation de la viande d'agneau a augmenté de 17 millions de livres ; celle de la viande de bœuf de 2 millions de livres.

D'après le consul général de France à Sydney, l'année 1910 est considérée, par tous ceux qui s'occupent de la viande gelée, comme ayant été l'une des meilleures depuis la création de ce genre de commerce. Les chiffres publiés à ce propos par la maison Weddel and C° Limited, dans sa revue annuelle, se rapportent à l'ensemble du Royaume-Uni et à toutes les contrées où il s'approvisionne (Australie, Nouvelle-Zélande, Amérique du Sud) ; il est cependant possible d'en extraire les renseignements suivants, qui ont particulièrement trait au Commonwealth.

L'exportation australienne accuse, dans l'exercice en question, une augmentation de 105 p. 100 pour la viande de mouton et de 100 p. 100 pour la viande de bœuf. La situation économique particulièrement prospère du Royaume-Uni, en 1910, a eu pour conséquence de développer la faculté de consommation des masses, et c'est ce qui a permis au marché britannique d'absorber cet énorme excès de viandes en provenance de l'hémisphère austral. La consommation globale de la viande a été, en effet, en Angleterre, de 59 liv. 7 de bœuf et de 29 liv. 8 de mouton par tête d'habitant, soit, pour tout le royaume, 1.813.426 tonnes de 1.016 kilogrammes ; la viande gelée entre dans ces chiffres pour 33,7 p. 100.

Le nombre total des carcasses de mouton gelé envoyées par l'Australie a été de 2.723.148, dépassant de 1.396.007 unités le chiffre atteint en 1909. L'augmentation est donc de 105 p. 100, alors que les exportations de la Nouvelle-Zélande et de l'Amérique du Sud, pour la même branche commerciale, n'ont respectivement augmenté que de 6,5 et de 4,4 p. 100. L'Australie a, en outre, envoyé 144.963 carcasses d'agneau de plus que l'année précédente.

Enfin, le nombre des quartiers de bœuf qu'elle a expédiés à la métropole dépasse de 267.854 unités le chiffre des expéditions de 1909.

On peut constater, d'une façon générale, que les exportations d'Australie et de Nouvelle-Zélande ont une tendance marquée à augmenter d'importance, alors que, au contraire, celles de l'Amérique du Sud accusent un état stationnaire et parfois même une légère diminution.

A la fin de 1910, les demandes du commerce de détail étaient plus nombreuses que jamais, ce qui permet de présumer que la campagne de 1911 ne le cédera en rien à celle qui vient de finir.

En Angleterre. — Le public anglais, confiant dans l'efficacité des mesures prises par l'administration, fait bon accueil aux viandes frigorifiées, qui sont généralement meilleures que les viandes anglaises de deuxième qualité et ont l'avantage de coûter beaucoup moins cher.

Il y a deux sortes de viandes frigorifiées : les viandes congelées (*frozen meat*) et les viandes réfrigérées (*chilled meat*). La température des chambres froides descend peu à peu jusqu'à — 12°, en évitant de « saisir » la viande, ce qui provoquerait la congélation de la seule couche superficielle, et la masse sous-jacente, ainsi isolée par l'enveloppe qui n'est plus poreuse, pourrait se décomposer. Pour vérifier l'état des viandes suspectes, on enfonce une sonde jusqu'au centre des quartiers. Pendant la réfrigération, aucune partie de la viande ne doit être en contact avec un corps étranger (parquet, mur, autres quartiers de viande, etc.), car les portions en contact ne gèleraient pas et se décomposeraient par la suite. Un quartier de bœuf demande huit jours et une carcasse de mouton cinq pour la réfrigération. Les viandes congelées sont tenues de — 6° à — 10°. On les entasse les unes sur les autres, protégées qu'elles sont par les sacs en étamine qui les enveloppent. La *viande congelée* est dure, d'aspect mat avec grandes taches noirâtres. Au dégel, il y a un déchet d'environ 1 kilogramme par quartier. La *viande réfrigérée* ne présente pas ces inconvénients, car elle est amenée seulement à 0°. Elle reste molle. Au toucher et à l'aspect, elle est identique à la viande fraîche et elle présente les mêmes veines bleuâtres (noires dans la viande congelée). Toutefois, elle est d'un maniement plus difficile et elle se conserve moins longtemps que la viande congelée.

Avant de livrer les viandes frigorifiées à la consommation, on les dégèle progressivement pour éviter l'exsudation, la perte de jus. Le procédé Nelson, le plus employé à Londres, consiste à placer la viande dans une chambre entourée, près du plancher, le long des murs, de tuyaux de vapeur. L'air chaud passe sur les carcasses et la vapeur d'eau vient se liquéfier sur les tuyaux frigorifiques placés près du plafond. Toute l'humidité vient se déposer sur ces tuyaux, et l'air froid retombe pour être chauffé à nouveau, et ainsi de suite. Il faut ainsi quatre jours pour dégeler un quartier de bœuf et deux jours pour une carcasse de mouton. Les viandes dégelées ont l'aspect de la viande fraîche.

« Il y a à peu près trente ans que l'on importe régulièrement en Angleterre des viandes frigorifiées. Dès 1880, l'Australie tenta un essai : 40 tonnes de viandes furent expédiées avec succès. Les États-Unis firent une expérience identique vers la même époque. En 1881, une compagnie de la Nouvelle-Zélande s'engagea à fournir et à expédier à Londres 8.000 carcasses de mouton frigorifiées ; un navire à voiles fut pourvu de machines et de chambres frigorifiques, et débarqua sa cargaison en bon état à Londres vers le milieu de 1882. En 1883, la République Argentine tenta un effort du même genre. L'industrie nouvelle était lancée.

« Elle devait prendre un essor considérable. Pour la Nouvelle-Zélande seule, les quantités de viande frigorifiée exportée annuellement passèrent de 15,244 cwt. en 1882 (le cwt. vaut $50^{kgr},802$) à 253.975 cwt. en 1884, 901.203 cwt. en 1890, 1.143.210 cwt. en 1895, 1.714.950 en 1900 et 2.135.883 en 1907.

« En 1910, on importa en Angleterre 13.305.230 cwt. de viandes frigorifiées, d'une valeur de 561.451.050 francs.

« Si l'importation en Angleterre des viandes frigorifiées est devenue plus facile, il ne faudrait pas croire qu'elle soit complètement libre, ni que les autorités anglaises ne s'entourent pas de précautions minutieuses afin d'empêcher la vente de denrées malsaines.

« La question est réglée par la loi sur la santé publique de 1907 (Public Health Act 1907) et par les « Regulations » prises en vertu de cette loi en 1908 et 1909.

« D'après ces lois, le gouvernement britannique reconnaît la validité pendant un laps de temps déterminé de certificats sanitaires délivrés par les autorités compétentes du pays dans lequel la viande a été abattue et frigorifiée. Ce certificat est en général présenté sous la forme d'une étiquette, dont le modèle est déposé au Local Government Board et reproduit dans la « London Gazette ».

« En demandant la reconnaissance de ce certificat ou de cette étiquette, les gouvernements étrangers déclarent que la viande ne sera exportée que si elle provient d'une contrée dans laquelle il n'y a pas d'épizooties au moment de l'abatage, et en outre que l'abatage, la réfrigération, l'emballage, l'inspection seront faits d'après les recommandations de la loi anglaise, de façon à éviter le danger pouvant résulter de la consommation de viandes malsaines.

« D'ailleurs, cette mesure n'implique pas que les viandes munies de l'étiquette sanitaire d'un pays étranger soient exemptes d'inspection à leur arrivée en Angleterre. Le Public Health Act enjoint aux inspecteurs de prélever sur les viandes des échantillons qui seront examinés avec soin. En outre, les inspecteurs et les officiers des douanes doivent vérifier si les étiquettes sanitaires s'appliquent bien aux carcasses auxquelles elles sont fixées et si elles n'ont pas été changées en cours de route.

« Le Public Health Act est encore en quelque sorte renforcé par des lois spéciales que certaines colonies ont cru devoir édicter à propos du commerce des viandes.

« En Nouvelle-Zélande, par exemple, la loi de 1900 sur les abattoirs et inspections (Slaughtering and Inspection Act 1900) spécifie qu'aucune viande ne peut être exportée si elle n'a pas été abattue dans des abattoirs spécialement désignés par les autorités, et dans lesquels l'inspection sanitaire est exercée d'une manière particulièrement efficace par l'un des inspecteurs officiels, qui sont tous membres du Royal College of Veterinary Surgeons de Londres, ou possèdent un diplôme reconnu équivalent à ceux délivrés par ce collège. Ces inspecteurs sont nommés par le gouvernement et demeurent sous son contrôle.

« Les viscères, avec toutes les glandes lymphatiques, sont examinés soigneusement. Dans le cas où il y aurait des lésions tuberculeuses, les précautions nécessaires sont prises pour empêcher la vente ou l'exportation des viandes.

« Après les viscères, la viande elle-même est inspectée. Quand cet examen a été favorable, elle est pourvue de l'étiquette officielle, revêtue de la griffe de l'inspecteur. Cette étiquette indique la qualité, le poids, le nom du propriétaire, celui de l'établissement où la viande a été abattue et réfrigérée.

« Une flotte considérable assure des services réguliers entre l'Australie, les deux Amériques et l'Angleterre. Les navires sont aménagés pour recevoir 200 à 300 tonnes de viande. Les cales sont maintenues entre — 12° et + 2° suivant la nature des viandes.

« En Angleterre, celles-ci sont à nouveau inspectées. C'est plutôt après le dégel — on procède, en effet, à ce moment à une troisième inspection — que les médecins vétérinaires exercent leur fonction avec le plus de soin.

« Le transport du port d'embarquement aux grands entrepôts et marchés se fait soit en wagons frigorifiques, soit en wagons ordinaires pour les courtes distances. Elles peuvent supporter un transport de trois à quatre heures dans un wagon ordinaire, même par les plus fortes chaleurs.

« On suspend les viandes réfrigérées à raison de 44 quartiers par wagon. Ce dernier contient toujours de la glace dans 2 réservoirs placés à chaque extrémité. Le prix du transport est le même par wagon frigorifique et par wagon ordinaire. Dans le premier cas, l'expéditeur a simplement à fournir la glace. Les viandes congelées n'exigent ni wagons spéciaux, ni manutention spéciale. Les quartiers sont empilés, posés à plat ; aussi les prix de transport sont-ils sensiblement moins élevés que pour la viande réfrigérée.

« Il y a à Londres un très grand nombre d'entrepôts frigorifiques appartenant, soit à des particuliers, soit aux marchés municipaux, soit à la Port of London Authority.

« Les murs de ces magasins ont environ 0^m,70 d'épaisseur. Construits en briques lisses et vernies, ils sont faciles à nettoyer et les chambres sont d'une propreté remarquable. Des thermomètres spéciaux, dits « à longue distance », placés un peu partout, avertissent l'employé chargé de la conduite de l'appareil de réfrigération.

« La capacité totale des installations de Londres est d'environ 3 millions de carcasses de mouton. Les principales sont celles de London and of India Docks ; de l'Union Cold Storage C⁰ ; de la London Central Markets Cold Storage C⁰, etc.

« En dehors de Londres, il faut citer le frigorifique de Southampton, qui passe pour le plus grand qui soit en Europe. Ses dimensions sont : longueur, 400 pieds ; largeur, 120 pieds ; hauteur, 50 pieds.

« Il repose sur 1.347 piles en béton armé de 43 pieds de long, et est lui-même construit en béton armé. Sa capacité est de 1.200.000 pieds cubes, admettant 15.000 quartiers de bœuf et 155.000 carcasses de mouton. Il y a, en outre, un espace de 500.000 pieds cubes réservé à divers produits, tels que beurres, poissons, volailles, œufs et fruits. Les plus grands navires peuvent y décharger directement leur cargaison : la marée basse laisse 32 pieds d'eau le long du quai sur lequel il est situé.

« Ce n'est en général pas le cas pour les frigorifiques de Londres. Il faut procéder au transport des navires au quai et du quai aux entrepôts. La Port of London Authority s'est préoccupée de la question et entreprend, pour le compte de particuliers, tout transbordement et tout transport des viandes frigorifiées arrivant dans ses docks.

La plupart des frigorifiques assurent eux-mêmes le transport des viandes qu'ils entreposent. Ce transport s'effectue, en général, au moyen de wagons « isolés », ne contenant pas de glace. Ces wagons sont à traction animale ou à traction automobile. La Port of London Authority, notamment, en possède un certain nombre et entreprend pour le compte de particuliers le transport des viandes dans les entrepôts ne dépendant pas de son administration.

« Le prix du transport des docks aux frigorifiques du Central Market, les plus éloignés des docks, était, jusqu'en août dernier, de 20/9 par tonne et par mois. Mais, depuis la dernière grève des transports, ces prix ont dû être augmentés de 7,50 p. 100.

« Les viandes importées ne sont pas vendues tout de suite. Soit que, par suite d'arrivages trop considérables ou par suite du cours trop bas, les commerçants ne puissent pas ou ne veuillent pas vendre leurs viandes, il est nécessaire de les conserver un certain temps en entrepôt. La taxe perçue est en général 25/- (31 fr. 25) par tonne et par mois.

« En ce qui concerne plus spécialement les frigorifiques des marchés de Londres qui sont situés à proximité des marchés, dont ils sont pour ainsi dire une annexe, et communiquent avec eux par des passages souterrains, il faut noter une particularité intéressante. Au lieu de percevoir les taxes d'usage sur les viandes apportées dans un marché, au moment où elles en franchissent les portes, les autorités compétentes ont préféré taxer les viandes à leur entrée dans les frigorifiques. De cette façon, le contrôle des agents percepteurs des marchés ne s'exerce plus sur les viandes entreposées, ce qui facilite grandement les transports du frigorifique au marché. A noter, en outre, que la vente des viandes entreposées ne peut se faire que dans les bâtiments mêmes des marchés.

« Mais toutes les viandes débarquées à Londres, ni même toutes celles qui y sont entreposées, ne sont pas destinées à l'alimentation de cette ville. Une grande partie est expédiée sur les marchés de la province, soit qu'elles aient déjà été achetées par des bouchers en gros, soit qu'elles y aient été simplement expédiées par des importateurs désireux de profiter de cours plus élevés ou n'ayant pas trouvé un débouché suffisant à Londres.

« Le transport est effectué, comme à l'arrivée, par wagons frigorifiques ou par wagons ordinaires, suivant la nature des viandes et suivant la longueur du trajet. Les frigorifiques importants, comme celui de Poplar, à la London Central Markets Cold Storage C°, sont reliés aux grandes lignes de chemin de fer par des voies ferrées privées aboutissant aux portes mêmes des entrepôts. L'embarquement des viandes et leur transport ne donne, par suite, lieu à aucune perte de temps ni à aucune manutention inutile. On arrive ainsi à transporter, avec un minimum de temps et de travail, des viandes frigorifiées dans le Royaume-Uni tout entier. Il en résulte que l'approvisionnement de tous les marchés est assuré d'une manière constante, et que cet approvisionnement, ne dépendant pas de l'abondance ou de la rareté du bétail dans tel ou tel district, est toujours réglé de façon à maintenir les cours sensiblement égaux et relativement bas. S'il y a en Angleterre de puissantes compagnies, il n'y a pas formation d'un trust faisant la loi sur le marché, car, par la variété des viandes, par le nombre des compagnies en présence, par la diversité des provenances des produits importés, un cartel des industriels est à peu près impossible. »

En Hollande. — M. C. G. Vattier Kraave, directeur du *Vriesseveen*, à Amsterdam, a préconisé l'importation de la viande congelée en Hollande.

« Il n'y a pas lieu, dit-il, de craindre que cette importation fasse baisser les cours de la viande fraîche, car c'est l'exportation et, par suite, les prix des marchés étrangers, qui les régissent.

« Un exemple typique, à ce sujet, est fourni par la margarine dont l'apparition sur le marché néerlandais n'a apporté aucune modification au prix du beurre.

« En ce qui concerne la crainte de voir le prix du transport majorer tellement le prix de la viande congelée que celui-ci serait sensiblement égal au prix de la viande fraîche, il suffit de rappeler qu'à Vienne, où les frais de transport sont de beaucoup plus élevés que dans les ports néerlandais, la viande congelée coûte de 0 fl. 50 à 0 fl. 60 le kilogramme (1).

« A Amsterdam, qui est directement reliée à l'Argentine par une ligne néerlandaise, ce prix ne pourrait qu'être inférieur et ne dépasserait certainement pas 60 cents le kilogramme.

« Il y a loin de ce prix à celui de la viande à Rotterdam, où l'on paye le kilogramme de bœuf de 0 fl. 90 à 1 fl. 10.

On a donc décidé de faire, auprès du gouvernement néerlandais, une démarche afin d'obtenir l'autorisation nécessaire.

« Cette question vise l'autorisation d'importer les viandes congelées d'Argentine, l'importation des lièvres et des lapins d'Australie, ainsi que celle de la volaille et du gibier des autres pays n'étant pas interdite à l'état de congélation.

(1) Un florin vaut 100 cents, soit 2 fr. 08.

«On sait, à ce sujet, qu'un arrivage assez important de lièvres et de lapins congelés d'Australie, soit, en tout, 4.000 caisses, a été débarqué, à Ymuiden, le 31 octobre 1911, pour le Vriesseveen d'Amsterdam. Chaque caisse contenait de 20 à 30 bêtes. Cet envoi était surtout destiné à l'Allemagne centrale et à l'Allemagne du Sud.

«La note du directeur du « Bureau voor Handelsinlichtingen » reproduit une partie d'un rapport du consul général d'Argentine à Amsterdam qui, après avoir indiqué quelles garanties sanitaires présente l'importation du bétail argentin abattu et fait l'éloge du professeur José Lignières, d'origine française, élève du professeur Nocard et chef du service argentin intéressé, rappelle que le médecin militaire anglais Farry, qui a inspecté en 1906 et 1907 les abattoirs et les établissements frigorifiques argentins, les a déclarés en parfait état de salubrité.

«Il termine en montrant que, par suite de l'importation des viandes congelées sud-américaines, la viande peut coûter :

« A Londres, 0 fl. 432, 0 fl. 408 ou 0 fl. 384 les 456 grammes ; à Naples, 1 lire 60 le kilogramme ; à Turin, 1 l. 20 à 2 lires ; en Belgique, 1,35 à 1,55 le kilogramme ; à Amsterdam, 1 fl. 20 ; le kilogramme de bœuf, 1 fl. 30 et 2 fl. 10, et la côtelette de mouton, 0 fl. 35. »

Quelques débouchés. — A cette question : Quels *produits frigorifiés* pourraient être importés à Constantinople ? MM. Goldstein et Stock répondent : La viande de boucherie est insuffisante comme quantité. Sa qualité laisse souvent à désirer. On pourrait essayer l'importation à Constantinople des viandes frigorifiées de la République Argentine, qui ont été si bien accueillies en Angleterre et en Belgique. La consommation de la viande de boucherie frigorifiée pourrait acquérir en Turquie une grande importance économique et même une réelle portée sociale.

A Honolulu (îles Hawaï), il se fait une importation considérable de *viandes* et *volailles congelées* (*moutons, selles de porc, poulets, dindes*, etc.). Dans cet archipel, à climat plutôt tropical, les animaux souffrent de l'excessive chaleur, de la sécheresse et du manque de pâturages appropriés à leurs différents besoins. Il faut ajouter à cela l'ignorance et l'incurie des éleveurs indigènes, qui n'ont qu'une idée imparfaite de l'hygiène et des soins particuliers que réclament le bétail et les oiseaux de basse-cour, abandonnés pour ainsi dire à eux-mêmes.

Nous terminerons cette partie générale en disant que c'est grâce aux divers procédés de conservation que nous venons d'examiner, que l'on peut consommer des produits des différentes régions du globe. Nous citerons à ce propos un curieux menu du banquet de la Société nationale d'acclimatation de France, le 18 janvier 1912 : Copeaux de seiche fumée du Japon ; Omelettes aux œufs congelés de Chine et aux champignons du Yunnam ; perches noires d'Amérique, matelote de serpents de l'Inde ; Zébu de Madagascar ; Jambon fumé d'ours brun de Russie ; Salade de chayottes d'Algérie ; Melon de Malaga.

I

LA VOLAILLE

Préparation. — Les oiseaux de basse-cour que l'on tue avec l'intention de es conserver un certain temps dans un *frigorifique*, dans l'hypothèse où l'on ne peut les vendre immédiatement, doivent être préparés avec soin. D'ailleurs, quel que soit le cas envisagé, il importe toujours de bien tuer, puis de bien présenter l'animal à l'acheteur.

Les volailles qui doivent être sacrifiées sont tenues à jeun durant au moins dix-huit heures. On conseille de leur donner quelques gorgées de lait, ou, à défaut, on leur introduit dans le bec, quelques heures avant de les sacrifier, une gorgée d'un liquide composé d'un verre de lait et de trois verres d'eau, dans lesquels on a fait dissoudre une poignée de sel.

On purge de cette façon les volailles, nettoie les intestins. Ainsi on ne courra pas le risque, en retirant ces derniers, de provoquer des déchirures par où s'échapperaient des matières. Cette préparation donne aussi une chair plus blanche et plus tendre. Quand les poulets ont absorbé le lait, on les tient dans un cageot recouvert de toile et en un lieu bien chaud, précaution qui facilitera le plumage.

Une volaille bien saignée se conserve plus longtemps. La saignée que l'on pratique au cou, outre qu'elle est de mauvais aspect, nuit à la bonne conservation par suite des altérations dont elle peut être le siège. Dans tous les cas, il est préférable de saigner sous l'oreille en enfonçant perpendiculairement dans la cervelle une lancette ou un canif fin et pointu, ou de petits ciseaux que l'on retire après avoir exercé une pesée en biais, de manière à couper le faisceau de veines qui convergent dans la boîte cranienne. Parfois on enfonce l'instrument dans le fond de la gorge ; ou bien on fait une entaille un peu au-dessus de l'oreille. Pour les canards, les oies et les dindes, la saignée se fait de préférence sous la gorge.

Pour que le sang s'écoule bien, on suspend la volaille par les pattes. On lave, ensuite, l'intérieur du bec avec du vinaigre.

On doit plumer le plus tôt possible, le corps étant encore chaud. On commence par enlever la queue en allant vers le cou, que l'on ne dépouille qu'à moitié. La partie supérieure et la tête restent donc garnies de plumes.

Aux dindons, on laisse des plumes aux ailes et à la queue. Pour les canards et les oies, les ailes et la moitié du cou ne sont pas plumées.

Les écorchures de la peau sont réparées avec une couture au fil blanc.

Parfois on *flambe* les volailles plumées ; on les passe aussi dans l'eau bouillante, puis dans l'eau glacée, et l'on essuie soigneusement.

Pour vider l'animal, on introduit le doigt dans le cloaque et renverse le rectum, ou dernière portion de l'intestin. Tout en le maintenant en dehors, on le coupe circulairement, en ayant soin de retenir le bout. Tirant alors avec précaution le tube, on le sort et on le coupe à son point d'attache sur le gésier. Ce dernier, de même que le cœur et le foie, doivent rester dans le corps.

Ordinairement, on comble le vide ainsi produit avec des boulettes de papier gris pour conserver à l'animal sa forme et son volume. Ensuite, prenant le poulet avec les deux mains, on appuie le croupion sur la poitrine en ayant soin de le redresser, puis on passe la partie inférieure de la patte sous l'aile, ce qui met l'extrémité supérieure du fémur au niveau de l'épine dorsale et donne à la bête une forme carrée. En outre, pour qu'il se présente aux yeux des acheteurs encore plus trapu, on aplatit l'arête du ventre ou bréchet. A cet effet, on lui donne un coup sec en travers avec une planchette bien polie. Ou encore, on couche les bêtes sur le dos et on place sur elles une planche que l'on charge de poids (2 kilogrammes par volaille).

On se sert, aussi, de presses spéciales consistant, par exemple, en deux planches disposées perpendiculairement l'une par rapport à l'autre et constituant une auge un peu inclinée en arrière. On brise le bréchet et les pattes de la volaille, de façon à ramener les cuisses contre la poitrine. Ensuite on retourne les ailes en les engageant le long du corps sous les cuisses, que l'on a soin de replier, la tête restant pendante. On introduit les bêtes dans l'auge, le dos en l'air, le cou pendant en avant. On pose ensuite sur elles une planche de $0^m,10$ de largeur sur laquelle on met des objets pesants. On laisse ainsi deux à trois heures, jusqu'à ce que la chair soit complètement refroidie.

En Bresse, le poulet, à peine dépouillé de ses plumes et encore chaud, est enveloppé dans un premier linge très fin, parfois trempé dans une eau très laiteuse pour blanchir plus encore la chair, puis dans un second plus gros, percé d'œillets dans lesquels passe une ficelle qui permet de serrer fortement. L'animal prend ainsi la forme ovale allongée, si flatteuse à l'œil. Le grain du linge donne, en outre, à la chair, un aspect chagriné très fin.

Il est prudent, pour le producteur, de toujours se renseigner sur les usages adoptés dans les localités auxquelles on destine la marchandise. Ainsi dans certains pays on aime les formes aplaties qui font disparaître complètement la saillie du bréchet. Ailleurs on préfère les volailles aux formes rondes et allongées, rappelant l'aspect naturel du canard. En beaucoup d'endroits encore on apprécie les formes courtes, trapues et carrées du derrière.

En règle générale, toute volaille morte doit être refroidie

avant d'être emballée. On comprend que la température favoriserait les altérations, la chair verdirait, etc. Pour la conservation en attendant l'expédition, l'emploi du frigorifique est tout indiqué.

Dans les caisses d'emballage garnies de papier blanc, les volailles, entourées de papier bien propre (pas de papier de vieux journaux), sont disposées régulièrement, en bien les pressant les unes contre les autres, la poitrine en bas. Chaque lit est séparé par un lit de paille de seigle bien sèche. Aux bêtes qui

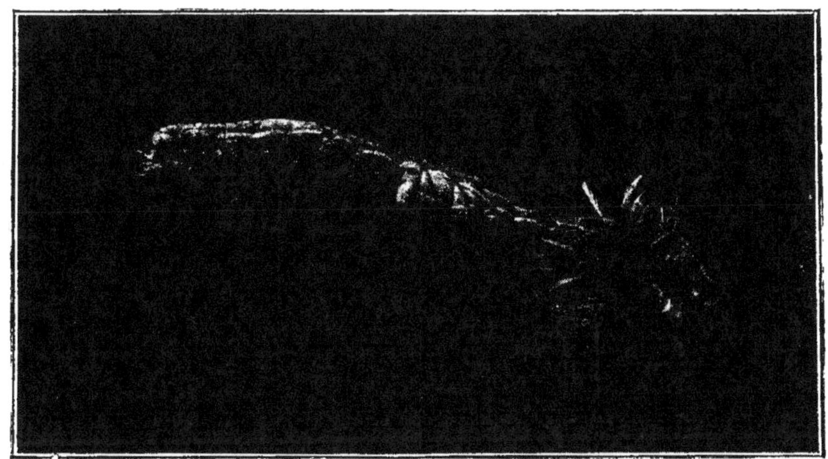

Fig. 78. — Chapon de Bresse enveloppé comme une momie.

ont été saignées, on mettra un petit tampon de paille sous le cou.

On classe aussi la volaille par grosseurs. Si l'on est obligé de placer dans le même emballage des volailles de grosseurs différentes, il faut les disposer par couches, chacune étant formée de volailles semblables. Mais il est préférable d'avoir des emballages différents pour chaque grosseur de poulet. Ce sont généralement des paniers ou des caisses à claire-voie.

On sait que la volaille française jouit d'une excellente réputation sur le marché anglais. Malgré cette préférence, nos envois n'occupent pas, par leur importance, la place à laquelle nous pourrions prétendre dans ce genre de commerce.

La consommation courante de Londres réclame surtout des poulets de grand volume et recherche moins le fumet et la finesse.

La plus grande partie des expéditions doivent donc se composer de volailles de qualité moyenne.

Les espèces de poulets les plus recherchées sont d'abord la *Faverolles* et les grosses pièces bien gavées de *Houdan*. Viennent, ensuite, Crèvecœur, la Flèche, Dorking-brahma, Orpington, Plymouth-rock.

La clientèle constituée par la classe aisée nous réserve cependant sa préférence pour les *volailles* à chair fine et délicate comme nos chapons du Mans, de la Bresse. Elle apprécie hautement la blancheur éclatante de leur chair, la régularité absolue de leur engraissement, l'absence, enfin, des agglomérations de plaques de graisse jaune assez fréquentes dans les volailles indigènes.

La classe de condition moyenne s'adresse surtout à nos concurrents (Hollande, Danemark, Hongrie, Irlande et surtout Russie, Italie, Canada, États-Unis). Elle leur demande des produits moins fins et souvent *frigorifiés*. Il semble difficile que l'on puisse changer cet état de choses, en raison du bas prix qu'atteignent, le plus souvent, les produits de cette catégorie. La lutte est d'autant plus difficile pour nous que nous envoyons des volailles de premier choix dont le prix doit être, nécessairement, assez élevé pour rémunérer l'éleveur.

Les poulets *russes* sont, en particulier, vendus à un bon marché extraordinaire. Achetés aux paysans moscovites pour des sommes infimes, ils sont immédiatement *gelés*, puis transportés par steamers pourvus de chambres réfrigérantes. A leur débarquement aux docks de Londres, ils sont placés, pour la traversée de la ville, dans des voitures spéciales dites *insulated* et transportés au marché. Là les négociants les conservent encore plus ou moins longtemps dans des cases frigorifiques suivant l'état des cours.

Pour les lieux d'origine peu éloignés, l'usage est d'envoyer la volaille non vidée, le sang étant laissé dans la tête, et de plumer complètement, sauf les grosses plumes des ailes, une couronne au cou et quelques petites plumes sur les os du bassin.

Fig. 79. — Les chapons de Bourg au concours de Paris.

En Angleterre, pour tuer l'animal, on disloque le cou en procédant de la façon suivante. On saisit l'oiseau par les cuisses avec la main gauche, tandis que la main droite prend la tête, le dos restant tourné vers le haut. On relève alors subitement celle-ci en tirant en même temps sur le corps. A cet effet, la main gauche est tenue appuyée sur la cuisse droite près du genou. Dans cette position, les deux mains étant appuyées, il suffit d'écarter les genoux tout en pliant la tête du poulet en arrière. Ce procédé donne à la chair une teinte rougeâtre qui ne serait pas appréciée en France. Le goût de la viande est, aussi, un peu plus prononcé, le poulet n'ayant pas été saigné.

Conservation par le froid. — Pour la simple réfrigération, on applique $+1/2$ à $+2°$, et $—2°,5$ à $—1°$ pour la congélation. Une très basse température, amenant la congélation des sucs musculaires, ne convient pas pour la conservation des volailles tendres. A $+1°$ la conservation serait de 15 à 20 jours.

D'après Pennington, après trois mois les fibres deviennent fragiles, cassantes. Les bords sont tranchants. Les fibres qui constituent les petits faisceaux se dissocient davantage, à ce point que l'on peut suivre les capillaires sur un assez long trajet.

A la fin du cinquième mois, on observe des brisures transversales. Quelques fibres sont transformées en une masse homogène ; on reconnaît cependant encore les noyaux. Des coupes transversales montrent que les îlots de glace ont séparé les fibres.

Après six mois, on remarque une véritable digestion de la substance musculaire. Au dixième, on observe des altérations macroscopiques qui s'accentuent avec le temps.

Quant à l'intestin, les tissus qui entrent dans la composition de la muqueuse et de la sous-muqueuse se sont fondus.

Nous ajouterons ce que dit un spécialiste M. Cameron, sur cette question de la conservation de la volaille en chambre froide.

« En Nouvelle-Zélande, des stations d'expérience furent instituées notamment dans les districts d'Auckland, Wellington, Canterbury, Otago, et chargées de mettre à la disposition des éleveurs des sujets provenant de races sélectionnées. En outre, dans le but d'assurer des débouchés aux produits de cette nouvelle industrie, le gouvernement installa, dans quatre des principaux ports, des dépôts où les volailles étaient reçues, sacrifiées, préparées, classées, emballées, *congelées* et magasinées en attendant l'embarquement, le tout avec le minimum de frais possible, soit environ 0 fr. 40 pièce pour les poules ou canards, et 0 fr. 40 pour les oies et dindons. Toutes ces opérations étaient effectuées sous le contrôle du département de l'agriculture, étant entendu, toutefois, que le service d'inspection se réservait le droit d'éliminer toute marchandise inférieure, ne répondant pas aux exigences de l'exportation. C'est ainsi qu'étaient seuls admis aux dépôts : 1º les poulets âgés de trois à cinq mois, bien à point et ne pesant pas moins de 3 livres anglaises et demie (livre anglaise = 454 grammes, environ), poids vif ; 2º les canards âgés de dix à douze mois et ne pesant pas moins de 3 livres anglaises et demie, poids vif ; 3º les oisons non âgés de plus de six mois et ne pesant pas moins de 8 livres anglaises, poids vif ; 4º les oies ne pesant pas moins de 10 livres, poids vif ; 5º les dindons non âgés de plus de dix mois, les mâles ne pesant pas moins de 13 livres et les femelles pas moins de 9 livres, poids vif.

« En outre, toutes les volailles adressées par les fermiers étaient soumises à un jeûne de vingt-quatre heures avant d'être sacrifiées, puis classées suivant grosseur après nettoyage des pattes et emballées, en attendant leur embarquement à destination des ports d'exportation, dans des caisses construites de façon à permettre le libre accès du froid et remisées dans des locaux réfrigérés. Grâce à cette intervention du gouvernement, la qualité et la quantité des envois ne tardèrent pas à s'accentuer sensiblement, et c'est ainsi que, d'après les relevés statistiques, les expéditions de Nouvelle-Zélande atteignirent en 1905 le chiffre global de 59.176 pièces pour poulets et canards, qui réalisèrent sur le marché londonien de 2 sh. 10 à 4 sh. 3 pour les premiers et de 3 sh. 2 à 4 sh. chaque pour les seconds.

« Mais on ne saurait trop faire observer que si l'élevage et l'exportation des volailles ont pris en Nouvelle-Zélande une importance croissante, c'est parce que des débouchés ont été ouverts à ses produits, débouchés qui, il y a lieu de le souligner, n'eussent pas été atteints sans le concours précieux des procédés de conservation par le froid utilisés pour l'entreposage et l'expédition de ces articles périssables, au sujet desquels nous allons donner quelques renseignements.

« Les plus minutieuses précautions sont prises dans la colonie pour la manipulation des produits congelés, qui sont transportés, en outre, au moyen de wagons à parois isolantes, du dépôt frigorifique sur les navires, dans les cales réfrigérées, afin de réduire au minimum leur exposition à l'air libre. A bord des bateaux, on a dû d'ailleurs aussi utiliser pour le magasinage des volailles les compartiments réservés aux viandes congelées, et, très souvent, carcasses de mouton, lapins, volailles, sont réunis dans la même chambre, quoique arrimés séparément. D'autre part, les instructions données par les directeurs des compagnies de navigation aux ingénieurs chargés de la surveillance des chambres frigorifiques leur prescrivent d'assurer autant que possible une température de 15° F (— 9° C. 4) environ. M. Cameron ajoute cependant qu'en pratique les appareils spéciaux de contrôle enregistrent des températures inférieures, qui, si elles n'endommagent pas en général les viandes de bestiaux, ne seraient pas les plus favorables, malheureusement, d'après ses observations, à une excellente conservation des volailles mortes. En effet, la chair des volailles, étant plus délicate que celle du bœuf ou du mouton (les pièces étant en outre de moindre dimension et partant plus accessibles à l'action du froid), se trouverait détériorée par de trop basses températures qui provoqueraient une contraction excessive des tissus et, altérant la « fleur » du produit, contribueraient, par suite, à diminuer sa valeur commerciale. Aussi serait-il à souhaiter qu'on réservât à bord des navires des chambres particulières destinées à la volaille, et dont la température ne varierait que de 18 à 22° F. (— 7° C. 8 à — 5° C. 6), ainsi qu'il est procédé dans les entrepôts de la colonie. Ajoutons qu'au début les volailles exportées étaient dirigées sur l'Afrique du Sud ; mais ce marché ayant dû être en partie abandonné, les expéditeurs se sont attachés depuis à fournir la place de Londres, où seuls, d'ailleurs, les articles de choix obtiennent des prix rémunérateurs, les produits de seconde qualité y étant présentés en trop grande quantité.

Conservation par salage et enfumage. — Pour *fumer* les *oiseaux de basse-cour*, on les vide, les nettoie soigneusement, puis les sale, soit en coupant la carcasse en deux parties, soit en la conservant entière. Dans ce dernier cas, on a soin de la frotter avec du sel à l'intérieur comme à l'extérieur.

Ainsi apprêtés, ils sont mis dans la saumure où ils séjournent plus ou moins longtemps suivant leur grosseur. On les laisse ensuite égoutter, puis sécher. Après les avoir enveloppés d'une toile, on les soumet à l'action de la fumée durant six à huit jours. Au bout de ce laps de temps, on les laisse quelques jours à l'air libre, puis on les frotte avec du son. Enfin on conserve dans un lieu sec et frais.

Conservation dans le beurre, la gelée. — Après l'avoir tuée, plumée et vidée, essuyer parfaitement la volaille à l'intérieur avec un linge bien sec. L'envelopper dans une serviette et la laisser ainsi jusqu'à ce qu'elle soit tout à fait refroidie. La mettre alors dans un vase en terre vernissée et verser dessus une quantité de beurre fondu suffisante pour la recouvrir d'environ 5 centimètres. Enfin, placer le tout dans une cave ou un cellier.

La volaille ou le gibier ainsi conservés pendant dix à quinze jours sont, dit-on, aussi bons, sinon meilleurs, que le jour où ils sont tués. Le beurre fondu utilisé ainsi n'est pas perdu : il peut servir pour tous les usages de la cuisine.

Pour la préparation *en gelée*, on coupe l'oiseau en morceaux et le fait cuire avec un pied de veau également coupé, un bon verre de vin blanc et assez d'eau pour que les morceaux baignent. On ajoute du sel, du poivre, des oignons, du laurier, une gousse d'ail et un morceau de couenne de lard frais.

Quand le tout est bien cuit, on désosse le pied de veau et on range tous les morceaux dans une terrine en intercalant volaille et pied.

Après avoir passé la gelée au tamis, on la verse dans la terrine, que l'on recouvre après refroidissement.

Le lapin peut se préparer de la même façon.

Pâté de volaille. — On désosse complètement la viande, puis on hache finement les muscles.

On en fait de même pour un poids égal de viande maigre de porc et une quantité semblable de gras de porc.

On mélange bien le tout avec un pilon ou, à défaut, avec les mains. Pendant le malaxage, on ajoute 160 grammes de sel par 4 kilogramme de matière. S'il s'agit de *canard*, on met, en outre, des truffes hachées.

On tasse ensuite fortement la pâte dans des boîtes en ferblanc, de préférence, que l'on remplit parfaitement, bouche et soude immédiatement.

On stérilise alors au bain-marie bouillant d'eau salée, pendant trois heures, les boîtes de 1 kilogramme.

Poule cuite. — On tue la poule au moins un jour à l'avance, la vide, la trousse. On la mettra dans une casserole avec de l'eau pour qu'elle baigne entièrement. On ajoute sel, persil, branche de céleri, puis laisse cuire doucement durant trois heures, comme s'il s'agissait d'une poule au riz.

On retire, découpe, en ayant soin de désosser le plus possible. On place les morceaux dans un bocal en recouvrant de bouillon filtré. On fait bouillir à 100º.

On sert cette poule réchauffée sur un lit de riz cuit à l'eau et assaisonnée de beurre.

Il est préférable de la réchauffer au bain-marie dans le récipient où on l'a conservée.

On peut conserver en boîtes Appert, stérilisées, les poulets, pigeons, diversement accommodés : poulet sauté chasseur, poulet marengo, poulet en gelée, poulet truffé ; galantine de volaille ; ballottine de pigeon ; pigeons aux petits pois, etc.

Oies. — L'*engraissement* intensif des oies et des canards, non seulement fait atteindre à ceux-ci les prix les plus élevés à la vente, mais encore il entraîne une hypertrophie du foie, lequel s'infiltre de graisse et devient ainsi très apte à la confection des pâtés. On vend, paraît-il, dans certaines régions, une poudre à base d'arsenic, qui provoquerait la dégénérescence graisseuse du foie, dans lequel il se localise en partie, mais le rendant aussi toxique pour les consommateurs. Si l'engraissement en question peut ne faire que doubler le poids de l'animal, celui du foie peut tripler, quadrupler, et atteindre 800 grammes et plus ; 500 pour le canard.

Pour diffuser dans les populations des campagnes cette
petite industrie agricole qu'est la préparation des pâtés de
foie gras, on est allé jusqu'à instituer des concours dans lesquels on récompense : 1º le poids du foie sans cœur ni graisse ;
2º la blancheur et l'absence de taches et de rougeurs.

Dans les départements du Midi, certains éleveurs ne produisent que des *oisons* qu'ils vendent à l'âge de dix jours. D'autres,
possesseurs de prairies, font l'élevage en grand et livrent
leurs jeunes sujets, dès que les plumes des ailes apparaissent

Fig. 80. — Oies de Toulouse à bavette et à fanon.

(trois mois), aux engraisseurs ou aux marchands de comestibles, après avoir gardé ce qui leur est nécessaire pour la re-
production.

Les engraisseurs d'oies sont de véritables industriels qui
ont en vue soit la vente de l'oie grasse, soit la vente de l'oie
fumée, soit la vente du foie gras.

L'oie de Toulouse est l'espèce la plus intéressante, au point de

ROLET. — Conserves de Légumes.   20

vue précocité et finesse de la chair, de toutes les oies communes. La variété à fanon et à bavette, née de la sélection et d'un engraissement intensif en stabulation, type beaucoup plus volumineux que l'oie de Toulouse sans bavette et sans fanon, donne les *foies* les plus gros, qui peuvent atteindre 2 à 3 kilogrammes (1).

Par contre, les *foies d'oie* de Strasbourg sont préférés. Ils sont produits par les grandes *oies cygnes*.

En décembre, janvier et février, les marchés de cette ville reçoivent près de 300.000 oies grasses, et plus de 250 personnes de la ville se livrent au commerce des oies grasses et des foies.

Pour obtenir le maximum d'effet du *maïs* (de 2 ans), qui est la graine par excellence pour engraisser les oies, on doit le faire gonfler dans l'eau salée ou cuire légèrement. On peut aussi le concasser grossièrement, sans pourtant le réduire en farine, puis l'humecter fortement avec de l'eau légèrement salée (lui faire absorber au moins quatre fois son poids de liquide) que l'on remplace, quand la chose est possible, par du lait écrémé, du petit-lait, du babeurre. Le maïs colore la chair en jaune. Si on la veut blanche (moins estimée), on emploie du maïs blanc ou des farines blanches.

Les pommes de terre ou autres féculents auraient donné de moins bons résultats que le maïs. Cependant, par raison d'économie, il est possible de faire des mélanges. De même le tourteau de maïs, plus riche en matières azotées et en matières grasses, est à conseiller comme tous autres aliments riches en matières grasses et matières azotées. A Strasbourg on emploie, les fèves puis le maïs.

Enfin, certains éleveurs, pour rendre l'engraissement plus complet encore, font avaler à l'oie une cuillerée d'huile d'olive à chaque repas. On ajoute aussi aux pâtées du charbon en poudre. D'autres mettent dans l'eau un peu d'antimoine, du gravier ou, les derniers jours, font boire de l'eau salée pour activer la digestion. On peut réduire ainsi la durée de l'engraissement.

En Alsace, on fait naître généralement vers le mois d'avril

(1) Voy. CARRÉ, *L'Oie de Toulouse* (*La Vie Agricole et Rurale*, 1912, nº 21.

et commence à engraisser en août. Rarement, sauf pour la re-
production, on garde les oiseaux d'une année à l'autre.

Les oies précoces les plus aptes à être engraissées sont celles

Fig. 81. — Gavage à la main.

qui ont atteint toute leur taille, soit vers six à huit mois, soit
bien en chair et qui, selon les races et les croisements dont
elles dérivent, pèsent environ 4 à 6 kilogrammes. On prétend
que celles qui ont le *sac* (peau du ventre) peu développé, s'en-
graissent plus tôt:

Dans le Sud-Ouest, on se livre à l'engraissement des jeunes oies dès qu'apparaissent les froids, d'octobre à janvier.

L'engraissement est précédé, ordinairement, dans cette région, d'une période pendant laquelle on augmente la ration.

On laisse les volatiles aller librement dans la cour de la ferme. On leur donne des pommes de terre, du petit son, du maïs et du sarrasin à volonté. Quand les oies sont demi-grasses on les gave (1). A cet effet, on peut les tenir dans une épinette, comme dans la région de Strasbourg, ou tout au moins les laisser dans une chambre obscure garnie de paille, comme on le fait dans le Midi. Pour alimenter les oies, on s'aide d'un petit entonnoir en fer-blanc, construit spécialement pour cet usage : son extrémité est taillée en sifflet et bien émoussée et arrondie pour ne pas courir le risque de blesser l'animal. Avec cet appareil, on introduit dans le jabot, deux ou trois fois par jour, suivant que le grain est sec ou cuit, au total une livre et demie ou une livre de maïs en grains. On s'assure, avant de procéder à chaque opération, que le repas précédent a été complètement digéré. Dans le cas où le jabot en contiendrait encore la moitié, il ne faudrait distribuer que la moitié aussi de la ration. On augmente progressivement en proportionnant toujours à l'appétit et à l'accroissement de l'oiseau. On gave aussi aux pâtons faits d'*olives* de farine de maïs préparées la veille et trempées légèrement, au moment de l'emploi, dans du lait ou du petit-lait, en s'aidant d'un bâton.

Il est de toute nécessité de tenir de l'eau à discrétion et à la portée des animaux, renouvelée au moins chaque jour (y mettre un peu de charbon de bois) ; de donner tous les soins de propreté voulus ; que le local soit bien aéré, sans lumière trop vive, ni trop grande obscurité, et loin du bruit des oiseaux de la basse-cour. Renouveler la paille tous les deux jours, s'il y a lieu.

Dans les derniers temps de l'engraissement, quand l'oie touche au maximum de poids qu'elle peut atteindre, elle se trouve fort affaiblie, au point que des accidents sont à craindre. Ainsi, la respiration peut être difficile, embarrassée ; le bec a

(1) Dans la région de Toulouse, *emboquer*, *emboquage* sont synonymes de *gaver*, *gavage*.

généralement perdu sa couleur jaune vif, il est de teinte
plus pâle, plus terne. Une pelote de graisse doit alors se trouver
sous chaque aile. Comme, dans cet état, qui fait dire dans la
région de Toulouse que « les oies sont *morfondues* », l'animal
peut perdre de son poids, il ne faut pas tarder de le sacrifier.

Pendant les derniers jours de l'engraissement, la chair et la
graisse gagnent plutôt en finesse qu'en poids.

Il faut une certaine habitude, un doigté particulier, pour
apprécier, en palpant la bête, qu'elle est à point ; cela ne s'ac-

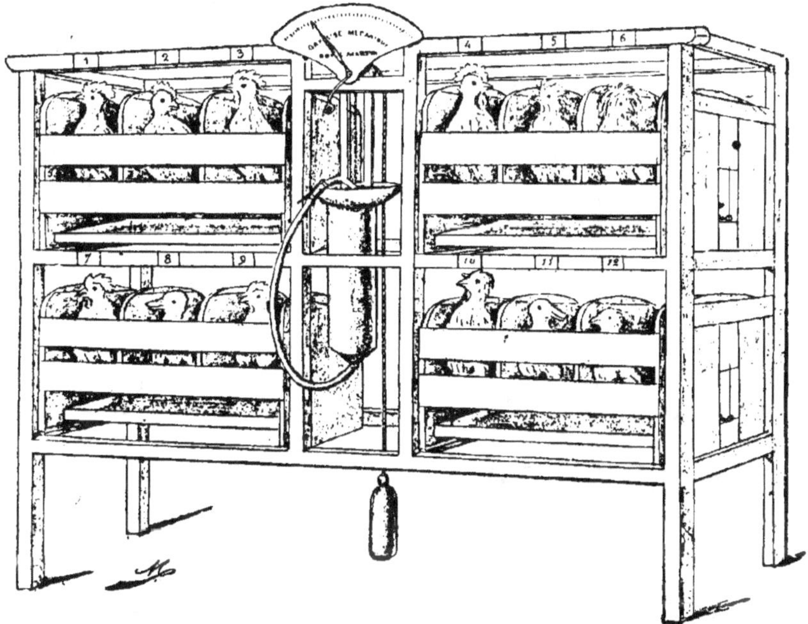

Fig. 82. — Gaveuse avec épinette pour douze volatiles.

quiert que par une longue pratique. On estime que la durée
moyenne du gavage est de quatre à six semaines ; qu'il faut,
environ, 40 à 70 litres de maïs pour engraisser une oie. Celles
qui sont de grosse race pèsent jusqu'à quatre fois plus qu'avant
l'engraissement : elles valent, alors, de 15 à 20 francs.

Le canard mulard demande une quinzaine et consomme
15 à 18 litres de maïs.

Rappelons que M. Magnan a remarqué que les canards pisci-
vores (qui mangent des poissons) et insectivores donnent un

20.

foie plus gros que les canards carnivores ou végétariens. Le canard arrivé au maximum d'engraissement reste accroupi, les ailes presque tombantes, les plumes de la queue écartées. Avant de tuer les animaux, que l'on a, au préalable, séparés dans un local sombre, ou dans une caisse on leur fait avaler de l'eau salée additionnée de lait. Quand ils ont jeûné une demi-journée, on les saigne.

Oie salée et fumée. — Les *foies* hypertrophiés obtenus par cette alimentation intensive ne sont pas les seules parties de l'oie que l'on puisse mettre en *conserve*.

On obtient les *filets d'oie fumés* en procédant comme suit :

Après avoir enlevé les filets de la poitrine, sans déchirer la peau, on les replie l'un sur l'autre et on les réunit en cousant la peau bord à bord. On façonne le tout avec les doigts pour donner grossièrement à l'ensemble

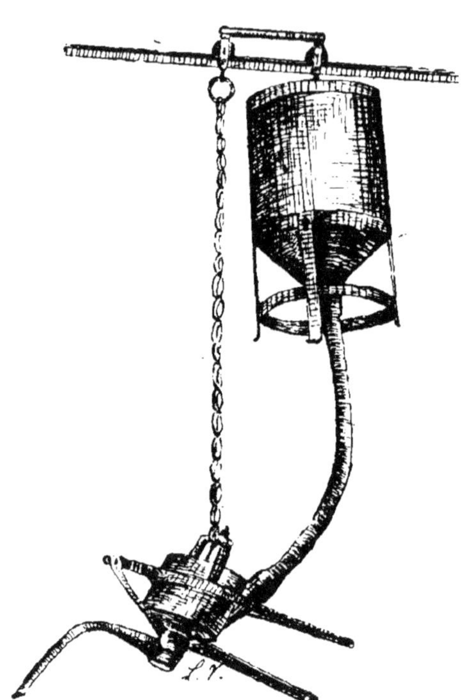

Fig. 83. — Pompe de gaveuse avec seau à pâtée (Système Voitellier).

la forme d'un cylindre aplati. Pour le reste, voir p. 347.

Confits d'oie ou de canard. — On a dit que l'oie rôtie est la dernière des volailles, mais confite elle est la première après le canard.

On choisit de jeunes oies bien grasses, que l'on saigne, puis plume aussitôt, alors que l'animal est encore chaud. Gratter la peau avec un couteau, sans l'écorcher, pour enlever ce qui peut rester de duvet. On suspend ensuite à un crochet et laisse dans un courant d'air.

Découper l'oie deux jours après l'avoir tuée et plumée, en laissant la chair de la carcasse adhérer aux quatre membres que l'on détache.

Ou bien, on fait sur toute la longueur de la poitrine une incision allant jusqu'à l'os. La chair est rejetée de chaque côté.

On a ainsi une dépouille qui ne forme qu'un seul morceau et qui comprend les quatre membres.

On peut la conserver telle quelle, mais on la découpera après la salaison. On met à part le foie, le gésier; ce dernier entrera dans la conserve, mais on doit rejeter les poumons, qui ne conviennent pas.

Les morceaux sont assaisonnés à part et bien imprégnés de sel pilé, clous de girofle, poivre, thym, feuilles

Fig. 84. — Boîte à démouler pour pâtés.

de laurier, ail, échalotes, persil, le tout bien haché. Le vase en terre, à large ouverture, est recouvert d'une assiette que l'on charge d'un poids de 3 à 4 kilogrammes pour laisser le moins de vide possible.

Toute la graisse qui monte à la surface, ainsi que celle que l'on enlève durant le découpage, est mise à part. Vingt-quatre à trente-six heures après, on prend pour chaque oie 500 à 750 grammes de lard non salé, dont on retire la couenne, on le hache et le mélange à la graisse d'oie, et le tout est mis à fondre à feu doux dans un chaudron. On ajoute un peu d'eau et l'on remue.

Quand la graisse commence à fondre, on passe les membres des volailles dans l'eau et après égouttage les met dans la graisse, qui doit les couvrir complètement, où on les fait cuire sur un feu très doux. Quand la graisse devient limpide et que la chair peut être traversée par une fourchette, la cuisson est suffisante et on sort les morceaux (le plus souvent on ne conserve que les membres).

Quand ils sont complètement refroidis, on les range dans des pots en grès et les recouvre de graisse encore liquide et assez tiède seulement pour couler, et passée au tamis.

Quand celle-ci est bien froide on ajoute encore une couche de

5 à 6 centimètres de graisse de porc plus consistante, moins sujette à rancir, puis ferme hermétiquement le vase avec un parchemin et le conserve dans un endroit frais et sec quand la graisse est complètement refroidie.

Quand on prélèvera, plus tard, de la matière, il faudra avoir soin de couvrir à nouveau le trou que l'on aura formé, avec du saindoux, sans quoi la graisse d'oie, très fragile, rancirait au contact de l'air. Il est, d'ailleurs, préférable de n'employer que des petits pots pour consommer le tout en une fois.

Dans quelques régions on fait revenir les membres de l'oie à la casserole.

La broche serait préférable encore, mais on ne fait cuire l'animal qu'aux trois quarts. On met à part toute la graisse qui coule. On retire de la broche et on laisse refroidir. On coupe, alors, en quatre, enlevant les cuisses et laissant tenir l'estomac aux ailes.

Ces quartiers sont rangés, bien serrés, dans des pots en grès. On met entre chaque lit trois ou quatre feuilles de laurier et du sel ; on ajoute alors la graisse comme il a été dit.

On conserve de la même façon le canard (surtout variété mulard), les membres des *dindons*, les morceaux de poitrine de *cochon* (le tout en mélange).

On mange ces conserves après les avoir réchauffées dans une sauce piquante, ou rissolées, braisées dans la poêle, ou encore froides et débarrassées de la graisse qui les entoure, avec assaisonnement de sauce mayonnaise ou de sauce rémoulade.

Cassoulet à la languedocienne. — Faire cuire un demi-kilogramme de haricots blancs que l'on aura mis tremper la veille et fait blanchir. Mettre dans une casserole quelques membres d'*oie* confits, avec quelques cuillerées de leur graisse. Faire revenir et prendre couleur sur toute la surface.

Mettre dans une autre casserole un oignon haché ; le faire revenir dans du lard fondu et égrappé. Ajouter deux cuillerées de purée de tomate qu'on laisse bien réduire. Arroser d'un verre de vin blanc et de quelques cuillerées de bouillon ; mettre les haricots cuits et égouttés, et assaisonner de haut goût. Ajouter encore deux gousses d'ail et un peu de persil, le tout haché. Additionner les membres d'oie de la moitié de ces haricots. Mettre dessus quelques tranches de saucisse salée et quelques morceaux de couenne de porc frais, que l'on aura fait cuire avec les haricots, et verser le restant de ceux-ci. Enfin mettre en boîte, fermer, et stériliser comme il a été dit.

CASSOULET DE CANARD. — Dépecer un canard en cinq ou six morceaux ; les mettre dans une casserole avec une cuillerée de saindoux. Faire revenir de tous côtés et terminer comme il vient d'être dit pour le cassoulet à la languedocienne (1).

Rillettes d'oie. — Choisir une oie écorchée, qui a servi, par exemple, à la préparation de la fourrure dite cygne. Avec une oie plumée comme à l'ordinaire, la peau durcit pendant la cuisson et les *rillettes* sont moins fines.

Désosser, puis couper la chair en petits morceaux. On y ajoute, alors, une livre de lard et une demi-livre de rouelle de veau très maigre, le tout finement coupé.

Mélanger et placer dans un vase en terre, tout en assaisonnant les couches de sel, poivre, thym, laurier, épices.

Couvrir la préparation d'une planche que l'on charge d'un poids de 3 kilogrammes. Après vingt-quatre heures, verser le mélange dans un chaudron où on le fera cuire durant six heures sur un feu doux. Mettre au fond du récipient un verre d'eau et remuer de temps en temps avec une cuiller en bois.

Un peu avant la fin de la cuisson, goûter pour s'assurer que l'aliment est suffisamment assaisonné. Si besoin est, ajouter un peu de sel préalablement dissous dans de l'eau.

Les grillons cuits à point seront enlevés avec une écumoire, puis pressés avec la fourchette pour éliminer toute la graisse et mis au fur et à mesure dans de petits pots en grès d'une contenance de 500 grammes, pots cylindriques, plus élevés que larges, et qu'on ne remplira pas tout à fait. On comblera les vides avec la graisse de la cuisson. Quand le tout sera refroidi, on saupoudrera le dessus avec un mélange de sel et de poivre et l'on couvrira de papier assez fort ; on ficellera et on

____

(1) Voir plus loin le Cassoulet de Castelnaudary et le Cassoulet de mouton.

conservera en lieu sec. Quand on voudra consommer un pot, on retirera la graisse du dessus, qui est excellente pour la cuisine. Ces rillettes peuvent se conserver pendant trois mois. Pour les rendre plus fines, on peut ajouter, au moment de la cuisson, les foies finement découpés. On fait avec les os et les déchets de la bête une excellente soupe aux choux.

Foie gras. — C'est de temps immémorial que les *oies* et les *canards* du bassin de la Garonne, dit M. Sabatier, ont été sélectionnés, probablement depuis les Romains. Ces derniers, en effet, étaient grands amateurs d'oies engraissées avec des figues de Smyrne et particulièrement de *foie gras, jecur ficatum*, d'où le français a tiré le mot *foie* en ne gardant que le qualificatif.

On a raconté qu'un prince de l'Église, passé de Gascogne au siège archiépiscopal de Strasbourg, il y a deux cents ans, introduisit dans ses manses d'Alsace la race d'oies de Toulouse.

Quelle différence y a-t-il au juste dans les produits de ces deux régions ? Dans la terrine de Périgueux, dit l'auteur, — Cahors, Nérac, Auch, Toulouse, etc. — le *foie gras* de canard, cuit dans sa graisse et convenablement truffé, est couché dans un lit de farci confectionné avec un foie gras d'oie pilé au mortier.

Le pâté de Strasbourg est fait d'un foie d'oie couché aussi dans un lit de farce, mais faite avec de la charcuterie passée au pilon. En somme, le foie de *canard* vaut trois fois plus que le foie d'oie, poids pour poids. Ce n'est qu'à défaut de foie de canard que l'on confectionne les terrines avec des foies d'oie. Les plus petits sont employés à faire la farce.

On estime que la quantité de foies gras qui sont mis en œuvre dans les seules fabriques de conserves de Strasbourg est de 100.000 à 125.000 kilogrammes.

Conservation. — A peine sorti du corps de l'oie ou du canard, et quatre ou cinq jours après avoir tué l'animal, le foie est mis à dégorger dans de l'eau fraîche et légèrement salée. Quand il est blanc, on l'essuie avec un linge pour le sécher, puis on enlève le fiel, mais, bien entendu, sans l'écraser.

On l'enferme alors dans une boîte à conserve en **fer-blanc** ordinaire. Après l'avoir soudée, on la met dans un bain-marie que l'on porte à l'ébullition durant une heure et demie à deux heures suivant le volume de la boîte.

C'est là un procédé simple de *conservation au naturel*, qui permet de garder le foie jusqu'au jour où on veut l'utiliser et en faire une préparation plus compliquée.

On peut employer le saindoux. Ainsi, on chauffe d'abord délicatement le foie dans de l'eau légèrement salée et additionnée d'un quart de son volume de lait. Après l'avoir retiré et laissé refroidir, on le met en boîte. On achève de remplir avec du bon saindoux. On stérilise au bain-marie.

On utilise aussi la *gelée*. Le foie est mis dans de la graisse fine de porc fondue. Quand le tout est bien cuit, mais sans excès, car ici une grande habitude est nécessaire pour ne pas faire perdre son moelleux à l'aliment, on emplit des boîtes en fer-blanc de conserve avec le foie préalablement égoutté. On comble les vides avec une gelée de viande que l'on prépare de la façon suivante. On fait bouillir, durant quatre heures et dans 5 litres d'eau, quatre pieds de porc, 500 grammes de couenne fraîche et de cou, un jarret de veau, la carcasse d'oie, quelques os de veau crus et brisés. Au bout du temps voulu, on sort la couenne et les os, puis ajoute un verre de vin blanc, un oignon piqué, quelques carottes coupées, un poireau, du persil, du thym, du laurier. Après nouvelle cuisson de deux heures, on passe la gelée et la verse dans les boîtes. Celles-ci, une fois soudées, on fait cuire au bain-marie une heure et demie à deux heures.

Terrine de foie gras. — Aux environs de Strasbourg, on procède de la façon suivante.

Prendre deux foies gras bien blancs et frais ; les faire dégorger comme il a été dit, puis les laisser égoutter quelques instants sur un linge, sans les laisser brunir. Les couper en deux, les parer (enlever les fibres et les parties qui avoisinent le fiel). On les pique, ensuite, avec un bois pointu de la grosseur des morceaux de truffe à y introduire. Les truffes doivent être d'abord brossées puis lavées rapidement et avec soin pour éliminer toute trace de terre. Elles sont, ensuite, pelées et découpées en forme de petits dés allongés, lesquels sont piqués dans les trous faits dans les morceaux de foie.

Les foies ainsi préparés sont placés dans une casserole avec 750 grammes de truffes pelées. Les grosses sont coupées en morceaux. Le tout est assaisonné avec du sel, du poivre et un clou de girofle.

On prépare, ensuite, la farce. On hache ensemble et pile dans un mortier un demi-kilogramme de gras de lard et autant de chair de porc que l'on assaisonne avec du sel, du poivre, des clous de girofle. On passe au tamis et met la farce de côté.

On prépare encore une autre farce de la façon suivante. Hacher menu deux belles truffes et 250 grammes de jambon bien cuit, auquel on ajoute un petit verre de bon rhum. On passe au tamis. Mélanger cette seconde farce à la première, ainsi qu'aux « parures » du foie que l'on a enlevées en apprêtant les lobes sur un feu doux avec du beurre et des fines herbes hachées.

Garnir le fond de la terrine d'une couche assez épaisse de cette farce. Mettre ensuite deux morceaux de foie et des truffes. Placer dessus une seconde couche de farce, puis les deux autres morceaux de foie et des truffes. Mettre le reste de la farce, des bandes de lard et, enfin, le couvercle de la terrine.

On porte celle-ci dans un four après l'avoir mise, au préalable, dans un vase en terre. On l'y laisse pendant une heure et demie à deux heures. La graisse fond et se déverse. On s'en sert pour arroser la terrine. Après cuisson, on laisse refroidir. On colle sur le couvercle des bandes de papier formant jointure.

Voici quelques autres façons de procéder qui diffèrent peu, d'ailleurs, de la précédente.

On fait bouillir dans un chaudron ou une bassine de la graisse fondue et salée, et l'on y fait cuire les foies à feu doux. Quand une paille de seigle piquée dans l'organe ne ramène plus de pulpe qui ne soit presque cuite, soit après une demi-heure à trois quarts d'heure, on retire les foies et les laisse refroidir.

Les plus beaux sont piqués de truffes. Quant aux autres, on en prépare la farce en les pétrissant avec les rognures des truffes.

Cela fait, les terrines sont enduites de graisse sur le fond et les parois. On remplit à moitié de farce et assoit sur ce lit, en pressant légèrement pour qu'il ne reste pas de vide, un foie ou un demi-foie.

Enfin, on couvre avec une bonne épaisseur de farce qui achève de remplir la terrine jusqu'au bord. Il ne reste plus qu'à terminer la cuisson en laissant 25 minutes au bain-marie.

La terrine est alors prête à être fermée. Après refroidissement, on étend au-dessus une légère couche de saindoux, une feuille de papier d'étain et on complète par un bouchon, un linge, etc. On peut conserver ainsi un an et plus.

Autre recette. — On nettoie (brosse et épluche) 250 grammes de truffes pour 1 kilogramme de foie. D'autre part, on confectionne une pâte en hachant très finement 500 grammes de foie gras, 500 grammes de lard frais et mou, 250 grammes de filet de porc, 25 grammes de sel, 5 grammes de poivre et muscade, les pelures des truffes. On met une couche de cette farce sur le fond de la boîte métallique, puis la moitié du foie gras. On saupoudre légèrement de poivre et de sel, met quelques truffes épluchées, puis l'autre moitié du foie. On comble les vides avec de la farce.

Après avoir soudé la boîte, on la laisse une heure ou deux au bain-marie bouillant. On peut remplacer la boîte par une terrine. On garnit d'abord les parois de minces tranches de lard. On applique dessus un centimètre de farce. On continue comme il a été dit. En dernier lieu, on applique encore dessus la farce une tranche de lard.

Enfin, on met le couvercle et place la terrine dans un plat allant au feu et contenant un peu d'eau pour que la matière ne se dessèche ni ne se durcisse. On porte au four où on laisse deux heures pour une terrine d'un litre, demi-heure seulement pour un demi-litre.

Après cuisson, on enlève la graisse qui a été rendue et laisse refroidir avec un léger poids faisant office de presse sur la matière. C'est là un point essentiel d'où dépend la bonne conservation.

On démoule ensuite pour enlever le lard qui est autour et le jus qu'il peut y avoir au fond et qui s'altérerait. On éponge donc le liquide avec un linge fin, puis replace dans la terrine bien propre ou une autre. On verse dessus du saindoux fondu au bain-marie. Enfin, quand celui-ci s'est solidifié à son tour, on met à la surface du tout un rond de papier d'étain. Il ne reste plus, après avoir placé le couvercle, qu'à le fixer avec une ficelle ou encore avec une bande du même papier, suivant la forme du couvercle et du bord supérieur de la terrine.

Si le pâté devait être consommé à bref délai, il serait inutile de procéder à la séparation du jus comme nous l'avons indiqué. Le mets serait ainsi plus sapide et plus odorant.

On peut aussi conserver le *foie en tranches*. A cet effet, on le découpe en minces lanières. D'autre part, dans un bol, mélanger intimement deux parties de sel fin, une de poivre et une des quatre épices. Saupoudrer les tranches de ce mélange. Ajouter au tout des truffes entières.

Prendre une terrine en terre ou une boîte en fer-blanc fraîchement étamé. Tapisser la surface interne avec des bardes de lard. Mettre les languettes de foie contre le lard en commençant par la périphérie et en tassant fortement.

Porter la boîte dans l'eau bouillante et l'y laisser trois à quatre heures, puis la souder. Stériliser enfin au four ou au bain-marie.

On conserve aussi en boîtes : canard aux navets, canard aux petits pois, canard aux olives, confit de canard.

II

GIBIER

On conserve assez longtemps le *gibier* à poil et à plumes en l'enveloppant d'un linge, après l'avoir vidé, et placé de menus morceaux de *charbon* de bois dans le ventre. On l'enfouit, alors, dans un tas de sable ou de blé.

Quand il doit *voyager*, on l'enveloppe d'une bonne couche de paille que l'on serre fortement. On l'entoure, aussi, de plantes aromatiques odoriférantes : sauge, laurier, absinthe, menthe, thym, serpolet.

Ces plantes auraient, dit-on, la propriété d'écarter les grosses mouches et de les empêcher de déposer des œufs. On a cité encore la fougère et l'ortie.

On lave les plaies avec un peu d'eau salée, dont on imbibe, même, la chair vive. On remplace aussi l'eau salée par de l'eau-de-vie.

On conserve encore le gibier en l'enveloppant soigneusement dans un linge imbibé d'un mélange à parties égales d'acide pyroligneux et d'eau pure.

Voici, enfin, un troisième procédé. Sans vider les pièces, on les place dans des tonneaux qui sont remplis de blé, d'avoine ou d'orge. La couche de grains qui recouvre le gibier doit avoir au moins 10 centimètres. Il est indispensable, aussi, que dans l'intérieur du tonneau les pièces ne touchent ni le fond ni les parois.

§ I. — Gibier à plumes.

Conservation dans la graisse. — Les *grives*, les *cailles* et autres oiseaux analogues sont placés, dès qu'ils viennent d'être tués, encore frais, dans de la graisse bouillante. Après une demi-cuisson on les retire. Ou bien on les fait cuire aux trois quarts à la broche.

On verse dans un pot en grès une couche de graisse. Quand elle est tiède, on dépose le gibier. On sale légèrement et on recouvre d'une couche suffisante de graisse. Quand cette dernière est froide, on couche encore dessus du gibier, et ainsi de suite en alternant gibier et graisse. On termine par une épaisseur de graisse un peu plus grande et l'on met encore par-dessus un peu d'huile d'olive.

Enfin, on ferme avec un papier parchemin et on garde au sec.

Conserves Appert. — On prépare comme ci-dessus, puis on met les pièces dans des bocaux en les serrant les unes contre les autres, pour laisser le moins de vide possible. On verse dessus le jus préalablement passé au tamis, puis stérilise le tout en tenant une heure à 100°.

Autre. — Faire revenir à la poêle 200 grammes de lard maigre ou petit salé avec la chair et les intestins de trois *grives* et les intestins des autres *grives* que l'on se propose de *farcir*.

En outre, 50 grammes de foie gras ou de foie de veau, sel, poivre, muscade. Faire refroidir sur un plat. Le tout est pilé avec 350 grammes de porc frais maigre et 150 grammes de panne de porc. Enfin, passer cette farce au tamis.

D'autre part, on désosse une dizaine de *grives*. On les étend sur une assiette, on les assaisonne avec sel, poivre et muscade. Après avoir arrosé d'un filet de madère, on laisse en l'état une heure.

A la farce préparée on ajoute 50 grammes de truffes, et égale quantité de jambon et de lard coupés en petits dés.

Les *grives* étant étalées sur la table, mettre sur chacune d'elles une cuillerée de cette farce. On roule en boule, puis les range dans des boîtes plates dont on aura tapissé le fond et les parois avec de minces tranches de lard. On recouvre le tout d'une dernière tranche, puis on soude le couvercle.

La stérilisation dans l'eau bouillante doit durer deux heures pour les boîtes d'un litre.

Les *cailles* sont traitées de la même façon (mais enlever les intestins et le gésier) ainsi que les *bécassines*, les *mauviettes*.

Autre. — On les dresse comme s'il s'agissait de les servir pour entrées, les barde, puis les met en boîtes. On fait le plein avec de la graisse de volaille ou de gibier clarifiée et du fumet de gibier, ou crème de gibier, que l'on obtient en pilant et en passant au tamis.

Les alouettes, grives, mauviettes, ortolans, bécasses, bécassines, perdreaux, peuvent se conserver en boîtes au naturel, rôtis, farcis au foie gras truffé, en gelée, en pâté ou en galantine truffés.

Perdreaux. — Après avoir plumé, vidé, troussé l'oiseau, que l'on choisira autant que possible fraîchement tué, on garnit l'intérieur de baies de genièvre écrasées, puis on barde de lard. On fait, alors, cuire à demi dans du beurre durant une demi-heure. On mettra par deux dans des bocaux, en serrant le plus possible les deux oiseaux l'un contre l'autre, et on couvrira de jus passé au tamis. Enfin, on stérilisera le tout à 100° pendant une heure.

Au moment de consommer, on remplace les premières

bardes de lard par du lard frais, puis on fait rôtir légèrement. On sert avec des rondelles de citron.

Salmis. — On barde les oiseaux de lard, puis les fait rôtir. On les découpe ensuite en 5 morceaux (2 ailes, 2 cuisses et l'estomac). La carcasse, une fois pelée, est mise dans une casserole avec deux échalotes et une carotte émincées, un brin de thym, une feuille de laurier et un verre de bon vin rouge. On laisse ce dernier se réduire de moitié, après quoi on ajoute 1 décilitre de jus ou bouillon, deux cuillerées à bouche de purée de tomates. On lie la sauce avec une cuillerée de farine délayée et on laisse cuire une demi-heure.

La sauce, passée au tamis fin, est versée dans la boîte où l'on a déjà mis les quartiers de perdreaux.

Le chauffage au bain-marie et à l'ébullition doit durer deux heures.

On peut conserver les *perdrix aux choux* en boîte soudée *après refroidissement*, que l'on chauffe également durant deux heures dans un bain-marie à l'ébullition.

Bécasses. — Le salmis de bécasse se prépare comme celui de perdreau. On ne vide pas l'animal.

Pour la préparation du jus avec la carcasse pilée, on ajoute aussi les intestins et les têtes dans la casserole avec deux échalotes hachées, feuille de laurier, brin de thym, gousse d'ail, verre de vin de Bordeaux ou autre. On laisse réduire aux trois quarts, puis mouille d'une cuillerée à pot de sauce coulis et autant de jus ou bouillon. A défaut de coulis, lier la sauce avec une cuillerée à bouche de farine délayée. Laisser cuire une demi-heure à petit feu. Passer au tamis fin et mettre dans la boîte avec les morceaux de bécasse. Après soudage, stériliser deux heures.

La *bécasse* demande dix minutes de cuisson : pour les *bécassines*, 5 à 6 minutes suffisent.

On traite les *grives* et les *alouettes* comme les bécassines. Au moment d'utiliser les conserves, chauffer les boîtes au bain-marie ; on verse dans une casserole, met sur un feu très doux et, sans bouillir, on lie avec 3 ou 4 cuillerées à bouche de sang de volaille ou de lapin.

§ II. — Gibier à poil et venaison.

Les *civets de lièvre*, de *lapin*, de *chevreuil*, de *sanglier*, le *râble de lièvre rôti sauce poivrade*, le *filet* ou *selle de chevreuil* à la sauce poivrade peuvent se conserver en boîtes soudées d'un litre que l'on stérilise à l'ébullition durant deux heures.

Lièvre. — Le lièvre en *gelée* se fait généralement avec les restes d'un lièvre rôti qu'on découpe finement. Il faut environ une livre de ces restes pour faire une demi-livre de gelée.

Dans un demi-litre d'eau, on prépare une sorte de sauce avec du bon jus de viande auquel on ajoute un peu de vinaigre et 15 grammes de gélatine. Le tout est mis au bain-marie jusqu'à ce que la gélatine soit fondue. Laisser refroidir à moitié, puis ajouter les morceaux de lièvre découpés. Mettre en verre, laisser au bain-marie une heure. Au moment de consommer, servir avec une sauce dite « essence de gibier ».

On peut préparer les *râbles* de la façon suivante.

Coupez-les, parez-les de lardons et placez-les dans un plat creux avec un oignon et une carotte coupés en ronds et un peu de persil. Arrosez-les d'un verre de vin blanc et d'une cuillerée d'huile. Laissez ainsi trois heures. Égouttez-les en les essuyant, et mettez sur un plat à rôtir, sur des bardes de lard, arrosez de beurre. Mettez au four et arrosez de temps en temps. Lorsqu'ils sont bien dorés, versez dans le plat le fond de marinade, arrosez-en les râbles, et mettez de nouveau au four. Cette cuisson dure 25 minutes. Sortez les râbles, et rangez-les dans une boîte en fer-blanc ovale, la partie piquée de lard au-dessus. Au fond de la boîte on peut mettre les bardes. Versez le jus dessus et soudez. Mettez la boîte dans un récipient d'eau froide, portez à l'ébullition et laissez-la se maintenir 1 h. 30. Retirez du feu, laissez refroidir, sortez la boîte et mettez au frais.

Pour le lièvre en *terrine*, une fois l'animal désossé, le couper en morceaux de moyenne grosseur. Ajoutez 500 grammes de jambon fumé, 250 grammes de lard de poitrine, 500 grammes de veau maigre également coupés en petits morceaux, de même que le foie de l'animal, cinq gros oignons hachés très finement, un gros bouquet de persil haché fin aussi, une poignée de sel, deux pincées de poivre.

On place le tout dans une grande terrine et on ajoute le sang du lièvre. On mélange bien.

On prend une grande casserole ou une daubière et l'on met au fond une large barde de lard très épaisse que l'on pique de 12 clous de girofle, 12 feuilles de laurier, 6 à 8 branches de thym. On verse dessus le contenu de la terrine en le pressant le plus possible. D'autre part, on met dans un linge de toile tous les os du lièvre, on roule bien le linge, on le lie parfaitement et le pose dessus, avec un pied de veau ouvert en deux. Enfin, on verse sur le tout une bouteille de bon vin et un verre d'eau-de-vie. On recouvre la casserole et fait cuire durant neuf heures.

On retire alors le linge qui contient les os et remue encore le tout. Cela fait, le répartir dans des terrines et laisser refroidir pendant au moins une nuit. Mettre sur les terrines du saindoux et un papier blanc et fermer en collant un autre papier entre la terrine et le couvercle.

Les terrines doivent être gardées dans un endroit très frais, non humide. On peut ainsi les conserver, en hiver, deux à trois mois.

Voici une autre marche à suivre :

Lièvre, 1 ; noix de veau, 200 grammes ; porc frais, 200 grammes ; jambon gras et maigre, 200 grammes ; échalotes, 2 ; oignon, 1 ; ail, 1 pointe ; truffes (à volonté), 125 grammes ; œufs, 2 ; très bonne eau-de-vie, 1 demi-verre à bordeaux ; madère, 2 cuillerées à bouche.

Désossez d'abord le lièvre, coupez les morceaux par tranches, enlevez les nerfs et piquez chaque tranche de lard fin et mettez-les de côté.

Épluchez, d'autre part, les truffes, coupez-les en quartiers, placez ces quartiers dans une terrine, et versez sur le tout le madère et l'eau-de-vie.

Hachez alors l'ail très menu, ainsi que l'oignon, faites cuire à blanc dans du beurre pendant une demi-heure environ, et ajoutez encore les épluchures des truffes hachées finement, et conservez.

Préparez une farce fine avec les débris de chair du lièvre, son foie, le veau, le porc, le jambon ; mettez-la dans une terrine, ajoutez-y le liquide des truffes, le hachis d'oignon et d'échalotes passé au beurre, les épluchures des truffes, sel, poivre, épices fines, le sang du lièvre et les œufs, ceux-ci, l'un après l'autre, en travaillant la farce pour la rendre homogène. N'oubliez pas de goûter cette dernière et de l'amener à point.

Prenez maintenant une terrine à pâté, garnissez-en le fond et les côtés de bardes de lard, puis mettez-y de la farce, une couche de morceaux de lièvres, quelques quartiers de truffes, une autre couche de farce, une nouvelle couche de morceaux de lièvre, des truffes, et ainsi de suite jusqu'à épuisement, pour terminer par une couche de farce.

Couvrez le tout avec les bardes de lard. Fermez hermétiquement la terrine avec son couvercle en ayant soin de couvrir les bords avec de la pâte (farine délayée avec un peu d'eau) ; mettez à cuire au four, à feu modéré, dans un plat contenant un peu d'eau chaude, pendant trois heures environ. Si vous désirez conserver le pâté plusieurs jours, égouttez-le au sortir du four pour écouler tout le jus et remplacez ce jus par du saindoux fondu au bain-marie ; si au contraire le pâté doit être mangé presque aussitôt, vous vous trouverez bien de procéder comme suit :

Faites, pendant que le pâté cuit au four, une gelée avec les os et les débris du lièvre, des couennes de lard, en ajoutant du vin blanc, un peu de bouillon et un bon assaisonnement. Laissez cuire deux heures environ et passez au tamis.

Lorsque la terrine est cuite, enlevez le couvercle et la pâte, percez quelques trous avec une lardoire fine et coulez la gelée qui remplit les intervalles. Ce système empêche la terrine de se conserver, mais la rend tout à fait délicieuse.

Vous pouvez à votre gré ne pas piquer les morceaux de lièvre, mais dans ce cas il vous faudrait mettre sur chaque couche de ces morceaux une mince tranche de lard de poitrine un peu gras.

Le *pâté* de lièvre s'obtient ainsi : On pile 250 grammes de chair de porc avec autant de lard et la chair des épaules du *lièvre*. On assaisonne cette farce comme il a été dit et passe au tamis. D'autre part, on divise en filets la chair du râble et des cuisses. On l'additionne de filets de lard, d'un peu de jambon coupé en morceaux, ajoute les assaisonnements, arrose d'un petit verre de cognac et de deux de madère. On laisse ainsi mariner trois à quatre heures après avoir bien mélangé.

Faites revenir dans la poêle et dans 100 grammes de beurre 150 grammes de jambon et le foie du lièvre. Ajouter une échalote hachée. Après avoir arrosé d'un verre de madère, faire réduire de moitié. Ensuite, on pile au mortier, passe au tamis et mélange à la farce.

Il ne reste plus qu'à garnir les boîtes en fer-blanc, comme il a été indiqué pour le pâté de foie gras en boîte.

On peut également préparer des terrines en suivant la méthode indiquée pour le foie gras. Ce procédé est d'ailleurs appliqué à tous les gibiers, grives, alouettes, mauviettes désossées, etc.

Lapin. — On utilise le râble et les cuisses du lapin. On les fait bien rôtir au beurre ou au saindoux. Une fois salé et bien égoutté, on met en pots que l'on finit de remplir avec du saindoux. On met par-dessus et après refroidissement un papier parchemin et on garde dans un lieu frais.

Pour *confire à l'huile*, on dépouille et désosse les animaux, puis les pique de lardons de lard et de jambon cru assaisonnés de sel et d'épices. On met aussi des morceaux dans les lapereaux. Ces derniers sont alors roulés, serrés, depuis les cuisses jusqu'à la peau du cou.

Après avoir ficelé, on met dans une casserole avec de l'huile, du sel, des épices, du laurier, du thym, du basilic.

On fait cuire une heure sur un feu très doux, sans bouillir. On retourne les pièces pour qu'elles cuisent bien sur toutes les parties.

Après avoir laissé égoutter, on garde ainsi jusqu'au lendemain. On découpe alors par morceaux que l'on introduit dans des pots et on les couvre avec de la bonne huile.

Quand on veut utiliser cette conserve, on coupe l'aliment en minces rondelles que l'on sert entourées de persil haché et arrosées avec l'huile.

Rillettes de lapin. — Choisissez un lapin d'un an, que vous dépouillez, videz, désossez et coupez en morceaux ; ajoutez les deux tiers de jambon. Mettez le tout dans une casserole avec deux grands verres d'eau, sel, poivre, deux clous de girofle, une feuille de laurier, et laissez cuire lentement pendant quatre heures ; ensuite, pilez la viande et mettez en pots.

Pour préparer des *terrines*, on désosse l'animal, puis le coupe par tranches. On hache quelques morceaux avec du porc frais, un peu de veau, du persil, ciboule, échalotes et oignons. On ajoute du poivre, du sel, du thym, du laurier et une ou deux cuillerées de bonne eau-de-vie.

D'autre part, on garnit le fond d'une terrine avec des bardes de lard. On y met une couche de hachis, une mince tranche de jambon fumé à demi cuit, une couche de morceaux de lapin et ainsi de suite.

Quand la terrine est aux trois quarts pleine, on couvre avec des bardes de lard et arrose avec du bouillon. On ferme avec le couvercle, en ayant soin de couvrir les bords de la pâte. On cuit au four durant quatre heures.

On fait aussi des conserves de gibelotte, de lapin chasseur, etc.

L'*Australie*, qui est, comme l'on sait, le pays par excellence des *lapins*, où ils constituent une vraie calamité, envoie de grandes quantités de ces derniers jusqu'en Angleterre.

Les chasseurs prennent ces rongeurs au piège, les vident aussitôt et les suspendent par paires à l'ombre en les recouvrant d'une toile pour les garantir des mouches. Les *ramasseurs* les transportent à la gare la plus proche d'où ils arrivent à Melbourne. Là on les dépose immédiatement dans les *frigorifiques*. Après les avoir classés par grosseurs et définitivement admis, on les empaquette et les met dans des boîtes à claire-voie. Celles-ci sont portées dans des chambres réfrigérantes où elles restent trois à quatre jours, après quoi, étant ainsi congelés, on peut les expédier. Le transport des caisses jusqu'au port s'opère dans des camions à parois isolantes. Enfin on les emmagasine dans les *chambres froides* des navires.

En 1907, l'Australie a ainsi envoyé en Angleterre

27.322 tonnes de lapins, qui se sont vendus sur le marché anglais 0 fr. 65 l'unité.

Chevreuil. — Choisir de préférence une *épaule*. La couper en morceaux que l'on fait revenir au beurre. Saler, ajouter un oignon haché, du poivre en grains, un clou de girofle, une feuille de laurier, un brin de thym.

Quand la viande est revenue, on la couvre d'eau et on laisse cuire doucement pendant deux heures. Mettre, alors, en bocal, et **arroser** avec de la sauce filtrée. Mettre au bain-marie à l'ébullition et laisser une heure.

Ce plat se sert chaud en liant la sauce dans la casserole avec un peu de farine. Garnir avec des tranches de citron.

On prépare également en conserves : pâté truffé, côtelettes piquées, gigot, noix, selle piqués sauce poivrade.

Réglementation. — Lorsque fut élaborée la loi de 1844 sur la chasse, on ne put prévoir les prohibitions s'appliquant au gibier conservé dans des frigorifiques, puisque ceux-ci n'ont fait leur apparition que longtemps après.

Aussi certains industriels avaient-ils cru pouvoir mettre en vente, en temps prohibé, du gibier conservé dans des appareils frigorifiques.

Une circulaire du ministre de l'Agriculture a fixé la jurisprudence sur ce sujet.

Certaines décisions ont admis la vente de conserves de gibier en boîtes. Mais le gibier frais, alors même qu'il est entretenu dans la glace, ne saurait d'aucune manière être assimilé au gibier de conserves en boîtes.

Sa mise en vente, en temps de chasse prohibée, présenterait les plus graves inconvénients, en ce qu'elle permettrait l'écoulement facile des produits du braconnage et rendrait illusoires les prohibitions de la loi de 1844.

Aussi, le ministre de l'Agriculture a-t-il toujours refusé d'accueillir les demandes en autorisation de transporter le gibier congelé, qui lui ont été adressées pendant la clôture de la chasse, et des procès-verbaux seront dressés à tous marchands ou restaurateurs qui mettront en vente du gibier frais, conservé ou non dans des appareils frigorifiques, pendant la clôture de la chasse.

III

LE PORC

Salage. — En Irlande, on choisit de préférence, pour les *salaisons*, les porcs qui ont été nourris avec des vesces, des pois, des haricots, de l'avoine, etc. Ainsi alimentés, les animaux ont le lard et la chair plus fermes et de meilleure conservation.

Le salage du *porc* à la ferme doit se faire avec quelques précautions, et, cette opération terminée, il ne faut plus manier la viande avec les doigts, mais se servir d'une fourchette, sans jamais remettre dans le saloir un morceau touché.

Autant que possible, opérer le *salage à sec* par un temps sec et frais, le plus souvent en décembre.

Les vases destinés à recevoir les morceaux de porc à saler varient de forme suivant les régions. Ils sont ou en grès à col étroit et à gros ventre, ou en bois en forme de baquet, plus larges de fond que d'entrée.

On prétend que la viande se conserve mieux dans les saloirs en grès et n'y contracte aucun goût.

Il est préférable d'avoir plusieurs *saloirs* de petites dimensions plutôt qu'un pouvant contenir tout un porc. Par exemple, on prend un saloir pour le lard gras, un autre pour la poitrine et le ventre (petit salé) et met le reste dans un troisième. Avec cette précaution, il sera ensuite plus facile de trouver les morceaux que l'on désire.

Les saloirs employés devront être, cela va sans dire, parfaitement propres. Dès qu'ils seront vides, on les ébouillantera. Le sel qu'ils pourraient encore contenir, après avoir été lavé à l'eau froide et séché, sera utilisé à nouveau dans différents services de la cuisine.

Il vaut mieux laisser raffermir la chair et ne procéder au salage que deux à trois jours après l'abatage de l'animal. En attendant, ce dernier, ouvert et vidé, sera tenu dans un lieu obscur et frais à l'abri des mouches, etc.

Le découpage de la viande se pratique suivant les habitudes locales. Il est toujours bon de ne pas faire de trop gros morceaux qu'il serait, alors, difficile de bien saler (1 kilogramme). Il faut, ensuite, désosser en partie, car la moelle des gros os, ceux de l'épine dorsale en particulier, que le sel ne peut atteindre, altérerait la viande. On conseille de tremper dans l'eau chaque morceau, puis de les bien essuyer avec un linge. On les dépose alors sur une table et recouvre de *sel* aromatisé, de *poivre* en poudre ou en grains. On frotte vigoureusement, en introduisant le plus profondément possible le sel autour des os que l'on ne peut enlever.

On a, au préalable, garni le fond du saloir d'une couche de sel et on y place les morceaux en les serrant fortement les uns contre les autres sans laisser de vides. On a soin de placer, autant que possible, la couenne le long des parois du saloir.

Sur chaque couche de viande, on répand du sel, quelques feuilles de laurier, des branches de thym, des grains de genièvre.

On continue ainsi en réservant pour la fin les pièces qui se conservent le moins, et qui seront, pour cette raison, consommées les premières. Telles sont celles qui avoisinent la saignée et les parties osseuses, comme tête, collet, jambons de devant, qui contiennent beaucoup d'os.

Sur chaque couche de viande, on répand du gros sel blanc, quelques feuilles de laurier, des branches de thym, des grains de genièvre. On continue ainsi en réservant pour la fin, au-dessus, les pièces qui se conservent le moins et qui seront, pour cette raison, consommées les premières. Telles sont celles qui avoisinent la saignée et les parties osseuses, comme tête, collet, jambons de devant, qui contiennent beaucoup d'os.

Le tout est couvert d'une forte couche de sel. Après quatre à cinq jours, on secoue le saloir pour tasser la masse, égoutte et remplit les vides, qui peuvent s'être formés, avec du sel. Parfois, on intervertit l'ordre des couches de viande.

On continue ainsi jusqu'à ce qu'il ne coule plus d'eau.

Il faut de 12 à 16 kilogrammes, parfois 22 kilogrammes de sel pour 100 kilogrammes de viande.

Quand on ne recule pas devant la besogne et que l'on destine la marchandise à la vente, on met les *jambons* parés en forme arrondie, garnis de sel et d'aromates pilés (laurier, thym

clous de girofle, genièvre), dans le fond du saloir, où ils restent
pour être consommés les derniers.

Parfois encore, on les met, au contraire, à la partie supérieure
du saloir, d'où on les retire au bout de deux mois pour les
fumer.

Enfin, on comprend que l'imagination de chacun puisse là
se donner libre cours, surtout en ce qui concerne la composition du mélange conservateur plus ou moins aromatisé. Ainsi
on frotte énergiquement les jambons, après les avoir parés,
avec la préparation suivante calculée pour quatre jambons :
poivre en poudre, 100 grammes ; sel pilé, 20 kilogrammes ;
salpêtre, 250 grammes ; et on les met dans un saloir spécial en
chêne, si possible de petites dimensions, la couenne en-dessous,
de façon que les deux parties dégarnies se trouvent l'une sur
l'autre. Après avoir recouvert d'aromates et de sel, on ferme
soigneusement avec un couvercle pouvant entrer dans l'orifice. En outre, on charge ce couvercle d'un poids de 30 kilogrammes environ. On porte dans un lieu frais et obscur.
Après dix à trente jours, on retire les jambons, les essuie, puis
les suspend dans un local bien aéré, à l'abri des mouches et des
insectes, pour qu'ils sèchent pendant une vingtaine de jours.
Enfin on les fume, si on le désire.

La salaison par la *saumure* consiste à immerger les morceaux de porc dans la composition suivante : eau, 100 litres ;
sel, 12^{kg},5 ; salpêtre, 400 grammes ; sucre, 500 grammes ; le
tout aromatisé. Ce procédé ne vaut pas le *salage* à sec, dont
nous venons de parler, et n'assure pas une aussi longue conservation. Il ne convient donc pas pour la consommation familiale.

Dans un mode mixte, on frotte d'abord les morceaux
comme dans le salage à sec, puis on les range dans des cuves et
on arrose pendant quelques jours avec de la saumure. Enfin
on les empile dans des barils en les séparant par des couches de
sel.

A Chicago, les morceaux sont classés dans un cellier obscur,
puis on les saupoudre d'un mélange de sel, salpêtre et sucre
granulé. Après six jours, on les retourne et saupoudre à nouveau. On laisse la viande s'imprégner pendant vingt à trente

jours. On la nettoie ensuite, puis la fait refroidir dans un frigorifique durant vingt-quatre heures au moins. Enfin on empile dans des barils remplis de saumure et laisse séjourner deux mois à deux mois et demi dans une chambre froide.

Quand les morceaux sont ainsi suffisamment préparés, on les retire de la saumure, les lave, les expose au grand air pour les laisser sécher, puis les fume.

On peut encore employer la saumure de la façon suivante. On dispose un *cuvier* comme pour faire faire la lessive dans les campagnes. Après avoir garni le fond d'un lit de sel et de feuilles de laurier, branches de thym, sauge, baies de genièvre, gros poivre, clous de girofle, on y empile les pièces de cochon, désossées de préférence et débarrassées des taches de sang, après les avoir saupoudrées de quelques pincées de salpêtre et frottées avec du sel. Les plus grosses et les plus charnues sont mises au fond. Chaque couche est frottée de sel sur toutes les surfaces et recouverte du même ingrédient additionné des aromates que nous avons cités.

Quand on a terminé le remplissage, on arrose lentement et bien uniformément le tout de quelques litres d'eau froide.

Le liquide, chargé de sel, qui s'écoule par le trou inférieur du cuvier est reversé sur la masse. Ce lessivage est d'autant plus prolongé (deux à quatre jours) que l'on veut saler davantage la viande. L'expérience est ici le meilleur guide.

L'inconvénient de ce procédé, c'est d'exiger plus de travail que celui dans lequel la viande reste immergée dans le liquide salé.

Boucanage. — On prétend que la chair des porcs nourris avec des résidus de distillerie, de brasserie, des herbes, est moins propre à être boucanée que celle des animaux engraissés avec des glands, des pois, des fèves, du maïs, etc.

La viande est d'abord salée, en la frottant avec du sel soir et matin, et cela pendant plusieurs jours. On peut, de même, la saler en tonneau comme par le procédé ordinaire.

On suspend, ensuite, les pièces dans une chambre où la fumée arrive presque froide. Elle est produite avec du bois de hêtre ou de chêne ou avec de la bruyère. On emploie le dispositif que nous avons déjà décrit (p. 272).

Le plus souvent on se contente de suspendre les viandes dans la cheminée. Il faut alors les placer loin du feu, au milieu de la fumée, à une assez grande hauteur.

Jambons. — Le jambon doit être d'abord paré. On enlève les lambeaux pendants, etc., lui donne une forme ronde. Ensuite, en commençant par le manche, on le presse pour en extraire le sang.

On saupoudre alors légèrement de salpêtre, qui donnera une jolie couleur rosée. Cela fait, on humecte de sel mi-fin avec un peu d'eau salée et on frotte *fortement* toutes la surface de la pièce.

On met ensuite celle-ci sur un plan légèrement incliné, le jarret étant en bas. On la couvre d'une couche de sel d'un centimètre. On en remet de temps en temps sur les parties qui se dégarnissent.

Après trente jours, on essuie, puis pend pour faire sécher. Enfin, conserver dans un lieu sec et obscur, à l'abri des rongeurs. Il est prudent, pour éviter les piqûres des mouches, d'envelopper les jambons dans des linges ou des journaux bien ficelés.

En Angleterre, on prend 500 grammes de cassonade, 9 litres de sel gris et 64 grammes de salpêtre (quantités suffisantes pour faire une saumure destinée à trois jambons). On commence par faire sécher un peu le sel (dans un poêle, par exemple), puis on le pile avec le sucre et le salpêtre, jusqu'à ce qu'on ait obtenu une poudre fine. Les gros jambons sont laissés un mois dans ce mélange et les petits pendant quinze jours, en ayant soin de les recouvrir complètement.

En France, on procède généralement de la façon suivante. Les jambons sont frottés de sel pilé et chaud ; le lendemain, on leur enlève le sang et le sel qui les recouvre avec un linge mouillé. On a préalablement préparé une saumure formée de 1 kilogramme de cassonade en poudre, 4 kilogrammes de sel et 250 grammes de salpêtre pilé (quantités pour 64 kilogrammes de viande) ; on verse ensuite sur ce mélange 12 litres d'eau de fontaine portée à l'ébullition. On écume alors la dissolution obtenue ; puis, quand elle est refroidie, on la tamise.

Cela fait, on met la viande dans une barrique en couches

successives ; puis, sur chaque couche, on répand : 1° un mélange de **12** décigrammes de girofle, autant de poivre, 8 décigrammes des quatre épices (le tout bien pilé ensemble) ; 2° une certaine quantité de la saumure indiquée plus haut. La viande est ensuite retournée tous les trois jours dans la barrique et pendant douze à seize jours. Elle est alors exposée à l'action de la fumée.

Voici un procédé plus compliqué.

On fait le dépeçage de la bête dans un bassin qui contient une solution de chlorure de sodium à l'état de saturation. On laisse ainsi la viande quarante-huit heures. On la porte, alors, au séchoir pour la salaison sèche (on la recouvre complètement de gros sel), où elle séjourne de vingt à quarante jours. On la lave, ensuite, à l'eau et au vin ou au vinaigre rouge, puis la laisse sécher quatre à cinq jours à l'étuve. On peut alors la conserver à l'air libre et sec (jambon blanc) ou la porter au four à fumer (jambon fumé).

Enfin, on peut terminer, ce qui n'est pas indispensable pour la consommation familiale, par la *toilette* du jambon. On le coupe convenablement pour qu'il ait belle apparence, puis l'enveloppe dans du papier parchemin.

On procède encore de la façon suivante. Une fois la viande bien refroidie après un séjour de quarante-huit heures dans une chambre frigorifique, on injecte dans la masse, avec une pompe spéciale, une solution de sel à 100°. Puis on recouvre les jambons avec du sel et on en forme une pile que l'on recouvre aussi de sel à son tour. On laisse ainsi de vingt à trente jours.

Après avoir retiré et séché, on suspend dans la cheminée ou dans la chambre spéciale, dans laquelle ils restent exposés à l'action de la fumée.

Si l'on veut un jambon cuit, on procède ainsi. Le jambon est arrondi, la couenne piquée de façon à ce qu'elle puisse être aisément pénétrée par la saumure, puis frottée avec du sel dans lequel on a ajouté une certaine quantité de salpêtre et une petite quantité de poivre ; le jambon est déposé ensuite dans un saloir où il reste une dizaine de jours, puis il est lié avec une grosse ficelle ; il est cuit ensuite dans une saumure légère aromatisée avec des clous de girofle, des feuilles de laurier, du thym, etc., puis recouvert de saumure. Après quinze jours environ de contact, le jambon est fortement pressé, et il est prêt à subir le boucanage, comme nous l'avons indiqué.

Les *jambons* que l'on veut *fumer* doivent être choisis parmi les plus petits et les plus maigres.

Après les avoir parés, légèrement frottés avec une pincée de salpêtre, puis avec du sel mi-fin, on les met dans un baquet à saumure et on y verse la saumure obtenue par le lessivage. On ajoute parfois, à celle-ci, 1 litre de lie de bon vin.

On laisse ainsi vingt à vingt-cinq jours, puis les retire, les laisse égoutter, et, au besoin, frotte la couenne avec du carmin jaune. On peut aussi saler comme à l'ordinaire.

On les porte alors dans la chambre à fumer ou dans la cheminée, en les tenant à 3 ou 4 mètres du foyer, sans qu'ils touchent aux paroi. Il est préférable de les envelopper de toile, au préalable. La fumée doit exercer son action durant quarante-huit heures. Certains vont même jusqu'à deux mois, mais alors on ne fume que tous les deux jours.

Entre temps, on frotte avec des aromates : poivre, girofle en poudre, thym, laurier.

Ce procédé est également suivi pour la poitrine (mince et bien maigre), qu'on ne laisse dans la saumure que deux semaines.

En Angleterre, on opère de la façon suivante : On laisse tremper les pièces durant douze heures environ dans de l'eau salée, pour en extraire le sang. Après égouttage, on les frotte chaque jour, pendant une semaine, avec un mélange fait de dix parties de sel de cuisine et d'une de salpêtre. La saumure qu'ont rendue les morceaux au bout de quelque temps est additionnée d'un quart de livre de sel ammoniac réduit en poudre très fine et une livre de « belle moscouade » ou sucre brut, cela pour 21 jambons. On mélange bien et verse le produit sur les jambons. On retourne ceux-ci 7 ou 8 fois, à deux jours d'intervalle. Après les avoir lavés, on les pend dans un endroit sec où ils se sèchent pendant une semaine.

On soumet alors, durant un à huit jours, à l'action de la fumée de feuilles de genévrier humectées d'eau.

Au sortir de la cheminée ou de la chambre à fumer, la viande est exposée à l'action d'une température modérée dans un courant d'air. Les morceaux peuvent être ensuite emballés dans des caisses en intercalant des couches de sel.

Jambon de Bayonne. — Laisser bouillir dix minutes dans 2 litres d'eau et 2 litres de bon vin rouge, 1.200 grammes de sel, 25 grammes de carbonate de soude, 75 grammes de salpêtre, 100 grammes de piment doux, et à l'état sec 5 grammes de thym et laurier, 10 grammes de basilic et sauge, une petite pincée de lavande, autant de romarin.

Le jambon, préalablement salé à sec, est mis, après six jours, dans cette saumure tamisée et refroidie, On le retire par temps sec après deux à quatre semaines, quand la chair est ferme. On lave à l'eau tiède, gratte, bat, frotte de farine de pois et porte au séchoir, puis fume.

Jambon de Westphalie. — Faire bouillir, jusqu'à dissolution parfaite dans 10 litres d'eau, 3ᵏᵍ,800 de sel et 120 grammes de carbonate de soude. Ajouter ensuite 5 grammes environ de cumin et autant de genièvre. Filtrer après refroidissement.

Jambon de Mayence. — Parer, laver à l'eau-de-vie, puis saler avec le mélange : 250 grammes de sel, 60 grammes de salpêtre, 30 grammes de poivre en poudre, 15 grammes de clous de girofle en poudre. Laisser un mois dans le saloir. Après égouttage, mettre dans un baril avec de la lie de vin.

Après quinze jours fumer durant cinq à six semaines. Terminer en suspendant dans un tonneau au-dessus d'un réchaud où l'on fait brûler, à plusieurs reprises, des branches de genièvre. Enfin, conserver sous une couche de fine cendre de bois.

Cochon de lait fumé. — Quand on l'a vidé, on le laisse durant quatre jours dans une saumure fortement aromatisée avec du laurier, de la coriandre, du thym, etc.

Au sortir de la saumure, on le laisse égoutter, puis on l'essuie. On le porte alors au fumoir pour le fumer légèrement.

On le fait cuire ensuite dans un bouillon allongé d'eau et aromatisé avec un bouquet de persil, quelques jus de citron, du vin blanc et on sert accompagné de légumes et d'une sauce raifort.

Lard, petit salé et poitrine. — Un *bon lard bien salé* est de couleur blanche plus ou moins rosée, de consistance homogène et d'odeur agréable. Un lard frais qui serait jaune, trop mou et à mauvaise odeur doit être rejeté. On sait que le vieux lard devient facilement rance en prenant une odeur nauséabonde et une teinte jaune sale.

Pour *saler* le lard, on s'y prend de la façon suivante. Les bandes larges de 20 à 30 centimètres, détachées du porc fraîchement tué, sont coupées en morceaux à peu près carrés. On les met alors sur la planche à rebord ordinairement employée pour le salage et on les frotte de sel sur toute leur surface. Ensuite on les place un à un dans une caisse, en les serrant bien les uns contre les autres. On sépare chaque rangée de la précédente par une couche de gros sel auquel on mélange des épices (feuilles de laurier, baies de genièvre, etc.). On termine par une couche de sel. On met le couvercle, sur lequel on place des objets pesants. Parfois, après une semaine, on couvre le tout de saumure. Plus simplement, on met le lard sur une planche de la cave en faisant deux rangées, avec la couenne en dehors ; puis on recouvre de planches chargées de pierres.

Tous les cinq à six jours on ressale le lard en retournant les morceaux.

Au bout d'un à trois mois, quand il est bien ferme sous les doigts, on le suspend, après l'avoir enveloppé de papier (mouches), dans un endroit sec et obscur, dans de grandes pièces bien ventilées. Ce séchage est assez délicat : il ne doit pas y avoir excès.

Parfois, en salant le lard, on le frotte, comme le jambon, avec un peu de salpêtre et de cassonade, ce qui lui donne une belle couleur (mélange de 10 kilogrammes de sel, 800 grammes de sucre et 300 grammes de salpêtre). Quand le lard doit être fumé, il ne doit rester au saloir qu'une dizaine de jours. On l'essuie, ensuite, avant de le soumettre à l'action de la fumée.

On détache les bandes de *petit-salé* dans la partie entrelardée, leur enlève les os et saupoudre légèrement de salpêtre, puis frotte avec du sel mi-fin. On empile alors les pièces, en saupoudrant de sel. On remplace ensuite le premier sel par du sel fin, vingt à trente jours après. On entasse à nouveau en pile dans un endroit obscur et bien sec. Il faut avoir soin de mettre le côté viande avec la viande, le côté couenne avec la couenne.

Pour conserver le lard et le petit salé, on peut empiler les morceaux dans une caisse en les enveloppant, au préalable, dans du foin. Le foin assurerait une bonne conservation et donnerait un bon parfum à l'aliment.

Le petit-salé étant d'ordinaire consommé le premier, il n'est pas nécessaire de le laisser longtemps en salaison : huit à dix jours suffisent.

On traite de même les morceaux de poitrine.

Coopératives de salaisons. — *The Journal of the Board of Agriculture* (septembre 1903) a publié les renseignements ci-après, empruntés au rapport de la députation envoyée en Danemark par le Département de l'agriculture pour l'Irlande, afin d'y étudier les méthodes suivies par les agriculteurs et marchands danois dans l'établissement de leurs factoreries coopératives de viande de porc salée.

Le nombre total des factoreries de viande de porc salée est actuellement de 51, dont 27 coopératives avec 64.000 membres (une nouvelle coopérative est en fondation), et 24 privées. On dit qu'on y tue annuellement plus de 777.000 porcs. Dans quelques cas, savoir dans 11 des 27 factoreries coopératives, il existe des abattoirs pour d'autres animaux que les porcs ; en 1902, environ 12.000 animaux autres que les porcs furent abattus auxdites factoreries.

Établissement de Kalundborg. — La factorerie coopérative de Kalundborg est la première qui ait été visitée par la députation irlandaise ; elle peut être prise comme type de ces établissements. Elle comprend 1.220 membres et traite 16.000 porcs par an.

L'organisation de la société de Kalundborg a débuté par une série de réunions dans toutes les paroisses situées dans un rayon d'environ 10 milles anglais. Le projet fut discuté à fond, et des experts de la Société royale danoise d'agriculture étaient présents en permanence pour expliquer les points techniques concernant l'industrie projetée et pour donner des instructions sur l'élevage et l'alimentation des porcs. Les paysans furent invités à signer un engagement vis-à-vis de leur société, engagement suivant lequel : 1° ils livreraient à la factorerie la totalité des porcs élevés dans leur ferme pour une période de huit ans, sauf certaines exceptions clairement spécifiées ; 2° ils se portaient garants de l'emprunt nécessaire pour édifier et installer la factorerie, et fournissaient le capital d'exploitation dans la mesure fixée par le Comité d'organisation et basée sur l'importance de leur ferme. Au début, il fut difficile de décider les paysans à signer cet engagement, et le nombre des membres fut d'abord réduit ; mais, dès que les agriculteurs comprirent le fonctionnement de la société, ils voulurent presque tous lui apporter leur aide.

La majeure partie des porcs sont livrés à la factorerie en été, et, afin d'employer ses ouvriers pendant les mois du printemps, où l'activité des livraisons est moindre, l'administrateur a amené le Comité à s'occuper de l'emballage et de la conservation des œufs. Les fermes du district de Kalundborg ont en moyenne, chacune, de 12 à 15 vaches, et d'une manière générale il est fourni à la factorerie, par une ferme donnée, autant de porcs qu'il y a de vaches laitières dans cette même ferme. La plus grande distance d'où viennent les porcs est d'environ 16 milles ; les districts qui peuvent employer les transports par chemin de fer font leurs expéditions par wagons. La société s'est procuré des wagons spéciaux pour son trafic de viande morte. Les bâtiments et la machinerie ont coûté, en chiffres ronds, 150.000 francs ; une somme de 50.000 francs fut en outre nécessaire comme capital d'exploitation. La société emploie 20 ouvriers, dont un seul doit posséder une habileté spéciale : le chef boucher, qui est payé 2.000 couronnes par an ; les autres ouvriers reçoivent 20 couronnes (27 **fr.** 50) et au-dessous par semaine.

On tue les porcs deux fois par semaine, le mardi et le vendredi. Toutes les parties de l'animal sont utilisées.

Le tableau ci-dessous peut être cité pour le détail des dépenses dans la majeure partie des sociétés coopératives danoises pour le salage de la viande de porc.

Appointements du président du Comité, 500 couronnes ; voyages et indemnités du président du Comité, 136 couronnes ; certains membres du Comité, de 40 couronnes à 50 couronnes ; premier vérificateur, 500 couronnes ; deuxième vérificateur,

200 couronnes ; assurance maritime, 412 couronnes ; assurance contre les accidents, 281 cour. 55 ; assurance contre l'incendie, 349 cour. 72 ; assurance contre le vol, 35 cour. 65 ; assurance contre le bris des glaces, 8 cour. 65 ; impôts locaux, 174 cour. 19 ; taxes générales et taxe sur les bâtiments, 547 cour. 55 ; appointements de l'administrateur, 2.500 couronnes ; caissier, 1.400 couronnes ; contremaître, 600 couronnes ; dactylographe, 600 couronnes ; commis, 300 couronnes ; maître boucher, 2.000 couronnes ; mécanicien, 1.200 couronnes ; charcutier, 1.300 couronnes ; un ouvrier à 20 couronnes par semaine, 1.040 couronnes ; trois ouvriers à 18 couronnes par semaine, 2.808 couronnes ; cinq ouvriers à 17 couronnes par semaine, 4.420 couronnes ; un apprenti à 15 couronnes par semaine, 780 couronnes ; un enfant à 8 couronnes par semaine, 416 couronnes ; une femme à 10 couronnes, 520 couronnes.

Toutes les factoreries coopératives danoises et la plupart des factoreries privées préparent leur viande à l'ancienne mode, en pompant la saumure à la main. Récemment, cinq établissements ont été créés dans différentes parties du Danemark, où le salage s'opère automatiquement.

Établissement de Kolding. — La délégation a visité la factorerie de Kolding, le plus important des établissements, coopératifs ou autres, pour la préparation de la viande de porc, qui existent en Danemark.

Elle possède un abattoir public, où toute la viande exposée pour la vente dans la ville doit avoir été certifiée « propre à la consommation ». En dehors du prix moyen très élevé payé, à la livraison, pour les porcs de ses membres, la Société de Kolding a distribué à la fin de l'année dernière un reliquat de 3 öre 75 par livre sur tout le lard fourni, soit une somme de 310.483 couronnes ou une moyenne de 4 cour. 63 par porc. Les engagements de la Société montent aujourd'hui à environ 30.000 couronnes, et depuis sa fondation, en 1889, aucun membre ne s'est retiré volontairement.

Les seuls ouvriers devant avoir une habileté professionnelle dans les factoreries danoises sont les bouchers ; un suffit dans les petites et trois ou quatre au plus dans les grandes. Un premier boucher, au Danemark, est payé 2.500 francs par an, et il ne semble pas qu'il soit difficile de trouver beaucoup d'ouvriers compétents à ce prix. Le personnel permanent employé dans la plupart des factoreries est payé 14 à 30 couronnes par semaine, suivant les capacités. La société des saleurs de porc de Copenhague a pris des dispositions pour le cas de grève, et à une réunion tenue à Copenhague à l'époque de la visite de la députation irlandaise, il a été convenu qu'en cas de grève dans une factorerie, des hommes seraient immédiatement envoyés d'autres établissements pour continuer le travail. Lors d'une grève des ouvriers des docks l'année dernière, à Esbjerg, un télégramme du bureau central à Copenhague a immédiatement fait venir 103 volontaires des diverses usines pour transborder le lard dans ce port. Les employés de toutes les usines sont assurés contre les accidents.

Toutes les factoreries se sont fédérées pour assurer leur lard pendant le transport en Angleterre ; le fonds de cette fédération est alimenté par un versement d'environ 1 öre 1/2 par porc tué. Le lard est assuré au taux de 1 livre 6 s. 8 d. par 1.800 livres sterling de valeur. Dans le cas de fonctionnaires ayant charge de fonds, la prime d'assurances, qui est presque toujours payée par ces fonctionnaires eux-mêmes, varie de 1 à 2 p. 100.

Le rapport de la délégation traite enfin du système adopté pour l'amélioration de la population porcine danoise. Il fait remarquer que le principal expert de l'élevage des porcs au Danemark assure que le porc danois est encore loin de la perfection, que ses expériences de croisement ont fourni la preuve que le croisement des races locales avec les verrats anglais n'est aucunement approprié aux usages agricoles ordinaires du Danemark. A son avis, il ne faudrait plus introduire de sang étranger, et il se propose de créer une race indigène appropriée à la production de truies fortes et rustiques, donnant beaucoup de lait et susceptibles d'élever des portées pourvues de bonnes qualités de croissance et d'une aussi bonne forme que possible. A cet effet, il existe un très grand nombre d'associations de paysans, qui, avec les autres sociétés d'élevage du porc, sont en contact permanent avec les factoreries de viande de porc salée où les résultats de l'élevage sont soumis à la critique la plus sévère.

L'opinion générale au Danemark est que la distribution de truies convenablement élevées et soigneusement sélectionnées est d'aussi grande importance que la distribution des verrats.

Les viandes de porc salées en Angleterre. — Le *Bulletin de l'Office de renseignements agricoles* (janvier 1911) donne les renseignements suivants sur l'*importation des viandes de porc salées et fumées en Angleterre.*

L'Angleterre consomme une quantité considérable de *viandes de porc salées* et fumées, en grande partie de provenance étrangère, et, sous ce rapport, l'agglomération londonienne, qui peut être évaluée à plus de 6 millions d'habitants, offre un débouché très important pour les produits de l'élevage et de l'industrie des autres pays.

C'est principalement sous forme de « bacon » (lard salé et fumé) que la viande de *porc* est consommée en Grande-Bretagne.

En 1909, l'importation totale du *bacon* dans le Royaume-Uni s'est élevée à 4.625.463 cwts (soit plus de 234.982.771 kilogrammes) d'une valeur de 13.801.665 livres sterling (plus de 445 millions de francs), et l'on estime qu'en moyenne Londres et ses districts suburbains consomment, par semaine, sous forme de « bacon », de 160.000 à 180.000 porcs.

Le bacon ainsi importé provient, en presque totalité, des États-Unis, du Danemark, du Canada et des Pays-Bas.

Les envois de ces pays furent respectivement, en 1909, de 2.189.053 cwts, 1.809.745 cwts, 443.386 cwts, et 105.013 cwts (1 cwt = 50 kilogr. 802).

Mais il est intéressant de remarquer que les quantités de bacon importées ont presque constamment décru depuis 1906, tandis qu'au contraire la valeur relative des importations avait tendance à augmenter ainsi que le tableau ci-après permet de s'en rendre compte :

	Importations totales.	
	quantités.	valeur.
	cwts.	liv. st.
1906	5.542.622	14.644.115
1907	5.365.605	14.839.201
1908	5.685.742	14.480.579
1909	4.625.463	13.801.665

La hausse du prix du bacon, continue ces derniers temps, prouve que la demande n'a pas diminué dans le Royaume-Uni.

Ce n'est donc pas à une moindre consommation qu'il faut attribuer le fléchissement des importations, non plus d'ailleurs qu'à une augmentation de la production locale, les statistiques du *Board of Agriculture* établissent, au contraire, que le nombre des porcs tend à diminuer en Grande-Bretagne.

Si la Grande-Bretagne importe moins de bacon, c'est uniquement parce que les pays producteurs en exportent moins.

Or, les deux pays dont les exportations ont fléchi depuis 1906 sont : les États-Unis (de 2.880.863 cwts en 1906 à 2.189.053 cwts en 1909) et le Canada (de 1.066.141 cwts en 1906 à 443.386 cwts en 1909).

Ce fléchissement constaté depuis quatre ans dans les exportations américaines ne semble pas, étant donné son caractère régulier et continu, attribuable à une cause momentanée et purement accidentelle, mais plutôt à l'augmentation de la consommation locale de la viande de porc aux États-Unis et au Canada, conséquence toute naturelle de l'accroissement de la population de ces deux États.

Si, comme tout permet de le supposer, cette hypothèse est exacte, cet état de choses ira sans nul doute en s'accentuant et si l'on considère que ces deux pays de l'Amérique du Nord étaient encore jusqu'à ces derniers temps les pourvoyeurs presque exclusifs du Royaume-Uni en bacon, on peut conclure qu'en ce qui concerne ce produit il y a, à leur défaut, une place à prendre sur le marché britannique.

Les exportateurs français devraient se hâter de mettre à profit cette circonstance.

L'exemple du Danemark et de la Hollande est là, d'ailleurs, pour les inciter à ne pas manquer cette occasion.

Le tableau ci-dessous indique la progression des importations du bacon danois et hollandais dans le Royaume-Uni au cours des quatre dernières années :

	Importations.	
	danoise.	hollandaise.
	cwts.	cwts.
1906	1.463.660	40.413
1907	1.799.787	20.358
1908	2.049.513	43.439
1909	1.809.745	105.013

D'après le « Board of Trade », le bacon ainsi exporté en Grande-Bretagne par le Danemark en 1909 représentait une valeur de 5.801.382 livres sterling, soit plus de 145 millions de francs.

Pour la Hollande, les évaluations officielles s'élèvent à 335.875 livres sterling, soit près de -8 millions et demi de francs.

Ces chiffres suffisent à donner une idée des bénéfices que l'exportation du bacon sur le marché anglais est susceptible de procurer à nos éleveurs.

Nos compatriotes pourront se rendre compte des moyens employés par le Danemark pour arriver à ce résultat, en lisant le remarquable rapport fait au « Congrès de l'élevage du bétail » par M. Eugène Tisserand, directeur honoraire de l'agriculture et intitulé : « L'Élevage du porc au Danemark ».

Si, aujourd'hui, le bacon provenant du Danemark est officiellement coté sur le marché de Londres, tout comme le bacon américain ou irlandais, c'est grâce à la qualité et à la régularité des envois des producteurs danois groupés, à l'instigation et avec l'aide de l'État, en associations coopératives, dont l'étude fournirait d'utiles renseignements à nos producteurs.

Ces derniers trouveront, en outre, des conseils dont ils pourront faire directement leur profit, puisqu'ils leur sont adressés, dans un article intitulé « Le trafic de la viande de porc et le marché anglais », publié, à la suite d'une enquête à Londres, dans la *Semaine agricole* (5, avenue de l'Opéra, Paris, 1er arrondissement) du 10 juillet 1910, par M. Tuzet, inspecteur commercial de la Compagnie des chemins de fer d'Orléans.

M. Tuzet déclare avoir des raisons de penser que certains

« bacon curers » (fumeurs de bacon) anglais seraient disposés, ce qui est fort possible, à établir leur industrie en France comme d'autres l'ont déjà fait en Danemark et en Hollande, si on leur garantissait une production suffisante et régulière de ce que j'appellerai les porcs à « bacon ». Il est ainsi amené à envisager l'éventualité d'une entente entre industriels anglais et éleveurs français, dont ces derniers tireraient, pour leur part, un bénéfice certain, puisqu'elle leur permettrait d'augmenter, dans des proportions considérables, leur production qu'ils seraient assurés d'écouler désormais sur le marché britannique, qui offre, sous ce rapport, un débouché presque illimité.

Toutefois, rien ne dit qu'il serait indispensable de faire appel, tout au moins exclusivement, aux industriels de ce côté-ci de la Manche. Les producteurs français devraient s'appliquer surtout à se grouper en coopératives qui prépareraient elles-mêmes le bacon destiné à l'Angleterre.

Il n'y a pas de raisons, en effet, pour que le système de la coopération qui, pour le bacon, a fait ses preuves en Danemark et qui, en France même, pour le beurre notamment, a donné des résultats si remarquables, ne contribue pas à accroître, sur ce point, notre puissance de production et d'exportation, au grand avantage des départements français où l'élevage du porc est susceptible de prendre l'extension nécessaire. Néanmoins, il serait, en tout état de cause, indispensable de faire appel, pendant un certain temps, à la main-d'œuvre étrangère (anglaise, danoise ou hollandaise), pour apprendre à nos compatriotes la préparation toute spéciale du bacon, dont nous donnons d'ailleurs un aperçu.

Préparation. — On prend des porcs du poids d'environ 50 kilogrammes ; les espèces croisés d'anglais, à couenne mince fournissent le meilleur bacon.

On enlève la tête et les abatis pour ne conserver que la carcasse proprement dite que l'on sépare en deux et l'on place les côtés dans une saumure de salpêtre et de sel, durant huit à douze jours, quelquefois quinze jours, selon la qualité que l'on veut obtenir.

Cette opération terminée, le *bacon* est prêt à être exporté.

On le saupoudre de *borax* et on l'expédie en *balles* de six côtés. Ces balles, une fois parvenues à distination et vendues, sont ouvertes, les côtés lavés et brossés à l'eau tiède, puis suspendus jusqu'à ce qu'ils soient à moitié secs. On les saupoudre alors de farine de pois rouges avant de les placer dans des fours où est entretenu un feu doux de sciure de bois. Douze à seize heures après, le *bacon* est prêt à être livré à la consommation.

Ajoutons que les Anglais consomment volontiers du bacon au déjeuner du matin.

A la question : *Pouvons-nous développer l'exportation des salaisons en Angleterre ?* M. H. Tuzet, inspecteur commercial de la Compagnie d'Orléans, répond par les arguments suivants :

Si nos importations en Angleterre sont insignifiantes ou nulles, cela tient à l'irrégularité et à la mauvaise méthode commerciale de notre élevage du porc. Cependant les renseignements pris auprès des négociants anglais sur ce commerce ont fait connaître qu'il pouvait devenir très important. D'une part, la consommation de cet aliment populaire est en augmentation ; d'autre part, les importations de certaines provenances, notamment de l'Amérique, sont en diminution, et des pays fournisseurs, comme le Danemark et la Hollande, semblent avoir atteint le maximum d'exportation sur cet article.

Des chefs d'importantes maisons anglaises de vente de salaisons (l'Angleterre a reçu en 1908 pour 497.037.000 francs du Danemark, de la Hollande, du Canada, des États-Unis) se sont rencontrés à Paris avec des spécialistes négociants et éleveurs du Centre et du Sud-Ouest pour étudier la possibilité d'engager des relations commerciales avec l'Angleterre.

M. Tisserand a cité les conditions d'établissement d'une société anglaise fondée en 1908 à Roscrea, en Danemark, au capital de 375.000 francs. L'installation a coûté 175.000 francs. Elle est en mesure de traiter 125 porcs par jour. Le prix d'une action est de 25 francs. Les souscripteurs s'engagent à fournir un nombre d'animaux d'un poids déterminé, assurant ainsi la régularité de la production. Les races yorkshire et berkshire sont celles qui conviennent le mieux à l'industrie du bacon. Les animaux pèsent, à sept mois, environ 100 kilogrammes vifs et donnent net 75 kilogrammes de viande à l'abatage.

Il existe en France, à Aubervilliers, un établissement industriel du même genre. On y utilise d'une manière rationnelle les procédés de réfrigération. La salaison est à point en quatorze jours. Le fumage se fait ensuite en trois jours avec de la sciure et des copeaux de bois appropriés.

Un conseil donné par les négociants anglais, c'est le suivant « Formez des coopératives ; engagez les producteurs français à faire ce qui a été fait en Danemark. »

M. Douglas a résumé ainsi ce qu'ont fait les Danois.

En 1887, l'introduction des porcs danois en Allemagne fut interdite. Les Danois songèrent, alors, à saler sur place ce qu'ils ne pouvaient plus exporter comme marchandise vivante. Une première coopérative fut établie dans la ville de Horsens. Depuis, le nombre n'a fait qu'augmenter et atteignait la trentaine en 1905. Les industries privées prospéraient également et s'élevaient au chiffre de 24 à la même époque, soit un total de 54 établissements. Mais le développement ne fut possible que parce que les Danois s'ingénièrent à satisfaire le goût des acheteurs anglais, leurs produits ayant trouvé un excellent débouché sur les marchés du Royaume-Uni. En 1908, les importations danoises étaient évaluées à 142.128.150 fr. (1).

Une entente entre les personnes intéressées serait de la plus grande importance, tant pour notre agriculture que pour notre commerce. Pour M. Tuzet, cette solution ne paraît devoir se réaliser que par l'établissement d'un certain nombre de porcheries industrielles en mesure de livrer aux éleveurs de jeunes porcelets dont la dépense d'alimentation serait relativement minime, étant donné le poids de 70 à 75 kilogrammes qu'ils doivent atteindre pour le commerce d'exportation.

Une affaire exclusivement française, dit M. Tuzet, pourrait être faite sous les conditions suivantes :

Organisation d'une production régulière, susceptible d'être centralisée dans de bonnes conditions en un point déterminé ;

____

(1) Voy. aussi *L'Élevage du porc en Danemark*, par M. Tisserand. Congrès de l'élevage du bétail en 1909.

Préparation, par les soins des industriels, de la production livrée par l'agriculture ou le commerce ;

Enfin, possibilité de former une organisation coopérative de production associée à une organisation industrielle et commerciale assurant la transformation et la vente des produits.

On a fait remarquer, à ce sujet, que ce qui se fait en Danemark est plus difficile à établir en France à cause de l'esprit individualiste du producteur. Malgré tout, il n'y a pas de doute que les coopératives pourront rendre dans cette branche de l'agriculture, comme dans beaucoup d'autres, de grands services.

D'ailleurs, dit M. Marcel Vacher, pour augmenter les débouchés de la production de la viande de porc, point ne serait besoin d'aller jusque sur le marché anglais. Ainsi, en France, la consommation du saucisson, par exemple, s'est accrue considérablement ces dernières années. Or, le saucisson consommé vient pour une très forte partie d'Amérique.

Malgré tout, l'exportation du *bacon* est une question intéressante et il faudrait bien se garder d'en abandonner l'étude.

L'acide borique dans les jambons. — M. Ferdinand Jean, analysant du *jambon américain* d'York de la marque «Lunham Brithers prime », y a trouvé du sel marin, du salpêtre et du borax ; 4 ^{gr}, 54 d'acide borique anhydre par kilogramme de jambon roulé, c'est-à-dire ne contenant pas d'os, ce qui correspond à 6^{gr},55 de borax ou borate de sodium anhydre (biborate) par kilogramme de jambon d'York cru. Une expérience a montré qu'après la cuisson le jambon d'York conserve 40 p. 100 du borax contenu dans la salure.

C'est grâce à cet antiseptique, qui possède une force de pénétration exceptionnelle, que les Américains peuvent préparer des jambons un peu en toute saison.

Nous avons déjà fait remarquer ailleurs qu'il est surprenant que l'on autorise chez nous l'introduction de jambons étrangers boratés, tandis que l'utilisation du borax est interdite aux fabricants français de salaisons.

Porc rôti en boîtes Appert. — Une conserve de viande dont l'avenir apparaît sous un jour favorable, dit la *Revue scientifique*, c'est celle du *porc rôti*. Des essais ont été faits, en

1909, par l'administration de la Guerre. Ils ont été satisfaisants, puisque 4.000 quintaux ont été donnés en adjudication au cours d'une campagne de fabrication. On peut annoncer certainement que les hommes apprécieront beaucoup cette forme nouvelle de la conservation des viandes stérilisées. Sans doute quelques précautions devront être prises pour assurer à ces produits la sapidité, le bon aspect et la valeur alibile indispensables. C'est là œuvre pratique que les techniciens sauront faire. C'est ainsi que l'on évitera une teneur en saindoux par trop élevée, bien que les soldats aiment beaucoup le pain et la graisse de rôti de porc sous forme de tartines. On devra aussi éviter l'emploi de boîtes trop plates, attendu que la viande trop longtemps soumise à une haute température et sous une faible épaisseur peut subir des modifications du côté de certaines matières albuminoïdes, et que l'on peut même observer des dégagements d'hydrogène sulfuré perceptibles à l'ouverture des boîtes de conserves.

On peut prévoir que l'enrobage complet des muscles de porc par le saindoux sera un moyen d'empêcher les phénomènes d'autolyse, observés quelquefois dans les boîtes de conserves de bœuf assaisonné, en l'absence de toute action microbienne susceptible d'être mise en évidence. Enfin, on peut assurer que la conserve de porc sera plus nutritive en raison de la graisse qu'elle renferme, qu'elle sera, en outre, d'un emploi beaucoup plus facile, qu'elle soit consommée froide ou qu'elle soit utilisée sous forme de ragoût aux pommes de terre.

Traitement par la suie. — Des essais faits à Munich ont montré qu'un *jambon* de 8 livres, traité par la *suie*, comme nous allons l'indiquer, et durant huit heures, était encore parfaitement conservé au bout de onze mois.

Cette méthode a, sur la simple fumigation, l'avantage de conserver le poids, le volume et le suc de la viande. De même, on peut l'appliquer en toute saison. Par contre, elle aurait le défaut de communiquer à la viande une certaine amertume et une certaine âcreté.

Voici d'ailleurs le mode opératoire. On délaie une partie de suie brillante de bois, que l'on peut recueillir près du foyer, dans six parties d'eau froide. Il suffirait de laisser tremper quelques minutes dans ce mélange les petites pièces, comme saucisses, langues, etc.

Viande fraîche de porc conservée par le froid. — Au printemps de 1910, une maison de Liverpool avait tenté l'essai d'introduire par ce port une quantité importante de *porcs congelés* provenant de la Chine et destinés à la consommation sur le marché anglais, mais le permis de débarquement fut refusé par le service local de santé pour ce motif que la viande chinoise n'avait pas été préparée en conformité avec les règlements en vigueur, les quartiers de porcs ayant notamment été désossés. A la suite de cette décision, le chargement dont il s'agit fut dirigé sur l'île de Man pour y subir un traitement de salaison avant d'être livré à la vente. Il fut d'ailleurs reconnu que le porc chinois qui avait été importé était d'une très bonne qualité et constituait une excellente nourriture, ainsi que l'admit le président du Board of Trade, en réponse à une question qui lui fut posée au Parlement de Westminster.

Loin d'être découragée par ce premier échec, la maison importatrice de Liverpool donna à ses correspondants en Chine des instructions en vue de la stricte observation des prescriptions du service sanitaire et obtint de celui-ci l'envoi à Hankow d'un fonctionnaire qui pût constater *de visu* les bonnes conditions hygiéniques de l'élevage des porcs dans les vastes régions agricoles de cette partie de la Chine, ainsi que de la préparation des produits alimentaires destinés à l'exportation.

PRÉPARATIONS DIVERSES DE CONSERVES DE PORC

Rillettes. — Prendre de la poitrine de cochon bien maigre ; enlever la couenne et les côtes, puis découper la viande en petits cubes.

Faire revenir le tout dans du saindoux (un demi-kilogramme pour une poitrine de 4 kilogrammes) bien chaud et fumant et en remuant, en entretenant un feu doux.

Quand la graisse qui s'échappe du lard est claire, limpide,

on verse la masse sur une passoire, tandis que l'on reçoit la graisse dans une terrine.

Les *rillons* qui restent sur la passoire peuvent être mangés immédiatement ou froids, une fois assaisonnés de sel et de poivre·

On les conserve aussi. Quand ils sont bien égouttés, on les hache finement. La farce est mise dans une terrine. On verse dessus la partie claire du saindoux qui a servi à la cuisson.

On assaisonne avec 100 grammes de sel, 5 grammes de poivre blanc et autant de piment (pour la dose indiquée ci-dessus). Quand le tout a été bien réchauffé, on remplit des petits pots dits à *rillettes*. Le lendemain, on met un rond de papier d'étain et ferme enfin avec du papier parchemin.

Pâté de foie de cochon. — On hache trois quarts de kilogramme de foie, 375 grammes de viande fraîche de porc, 185 grammes de lard frais et un petit pain trempé.

D'autre part, on bat 150 grammes de beurre en écume, on y ajoute trois œufs, un oignon haché, du poivre, des clous de girofle.

On mélange le tout à la farce. On ajoute alors un verre de bon vin blanc et du jus de viande.

On met dans des boîtes ou des bocaux préalablement graissés. On ferme hermétiquement et stérilise comme il a été dit.

Ce pâté se rapprocherait beaucoup par sa finesse du pâté de foie gras.

Voici une autre préparation :

On hache soigneusement ensemble 1 livre de hachis, *mouton*, *bœuf* ou *veau*, et 1 livre de *porc frais*. On ajoute deux *œufs* frais, un hectogramme de graisse fine, un oignon et quelques cuillerées de vin blanc et de jus de viande, sans compter poivre, sel, poudre de girofle, etc.

On prend des bocaux spéciaux en poterie ou en verre, à fermeture à ressort. Ces récipients sont préférables quand on veut démouler l'aliment. Mais on peut employer aussi les boîtes en fer-blanc.

On enduit les bocaux de bonne graisse et on les garnit entièrement de pâte. Après avoir fermé hermétiquement on stérilise au bain-marie.

On sert ce pâté chaud ou froid. Après l'avoir démoulé, on le coupé en tranches que l'on assaisonne d'une sauce piquante, si l'on sert chaud, ou de rondelles de cornichons, dans le cas contraire.

Saucisses, saucissons, cervelas, etc. — En Lorraine, la préparation des saucisses se conduit de la façon suivante. On commence par hacher la viande. On y ajoute la langue du cochon et même les rognons, un demi-kilogramme de lard provenant des rognures des bandes et on hache. On assaisonne avec salpêtre pilé, ail haché, laurier-sauce, beaucoup de poivre moulu, une bonne poignée de sel de cuisine par kilogramme de viande ; on arrose le tout avec deux bouteilles de vin nouveau, ce qui suffit à peu près pour 10 kilogrammes. On broie et on mêle le tout ensemble, puis on met en tas cette préparation, dans de grands plats, ou des saladiers ; on presse bien la masse afin de ne laisser ni creux ni vides et on porte ces plats dans la cuvette de salaison où ils resteront quatre à cinq jours. Ce délai expiré, on se procure deux ou trois brasses de boyaux de bœuf qu'on trouve chez les bouchers, tripiers ; on se sert aussi de la vessie, avec laquelle on peut faire l'enveloppe de deux ou trois belles saucisses.

On coupe les boyaux par bouts de 50 à 60 centimètres de longueur ; on les retourne avec une baguette après les avoir trempés dans l'eau douce ; on lie un des bouts avec un fil, puis on adapte à l'autre bout un petit entonnoir qu'on appelle boudinière à saucisse. Cette boudinière est plus grosse que celle dont on se sert pour les boudins. Alors, tenant la boudinière de la main gauche, on introduit par poignées le hachis préparé, en le poussant avec le pouce et en le faisant glisser dans les boyaux ; pour que le hachis glisse plus facilement, on l'arrose de temps en temps de vin nouveau. Le boyau plein, on le pique avec une épingle, d'une cinquantaine de trous, surtout aux endroits où il y a des bulles d'air.

Quand il est ainsi percé de trous, on le serre doucement avec la main, afin qu'il n'y ait ni vides, ni creux dans l'intérieur, après quoi on peut le lier. Quand les boyaux ont plus de 40 centimètres de longueur, on lie les deux bouts ensemble, puis on divise le boyau par plusieurs ligatures dans le milieu, à telle longueur qu'on veut.

On accroche ensuite ces saucisses à la cheminée, en les atta-chant à un bâton.

Après une quinzaine de jours, on les visite pour voir si elles seront bientôt sèches, c'est-à-dire si elles sont dures. Il ne faut pas les laisser trop longtemps, elles diminueraient trop en poids et en volume. Généralement elles diminuent d'un tiers, mais il n'est pas rare, si on les laisse trop longtemps, de les voir diminuer de plus de moitié.

Enfin, quand on les trouve assez sèches, on les descend de la cheminée et on les enferme dans une caisse avec du bon foin sec ; on a soin de tenir cette caisse bien fermée, dans un gre-nier, afin que les saucisses n'aient aucun contact avec l'air extérieur. On les conserve ainsi pendant plus d'un an.

Pour les *saucisses fumées*, on prend par deux kilogrammes de viande maigre de *bœuf* un kilogramme de maigre de *cochon* et 200 *grammes* de lard par kilogramme de viande. Le tout, bien haché et intimement mélangé à des assaisonnements divers (35 grammes de sel, 4 grammes de poivre, 1 gramme de sal-pêtre, pincée de thym en poudre, pincée de genièvre), est mis dans des boyaux larges de mouton ou de chèvre.

Quand les saucisses sont un peu égouttées, on les porte au fumoir où on les laisse douze heures exposées à l'action de la fumée.

Pour cet enfumage, on enveloppe quelquefois de papier huilé et laisse quelques jours dans la cheminée. On enlève alors le papier et le remplace par des feuilles d'étain qui em-pêchent le contact de l'air pouvant entraîner le rancissement. On tiendra, d'ailleurs, dans un endroit frais. Ou bien encore on enveloppe les saucissons dans du papier, pour les conserver dans la cendre en attendant la consommation.

Dans les ménages, on opère plus simplement.

Hacher grossièrement égales quantités de viande de porc et de gras sans nerf. Assaisonner avec 400 grammes de sel, 40 grammes de poivre et 20 grammes de salpêtre, pour 10 kilo-grammes de hachis. Emplir de petits boyaux, que l'on noue tous les 8 à 10 centimètres. Fumer quelques heures.

Voici encore quelques *recettes* (procédés argentins).

Saucisson de première qualité : viande de porc, piment

30 p. 100, salpêtre, 1 p. 100, sel 3 p. 100. — Deuxième qualité : viande de porc, 75 p. 100 ; de bœuf 25 p. 100 ; salpêtre, 1 p, 100 ; sel, 3 p. 100 ; piment, 30 p. 100. — Troisième qualité : viande de porc, 50 p. 100 ; de vache, 50 p. 100 ; épices, mêmes proportions. — Quatrième qualité : viande de porc, 20 p. 100 ; de vache, 80 p. 100 ; épices, mêmes proportions.

Saucisson allemand. — Viande de vache, 30 kilogrammes, de porc, 20 kilogrammes ; sel, 1 kilogramme ; poivre en grains, 200 grammes ; piment moulu, 20 grammes ; salpêtre, 3 grammes ; plusieurs têtes d'ail.

Cervelas allemand. — Viande de veau, 35 kilogrammes ; de porc, 15 kilogrammes ; sel, 800 grammes ; origan, 3 grammes ; thym, 2 grammes ; piment, 20 grammes ; coriandre, 3 grammes ; nitrate de potasse, 2 grammes.

Saucisson italien. — Viande de vache, 25 kilogrammes ; porc, 45 kilogrammes ; lard, 30 kilogrammes ; sel fin, 3 kilogrammes (3 p. 100) ; piment, 50 grammes ; ail, 6 têtes ; vin, 1 litre ; tripes, 5 kilogrammes.

Mortadelle de Bologne. — Viande de veau et de vache, 75 p. 100 ; lard, 25 p. 100 ; nitrate de potasse, 1 p. 100 ; sel, 2 p. 100 ; noix muscade et anis, 20 p. 100.

Mortadelle allemande. — Viande de veau, 40 kilogrammes ; lard, 12 kilogrammes ; sel, 1 kilogramme ; piment blanc moulu, 50 grammes ; poivre en grains, 150 grammes ; salpêtre, 3 grammes ; une tête d'ail. Cuire à la fumée et au feu durant deux heures.

Cervelas, 1re qualité. — Viande de porc ; sel, 2 p. 100 ; piment, 5 p. 100 ; aji (piment américain) moulu, 2 p. 100. — Deuxième qualité : viande de porc, 75 p. 100 ; de vache, 25 p. 100 ; mêmes épices. — Troisième qualité : porc, 50 p. 100 ; vache, 50 p. 100 ; mêmes épices. — Quatrième qualité : porc, 20 p. 100 ; vache, 80 p. 100 ; mêmes épices.

Cervelas espagnol. — Porc ; piment, 5 p. 100 ; poivron de Murcie, 10 p. 100. Ou : porc, 50 p. 100 ; vache, 50 p. 100 ; mêmes épices. Ou encore : vache, 50 kilogrammes ; porc, 50 kilogrammes ; lard, 40 kilogrammes ; poivron, 2^{kg},5 ; vinaigre, 1^{kg},5.

Grosse saucisse. — Veau et vache, 30 p. 100 ; porc, 70 p. 100 ; cannelle, 20 p. 100 ; piment, 1 p. 100.

Rolet. — Conserves de Légumes.   23

Saucisse viennoise. — Veau, 40 kilogrammes ; porc, 10 kilogrammes ; sel, 800 grammes ; piment, 20 grammes ; origan, 5 grammes ; coriandre, 2 grammes ; cumin allemand, 2 grammes ; nitrate de potasse, 2 grammes. Fumer durant quarante-cinq minutes.

Saucisse d'Oxford (anglaise). — Veau bien blanc, 20 kilogrammes ; porc, 25 kilogrammes ; pain blanc sec, 5 kilogrammes ; sel, 800 grammes ; piment blanc moulu, 30 grammes ; gingembre moulu, 20 grammes ; cardamone, 1 gramme.

Grosse saucisse allemande. — Vache, 35 kilogrammes ; porc, 15 kilogrammes ; sel, 1 kilogramme ; piment blanc, 50 grammes ; poivre, 10 grammes ; nitrate de potasse, 2 grammes ; origan, 5 grammes ; lard, 500 grammes. Cuire à la fumée et au feu durant une heure.

On peut conserver en *boîtes* par le système *Appert* : jambonneau cuit désossé à la gelée, pieds truffés ; saucisses aux choux, aux haricots, aux lentilles, aux pois, au riz, aux tomates ; saucisses truffées ; cochon de lait en gelée, etc.

Altérations et fraudes. — Le côté hygiénique, dans la fabrication des saucissons, laisse parfois à désirer si l'on en juge par les résultats des recherches de M. Savage.

L'expérimentateur a examiné douze échantillons de saucissons frais (du jour ou de la veille) et a toujours trouvé le *Bact. coli*, souvent en quantité considérable. Comme la viande saine, l'amidon, etc., n'en contiennent pas, il faut bien admettre que la préparation elle-même est défectueuse.

La teneur en bactéries des boyaux qui servent à la fabrication est très variable suivant le mode de préparation. Certains recueillent les intestins, les nettoient, les font passer toutes les vingt-quatre heures dans des saumures nouvelles, et quand ils sont secs les conservent dans du sel. Ces produits ne contiennent jamais de *coli*.

D'autres prennent moins de soins ; ils se contentent de racler grossièrement et de saler les intestins pour les employer deux à trois jours après. Ceux-là en renferment souvent, qui pourront nuire aux consommateurs, si la cuisson n'est pas parfaite.

Les maladies dues au saucisson peuvent avoir trois origines.

Les viandes qui les composent peuvent être plus ou moins putréfiées. Ils peuvent contenir le *Bacillus enteridis* de Gatner, qui agit à la fin par sa toxine et par l'infection qu'il provoque. Comme ce microbe est fréquent chez le porc, on comprend le danger que peuvent présenter des boyaux mal nettoyés.

Enfin, les saucissons peuvent contenir le *Bacillus botulinus*, dont la toxine est très puissante.

En Argentine, les inspecteurs des fabriques de porc salé ont pour mission de palper avec soin les produits. Il arrive qu'un saucisson a très bel aspect, alors qu'il est mou au toucher. Si l'on y fait une incision, on obtient une coupe d'apparence humide, de couleur violacée qui devient verdâtre à l'air, parfois jaunâtre, et dégage une odeur piquante désagréable.

Il n'y a pas d'aliment plus sujet aux fraudes que le saucisson. Le fait d'enfermer la viande dans une membrane, à travers laquelle il est difficile de voir ce qui se trouve à l'intérieur, facilite toute espèce de falsifications.

La fraude la plus innocente, relativement fréquente, est celle qui consiste à introduire dans le saucisson, avec de la viande de porc, de la viande de cheval ou de jument. Mais le malheur, c'est que souvent cette viande de solipède est en état de putréfaction ; pour dissimuler l'odeur et la saveur désagréables, les falsificateurs font bouillir cette viande, la hachent, y ajoutent de la graisse fraîche et quelque antiseptique qui peut être toxique. Une autre falsification très fréquente, c'est l'addition en grande quantité de fécule, de farine, d'amidon, etc. En pareil cas, si l'on a des soupçons, l'inspecteur a le devoir de saisir tout saucisson où, à première vue, on remarque un excès de substances anormales et de l'envoyer à la Direction de l'élevage, pour l'analyse. Cependant on peut faire quelques analyses fort simples : on peut révéler l'amidon au moyen de l'iode, qui donne une coloration bleue, ou des sulfites qui dégagent des gaz sulfureux sous l'action des acides minéraux.

Pour les jambons on pratique un sondage, en dirigeant la pointe de l'instrument dans la direction du fémur, car c'est là, dans les tissus qui entourent cet os, que commence l'altération. Quand les jambons sont gâtés, il s'y trouve aussi des vésicules entre les fibres musculaires, avec un liquide qui a une odeur de beurre rance.

Le lard salé a plus de consistance et est plus blanc que le lard frais. On doit le considérer comme suspect quand il exhale une mauvaise odeur ou laisse suinter une sérosité du côté de la saumure : cela veut dire qu'il a été salé quand déjà la décomposition putride était commencée. Il en est de même quand il est trop rance ou moisi : en ce cas l'inspecteur interdira l'utilisation des parties gâtées, en permettant la vente libre du reste.

On sait que le chlorure de sodium ou sel de cuisine, élément indispensable dans la préparation des produits du porc, se compose de chlorures de sodium et de calcium, de magnésium, de sulfates, de matières terreuses, etc. L'inspecteur surveillera l'état de ce corps, car on peut utiliser à sa place le sulfate de chaux, de soude, l'alun et le chlorure de potassium.

La vente du saucisson de *cheval* est soumise aux mêmes conditions que celle du saucisson de porc. Il convient, en conséquence, de proscrire l'emploi de l'amidon dans sa composition, et ainsi de mettre fin à un abus que les marchands cherchent à convertir en usage, et qui s'est répandu d'une façon inquiétante pour la santé publique.

Le saucisson, étant un produit déterminé dans sa composition, a droit à une dénomination spéciale, laquelle ne peut être modifiée, même en prévenant le consommateur, car il s'agit, non pas d'une tromperie, mais bien d'une falsification. Le marchand a l'obligation d'indiquer avec quelle viande le saucisson qu'il met en vente est fabriqué, car le mot « saucisson » tout court ne saurait être admis pour les viandes de cheval.

IV

VIANDE DE BOUCHERIE

Préparations diverses de bœuf. — Pour *saler* une *langue de bœuf*, il faut, d'abord, bien la battre avec un morceau de bois et la piquer avec une fourchette. Cette préparation facilitera la pénétration de la saumure dans la chair.

On frotte ensuite la langue avec du sel gris mélangé pour une forte poignée avec quelques pincées de salpêtre. Quand le morceau a bien absorbé, ou à peu près, cette quantité d'ingrédients, on le place dans une terrine, sur une couche de sel fin. On le recouvre également avec ce conservateur. On laisse ainsi au frais pendant dix à douze jours en retournant tous les deux jours. La saumure qui se forme peut servir pour une autre préparation. Cette saumure peut d'ailleurs être préparée avec une livre de sel et un demi-litre d'eau, une partie du sel ne se dissout pas.

Quand on a une certaine quantité de langues à préparer, il est préférable, après les avoir salées à la main, de les plonger dans une saumure liquide où elles resteront une dizaine de jours.

On peut traiter de même les langues de veau, de mouton.

Voici un procédé un peu plus compliqué. On enlève toute la graisse de la base, puis met dans l'eau froide pendant trois heures en changeant une fois l'eau.

Après avoir pesé la langue, on fait un mélange de 100 grammes de sel par livre de viande, une bonne pincée de salpêtre, trois gousses d'ail coupées en tranches. On frotte soigneusement la langue avec ce mélange dans toutes ses parties, surtout le dessous.

On met alors la pièce dans une terrine et on place dessus un poids assez lourd. On laisse ainsi quinze jours en retournant la langue tous les deux jours.

Au sortir de la saumure, on fume dans une cheminée pendant huit à dix jours.

LANGUE DE BŒUF APPERT. — On débarrasse la langue de son cornet, puis on la blanchit à l'eau bouillante pendant une demi-heure.

On la fait alors cuire avec quelques légumes, jusqu'à ce que la peau puisse s'enlever facilement.

On la découpe en tranches que l'on range dans les récipients à conserver. Après avoir ajouté le bouillon filtré, on ferme et stérilise dans l'eau bouillante durant une heure.

RÔTI RAVIGOTE. — Le bœuf est mis à macérer pendant une semaine dans du bon vinaigre pas trop fort additionné de quelques tranches de citron, d'un oignon piqué, de clous de girofle, de gros poivre, de feuilles de laurier.

Il faut retourner la viande deux fois par jour.

Quand elle a ainsi trempé durant le temps indiqué, on la sort du liquide, l'essuie, la pique de lardons régulièrement, la sale, puis la fait rôtir à demi sur toutes ses faces. On la recouvre alors de bouillon et termine la cuisson au four à une chaleur modérée et en l'arrosant de temps en temps.

On met ensuite la pièce de viande, coupée au besoin et encore chaude, dans une boîte, un bocal, etc., que l'on ferme hermétiquement, puis que l'on stérilise au bain-marie à l'ébullition, durant une heure et demie.

Pour conserver le *veau rôti*, on fait revenir un morceau de veau dans du beurre, on le coupe en tranches épaisses et le met dans une boîte avec de la sauce passée au tamis, puis stérilise.

On conserve encore en boîtes: cervelle au beurre noir; fricandeau sauce tomate, fricandeau au jus de champignon; ris de veau au jus, ris de veau à la Toulouse; tête au naturel, tête en tortue; veau jardinière, veau sauce marengo, etc.

POT-AU-FEU APPERT. — On fait cuire le pot-au-feu comme à l'ordinaire avec légumes dans de l'eau salée, mais avec le moins de liquide possible, car celui-ci va être utilisé.

On retire la viande avant qu'elle soit complètement cuite. Après refroidissement on la coupe en tranches régulières.

Celles-ci sont mises en bocaux, boîtes, etc., et on ajoute le bouillon filtré. On ferme hermétiquement et stérilise pendant une heure à l'ébullition au bain-marie ou dans l'autoclave.

TRIPES A LA MODE DE CAEN. — Lavez des tripes de bœuf jusqu'à ce que la dernière eau soit bien claire; faites-les égoutter et coupez-les en morceaux; coupez un pied de veau en quatre, du lard de poitrine en tranches, quelques oignons et carottes en rondelles, ayez en outre un oignon piqué de deux clous de girofle, une échalote hachée, un bouquet garni (thym, persil, laurier), du poivre en grains et du gros sel.

Au fond d'une terrine à pâté, mettez des tranches de lard, de manière à garnir tout le fond, puis quelques rondelles d'oignons et carottes, la moitié des tripes et deux morceaux de pied de veau, salez, poivrez, mettez l'oignon piqué de clous de girofle, le bouquet garni, l'échalote hachée et la moitié de ce qui reste de rondelles d'oignons et carottes, mettez le restant des tripes, les deux morceaux de pied de veau, ce qui reste d'épices, oignons et carottes, recouvrez avec des tranches de lard, arrosez le tout avec du vin blanc, fermez hermétiquement la terrine en collant les bords du couvercle avec de la pâte composée d'un peu de farine délayée dans de l'eau et mettez dans un four pas trop chaud ou dans un four de boulanger durant au moins dix heures. On peut stériliser en boîtes.

Autre formule assez différente de la première : Hachez grossièrement 125 grammes de graisse de rognon de bœuf, ayez un demi-pied de veau coupé en deux et 2 livres de gras-double que vous nettoyez et lavez soigneusement : carottes et oignons coupés en rondelles, un bouquet garni.

Au fond d'un récipient quelconque, allant au four, fermant hermétiquement et autant que possible en terre vernissée, disposez la moitié de la graisse hachée, puis une couche de gras-double coupé en morceaux, un clou de girofle, quelques grains de poivre, un peu de sel, une couche de rondelles d'oignon, une couche de carottes et ainsi de suite jusqu'à épuisement ; au milieu, mettez les deux morceaux de pied de veau et le bouquet garni, recouvrez le tout avec ce qui reste de graisse, arrosez avec un demi-litre de bouillon et cinq ou six cuillerées à bouche de cognac, couvrez d'abord avec un fort papier blanc bien beurré, puis avec le couvercle que vous soudez ou lutez tout autour avec de la pâte. Faites cuire au four à feu très doux de douze à dix-huit heures.

On conserve encore en boîtes : tripes à la marseillaise ; bœuf à la marinière ; bœuf à la mode ; bœuf en daube ; galantine de bœuf.

Viande crue a l'huile. — Ce procédé n'est pas assez connu. On doit employer de la bonne huile d'olive.

On coupe et essuie les morceaux de viande crue, puis on les trempe dans l'huile. On les serre alors dans un vase en grès. On fait le plein avec de l'huile et on ferme hermétiquement.

On affirme que l'on pourrait ainsi conserver le produit plusieurs mois. Il est certain que l'on ne doit employer que de la viande très fraîche et très saine. Mais il est préférable de ne pas trop prolonger la conservation, l'aliment perdant un peu de son goût naturel.

Quand on veut l'utiliser, on la presse sous l'eau pour la débarrasser de l'huile adhérente.

Quand il s'agit de ne garder la viande qu'un jour ou deux, on peut employer un plat creux et assaisonner de sel et de poivre. On la retourne de temps en temps. Elle s'attendrit ainsi beaucoup.

Mouton. -- Dans les fermes et pour l'économie domestique, on peut avoir intérêt à conserver la *viande de mouton*, d'*agneau* de *chèvre*, par le sel. Toutefois, cette méthode est peu employée, car la viande en question abandonne trop d'eau. On procédera à leur *salaison* comme nous l'avons indiqué pour la viande de bœuf. On sale les quartiers comme des jambons. On ficelle les morceaux qui pourraient tomber en lambeaux. Avant le salage, presser pour faire sortir le sang. On surveillera pour ressaler, au besoin. Mais comme ici on ne vise pas une très longue conservation, on peut n'employer que la moitié de la dose de sel et même moins, soit 8 à 10 p. 100.

Le sel et le salpêtre ne sont d'ailleurs pas les seuls ingrédients utilisés ; on additionne encore ce mélange de sucre, de baies de genièvre, de feuilles de laurier

Cassoulet de mouton. — Prendre de la viande de mouton, gigot, poitrine de préférence, la couper en morceaux, ajouter un hachis composé de petit-salé, ail, persil. Faire braiser. Quand la cuisson est aux trois quarts, dégraisser le fond et le passer dans les haricots que l'on aura préparés comme pour le cassoulet à la languedocienne, puis verser ces haricots sur le gigot que l'on peut garnir de couennes cuites et de saucisses et assaisonner de jus de tomates. Terminer la cuisson. Mettre en boîtes et stériliser.

Cassoulet de Castelnaudary. — Haricots de Soissons moyens, un demi-litre ; épaule de *mouton*, 500 grammes ; jambon roulé, 125 grammes ; lard de poitrine, 125 grammes ; saucisson, 250 grammes ; saucisses de Toulouse, 250 grammes ; 10 gousses d'ail.

Faire tremper les haricots quelques heures, puis les faire

cuire à moitié à l'eau froide. D'autre part, couper en morceaux les viandes ci-dessus, moins le saucisson et les saucisses. Faire revenir le tout dans de la bonne graisse. Couper, alors, le saucisson en rondelles épaisses, les saucisses en tronçons. Remettre toutes viandes, ainsi que les haricots, dans une casserole en terre allant au four. Ajouter les 10 gousses d'ail ; saler, poivrer abondamment, et mouiller avec de l'eau jusqu'à ce que le tout baigne. Faire cuire pendant deux heures et demie, en surveillant la cuisson pour remettre de l'eau tiède si le plat devenait sec. Mettre en boîte, fermer et laisser au bain-marie bouillant une heure et demie.

On conserve encore en boîtes : langue à la gelée, langue à l'italienne ; navarin aux carottes, navarin aux haricots, navarin aux pommes, navarin printanier ; pieds sauce poulette, pieds en paquets ; rognons sautés madère, rognons sautés au champagne.

Bouillon, jus et extrait de viande. — Au point de vue de la *valeur nutritive* de la viande cuite, Liebig fait remarquer que la meilleure condition à remplir consiste à mettre la viande crue dans l'eau quand celle-ci est en forte ébullition. On laisse bouillir durant quelques minutes, puis on maintient une température de 70 à 74°.

Dans ces conditions, l'albumine se coagule de la surface à l'intérieur. Il se produit ainsi une enveloppe qui empêche le jus de s'écouler et l'eau de pénétrer davantage dans la viande. Celle-ci reste ainsi succulente et elle conserve tout le goût qu'elle peut avoir, parce qu'elle retient la plus grande partie des substances sapides.

Au contraire, si l'on met la viande crue dans l'eau que l'on porte, ensuite, lentement à l'ébullition, et que l'on maintient à cette température, elle perd toutes les parties solubles et sapides, qui passent dans le bouillon. L'albumine se dissout peu à peu de l'extérieur à l'intérieur et la fibre devient dure et coriace. On comprend que plus le morceau de viande est mince, plus la perte des parties solubles est considérable.

Ainsi donc le procédé qui fournit le meilleur bouillon donne la viande la plus sèche et la plus fade. En somme, pour avoir un bouilli succulent, il faut renoncer au bouillon.

Le *bouillon* le plus savoureux et le plus substantiel s'obtient

23.

en portant *lentement* à l'ébullition de la viande hachée menu avec son volume d'eau froide. On maintient l'ébullition durant quelques minutes. On passe ensuite et exprime le bouilli.

Pour les mêmes raisons, lorsqu'on fait *rôtir* la viande, la chaleur doit aussi être très forte au commencement et modérée ensuite. Si l'opération est bien faite, le jus, en s'écoulant s'évapore à la surface de la viande et lui communique la teinte brune, le brillant et le parfum particuliers à la viande rôtie.

Les *potages*, le *bouillon*, le *consommé*, la *gelée au jus de viande* sont conservés dans des flacons qui, après avoir été bien bouchés et ficelés, sont laissés deux heures à l'ébullition dans un bain-marie.

Pour les gelées au jus de viande, il est préférable de se servir de *boîtes* au lieu de flacons, en raison de la difficulté que l'on éprouverait pour les sortir de ces derniers une fois solidifiées.

En général, les *bouillons* de viande sont préparés comme les extraits, mais en concentrant moins le liquide. Si l'on n'ajoute pas de légumes pour la cuisson (carottes, navets, poireaux, céleri, choux, panais), on obtient le *consommé*, le pot-au-feu dans le second cas. Dans cette dernière hypothèse, on laisse cuire le tout, mis à l'eau froide, le temps suffisant, cinq à dix heures, suivant la quantité. On soutire le liquide, le filtre et le met en bouteilles. On stérilise à l'autoclave à 110°-115° ou au bain-marie en laissant plus longtemps. Un bouillon mal stérilisé se trouble par la suite.

Dans l'industrie, le bouillon dégraissé par filtration, après cuisson, est concentré dans le vide jusqu'à la densité 1,080.

On stérilise ensuite en flacons.

Les substances qui composent le *jus de viande*, dit Liebig, sont fort nombreuses, mais la plupart d'entre elles sont très riches en azote. Les parties minérales atteignent jusqu'à un quart du poids de l'extrait de viande sec.

La plupart des matières utiles sont incristallisables. C'est dans ce groupe qu'il faut surtout classer les parties sapides du jus, ainsi que celles qui brunissent si facilement par une douce chaleur. Mais il faut se garder d'attribuer à la *gélatine* l'efficacité au point de vue nutritif qu'on voulait lui reconnaître autrefois. Sa valeur nutritive est presque nulle. Or, elle formait la base de *l'extrait de viande* préparé jadis et vendu dans le commerce sous le nom de *tablettes de bouillon*. C'est pour cette raison que l'on avait alors remarqué que la meilleure viande ne donnait pas les plus belles tablettes, que la viande blanche les rendait plus dures et plus aisées à conserver; que les tendons, les pieds, les cartilages, les os, etc., donnaient les tablettes les plus belles et les plus transparentes qui coûtaient fort peu et se vendaient très cher. Les fabricants convertirent ainsi les substances précieuses de la viande en *gélatine* qui ne se distingue que par son prix de la simple colle forte de menuisier.

En résumé, la *gélatine*, qui fait parfois prendre le *bouillon* en gelée quand la cuisson a agi trop longuement sur le tissu ligamenteux des muscles, non seulement n'a point de goût et inspire même de la répugnance, mais n'a aucune valeur nutritive. Ajoutée aux autres aliments, elle leur porte plutôt préjudice. Elle ne saurait donc constituer la base de *l'extrait de viande*.

Voici, d'ailleurs, les conseils que donne Liebig pour la préparation de ce dernier. Faire bouillir la viande durant une demi-heure avec huit à dix fois son poids d'eau. Avant d'évaporer le bouillon, enlever avec soin toute la graisse. L'évaporation doit s'opérer au bain-marie. La cuisson même de la viande peut se faire dans des chaudières en cuivre, bien propres. Mais l'évaporation du bouillon exige des vases étamés à l'étain pur, ou même en porcelaine.

L'extrait de viande n'est jamais dur et cassant, mais il est mou et il absorbe facilement l'humidité de l'air.

Aujourd'hui on a perfectionné le procédé primitif. On emploie comme viande hachée 4/5 de bœuf et 1/5 de mouton, le tout débarrassé de la graisse, des nerfs, puis saupoudré de sel (les animaux devaient être bien reposés au moment de l'abatage).

On ajoute partie égale d'eau et fait bouillir deux à trois heures, laisse refroidir, dégraisse, décante, passe sur une toile ou au filtre-presse, évapore à feu nu dans un chaudron jusqu'à ce que la masse soit réduite au 1/6e de son volume. On amène ensuite à la consistance d'extrait à une température peu élevée (50 à 60°) dans un vide partiel. On met en pots en grès que l'on bouche bien. On vend environ 20 fr. le kilo.

L'extrait de viande ne doit contenir ni albumine, ni gélatine, ni graisse. 30 à 32 kilogrammes de viande en donnent 1 kilogramme. Le résidu est pressé ou essoré pour en tirer les dernières portions des principes utiles. On le sèche ensuite à la vapeur, le moud, le tamise et, finalement, le vend comme poudre de viande.

Salage. — Dans certaines régions montagneuses de la France, dans le Jura par exemple, on sale la viande de vache pour la consommation domestique en hiver. Ce produit, très dur, d'une digestion difficile, est connu sous le nom de « bresi », à cause, dit-on, de sa ressemblance avec le bois des îles. ou bois du Brésil, blanc ou rouge.

Mais si l'on tient à avoir un produit de choix, on s'adressera au bœuf, en prenant de préférence la portion appelée *noix* ou *tranche grasse*.

Comme son nom l'indique, ce morceau étant recouvert d'une certaine couche de graisse, la viande est toujours moins sèche une fois cuite.

La pièce en question sera, autant que possible, coupée en tranches assez épaisses. On les traitera comme nous l'indiquerons pour la langue.

Quand le bœuf a ainsi séjourné dans la saumure le temps nécessaire, on peut le fumer.

On peut dire que, d'une façon générale, le *salage* de la *viande de bœuf* réclame plus de soins que le salage de la viande de porc.

En Irlande, où ce mode de conservation a été assez employé, on prend, pour cette préparation, des animaux de cinq à sept ans, qui ont été engraissés sur un bon pâturage pendant les six derniers mois, et par conséquent dont la chair a acquis toutes ses qualités.

Mais à la ferme on peut avoir l'occasion d'abattre pour une raison quelconque un bœuf, une vache dont on désire conserver une partie de la viande, et ici l'âge a moins d'importance que si l'on destine le produit à la vente. On comprend que dans ce dernier cas il soit préférable d'écarter les animaux qui seraient trop âgés, tenus constamment à l'étable et nourris avec des aliments secs. Leur chair moins parsemée de graisse, celle-ci se trouvant presque entièrement accumulée sous la peau, prend mal le sel. Il en est surtout ainsi des vaches, qui ne donnent qu'un aliment plus ou moins coriace. Toutefois, attendu que la viande perd par la salaison beaucoup de ses qualités, ces considérations n'ont peut-être pas la même valeur que s'il s'agissait de la conservation par le froid, par exemple.

Il est prudent aussi de ne pas abattre immédiatement un animal qui serait fatigué par un long voyage. On le mettrait au repos complet dans un lieu sain, bien aéré, où il se referait pendant deux à trois jours. On a recommandé en outre de ne lui donner que de l'eau.

Après l'abatage, qui se pratique généralement d'octobre à janvier, on laisse la viande suspendue se refroidir et s'égoutter pendant un jour. On a, après la mort de l'animal, ouvert les vaisseaux jugulaires pour favoriser l'écoulement du sang. On ne souffle pas , mais on lie l'œsophage pour empêcher la sortie des matières.

Après avoir séparé les morceaux de choix, que l'on utilise généralement frais, enlevé les parties saignantes, etc., on débite en morceaux, en tenant compte que, pour assurer une bonne salaison et faciliter les manipulations, le volume des pièces ne doit pas être trop grand, un kilogramme à trois, ou cinq à six kilogrammes, par exemple, suivant l'épaisseur. C'est ainsi que les morceaux de poitrine peuvent être d'assez grande dimension. Cependant, quand il s'agit de la vente et pour la faciliter, il vaut mieux ne pas exagérer. Dans tous les cas, on doit faire des incisions aux plus gros quartiers pour faciliter la pénétration du sel. On videra auparavant les os longs remplis de moelle, en se servant, par exemple, d'une tige en bois. Il vaudrait mieux, même, les enlever, car c'est la viande qui les touche immédiatement qui se gâte la première. En outre, les os peuvent nuire à l'entassement dans les barils.

L'endroit où l'on procède au salage doit être largement aéré.

On emploie du sel pur blanc et léger, fin, qui pénètre facilement dans la viande par frottement et hâte la formation de la saumure.

Le sel gris est accusé d'enlever à la viande sa belle couleur.

Celui qui est chargé de chlorure de magnésium absorbe l'humidité de l'atmosphère et donne une saveur amère à l'aliment.

On emploie en moyenne 22 p. 100 de sel : 20 parties sont d'abord utilisées pour frotter la viande ; le reste est répandu sur les pièces quand on les empile l'une sur l'autre dans le baril ou autre récipient. Mais alors, c'est du sel en cristaux et sec, fondant plus difficilement, qu'il faut employer.

Pour frotter, on peut se servir de forts gants en peau, de grosse flanelle ou de morceaux de cuir armé de têtes de clous rivés. Une lanière en cuir à cheval sur deux bords opposés permet d'engager la main par-dessous elle, comme on le fait avec certaines brosses.

On doit imprégner énergiquement la chair de sel sur toutes ses faces, la frotter avec plus de force qu'on ne le fait pour le porc. Les veines sont ouvertes et y on fait entrer du sel.

Les morceaux de viande sont alors mis en tonneau bien étanche qu'on laisse à découvert dans un endroit propre et aéré pendant huit à dix jours au moins. Les tonneaux neufs doivent être, avant de les employer, lavés avec beaucoup de soin et frottés à l'intérieur avec du sel et du salpêtre.

Quand le sel a bien pénétré dans la chair, que la saumure baigne les pièces, on les retire du baril. On remarque qu'elles ont perdu de leur volume, car le sel a attiré à l'extérieur une partie de l'eau des tissus. On vide la saumure dans un baquet et on verse dans le baril une couche de sel en cristaux et sec de l'épaisseur du doigt. On remet de nouveau la viande le plus régulièrement possible en répandant du sel entre chaque couche et en laissant le moins de vide possible.

Dans l'industrie, le remplissage des tonneaux ou *embarillage* se fait en classant les morceaux par qualité. Les pièces de qualité inférieure occupent le fond, les médiocres viennent ensuite, les meilleures se placent en haut et les flancs couvrent le tout. Autrement dit, on trouve à partir du fond : le chignon, la croupe, le collier, le jarret, le derrière, le filet d'aloyau, l'aloyau, le bas de l'épaule, l'épaule, les côtes, la poitrine, le flanchet, les flancs.

On comprime ensuite le tout avec des poids qui reposent sur une planche.

Si l'on doit expédier le tonneau, avant de fermer on presse de nouveau fortement pendant quelques minutes et on met le fond. L'étanchéité doit être parfaite pour ne pas entraîner de perte de saumure. Un procédé de vérification simple, c'est de percer un trou dans l'un des fonds et d'y passer un tube de verre à travers un bouchon. On souffle ensuite fortement et voit s'il n'y a pas de fuite d'air, que l'on boucherait avec de l'étoupe goudronnée, par exemple.

La bonde, tenue jusque-là soigneusement fermée, est ouverte et on introduit de la saumure. On peut employer celle qui résulte de la première préparation, mais si elle était altérée, on en ferait de la nouvelle.

Dans quelques régions, on stérilise au préalable la première saumure, qui renferme des caillots, du sérum, avant de la mettre dans le tonneau. On la chauffe jusqu'à l'ébullition dans un chaudron en cuivre. On enlève l'écume au fur et à mesure qu'elle monte. On ajoute un peu d'eau pure. On continue l'ébullition et la défécation jusqu'à ce que le liquide soit transparent, pur. Il ne reste plus qu'à le laisser refroidir avant de le verser dans le tonneau.

Toutefois, il faut qu'il ait un certain degré de concentration : un œuf frais ou un morceau de viande salée doivent surnager. Une saumure trop forte à l'inconvénient de durcir la viande.

Quand le tonneau est bien garni de viande, celle-ci bien imprégnée de sel et bien tassée, on comprend qu'il faille moins de liquide pour combler le vide que dans le cas contraire. Pour bien assurer la pénétration de la saumure dans tous les interstices, on le retourne à plusieurs reprises sur ses deux fonds. On ajoute au besoin encore du liquide.

Après avoir fermé la bonde, on laisse le tonneau en l'état pour le visiter une quinzaine de jours après ; faire le plein, s'il y a lieu, avec de la saumure et vérifier encore l'étanchéité, comme il a été dit plus haut.

Quand ces préparations sont faites par des ouvriers exercés et bien outillés, armés, par exemple, de grands couperets de 60 centimètres de long sur 30 centimètres de haut, avec un manche de même longueur, lourds par conséquent, un homme peut dépecer par huit heures de travail jusqu'à 30 bœufs de

225 kilogrammes chacun. Dans le même temps, quatre ouvriers salent toute cette viande, ou bien celle de 40 vaches, ou encore celle de 100 cochons.

Dessiccation (1). — L'action du sel est souvent complétée par celle du soleil, d'un courant d'air sec et chaud (dessiccation), de la fumée (enfumage ou boucanage).

Mais ces préparations complémentaires sont loin de relever la valeur nutritive de la viande ainsi traitée. Déjà, au xvi⁰ siècle, le bœuf salé ne jouissait pas d'une bien bonne réputation, si l'on en croit ces vers formulés à cette époque :

> De plusieurs choses Dieu nous garde :
> De toute femme qui se farde
> Et de bœuf salé sans moutarde.

M. P. Diffloth rappelle que les garçons chirurgiens de Paris firent paraître, au xviii⁰ siècle, une célèbre complainte où l'on retrouve les même doléances :

> Quand le bœuf salé qui s'évente
> Blanchit par son antiquité,
> Sans saveur, sans goût et tout sec,
> Comme le vieil arc d'un rebec,
> Nous le changeons en vinaigrette
> Afin d'en relever le goût.

Dans l'Amérique du Sud, on prépare au soleil la *carna seca*, *carna dulce*, *charque dulce*, qui est de la viande desséchée au soleil après avoir été découpée en minces et étroites lanières. Parfois la viande est additionnée de 2 à 3 p. 100 de sel, ou bien on la saupoudre avec de la farine grenue de maïs.

Le *kadyd* ou *kelia* des Arabes, la *tittongue* de certaines peuplades de l'Afrique, sont des produits préparés d'une façon analogue.

Le *pemmikan* des Américains du Nord est de la chair de bison desséchée, puis réduite en poudre au moulin ; ce sont là des produits que les Européens acceptent difficilement.

La dessiccation de la viande peut se faire au four ou à l'étuve, la température doit être assez modérée au début pour

(1) Voy. la conservation par le froid et la conservation par les antiseptiques aux chapitres spéciaux, p. 285 et p. 261.

ne pas coaguler brusquement l'albumine. Il se formerait alors à la surface une enveloppe qui empêcherait la sortie de la vapeur d'eau. Le fait est aussi vrai pour les fruits et les légumes que pour la viande. Il est prudent de ne pas dépasser 70°.

Le Dr Port a proposé de conserver la *viande* de la façon suivante.

On hache la viande crue. On la mêle à de la farine. On ajoute du sel. On fait du tout une pâte que l'on cuit au four jusqu'à *dessiccation* aussi complète que possible.

On a alors, au bout de deux à trois heures, une sorte de *biscuit de viande* qui se conserve bien et constitue un aliment très nutritif. 100 parties de viande peuvent être incorporées sans addition d'eau à 70 parties de farine. Si l'on emploie plus de farine, il est nécessaire d'ajouter un peu d'eau.

En associant ce biscuit de viande à de la graisse, on peut faire les trois préparations que voici :

On fait cuire le biscuit de viande dans de la graisse bien chaude durant trois à quatre minutes. Il se mange, alors, comme du pain grillé.

On verse de l'eau froide sur le biscuit grossièrement concassé et on laisse en contact jusqu'au matin.

Les morceaux de biscuit gonflent. On les dessèche légèrement et on les fait rôtir dans la graisse durant environ cinq minutes.

On obtient, de la sorte, un produit consistant, qui peut être transporté et consommé dans le courant de la journée.

Enfin le troisième mode d'emploi consiste à préparer les biscuits comme dans la première recette. On les rompt en morceaux et les utilise sous forme de soupe après cuisson dans l'eau durant une demi-heure.

Le Dr Port a proposé cet aliment principalement pour les troupes en campagne.

Le procédé dû à M. Murloye consiste à *saisir* la viande par de l'eau bouillante dans laquelle on la plonge. Après l'avoir laissée se ressuyer, on la met dans du vinaigre faible, mais bouillant. On laisse ensuite sécher à l'air.

On conserverait ainsi parfaitement les parties grasses, qui restent blanches et sans altération.

Par la cuisson un tel produit donnerait un bouillon limpide, de couleur brune, d'un goût assez agréable. Mais il différerait sensiblement de celui de bœuf frais. La viande bouillie est sèche et dure ; elle se détache en longs filaments presque sans saveur.

Un appareil assez simple pour la *dessiccation de la viande dans un courant d'air chaud*, c'est celui qui a été proposé par M. Frichou. Il se compose d'un conduit horizontal en briques ou en bois à section rectangulaire ($1^m,20 \times 0^m,80$) de 10 à 12 mètres de long. Au plafond sont une suite de tringles en fer à crochet, qui peuvent glisser dans des coulisses et auxquelles on suspend les morceaux de viande. Ceux-ci entrent par une extrémité du conduit et sortent par l'autre, de manière que l'opération est continue. Les ouvertures sont hermétiquement fermées par des portes.

A l'une des extrémités est un conduit en fonte qui amène l'air chaud chassé, par exemple, par un ventilateur et qui sort à l'autre extrémité par un autre tuyau vertical en fonte. On communique à l'air la température de 20 à 25° favorable, en le forçant à traverser des tuyaux chauffés par un fourneau extérieur. Si on veut le dessécher avant de le chauffer, on le fait passer dans un conduit étroit où l'on met du chlorure de calcium. Un appareil de ces dimensions peut dessécher un quintal de viande en vingt-quatre heures.

On a essayé aussi de faire intervenir à la fois la *lumière* électrique intense et l'air chaud. On serait ainsi arrivé à réduire la viande à 30 p. 100 de son volume.

La viande de bœuf traitée dans un courant d'air chaud à 25° est compacte, même un peu sonore (il est préférable de la soumettre à une grande pression pour qu'elle occupe moins de volume). La couleur est noirâtre à la surface et l'intérieur est rouge.

Un autre procédé de *dessiccation* met à contribution le vide.

Voici ce que dit M. H. de Varigny sur ce sujet :

« C'est la dessiccation que l'on propose d'appliquer à la viande de l'intérieur du Sud Amérique, plus riche en bétail, mais à des distances considérables de la côte, où il serait onéreux d'établir des usines frigorifiques avec dépôts et wagons.

« Mais, au lieu de compter sur le soleil et l'air, on opérera, à coup sûr, par une dessiccation artificielle dans le vide, que l'on poussera jusqu'au point nécessaire à la formation d'une enveloppe, d'une croûte dense, imperméable, presque cornée, qui suffit amplement à protéger les parties sous-jacentes. ·

« Voici un morceau de viande fraîche : un gigot, une pièce de bœuf, la moitié d'un animal même. On l'introduit dans une chambre où l'on fait le vide et où, ensuite, on laisse entrer de l'oxygène et de l'ozone, pour stériliser la surface. Puis on fait le vide à nouveau, en chauffant légèrement pour hâter l'évaporation des couches superficielles de la viande ; puis on introduit de l'acide carbonique que l'on fait absorber par la potasse.

« L'opération, très simple, et n'exigeant qu'un outillage peu coûteux, demande quelques heures. Et, de la chambre à vide, la viande sort recouverte d'une sorte de carapace, d'écorce, dure, épaisse, sous laquelle le restant demeure souple et de consistance normale. Le vide a pour ainsi dire condensé la surface en un cuir dense, continu, résistant.

« Et sous cette forme, la viande peut se conserver des mois. Le jour où l'on veut la manger, on l'utilise comme si elle était fraîche, telle quelle, ou bien après avoir retiré l'écorce. De nombreuses observations faites à Montpellier, en particulier, ont montré qu'elle est parfaitement bonne et agréable, malgré la durée de la conservation, et les analyses faites au laboratoire municipal établissent qu'elle est saine. Une personne non avertie ne la distingue pas d'une autre.

« Remarquons-le : le but de la méthode n'est nullement de conserver la viande pendant des mois : c'est de lui permettre de faire sans risques le voyage du centre de l'Amérique du Sud jusqu'en Europe, et ailleurs, où elle sera consommée aussitôt.

« L'immense avantage de la dessiccation consiste en ce que la viande desséchée ne demande aucune précaution spéciale et onéreuse. On la laisse pendue à la température ambiante (il en est qui a traversé l'été dernier...) ; la seule précaution consiste à en éloigner les mouches... Et elle voyage emballée en caisses ou en tonneaux, ne craignant rien, tant qu'on ne l'écorche pas, tant que reste entière et intacte sa carapace.

« Les producteurs de viande ne seront pas seuls à utiliser cette méthode. Elle s'applique au poisson aussi bien. Il serait tout indiqué de l'employer pour le poisson si abondant des côtes de Mauritanie. Et peut-être trouvera-t-on plus simple, en Irlande et à Terre-Neuve, de dessécher la morue que de la saler. En tout cas, l'expérience vaut la peine d'être tentée. Car il reste beaucoup d'expériences à faire : le problème paraît réglé en ce qui concerne la viande, mais il y a d'autres denrées « dessiccables » que la viande. Certainement, on pourra faire quelque chose avec les fruits : avec certains fruits au moins. Tels pourront être conservés pour la cuisson ; d'autres pourront peut-être rester utilisables tels quels. Une prune un peu ratatinée par le soleil reste un fruit agréable. »

En Uruguay. — En Uruguay, la *salaison* et le *séchage* des viandes étaient implantés bien avant la construction d'établissements frigorifiques.

Les bœufs une fois tués, puis dépouillés, on découpe la viande afin de l'immerger dans l'eau salée. Quand on l'a sortie de la saumure, on la fait sécher ä l'air libre, au soleil, sur des perches. Chaque soir, et cela pendant quinze à vingt jours, les quartiers de viande (*tasajo*) sont mis en tas sur une aire et couverts de prélarts.

Les *tripes* sont salées, puis expédiées aux États-Unis. Enfin les *abats* servent à nourrir le personnel des *saladeros*.

Le *tasajo*, qui contient 15 p. 100 de sel, malgré un certain fléchissement des ventes à l'étranger depuis l'exportation des viandes frigorifiées, représente encore une des principales sources de production et de richesse de l'Uruguay, puisque ce pays fabrique encore par an 55 millions de kilogrammes de *viande séchée*.

Celle-ci est de consommation courante, notamment à Cuba, où l'on prépare avec les qualités les plus maigres et les moins chères un plat national renommé, ainsi que dans le Nord du Brésil.

Comme les États voisins, province de *Rio Grande do Sul* (Brésil), République Argentine, produisent également ce genre de conserve de viande, et qu'il y a lieu de voir se produire une crise, les fabricants uruguayens, jaloux de la protection accordée aux établissements frigorifiques, à ceux qui préparent des extraits et des conserves de viandes, ont décidé de demander au gouvernement diverses franchises en faveur d'un groupement nouveau qui prendrait le nom de *Société uruguayenne de propagande du tasajo.*

Ils créeraient tout d'abord, à Montevideo même, un établissement de vente au détail de « charqué » nature et préparé de différentes façons. On formerait un corps compétent de cuisiniers spécialistes capables d'accommoder le « tasajo » au goût des palais délicats.

Ces spécialistes seraient ensuite envoyés, avec des contrats, en Espagne, Italie, Grèce, Turquie, etc., en un mot partout où la viande séchée semblerait avoir le plus de chance d'être appréciée.

En outre, un cadre de voyageurs seraient chargés d'aller faire connaître dans le monde entier, notamment dans les pays qui sont en relations commerciales avec l'Uruguay, le produit encore inconnu. Des arrangements spéciaux seraient conclus avec les chefs des grandes exploitations agricoles, industrielles et minières en vue de l'alimentation de leurs nombreux ouvriers, et, sur l'assurance donnée qu'un plat de *tasajo* figurerait sur le menu une fois par semaine, des prix étonnants de bon marché seraient consentis.

La nouvelle société de *saladeristas* offrirait des primes aux inventeurs de nouveaux procédés économiques de préparation du *tasajo* ou de viandes salées et non séchées.

Quoi qu'il en soit de l'avenir de ces projets, le *tasajo* est un produit qui doit se vendre bon marché ou ne pas se vendre.

Les classes aisées, en effet, éprouvent encore une certaine répulsion pour la viande séchée.

Dans l'industrie « saladerile », il conviendrait peut-être de procéder avec la viande séchée comme avec la morue, c'est-à-dire de faire préparer plusieurs qualités.

Les statistiques dressées pour les quatre années 1907-1908-1909-1910 permettent d'établir que l'on aurait consommé en moyenne chaque année, dans les pays suivants, le *tasajo* provenant de 1.318.000 bêtes, savoir :

Cuba	300.000 animaux.
Espagne	10.000 —
Afrique du Sud	8.000 —
Brésil	1.000.000 —

Sur ce chiffre total, on estime que les parts respectives ont été :

Celle du Brésil	677.900 animaux.
Celle de l'Argentine	133.000 —
Celle de l'Uruguay	507.100 —

(Paul Serre).

Dans un ouvrage sur le *Brésil*, M. Bernardez s'exprime ainsi : « L'industrie des *salaisons* commence à passer de l'Uruguay et de La Plata au Brésil. La viande conservée vaut, environ, 1 franc le kilo et on en consomme à Rio environ une fois et demie plus que de viande fraîche. Bientôt cette industrie ne saurait manquer de faire de grands progrès, car il n'y a pas de raison pour que Minas et Goyaz n'aient bientôt leurs fabriques de salaisons, car ces genres de produits sont implantés depuis des siècles dans le pays. La *feijoada*, le plat national, est à base de viande salée. »

Les conserves pour l'armée. — La préparation des boîtes de *conserves de viande* pour l'armée présente un réel intérêt pour les agriculteurs, car cette industrie absorbe une quantité considérable d'animaux.

Toutefois, elle n'a pas encore pris en France tout le développement désirable. Elle est cependant, depuis longtemps déjà, florissante dans plusieurs pays étrangers, notamment en Australie.

Chez nous, elle n'a pris un certain essor que depuis 1895, époque à laquelle une loi votée à la suite des justes revendications des éleveurs fit obligation aux ministères de la Guerre et de la Marine de n'acheter que des conserves de viande d'origine française.

Rien que la Guerre absorbe environ 2.500.000 kilogrammes de conserves de viande de bœuf, ce qui correspond à peu près au double en viande de boucherie, soit 5.000.000 de kilogrammes.

Son cahier des charges porte que la viande employée peut provenir de bœufs, de vaches et de taureaux, mais à la condition que la proportion en poids des viandes réunies provenant des vaches et des taureaux abattus ne soit pas de plus de la moitié du mélange total des viandes.

La viande employée doit être, en outre, parfaitement saine et provenir d'animaux adultes, bien en chair, mais moyennement gras.

On doit utiliser par moitié des morceaux sans graisse provenant : 1° de bœufs et de vaches dont l'âge ne peut varier qu'entre trois et huit ans ; 2° de taureaux de deux ans et demi à cinq ans.

Le vétérinaire est juge, cependant, d'apprécier si des animaux dont l'âge n'est pas compris dans les limites ci-dessus ne peuvent être acceptés exceptionnellement, toutes les autres conditions requises étant remplies.

Les fabricants de conserves ont donc tout intérêt à n'employer que des bêtes maigres, car ils paient sans cela le suif au prix de la viande sur pied et ne peuvent le revendre aux fondeurs que la moitié du prix qu'ils l'ont payé. D'ailleurs, la viande grasse exige un surcroît de travail, car il faut d'abord la dégraisser à l'état cru, puis répéter cette opération par le blanchiment après la cuisson.

On estime qu'il faut que l'animal puisse fournir en boîtes le quart de son poids vif.

Si l'on tient compte que la main-d'œuvre est assez grande, que le travail nécessite un outillage spécial, on comprend que le prix des boîtes de conserves de viande soit forcément élevé.

Le cahier des charges n'exige pas, toutefois, que le fournisseur emploie à la fabrication le morceau d'*aloyau*. Sont obligatoirement exclus : les *abats*, la *langue*, la *tête*, les *joues*, la *salière*, la *jambe* et les *jarrets* coupés à 0^m,10 au-dessus de l'extrémité inférieure du tibia ou du radius.

Généralement on emploie d'autre part les déchets pour les conserves du commerce, telles que : gâteau de bœuf (foie et viande); pâté de foie, truffé ou non ; langue de bœuf ; tripes à la mode, etc.

Aucun animal ne peut être utilisé s'il n'a été préalablement observé et examiné sur pied par le vétérinaire militaire attaché à l'usine ; ce vétérinaire doit ensuite examiner les viscères de la bête abattue, afin de reconnaître et d'éliminer les animaux atteints d'entérite, de météorisation, de maladies septiques, de pyélonéphrites ou de suppurations étendues. En cas de tuberculose, les dispositions ministérielles du 26 septembre 1895 sont naturellement appliquées d'une façon rigoureuse.

Quel que soit le mode de cuisson employé par le fabricant, celui-ci ne doit faire entrer dans les boîtes, avec la viande cuite, que le bouillon concentré et dégraissé provenant de la cuisson ; l'addition de tout autre produit, même de sel, est complètement interdite. Enfin, les différentes opérations de la fabrication des conserves de viandes destinées à l'administration de la Guerre sont surveillées par un officier d'administration.

On voit, par ce qui précède, que les simples particuliers ne peuvent se livrer à ce travail très minutieux, qui est plutôt du ressort de l'industrie. Toutefois il ne serait pas impossible aux *éleveurs* de se grouper en *coopératives* pour vaincre les difficultés et se mettre en mesure de collaborer à la fourniture de l'État. C'est pour cette raison que nous allons entrer dans quelques détails.

Disons d'abord que les fabricants adjudicataires pour la fourniture des conserves destinées à l'armée doivent travailler sous le contrôle permanent d'officiers désignés à cet effet.

Un vétérinaire militaire et un officier d'administration sont attachés d'une manière permanente à chacune des usines. Le vétérinaire militaire reçoit le bétail sur pied, examine la viande abattue et contrôle, en général, toutes les opérations où il est nécessaire de constater la qualité et l'état des viandes. Il surveille les opérations de « l'habillage » et du découpage. En outre, il veille à ce que le personnel apporte à toutes les opérations les soins de propreté les plus minutieux.

Des visites inopinées effectuées par les délégués du ministre de la Guerre, membres du Conseil de direction du Laboratoire d'études et de contrôle des conserves de l'armée, permettent d'obtenir un contrôle plus étroit.

Les délégués du ministre et les officiers surveillants détachés aux usines ont libre accès de jour et de nuit dans les locaux destinés à l'abatage des animaux et dans toutes les dépendances de l'établissement du fabricant. Ils peuvent à tout moment prélever des échantillons aux fins d'analyses.

Enfin des mesures spéciales très sévères sont prévues pour la réception définitive des conserves.

En ce qui concerne les boîtes rejetées d'une façon définitive, le ministre se réserve de les faire marquer, s'il le juge convenable, soit d'un poinçon, soit de tout autre signe indélébile de refus.

Si le contenu des boîtes refusées est dangereux pour l'alimentation, les boîtes sont poinçonnées et signalées à l'autorité compétente qui prononce la saisie et la destruction.

Le public et le soldat ignorent tout à fait l'importance des progrès réalisés par le ministère de la Guerre dans la préparation des conserves de bœuf assaisonnées, qui constituent un aliment salubre et facile à transporter.

Sans doute, on ne pourrait faire un usage quotidien de ces conserves. Tout le monde sait que la stérilisation à haute température a pour effet de provoquer parfois des dislocations (soufre mis en liberté) ; mais il n'en est pas moins vrai qu'il s'agit là d'un aliment alibile appétissant et sain (Martel).

D'après M. Rabaté, les diverses phases de la transformation de la *viande* en conserves pour l'armée, dans l'usine de M. Paul Laffargue, sont les suivantes :

Le travail comprend successivement : désossage, blanchiment, traitement du bouillon, parage, pesage, emboîtage, sertissage, contre-soudage, addition de bouillon, capsulage, essai d'étanchéité, stérilisation, peinture et emballage.

L'animal est divisé en quatre quartiers. On sépare les os, les tendons, les pannes, les pelotes de graisse, parties qui sont exclues de la fabrication. Le filet est mis de côté pour la vente au public.

On découpe la viande en morceaux de 500 grammes au plus, un peu plats, car alors, présentant plus de surface, ils cuisent mieux, puis on procède au *blanchiment,* qui comprend écumage (dix minutes), ébullition (cinquante minutes), repos (dix minutes).

On jette les morceaux, que l'on peut placer aussi dans un panier en tôle perforée, dans une chaudière ouverte pourvue d'un fond de vapeur. L'eau qui recouvre le tout ne doit pas être en excès, car cela retarderait la concentration ultérieure des bouillons. Elle égale ordinairement le poids de la viande. A mesure qu'on lance la vapeur dans le double fond, on brasse la masse pour mieux répartir le calorique. Entre temps, on écume la mousse gris sale qui monte à la surface.

L'écume étant enlevée, on règle les deux robinets d'entrée et de sortie de vapeur, de façon à amener une vive ébullition. La viande cuite, gonflée, monte à la surface. Après cinquante minutes, on vérifie le degré de cuisson en coupant un gros morceau qui ne doit plus présenter de fibres saignantes. Suivant que la viande est plus ou moins dure, on diminue ou on augmente de quelques minutes la durée de la cuisson. Cette opération est d'ailleurs délicate à conduire. Il faut beaucoup d'expérience pour apprécier le degré de température, suivant la nature de la viande, l'âge de l'animal, etc. On comprend qu'à ce dernier point de vue la chair d'une jeune bête soit plus sensible à l'action de la chaleur.

Quand la viande n'est pas suffisamment cuite, elle peut garder des parties sanguinolentes, qui nuiront plus tard à sa bonne conservation malgré le passage à l'autoclave. Par contre, si elle l'est trop, la matière est desséchée, son volume moindre, ce qui diminue le rendement. Enfin, ayant perdu la plus grande partie de ses principes sapides, elle est moins savoureuse.

La cuisson étant terminée, on supprime le courant de vapeur et, durant une dizaine de minutes, on laisse la viande baigner dans le bouillon à 100° : elle devient ainsi plus tendre. La viande blanchie ou cuite a perdu de 40 à 45 p. 100 de son poids.

On sort alors la viande avec une large écumoire ou en soulevant le panier, et l'on procède au *travail du bouillon*, qui comprend : *dégraissage*, *clarification* et *concentration*.

Bien que l'on ait réduit au minimum la quantité d'eau ajoutée dans la chaudière pour la cuisson et empêcher l'adhérence de la viande aux parois, la quantité de liquide qui reste dans le récipient est plus grande à la fin de l'opération, car la

viande perd une partie de son eau de constitution, augmentation de volume que n'arrive pas à compenser l'évaporation.

La viande étant sortie, on laisse le bouillon au repos durant une dizaine de minutes et à deux reprises on enlève à la

Fig. 85. — Appareil Fouché pour la cuisson des viandes par la
vapeur.

casserole la graisse qui surnage. Dans le produit restant on
verse une seconde charge de viande, et c'est seulement le second
bouillon qui est travaillé en vue de l'addition à la viande mise
en boîtes. Il n'est guère possible de faire plus de trois cuis-
sons dans le même bouillon, car ce dernier est saturé de sels

solubles et il serait difficile de le clarifier par la décantation ou la filtration.

Contrairement à ce qui est parfois conseillé, on évite de laisser le bouillon se refroidir et la graisse se figer à la surface : c'est de la chaleur et du temps perdus. La graisse fluide est enlevée en même temps qu'un peu de bouillon qui gagne le fond de la bassine de graisse.

Le bouillon a besoin d'être décanté. En sortant de la chaudière, on le verse dans une large passoire qui retient les débris de viande. On recueille le liquide dans un bac à fond conique où se déposent les petits débris. Le bouillon presque clair est décanté par un robinet de niveau.

On termine la clarification par une filtration à chaud dans une manche en flanelle.

On fait bouillir à nouveau le bouillon clarifié dans une chaudière semblable à la chaudière à blanchir, où la circulation de la vapeur est réglée de façon à provoquer une ébullition rapide du bouillon. Pour éviter la montée brusque de mousse qui tend à se déverser, on laisse tomber en filet ou on ajoute un peu de bouillon froid sur la mousse.

A diverses reprise on prélève des échantillons mis à refroidir dans des boîtes métalliques flottant sur un bain d'eau froide. La concentration est arrêtée quand le bouillon marque au moins 7º Baumé à la température de 15º C.

Quant à la viande blanchie, elle est mise à refroidir sur des tables garnies de claies métalliques et les ouvriers procèdent au *parage*. Ils examinent les morceaux un à un et, armés d'un couteau, ils détachent la graisse et les parties tendineuses. Ils pèsent ensuite, dans des gamelles, 825 grammes de viande qui est placée dans les boîtes rincées à la vapeur ou à l'eau chaude. La viande est refoulée avec un mandrin au fond du récipient, ce qui rend plus facile l'addition de bouillon concentré.

Les boîtes sont fabriquées avec du fer-blanc neuf, de provenance française, étamé à l'étain fin et d'une épaisseur de $0^{mm},37$ à $0^{mm},40$ mesurée au Palmer. Ce sont des boîtes de forme *rognon* ou cylindre aplati d'un côté. Sur le couvercle sont les indications suivantes:

Nature de la denrée .... *Bœuf bouilli.*
Lieu de fabrication .... *Limoges.*
Nom du fabricant .... *Laffargue.*
Poids net de la boîte .... 1 *kilo.*
Jour, mois, année de fabrication .... 24-11-1903.

Au moyen de la sertisseuse Bliss, le couvercle est serti par agrafage avec le corps de la boîte. Le rebord est contre-soudé à l'étain fin (1).

La boîte est ensuite *remplie de bouillon* par un orifice circulaire de 1 centimètre de diamètre ménagé au milieu du couvercle. On la place, à cet effet, sur le plateau d'une balance, on tare, puis verse 200 grammes de bouillon concentré maintenu tiède, car le refroidissement provoquerait sa prise en gelée. Le trou de remplissage est fermé par une petite capsule en fer-blanc en forme de verre de montre. Les bords de cette capsule s'appliquent dans une rigole circulaire. Ils sont soudés à l'étain fin.

Pour vérifier l'*étanchéité* des boîtes fermées, on es plonge, étant placées dans un panier métallique, sous 30 centimètres d'eau qui les recouvre complètement. On porte le liquide à l'ébullition durant quinze minutes. S'il y a la moindre ouverture, les gaz emprisonnés dans les récipients s'échappent en bulles. S'il n'y a pas de fuite, leur dilatation fait bomber les fonds.

Après avoir mis de côté, s'il y a lieu, les boîtes *fuitées*, on place les autres, hermétiquement closes, dans un grand panier en tôle perforée monté sur chariot. Ce panier, soulevé par un treuil à glissière, est descendu dans l'autoclave Montupet. On remplit celui-ci d'eau qui recouvre à peu près complètement les boîtes; ces dernières seront complètement submergées après la dilatation du liquide. Après fermeture de l'appareil, on envoie la vapeur dans le serpentin qui est dans la partie inférieure de l'autoclave.

On maintient la pression de 1 kilogramme, qui correspond à 120°, durant deux heures.

____

(1) Voy. la construction des boîtes dans le volume *Conserves de Fruits.*

Les organes qui permettent le contrôle de la température
sont : soupape de sûreté, robinet de sortie d'air, laissant constamment échapper un jet de vapeur, manomètre métallique
maintenu à 1 kilogramme, thermomètre à maxima placé dans
l'autoclave et faisant connaître seulement la température la
plus élevée atteinte dans une opération ; manomètre enregistreur Richard qui indique pour chaque opération l'heure,
la durée, la pression ou la température la plus basse et le sens
des variations de la température.

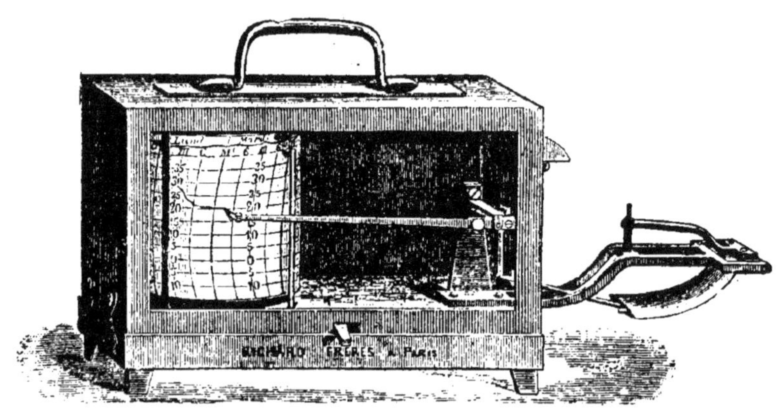

Fig. 86. — Manomètre enregistreur Richard.

Le manomètre enregistreur communique avec l'autoclave. Suivant la tension de la vapeur, un tube recourbé se
détend plus ou moins en déplaçant une longue aiguille qui
porte une plume à son extrémité libre. Cette plume trace dans
son mouvement une ligne sur une feuille quadrillée en heures
(pour une semaine) et en degrés centigrades ou en kilogrammes
de pression. La feuille est enroulée sur un cylindre qui tourne
sous l'action d'un mouvement d'horlogerie.

Lors de l'opération, on fait tourner le cylindre jusqu'à ce
que la plume soit au point du quadrillé qui correspond au
jour et à l'heure du moment. On monte alors le mouvement
d'horlogerie, la plume est garnie d'encre, enfin l'appareil est
fermé et scellé à la cire.

L'emploi de cet appareil de contrôle est un peu délicat. Si l'aiguille qui porte la plume n'est pas bien réglée, elle marque, par exemple 118° au lieu de 120°. ou inversement. Si l'on ferme le robinet d'amenée de vapeur dans le tube recourbé, on emprisonne de la vapeur qui conserve forcément, un certain temps, la pression de 1 kilogramme qu'elle avait dans l'autoclave, et durant ce temps l'aiguille continue à inscrire 120°, bien que la vapeur de l'autoclave n'arrive plus à l'enregistreur. Enfin, il arrive qu'il faille frapper un léger coup sur le bâti de l'appareil pour faciliter à l'aiguille sa marche normale.

En somme, on ne peut accorder aux indications fournies par le manomètre enregistreur une confiance absolue.

Les boîtes, une fois sorties de l'autoclave, sont, après refroidissement, recouvertes de peinture. On vérifie d'abord si les fonds, bombés au sortir de la chaudière ont repris, après abaissement de la température, leur première position, soit naturellement, soit par une légère pression du doigt. Dans le cas contraire, la boîte est *fuitée*. Quelquefois, cependant, la viande figée est placée de telle façon qu'elle s'oppose à la rentrée du fond.

La peinture employée est à base d'ocre rouge, d'huile de lin et de vernis siccatif.

Fig. 87. — Chaudière Fouché à cuire la viande.

L'emballage se fait dans des caisses en bois neuf que l'on ferme ensuite à vis. On les entoure, au préalable, d'un serpentin de papier. Chaque caisse contient $6 \times 4 \times 2$, soit 48 boîtes. Le poids normal net de la boîte est de 1 kilogramme, dont 800 grammes de viande cuite et 200 grammes de bouillon concentré et de graisse fondue. Le poids de cette dernière ne doit pas dépasser 60 grammes, et elle doit provenir exclusivement de la viande durant la stérilisation à 120°.

Les conserves doivent avoir bonne odeur, bon goût, bon aspect et ne contenir aucun germe revivifiable.

Le bouillon doit doser 12 p. 100 d'extrait sec, 1,30 p. 100 de matières minérales et 5 p. 100 de principes solubles dans l'alcool à 80°.

Le fournisseur reste responsable de sa livraison pendant dix-huit mois. La durée de conservation dans les magasins avant la consommation est de quatre ans.

Chaudières pour la cuisson. — La *chaudière* spéciale Fouché, pour la cuisson de la viande dans l'eau, a la forme rectangulaire. Le chauffage est obtenu au moyen d'un double fond plat dans lequel la vapeur arrive par un robinet. La viande crue est placée dans des paniers plats en tôle d'acier perforée et étamée, paniers placés sur un support commun qui permet de les descendre tous ensemble dans la chaudière pleine d'eau, au moyen d'une grue ou d'un palan. Après cuisson, le support est enlevé de la chaudière et les paniers sont portés au rafraîchissoir.

Après refroidissement, les paniers sont placés sur les tables où s'opère la mise en boîtes.

Avec ce dispositif, depuis le désossage jusqu'au remplissage des boîtes, la viande n'a subi aucune manipulation. C'est une économie de temps, sans compter les avantages réels au point de vue de la propreté. Ajoutons que l'intérieur de la chaudière ne présente aucune saillie ni aucun angle vif. Comme elle est peu profonde, la main peut atteindre toutes les parties pour le nettoyage facile.

Durant la cuisson la buée s'échappe par une cheminée que l'on doit prolonger jusqu'au-dessus du toit de l'usine, afin d'éviter complètement les abondantes vapeurs si gênantes en hiver dans les laboratoires des fabricants de conserves.

Fig. 38. — Évaporateur multitubulaire continu pour la concentration du bouillon.

Le bouillon est extrait par un robinet spécial. Sa quantité

étant aussi réduite que possible, la concentration en sera d'autant abrégée.

Enfin, disons que la chaudière est pourvue d'une enveloppe isolante, qui évite les déperditions de chaleur ainsi que les brûlures qui pourraient être occasionnées au personnel par le contact d'un récipient très chaud.

Appareil à concentrer le bouillon. — L'*évaporateur multitubulaire* continu pour la concentration du *bouillon*, système Fouché, se compose d'un faisceau de tubes verticaux placés dans une enveloppe où arrive de la vapeur. Le bouillon descend dans les tubes en s'évaporant au contact de leurs parois chaudes. La vapeur formée par cette évaporation se dégage par le haut de l'appareil, tandis que le bouillon concentré se rassemble dans le bas d'où il s'écoule par un tube disposé à cet effet.

Le bouillon, préalablement filtré, arrive par la tubulure A dans le réservoir régulateur d'alimentation B, d'où il s'écoule dans l'évaporateur par le robinet de réglage C. Il ruisselle dans les tubes et s'y évapore très rapidement et à l'abri du contact de l'air. La vapeur se dégage par une cheminée que l'on prolonge au-dessus de la toiture. Le bouillon concentré s'écoule d'une façon continue par le tube-éprouvette I qui renferme un pèse-bouillon indiquant la densité du liquide qui s'écoule. On règle cette densité au degré convenable par l'ouverture du robinet de réglage C, qui est à cadran divisé. La vapeur entre dans l'enveloppe entourant les tubes par le robinet G. La pression dans cette enveloppe est indiquée par le manomètre D et limitée par la soupape de sûreté E. L'eau de condensation est extraite de l'enveloppe par le robinet H et l'air en est évacué au commencement de l'opération par le robinet F.

Pour le nettoyage, il suffit d'enlever le couvercle du haut et d'ouvrir les trois portes du bas J pour écouvillonner les tubes évaporateurs.

Perfectionnements Montupet. — Dans le mode ordinaire de préparation des conserves de viande pour la vente, surtout dans le cas où l'on exige rigoureusement un poids donné de matières dans chaque boîte, comme, par exemple, dans les marchés passés avec l'administration militaire, on rencontre quelques inconvénients.

Ainsi, le *blanchiment,* ou *cuisson,* se fait à une température de 100°, point d'ébullition de l'eau, et à 102° pour l'ébullition dans les bouillons des deuxième et troisième opérations. Cette viande déjà cuite subit, en outre, une cuisson complémentaire durant la stérilisation à l'autoclave à 115°-118°. Cette deuxième cuisson lui fait rendre encore une certaine quantité de bouillon et perdre de 3 à 8 p. 100 de son poids.

Par contre, le poids du bouillon mis dans la boîte s'augmente de la quantité perdue par la viande d'un liquide qui, lui, n'est pas concentré, d'où diminution de richesse du mélange final.

En résumé, on est obligé, pour éviter parfois des refus provenant d'un poids de matière plus faible, de mettre dans les boîtes un excédent de viande de 4 à 5 p. 100.

On a encore reproché aux procédés ordinaires de blanchiment de la viande et de concentration du bouillon d'opérer sous l'action oxydante de l'air, par suite de donner des bouillons colorés à l'excès et troublés et de faire courir constamment les risques d'avoir des bouillons à couleur altérée.

Pour obvier à ces inconvénients, M. Montupet a imaginé un procédé spécial. Voici comment l'inventeur décrit sa méthode de blanchiment ou cuisson de la viande dans la vapeur saturée :

« Nous remplaçons le blanchiment dans l'eau et à l'air libre par la cuisson dans la vapeur saturée et en vase clos.

« En procédant ainsi, nous faisons cuire la viande à la même température que pour la stériliser en boîtes et nous supprimons la cuisson complémentaire qui, dans le procédé ordinaire, fait diminuer de 3 à 8 p. 100 le poids de la viande cuite mise en boîte, en augmentant et diluant le bouillon concentré.

« Ce nouveau mode de cuisson ne donne comme bouillon que du pur jus de viande additionné de très peu d'eau et il diminue dans une forte proportion la quantité de bouillon à concentrer.

« Nos appareils permettent de cuire dans une opération d'une heure toute la viande provenant d'un bœuf et pesant 210 à 250 kilogrammes.

« Le bouillon obtenu se compose de 40 à 45 p. 100 du poids de la viande et d'environ 10 p. 100 d'eau pour la vapeur qui s'est condensée pendant la cuisson.

« Pour concentrer ce bouillon ainsi qu'il est demandé par le cahier des charges, il faut le réduire aux 30 centièmes de son poids, c'est-à-dire en faire évaporer 70 p. 100.

« Nous faisons cette concentration dans une chaudière à double fond, formant bain-marie, chauffée par la vapeur et dans le vide. On obtient ainsi un bouillon concentré d'une couleur claire et bien franche, qui prend parfaitement en gelée.

« Nous avons vu qu'à la stérilisation, la viande cuite dans l'eau bouillante diminuait de poids et que le poids du bouillon augmentait ; avec la viande cuite dans la vapeur saturée, c'est le contraire qui se produit.

« La viande cuite dans la vapeur n'étant pas saturée d'eau, les parties gélatineuses s'emparent d'une faible quantité de bouillon, environ 2 à 3 p. 100 de son poids, et le bouillon, diminue d'autant.

« Comme, après la stérilisation, les boîtes doivent contenir 800 grammes de viande et 200 grammes de bouillon, il faut donc mettre dans ces boîtes un peu moins de 800 grammes de viande blanchie et un peu plus de bouillon.

« Cette variation dans les poids est d'environ 2 p. 100 et représente une économie.

« Dans le blanchiment à l'eau bouillante, il est nécessaire d'avoir quelqu'un pour suivre l'opération et écrémer le bouillon ; non seulement il y a de ce fait une main-d'œuvre perdue, mais il y a, en outre, une perte d'environ 2 p. 100 d'albumine coagulée enlevée par l'écrémage.

« Dans la cuisson à la vapeur, il n'y a aucun écrémage à faire et la quantité d'albumine qui se trouve dans le bouillon sous forme de dépôt est absolument insignifiante. Il y a donc de ce fait une économie assez sensible avec la cuisson dans la vapeur saturée.

« La cuisson dans la vapeur supprime, en outre, le lavage très violent produit par l'ébullition et qui enlève une partie de l'arome et des principes de la viande.

« Par le procédé ordinaire de cuisson à l'ébullition, les viandes grasses de bonne qualité sont celles qui présentent le plus d'irrégularités et d'aléa dans la fabrication, et il est impossible avec ces viandes de faire de la conserve remplissant rigoureusement les conditions fixées par le cahier des charges.

« La cuisson dans l'eau bouillante n'enlève, en effet, qu'une partie de la graisse qui n'a pas été retirée au couteau, celle qui fond à moins de 100° et elle prépare (en la mouillant) la fonte de la graisse ou suif qui ne fond qu'à plus de 100°.

« Lorsque la viande grasse, cuite à l'ébullition et mise en boîte, est soumise à la stérilisation à une température de 115 à 118°, toute la graisse qui n'a pas été enlevée à la température de 100°, par l'ébullition, fond et diminue le poids de la viande en augmentant d'autant le poids de graisse.

« La proportion de graisse fondue à la stérilisation peut atteindre jusqu'à 8 p. 100 et faire refuser les meilleures conserves préparées avec des viandes de qualités supérieures.

« Avec la cuisson dans la vapeur saturée, à la température de stérilisation, on est certain que la viande cuite et emboîtée ne subit aucune perte de graisse dans la stérilisation et que son poids ne peut pas diminuer.

« On a donc toute sécurité, quelle que soit la teneur en graisse de la viande.

« *Fabrication.* — Le matériel nécessaire pour la fabrication des conserves de viande pour l'armée comprend, en dehors de la chaudière à vapeur :

« 1° Un autoclave pour la cuisson de la viande et pour la stérilisation des conserves mises dans les boîtes ;

« 2° Un appareil pour la concentration des bouillons.

« *Cuisson de la viande.* — L'autoclave que nous employons est vertical (il peut être également horizontal) ; il porte à sa partie inférieure un double fond destiné à chauffer et vaporiser l'eau qui le recouvre et un cercle en cornière servant de support aux paniers introduits dans l'appareil.

« Le panier d'enlevage P, muni des deux crochets C, reçoit un certain nombre de plateaux entièrement perforés ou claies portant les morceaux de viande à cuire.

« L'appareil étant ainsi préparé, on ferme soigneusement le

couvercle et on envoie la vapeur dans le double fond ; l'eau qui se trouve au fond de l'autoclave se vaporise rapidement et la vapeur produite ainsi établit une pression qui, en quatre ou cinq minutes, arrive à environ 0^{kg},700 sur le manomètre, ce qui correspond à 115°, on règle le robinet de vapeur R pour maintenir cette pression pendant une heure et la viande est cuite à point.

«Pour retirer la viande, on ouvre le robinet de décharge D afin de laisser échapper toute la vapeur de l'autoclave, puis on ouvre le couvercle et on sort le panier P avec l'appareil de levage.

« On enlève les plateaux contenant la viande cuite qu'on dépose sur les rayons à claires-voies d'une étagère en bois pour la laisser refroidir avant de la mettre dans les boîtes, parce qu'elle perd ainsi environ 3 p. 100 de son poids et qu'on évite toute erreur dans la fabrication. On remplit alors le panier P avec de nouveaux plateaux chargés de viande et on remet dans l'autoclave pour faire une nouvelle opération de cuisson.

«On peut soutirer le bouillon par le tuyau et le robinet de vidange pour le laisser reposer quelques instants pour enlever la graisse.

«Cette graisse est mise dans un récipient spécial où elle se sépare complètement par décantation du peu de bouillon avec lequel elle peut encore être mélangée.

« L'appareil est muni d'un thermomanomètre indiquant la pression intérieure et la température de la vapeur et d'une soupape de sûreté ne permettant par de dépasser celle fixée, de telle sorte que sa conduite et sa surveillance peuvent être laissées à n'importe quel ouvrier.

«Avant de recommencer une opération, on met dans l'autoclave la quantité d'eau nécessaire à la cuisson. En procédant ainsi, on cuit toujours la viande à la même température et l'on a une fabrication absolument régulière.

«L'appareil à concentrer le bouillon se compose d'un évaporateur R, à double enveloppe E, remplie d'eau en partie, munie en bas d'un serpentin de vapeur S, et il est surmonté d'une tubulure de départ T reliée à un réfrigérant F.

« Ce réfrigérant se compose d'une enveloppe en tôle à l'intérieur de laquelle se trouve un récipient P surmonté d'un serpentin très puissant relié à la tubulure T ; le récipient P est muni d'un niveau NN.

« Le bouillon provenant d'une opération de cuisson, débar-

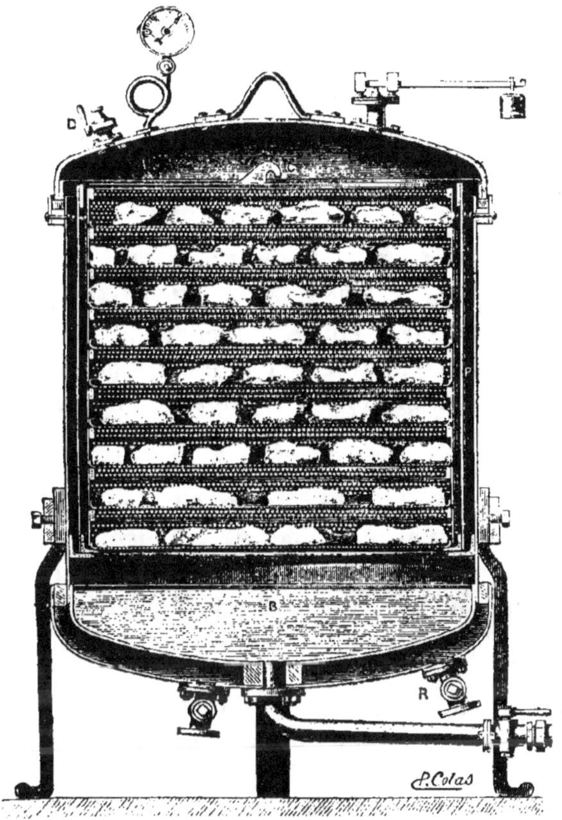

Fig. 89. — Appareil Montupet pour cuire les viandes sous pression.

rassé des graisses qui surnagent au-dessus de lui, est introduit dans l'évaporateur par l'orifice O, on ferme cet orifice et on ouvre le robinet de vapeur K du serpentin S pour chauffer et vaporiser l'eau contenue dans la double enveloppe afin de chauffer le bouillon.

« Lorsque le bouillon arrive à l'ébullition, il émet des vapeurs qui chassent, par la tubulure E' du robinet placé au bas du réfrigérant, l'air contenu dans l'évaporateur R, le serpentin et le récipient P, et lorsqu'on voit la vapeur sortir par la tubulure E' d'une manière ininterrompue, on ferme cette tubulure et on ouvre le robinet G d'entrée d'eau froide dans le réfrigérant.

« Cette eau fait condenser la vapeur qui se trouve dans P ainsi que dans le serpentin en produisant un vide plus ou moins grand, suivant que l'air a été plus ou moins expulsé, et en amenant l'ébullition du bouillon à une température inférieure à 100°.

« Lorsque l'eau condensée remplit en partie le récipient P, on l'extrait avec une petite pompe à bras ou au moteur.

« On maintient le bouillon en ébullition et la condensation des vapeurs qu'il dégage jusqu'à ce qu'il soit réduit au tiers environ de son volume, ce qui se contrôle facilement par suite des dispositions de l'appareil, et il est alors prêt à mettre dans les boîtes. On arrête la marche de l'appareil en fermant l'arrivée de vapeur dans le serpentin S et l'arrivée d'eau dans le réfrigérant, puis on laisse rentrer l'air en ouvrant le robinet d'évacuation E' qui est au bas du réfrigérant, de manière à pouvoir soutirer le bouillon par le robinet de vidange V.

« L'appareil porte deux regards en cristal sur le couvercle afin de pouvoir suivre sa marche et de régler la rentrée de vapeur dans le serpentin pour conserver une ébullition non tumultueuse évitant les entraînements de bouillon.

« Le bouillon concentré obtenu comme il vient d'être dit, avec du pur jus de viande, prend en deux ou trois jours, à la température de 12 à 15°, sans addition de parties gélatineuses, mais il y a avantage à préparer le bouillon concentré avec addition d'un bouillon gélatineux dans les conditions fixées par le cahier des charges du ministère de la Guerre.

« La concentration faite dans le vide, à basse température, évite toutes les altérations du bouillon et une coloration trop prononcée ; elle assure sa conservation du soir au lendemain en le maintenant dans l'appareil évaporateur à l'abri de l'air.

« Le bouillon concentré pèse 5° au pèse-sels et à la température de 20° centigrades.

« Pour peser la viande cuite, avant de la mettre dans les boîtes., il faut attendre qu'elle soit refroidie, car elle perd environ 3 p. 100 de son poids en se refroidissant.

« Le bouillon à mettre dans chaque boîte n'est pas pesé, ce qui serait très long et très coûteux, mais il est mesuré avec de petits gobelets en fer étamé, bien vérifiés et contenant exactement

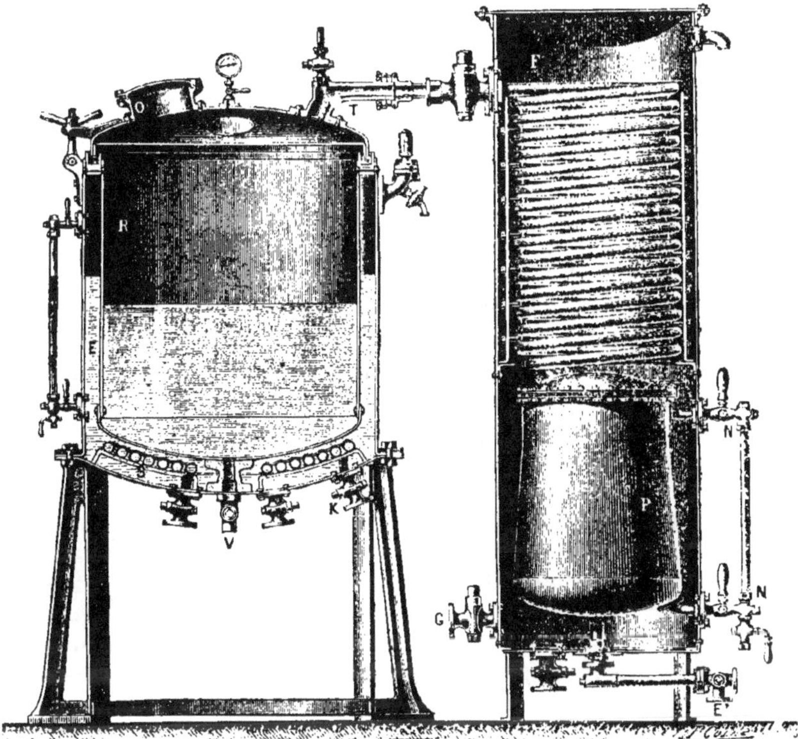

Fig. 90. — Appareil Montupet pour cencentrer le bouillon dans le vide.

la quantité de bouillon entrant dans une boîte de 1 kilogramme.

« On soude ensuite les boîtes, puis on ferme le trou d'air.

« Lorsque les boîtes sont fermées, on s'assure qu'il n'existe aucun manque dans la fermeture ou la soudure en les passant dans une bassine de vérification contenant de l'eau chauffée à près de 100°, puis on les stérilise à l'autoclave à la température de 115 à 120°.

« Lorsque la conserve doit être consommée dans un délai maximum d'un an, il suffit de la stériliser à la température de 115° pendant une heure ; lorsque le délai de consommation doit dépasser un an, il est prudent de porter cette température à 118° pendant une heure et demie.

« Le service des deux appareils ne demande que la surveillance d'un seul ouvrier qui peut encore faire un autre travail.

« Les proportions que nous avons indiquées ci-dessus sont celles adoptées à l'usine de Billancourt, avec l'appareil livré au ministère de la Guerre français ; elles donnent des conserves d'une richesse et d'une qualité exceptionnelles, car, toute la préparation ayant été faite en vase clos, on n'a perdu aucun principe nutritif ni aucun arome de la viande.

« Les appareils peuvent cuire par opération 125 ou 250 kilogrammes de viande, suivant les modèles, ce qui représente un demi-bœuf ou un bœuf ; on peut également en faire de plus grands.

« Les appareils de concentration sont établis pour recevoir tout le bouillon d'une opération de cuisson et comme la concentration ne demande qu'une heure environ, ainsi que la cuisson, il est facile de se rendre compte de la très grande production journalière qu'on peut obtenir. »

Avantages. — Les avantages réels du nouveau procédé, tels qu'ils résultent de la fabrication opérée :

Aux établissements militaires de Billancourt ;

Aux Abattoirs de La Villette, à Paris, avec les appareils livrés à M. Bertault, représentant du Syndicat de la Boucherie de Paris ;

Chez M. Lafargue, à Limoges ;

Et chez M. Buchin et Cie,

Sont :

1° *Cuisson plus rapide et plus régulière de la viande par grosses quantités (de* 100 *à* 500 *kilos), ce qui diminue le nombre des appareils en service, les manipulations et la main-d'œuvre ;*

2° *Obtention d'un bouillon ou jus de viande très limpide et*

très clair, presque concentré, que l'on peut concentrer immédia-
tement ;

3° *Cuisson à l'abri de l'air, qui évite l'oxydation du bouillon et entraîne la suppression de l'écrémage de l'ébullition, laquelle précipite l'albumine et occasionne une perte d'environ 2 p. 100 ;*

4° *Suppression du lavage de la viande par l'eau en ébullition qui entraîne des sels nutritifs enlevés par l'écrémage et fait évaporer l'arome de la viande ;*

5° *Économie de vapeur pour la cuisson et la concentration, puisque le bouillon à concentrer est du jus de viande presque pur ;*

6° *De soumettre la viande à deux stérilisations à même température, ce qui assure une conservation bien plus longue de la conserve ;*

7° *De ne pas laisser de graisse en excès dans la conserve en cuisant à la température de stérilisation ;*

8° *De faire les opérations dans des proportions déterminées, à des températures fixes, ce qui évite toutes les variations dans les produits, avant ou après le passage des boîtes à l'autoclave ;*

9° *Sécurité absolue des réceptions des fournitures par les agents du ministère de la Guerre, tant au point de vue de la qualité des conserves qu'à celui des proportions de viande, de bouillon et de graisse.*

Conserves d'escargots. — Laver et saupoudrer de gros sel marin les escargots pour les faire dégorger ; les jeter dans une bassine d'eau bouillante ; les retirer au bout d'un ou deux bouillons et les sortir de la coquille ; enlever la partie caudale (extrémité postérieure), les brasser à la main ou mécaniquement avec du gros sel et dans plusieurs eaux jusqu'à ce que l'eau de nettoyage soit bien claire, égoutter, faire cuire comme un pot-au-feu avec bouillon, thym, laurier, poivre en grains, clous de girofle, carottes, oignons, vin blanc, etc. La cuisson doit durer cinq heures, après quoi on laisse refroidir et on met en boîtes avec le bouillon filtré.

Altérations des conserves de viande en boîtes. — Au point de vue *hygiénique*, on a souvent incriminé les *conserves de viande,* surtout. Des accidents sont constatés parfois à leur actif. Il faut reconnaître, cependant, que leur nombre est bien minime si on les compare à la quantité de ces produits utilisés dans l'alimentation.

Les méfaits dont on les accuse sont souvent peu graves. S'il y a des cas mortels, ils sont très rares.

D'après le Dr Vaillard, qui a étudié tout particulièrement les conserves en question, le fait du vieillissement de ces produits ne saurait être la cause de la formation de composés toxiques. Une conserve bien faite à l'origine ne subit aucun changement et reste inoffensive.

La présence de substances toxiques, d'après l'auteur, ne peut provenir que d'animaux malsains, ou encore les produits en question se sont formés au cours de la fabrication lorsque, par suite de retards, d'imperfections dans le travail, la viande a été envahie par une végétation microbienne.

Les *conserves* dites *préservées* sont particulièrement à redouter. Ce sont celles qui s'étaient altérées, dont les fonds s'étaient bombés, mais qui ont été utilisées quand même. A cet effet, on a percé un petit trou dans le fond pour donner issue aux gaz, et après avoir enfoncé ce fond, on a bouché avec une goutte de soudure pour procéder à une nouvelle stérilisation. Il se peut que, dans ce second chauffage, les microbes soient tués, mais leurs toxines ne sont pas détruites pour cela.

Il se peut aussi que l'altération du contenu de la boîte ne se produise qu'au moment où on l'ouvre pour en consommer le contenu. Ainsi si la stérilisation n'avait pas été suffisante pour tuer les microbes *aérobies*, ceux-ci, ne pouvant se développer en l'absence de l'*oxygène libre*, peuvent dès lors le faire aisément et rendre malsain le contenu de la boîte.

Chose surprenante, M. Sforza a pu constater que des boîtes de conserves qu'il a examinées contenaient des germes revivifiables dans la proportion de 70 à 80 p. 100. D'autre part, le Dr Pouchet, examinant de ces mêmes viandes, a remarqué qu'elles contenaient des toxines dans certains cas.

Cet état de choses vient sans doute de ce que la température à laquelle on porte les boîtes est insuffisante, de même que le temps pendant lequel elle agit.

Vingt minutes à 115-120° suffiraient, mais il faut que l'air soit complètement expulsé et que la température efficace atteigne le centre de la boîte. En pratique, on doit maintenir 120° durant deux heures. Pour les conserves délicates, on peut ne chauffer qu'à 100-104° durant deux heures et pendant trois jours consécutifs.

Pour vérifier pratiquement la stérilisation, on met les boîtes à l'étuve à 37°. Il y a bombage des parois, si les ferments anaérobies se développent.

Il était bon de rappeler ces faits pour éveiller l'attention de ceux qui veulent se livrer à la préparation des conserves.

Nous rappellerons aussi que l'on a proposé d'entreposer les boîtes dans des frigorifiques.

« M. le général André, ministre de la Guerre, répondant à M. le colonel Rousset au sujet des quantités de viandes avariées que l'intendance est obligée annuellement de jeter, insistait sur la nécessité de détruire les conserves à un moment donné, afin d'éviter d'avoir à déplorer *des cas de maladies engendrées dans l'armée par leur consommation.*

« Le moyen est radical. Il est nécessaire. Il prouve une chose, c'est que, là encore, en matière de conservation, il n'y a pas « stupéfaction » absolue de la chose conservée, mais un état spécial, dans lequel une modification très lente s'accomplit, modification qui, à la longue, rend les denrées d'un emploi dangereux, et ceci se passe bien un peu pour le public. Mais les faits sont moins apparents.

« Il n'est pas admissible qu'il s'agisse ici de microbes, puisque la chaleur à laquelle ont été soumises les préparations — si elles ont été bien faites — a dû les tuer ; à moins d'espèces infiniment petites, que le microscope n'aurait pu encore déceler et qui résisteraient aux températures employées. Cela est peu probable. Ce qu'il faut plutôt admettre, c'est qu'il se produit une modification lente de la nature organique et que, sous l'influence de cette modification, il se forme des alcaloïdes, des toxines redoutables. Des accidents morbides sont, en effet, parfois survenus.

« Quelle que soit la raison du mal, un facteur vient là jouer un rôle considérable. Ce facteur, c'est la chaleur, cette ennemie née de toutes espèces de conservation.

« L'emploi du froid à 0° ou 1° se trouve donc tout indiqué.

25.

Il faut toutefois éviter la congélation, non parce qu'elle nuirait par elle-même, mais parce qu'on risquerait de briser les boîtes métalliques renfermant la conserve.

« Ce fait est peut-être celui qui tend à altérer les conserves, non par lui-même, mais par ses conséquences.

« Les conserves sont en effet logées dans des magasins exposés à toutes les fluctuations de température.

« Si la chaleur agit, le froid fait également sentir son influence, et, quand le thermomètre descend à — 5° ou — 6°, la congélation s'opère dans les boîtes.

« Qu'arrive-t-il alors ? Qu'un gonflement de la matière se produit, amenant le bâillement d'un joint en un point quelconque des soudures. Quand la période de froid est passée, les choses reviennent en état, la fissure devient invisible et les boîtes paraissent n'avoir subi aucune modification. Mais que s'est-il produit pendant la période du bâillement ? Le contact de l'air, et voilà la conserve ensemencée, fatalement vouée à la corruption, cela, sans qu'extérieurement rien le fasse soupçonner.

« A la température de 0° les conserves se garderont dans d'excellentes conditions. »

M. Muteau, député de la Côte-d'Or, avait demandé jadis que la loi obligeât les fabricants de conserves alimentaires à mentionner sur les récipients, et d'une façon apparente, la date de la fabrication. Cette réglementation, dans l'esprit de son auteur, aurait pour objet d'éviter les inconvénients qui peuvent résulter de l'usage des conserves avariées. C'est ce qu'a demandé aussi un congrès d'*hygiène*.

En Autriche, il existe une réglementation analogue.

En France, on est généralement d'avis pour admettre que cette réglementation ne pourrait guère s'appliquer qu'aux conserves de viande.

Il y en a même qui contestent son utilité, prétextant qu'une conserve bien faite à l'origine et bien stérilisée peut se conserver des années sans montrer trace d'altération. On a, ainsi, expérimenté des conserves de viande datant de plus de dix ans et qui étaient tout à fait inoffensives. Le contrôle devrait donc porter plutôt sur l'*état* de la *stérilisation*.

Nous ajouterons à ce sujet que le Conseil d'hygiène et de salubrité de la Seine, saisi d'une demande d'autorisation pour installer à l'abattoir de la Villette un autoclave destiné à la stérilisation des viandes provenant d'animaux saisis pour tuberculose et suivant l'exemple de nombre de villes de l'étranger et d'une ou deux de France, a donné son adhésion.

Les personnes autorisées sont d'accord pour constater que ces viandes, une fois passées à l'autoclave, ne présentent pas le moindre danger.

Conseils aux consommateurs. — Quand on achète une boîte de conserves, examiner, si le fond et le couvercle sont concaves ou au moins non bombés. Dans ce dernier cas, il y a à craindre que la matière ait subi un commencement de décomposition et l'aliment mal stérilisé peut, dès lors, être nuisible à la santé du consommateur.

Si en dehors de la soudure normale on en voit quelque goutte comme égarée de sa position habituelle, on peut avoir affaire à une boîte « repiquée », mauvaise par conséquent. Une boîte repiquée est une boîte qui, mal stérilisée, a vu son contenu se décomposer. Les fonds se sont bombés sous la pression des gaz qui résultent de la fermentation. Le fabricant, à qui ce détail n'a pas échappé, s'est empressé de percer la paroi, puis, après l'avoir rétablie dans sa position normale, a bouché la petite ouverture avec un grain de soudure. La boîte défectueuse a été ensuite stérilisée à nouveau. Si cette opération a été faite aussitôt, il n'y a pas lieu de trop se soucier de ce défaut, surtout pour les conserves de fruits et de légumes, mais il n'en est pas de même pour la viande et le poisson. D'une façon générale le repiquage est condamnable et toute boîte « flocheuse » doit être rejetée de la consommation. D'ailleurs l'acheteur qui a quelque doute n'a qu'à percer d'un trou très fin la boîte placée sous l'eau. Si des gaz se dégagent, il doit tenir le contenu comme altéré.

Une boîte *sertie* est toujours préférable à une boîte soudée. La rondelle qui assure l'étanchéité de la boîte est composée, en effet, de matières qui ne peuvent nuire à la santé du consommateur : caoutchouc (25 à 40 p. 100), oxyde de fer, craie, talc. Aujourd'hui les sels d'antimoine et de baryum ne sont plus employés.

Il est tout naturel de penser qu'une boîte de conserve récemment préparée est plus hygiénique qu'une autre fermée depuis longtemps. La vérification serait facile si la boîte portait elle-même la date de sa préparation. Mais en France pareille précaution n'est pas exigée par la loi. Force est donc au consommateur de se contenter d'examiner si les couleurs ne sont pas trop ternies, si la soudure est encore brillante.

Après avoir vidé la boîte et l'avoir lavée, puis essuyée, racler la soudure intérieure. Si elle montre des traces modérément brillantes, il y a des chances pour que ce soit de l'étain pur. Ces traces d'abord très brillantes se ternissent au bout d'une demi-heure ; il est probable que la matière contient une forte proportion de plomb, produit toxique.

Les conserves de viande Appert en Australie. — Depuis que les conditions de préparation et de mise en boîtes de la viande de conserve se sont améliorées, cette industrie a pris rapidement, en Australie, une assez grande extension. Il y a toujours eu, il est vrai, dans le Queensland, de très grandes fabriques dont la production n'a cessé d'augmenter ; mais le développement le plus considérable peut s'observer dans la Nouvelle-Galles du Sud. Il y a six ans, on ne comptait, en effet, à Sydney, qu'un établissement de cette sorte assez important et trois autres beaucoup moins actifs, tandis qu'il existe actuellement, dans cette même ville, sept grosses maisons ; deux entreprises nouvelles vont même s'ouvrir incessamment. Il y a encore des fabriques analogues dans la Nouvelle-Galles du Sud, à Ramornie, Newcastle, Byron Bay et Aberdeen. Les principaux marchés du monde font un accueil de plus en plus favorable aux produits du Commonwealth, et on espère que la diminution des rigueurs douanières dans plusieurs pays favorisera encore l'exportation de la viande australienne.

Les fabriques de la Nouvelle-Galles du Sud font l'objet d'une inspection et d'une surveillance rigoureuse de la part des délégués officiels du gouvernement, en ce qui concerne la propreté et l'aération des locaux, ainsi que la qualité irréprochable de la viande employée. Cette viande arrive des abattoirs en wagons fermés spéciaux ou en automobiles, et elle est traitée avec la plus grande rapidité possible. (Désossage, échaudage, découpage, pressage, pesage, mise en boîte d'étain, soudure de la boîte, double cuisson, refroidissement, étiquetage, ne prennent que quelques heures.)

D'une façon générale, 100 livres anglaises (de 453 grammes) de viande arrivant de l'abattoir ne donnent que 40 livres de viande en boîte ; les 60 autres livres représentent la graisse et les os, qu'on enlève avant l'échaudage et la déperdition de poids causée par la cuisson.

Les conserves de viandes australiennes vendues couramment sont préparées de la façon suivante. La viande est entièrement désossée, puis mise dans des boîtes en fer-blanc d'une contenance de 4 à 12 livres ; on y ajoute la quantité nécessaire d'eau et d'assaisonnement ordinaire, puis on plonge le récipient jusqu'à moitié dans de l'eau bouillante ; quand la viande est presque cuite, on soude le couvercle qui est percé d'un trou afin que la vapeur puisse s'échapper. On continue ensuite la cuisson jusqu'à ce que le point suffisant soit atteint, on remplit la boîte de bouillon et l'on ferme le petit ventilateur du couvercle. Cette conserve, qui revient à 30 centimes la livre (la viande est là-bas très bon marché), est vendue en Europe, surtout en Angleterre, à raison de 60 centimes la livre.

Du résidu liquide de l'échaudage, on retire « l'extrait de viande », dont la fabrication n'est guère moins importante que celle de la viande conservée ; cet extrait est envoyé à Londres, en boîtes de 60 livres anglaises, aux compagnies du genre « Liebig » ou « Bovril », qui lui font subir, à leur tour, certaines manipulations et le revendent en Australie avec leur étiquette propre.

Chaque établissement fabrique enfin ses propres boîtes et la plus grande partie de l'outillage employé à cet effet sort des manufactures du pays.

Les ouvriers ont des salaires élevés ; ils travaillent dans des conditions de salubrité et de sécurité excellentes, et cette industrie est en train de devenir un facteur de jour en jour plus important dans la prospérité économique de l'État considéré. (P. Armand, consulat général de France à Sydney.)

En Uruguay. — En Uruguay, grand pays d'élevage, la préparation scientifique des *viandes* (corned beef ; boiled beef ; boiled mutton ; langues de bœuf, de mouton, en boîtes ; tripes, saucissons, etc.) et l'utilisation des sous-produits (suifs, guano, sang desséché, margarine, cuirs, graisses comestibles raffinées, stéarine, etc.) prennent chaque année plus d'extension.

C'est dans ce pays que Liebig commença par abattre dix bêtes par semaine. Or, actuellement, on en sacrifie 3.000 dans le seul établissement de la grande compagnie anglaise situé à Fray-Bentos, qui occupe des milliers d'ouvriers. Les jus de viande sont expédiés vers le grand entrepôt d'Anvers (Paul Serre).

En Danemark. — Un arrêté ministériel du 24 juin 1909 a apporté certaines modifications au régime auquel était soumise l'exportation des conserves de viande, des saucisses et des denrées alimentaires faites avec de la viande.

Aux termes du règlement administratif dont il s'agit, tout établissement désirant fabriquer des conserves de viande, des saucisses, etc., en vue de les exporter, doit obtenir une autorisation spéciale émanant du ministère royal de l'Agriculture. Il ne pourra être employé, pour faire des conserves, que des viandes ayant été, au préalable, contrôlées et reconnues bonnes pour cet usage. Une surveillance rigoureuse est instituée pour assurer l'observation de ces prescriptions.

Il est exigé, en outre, que toutes les boîtes de conserves de cette sorte portent une marque indiquant le numéro d'ordre de la fabrique d'où elles proviennent, et que toutes les saucisses soient munies d'un plomb sur lequel sont inscrites les mêmes indications.

L'arrêté ministériel ordonne, de plus, que toutes les expéditions de conserves de viande et de saucissons à destination de l'étranger soient accompagnées de certificats dont la forme est fixée par cet acte.

Conformément à l'autorisation accordée au gouvernement par la loi n° 245 du 27 mai 1908 sur le contrôle de l'exportation des viandes, etc., il est arrêté ce qui suit sur la préparation, en vue de l'exportation, de conserves alimentaires, saucisses et autres denrées alimentaires faites avec de la viande, fabriquées de viandes et déchets de viande de cheval, bêtes à cornes, mouton, chèvre et porc :

Autorisation accordée à des fabriques de conserves alimentaires, saucisses et denrées alimentaires faites avec de la viande.

ARTICLE PREMIER. — Toute personne désirant fabriquer, avec de la viande et des déchets de viande desdites espèces animales, des conserves alimentaires, saucisses et autres denrées alimentaires faites avec de la viande et destinées à l'exportation, sera tenue de présenter à ce sujet une requête au ministère de l'Agriculture.

On entend dans cet arrêté, par « autres denrées alimentaires faites avec de la viande », toutes denrées reconnues propres à l'alimentation humaine et pour la fabrication desquelles il a été fait usage de viande et de déchets de viande de cheval, bêtes à cornes, mouton, chèvre et porc, en tant que la denrée a été soumise à des modes de préparation autres que la salaison et le fumage (non compris, toutefois, les conserves en boîtes fermées hermétiquement et les saucisses), telles que les pâtés de foie gras, la galantine de porc, la farce de viande, les plats achevés, le bouilli de toute espèce, les déchets de viande, etc.

Les requêtes, qui devront être transmises directement au ministère de l'Agriculture, devront contenir des renseignements détaillés sur l'emplacement de l'établissement en question ainsi qu'une description de l'installation.

L'autorisation nécessaire à un établissement de ce genre ne sera accordée qu'en tant que cet établissement se soumet aux stipulations ci-dessous.

Si l'établissement comprend la fabrication, non seulement de conserves alimentaires, mais celle de saucisses et de denrées alimentaires faites avec de la viande, il sera exigé, pour pouvoir obtenir l'autorisation requise, que la fabrication des conserves alimentaires soit distincte de celle des saucisses et des denrées alimentaires faites avec de la viande et que cette fabrication soit approuvée par le ministère de l'Agriculture.

Au moment de l'obtention de l'autorisation, l'établissement en question recevra un numéro d'ordre, imposé par l'article 3 (voir article 6), dont il sera tenu de faire usage pour le marquage, estampillage ou estampage des denrées en question.

Nature des matières premières.

ART. 2. — Pour la préparation de conserves alimentaires, saucisses et autres denrées alimentaires faites avec de la viande, l'établissement ne pourra faire usage que des matières premières de viandes et déchets de viande suivantes. Pour la préparation de conserves alimentaires (en boîtes fermées hermétiquement), il ne pourra être fait usage d'autres viandes et déchets de viande que des viandes qui auront été approuvées et estampillées comme étant de première ou de deuxième classe, soit par un contrôle autorisé par le ministère de l'Agriculture, soit par un contrôle municipal approuvé aux termes du règlement sanitaire.

Pour la fabrication de saucisses et autres denrées alimentaires faites avec de la viande (non compris les conserves en boîtes fermées hermétiquement), il ne pourra être fait usage d'autres viandes et déchets de viande que des viandes qui auront été approuvées et estampillées comme étant de première classe, soit par un contrôleur autorisé par le ministère de l'Agriculture, soit par un contrôleur municipal reconnu aux termes du règlement sanitaire.

Il ne pourra être fait usage d'autre graisse ou d'autre suif que la graisse et le suif approuvés, comme propres à l'alimentation humaine, par un abattoir d'exportation reconnu par l'État ou par un contrôleur public reconnu aux termes du règlement sanitaire. Il ne pourra être fait usage d'autre sang que celui qui, soit dans un abattoir d'exportation reconnu par l'État, soit dans un abattoir municipal public, aura été extrait des bêtes de boucherie reconnues de première classe au point de vue sanitaire. L'observation desdites conditions devra être reconnue par le contrôleur désigné pour l'établissement par les soins du ministère de l'Agriculture. Au sujet de l'emploi des matières de conservation dans les conserves alimentaires, saussices et autres denrées alimentaires faites avec de la viande, les dispositions de l'article 9 de l'arrêté n° 242, du 6 novembre 1908, du ministère de l'Agriculture, resteront en vigueur (1).

L'établissement ne pourra faire usage de viandes, de déchets de viandes, ainsi que de graisse et de suif qui ne rempliront pas les conditions ci-dessus.

Estampage, estampillage, marquage.

Art. 3. — Les denrées en question seront estampillées, estampées ou marquées comme il est indiqué ci-dessous et ces marques, etc., ne pourront servir à d'autres denrées que celles indiquées ci-dessus et ne pourront servir à d'autres établissements que ceux qui auront obtenu une autorisation conformément au présent arrêté.

Estampage de conserves alimentaires en boîtes fermées hermétiquement.

Par les soins de chaque établissement le couvercle de chaque boîte portera, dans le fer-blanc, l'empreinte ci-dessous, dont les dimensions ne pourront être inférieures à celles indiquées ci-bas (10 millimètres de hauteur et 15 millimètres de largeur).

S K

000

de telle sorte que le numéro obtenu par l'établissement prenne la place des **000**.

Cette empreinte ne pourra être couverte d'étiquettes collées ni autrement.

L'établissement en question sera libre de munir, soit par estampage de la boîte, soit autrement, la boîte des mots : *Contrôlé par l'État* et *Danemark*, soit d'une traduction de ces mots.

(1) Cet article autorise le sel, le salpêtre, le sucre et le fumage, et, seulement pour les côtes de lard salées, une préparation *boriquée* en légère friction immédiatement avant l'expédition.

Plombage des saucisses.

A la fabrique, chaque saucisse sera munie, à chacun des bouts, d'un plomb indiquant, d'un côté, le numéro obtenu par l'établissement en question, et, le cas échéant, de l'autre, les mots : *Exempte de trichines ;* pour les détails, voir ci-dessous.

Toutefois, en ce qui concerne les saucisses dites « de Bavière », et d'autres petites saucisses qu'on fabrique jusqu'à concurrence de 12 saucisses sans couper le boyau servant à les relier, ou que l'on relie avec un fil, il suffit que le plomb soit attaché aux deux bouts du boyau ou du fil.

Si, outre l'autorisation conforme aux stipulations du présent arrêté, l'établissement en question est autorisé par le ministère de la Justice à vendre des saucisses dans d'autres communes, quelles que soient les dispositions des règlements sanitaires en vigueur dans ces communes, le plombage prescrit par le ministère de la Justice pourra remplacer le plombage précité.

Si l'on désire que la denrée soit qualifiée comme exempte de trichines, il est exigé rigoureusement que toute la viande de porc, y compris le lard ayant servi à la préparation, ait été soumise à un examen satisfaisant aux dispositions de la législation en vigueur, pour que cette denrée puisse être vendue dans les communes dans lesquelles il existe, suivant les règlements sanitaires, un examen obligatoire relatif à la constatation de l'existence de trichines, ou que cet examen ait été approuvé, en ce qui concerne l'établissement en question, par le vétérinaire officiel ; l'établissement sera tenu, en ce cas, de prouver d'une manière satisfaisante, en présence du contrôleur désigné pour la fabrique, que toute la viande de porc dont il a été fait usage à la fabrique a été soumise à un tel examen.

Marquage d'autres denrées alimentaires faites avec de la viande (non compris les conserves en boîtes fermées hermétiquement).

A l'exportation de ces denrées, laquelle ne pourra se faire que directement de l'établissement en question, l'emballage extérieur devra être muni du bulletin ci-dessous :

Contrôle de l'État.

Nº   .

Danemark.

Date :

Signature du fabricant :

Les bulletins devront porter la date de leur rédaction ; ils devront être munis du numéro d'ordre de l'établissement, ainsi que de la signature du fabricant écrite à l'encre, et devront être en évidence, de manière que le contrôleur d'exportation puisse facilement les voir. Le bulletin devra être attaché à l'emballage par une ficelle munie d'un plomb estampé par une estampe délivrée par les soins du ministère de l'Agriculture et ce, de façon qu'il soit impossible de toucher au contenu sans endommager le plomb.

Certificats d'exportation.

Art. 4. — A l'exportation, les denrées en question devront être accompagnées de certificats signés à l'encre par l'expéditeur et, en ce qui concerne les denrées alimentaires faites avec de la viande, par le fabricant et le contrôleur. En voici les modèles :

CERTIFICAT A

(*Pour conserves alimentaires en boîtes fermées hermétiquement, de fabrication nationale, blanc avec croix jaune allant d'un coin à l'autre*).

Je soussigné, domicilié à   déclare que le présent envoi, composé de   (nombre)   nature de l'emballage   (désignation exacte de la marque de l'emballage) en tant que cet envoi concerne les denrées alimentaires pour la fabrication desquelles il a été fait usage de viandes et de déchets de viande de cheval, bêtes à cornes, mouton, chèvre et porc, se compose exclusivement de denrées munies de l'empreinte ci-dessous.

S   K

En foi de quoi j'ai signé le présent certificat.

Date.

Signature de l'expéditeur :

CERTIFICAT B

(Pour saucisses de fabrication nationale, blanc avec croix bleue allant d'un coin à l'autre).

Je soussigné   , domicilié à   , déclare que le présent envoi, composé de   (nombre)   (nature de l'emballage) estampé   (désignation exacte de l'empreinte de l'emballage, en ce qui concerne les saucisses à la préparation desquelles il a été fait usage de viandes et de déchets de viande de cheval, bêtes à cornes, mouton, chèvre et porc), contient exclusivement des denrées estampées comme prescrit par l'arrêté du ministère de l'Agriculture du 24 juin 1909.

En foi de quoi j'ai signé le présent certificat.

Date.

Signature de l'expéditeur :

CERTIFICAT C

(Autres denrées alimentaires faites avec de la viande, de fabrication nationale, blanc avec croix verte allant d'un coin à l'autre).

Je soussigné   , domicilié à   , déclare que le présent envoi, composé de   (nombre)   (nature de l'emballage)   marqués   (désignation exacte de la marque de l'emballage)   (désignation exacte de la nature des denrées), consiste exclusivement en viandes et déchets de viande de cheval, bêtes à cornes, mouton, chèvre et porc, approuvés par le contrôle institué à mon établissement, autorisé (à fabriquer des denrées alimentaires faites avec de la viande) par le ministère de l'Agriculture.

En foi de quoi j'ai signé le présent certificat.

Date.

Signature du contrôle :

Si les envois de conserves alimentaires, saucisses et autres denrées alimentaires faites avec de la viande, contiennent en même temps de la viande et des déchets de viande de cheval, bêtes à cornes, mouton, chèvre et porc, ils devront être accompagnés des certificats prescrits par l'arrêté du 6 novembre 1908, art. 8.

Contrôle.

Art. 5. — Afin de surveiller l'observation des prescriptions ci-dessus, on désignera, pour l'établissement en question, conformément aux décisions ultérieures du ministère de l'Agriculture, un contrôleur dont les honoraires seront fixés par le ministère de l'Agriculture et seront versés par l'établissement. Le contrôleur devra se trouver sur les lieux pendant les heures de travail et devra veiller à ce que l'établissement n'importe, en fait des matières premières indiquées à l'article 2, que celles dont l'usage est autorisé, ni d'autres conserves alimentaires, saucisses et autres denrées alimentaires faites avec de la viande que celles qui auront été estampées ou marquées comme prescrit par l'article 3, de même que le contrôle veillera à l'application des mesures qui seraient prescrites par le ministère de la Justice ou toute autre autorité publique concernant la propreté des locaux, l'hygiène et la propreté du personnel.

Si l'établissement est rattaché à un abattoir d'exportation autorisé par le ministère de l'Agriculture ou si l'emplacement y confine, le ministère se réserve le droit de décider si le contrôle en question pourra être confié au vétérinaire commis à l'abattoir d'exportation et à son aide.

Le contrôleur commis par le ministère de l'Agriculture, ainsi que les contrôleurs chargés de mission par le ministère de l'Agriculture, seront admis, à tout moment, à visiter les locaux de travail et les magasins des établissements autorisés.

Art. 6. — Les conserves alimentaires existant le 1er octobre prochain dans un établissement ayant obtenu l'autorisation conformément aux dispositions du présent arrêté, et fabriquées par l'établissement en question, pourront être exportées, même si elles sont fabriquées avant l'obtention de l'autorisation, à condition :

1° Qu'il soit prouvé par une déclaration sincère, faite par l'établissement, qu'en ce qui concerne la viande et les déchets de viande, la denrée est exclusivement fabriquée des matières premières dont il est question à l'article 2 ;

2° Que chaque boîte soit munie, suivant les prescriptions ultérieures du ministère de l'Agriculture, par les soins du contrôleur, de la marque prescrite par l'article 3, laquelle marque devra être apposée en couleur avant le 1er septembre prochain.

L'établissement sera tenu de fournir l'assistance nécessaire au contrôleur pour l'apposition de cette marque.

Art. 7. — Si les établissements autorisés aux termes du présent arrêté ne procèdent pas à l'estampage, prescrit par l'article 3, des couvercles des boîtes de conserves alimentaires et qu'ils le fassent faire ailleurs, l'autorisation du ministère de l'Agriculture en vue de cet estampage sera de rigueur et il est interdit, sans l'autorisation du ministère de l'Agriculture, d'importer en Danemark des boîtes ou des couvercles munis de l'empreinte ci-dessus et d'importer en Danemark des estampes, clichés, etc., destinés à produire cette empreinte.

Art. 8. — Les bulletins, certificats, ainsi que les estampes, sont délivrés par les soins du ministère de l'Agriculture.

Il est interdit de faire usage d'autres certificats que ceux délivrés par le ministère de l'Agriculture et les certificats ne pourront être employés que par ceux auxquels ils auront été délivrés. Ils seront réunis en carnets à souches et la souche devra être présentée, sur demande, aux contrôleurs commis par le ministère de l'Agriculture.

Art. 9. — Les dispositions des articles 13-17 de l'arrêté du ministère de l'Agriculture n° 242, du 6 novembre 1908 s'appli-

queront également aux denrées dont il s'agit dans le présent
arrêté.

Art. 10. — L'article 10 de l'arrêté du ministère de l'Agriculture n° 242, du 6 novembre 1908 est abrogé. Les dispositions
du présent arrêté entreront en vigueur le 1er octobre prochain.

Cet arrêté est porté à la connaissance de qui de droit.

DÉBOUCHÉS POUR NOS CONSERVES

Notre agent consulaire à New-York s'exprime ainsi au sujet des débouchés qu'offrent les États-Unis à nos conserves de viande :

« Les Américains étant grands producteurs de viandes conservées, il ne peut être question pour nous que de produits spéciaux, très appréciés d'ailleurs par la bonne clientèle des grandes villes, je veux parler des pâtés de foie gras, des pâtés de volaille, des pâtés de gibier et des produits de la charcuterie française.

« Il ne faut pas oublier que les Allemands nous font une concurrence sérieuse pour tous ces produits et qu'ils sont servis d'ailleurs par de nombreux compatriotes ou américains d'origine allemande.

« Nos conserves de viande doivent être livrées dans des boîtes ou terrines hermétiquement fermées, mais les terrines sont préférables. Le format de vente courant est le demi, le mode préféré d'ouverture est la bande. Les envois sont de **12** par caisse pour les boîtes ou terrines de quatre quarts ; de **24** par caisse pour les boîtes ou terrines de demi ; de **36** par caisse pour les boîtes ou terrines de un quart. Il est toujours préférable de renouveler les stocks à chaque saison, quoique, si les boîtes ou terrines sont bien fermées et à l'abri des températures excessives, elles ne souffrent aucunement du climat.

« Les étiquettes doivent être rédigées en français et porter la mention « France ».

« Les pâtés et conserves de viande entrent sous la rubrique « viandes de toute espèce préparées ou conservées, non dénommées » et acquittent un droit de 25 p. 100 *ad valorem*. Ces droits n'ont pas été modifiés par la nouvelle loi douanière. Voici d'ailleurs le tableau des droits qui frappent les viandes à leur entrée aux États-Unis.

		dollars.	francs.
Viande et extraits de viande : lard et jambon..............................	Livre.	0 04	0 46
Bœuf, veau, mouton, porc, venaison et gibier frais, sauf les oiseaux	*Idem.*	0 015	0 17
Viandes de toute espèce préparées ou conservées, non dénommées	*Ad val.*	25 p. 100	25 p. 100
Extraits de viande non dénommés....	Kilogr.	0 35	3 99
Extraits fluides de viande............	*Idem*	0 15	1 71
Dans le poids ne sera pas compris le poids de l'emballage.			
Saindoux..........................	*Idem.*	0 015	0 17

« Les importations de produits alimentaires se font par l'intermédiaire des agents représentants, des maisons de commission ou directement par les grandes maisons d'épicerie de la place. On conseille aux maisons qui veulent lancer une nouvelle marque d'attribuer un fixe aux représentants plus une commission de 5 à 10 p. 100 sur les affaires traitées. Le zèle de ces représentants, cela va de soi, est en proportion de cette commission. Elle doit donc être assez élevée quand il s'agit d'une nouvelle marque à lancer. Quant aux grandes maisons d'épicerie qui écoulent des quantités importantes de produits français, elles font leurs achats directement à Paris par l'intermédiaire de leurs agents. Mais il semble assez difficile de lier des affaires avec elles, car elles ont déjà leurs fournisseurs attitrés en France.

« Quand les payements se font au comptant, ils doivent comporter un escompte suffisamment élevé pour gagner la faveur de l'acheteur. Les termes d'usage sont trente, soixante et même quatre-vingt-dix jours. L'usage du crédit est très développé aux États-Unis et facilite énormément les affaires.

« Je crois devoir mettre nos importateurs en garde contre les disposition de la « Pure Food Law », ou loi destinée à protéger l'hygiène publique par l'exclusion de tout produit dont l'insalubrité aura été reconnue par le bureau de chimie de Washington. Toute facture se rapportant à des produits alimentaires devra donc être accompagnée d'une déclaration de l'expéditeur, faite devant un agent consulaire des États-Unis dans les termes suivants :

« Je soussigné, déclare sous serment et conformément à la

vérité, que je suis le fabricant, l'agent ou l'expéditeur de la marchandise ci-dessous mentionnée et décrite et qu'elle consiste en produits alimentaires ou pharmaceutiques qui ne contiennent aucune substance additionnelle dangereuse pour la santé.

« Ces produits ont poussé en (indication du pays), ont été fabriqués en (indication du pays), par (nom du fabricant), pendant l'année (indiquer l'année), et ont été exportés de (indication de la ville) et expédiés en consignation à (indication de la ville).

« Ces produits ne portent aucune étiquette ou marque fausse, ne contiennent pas (ou contiennent) des matières colorantes ou destinées à les préserver. . . . . . . et ne sont pas de nature à être atteints par une prohibition ou restriction dans le pays d'où ils ont été exportés. »

(Date, jour, mois, année, signature).

Les produits alimentaires étant plus particulièrement sujets à détérioration après un long trajet en mer, il faut soigner tout spécialement les emballages. Nos importations de produits alimentaires peuvent se grouper sous les rubriques suivantes : conserves alimentaires, fromages, huiles.

Ajoutons qu'en Danemark, on apprécie particulièrement comme conserves de *viande* les volailles, gibiers, salmis, les pâtés de foie gras ou de gibier (se renseigner auprès de M. Louis Ledoulx, vice-consul chargé de la Chancellerie de la Légation de France à Copenhague).

La France a expédié en Finlande, en 1910, 808 kilogrammes de conserves de viande et pâtés sur les 5.595 kilogrammes qu'importe ce pays.

Le *Handels Museum* du 11 juin 1903 a fait connaître que l'épreuve des conserves qui eut lieu le 16 mai de cette année à Brême, à l'occasion de l'Exposition ambulante de la Société allemande d'agriculture, a permis de constater que si l'Allemagne était en état de lutter avec tous les autres pays pour la préparation des conserves de légumes, elle était très en retard en ce qui concerne celle des conserves de fruits et de la viande en boîtes. La fabrication allemande des conserves de viande, particulièrement, est encore dans la période d'enfance, bien que cet article ne soit pas seulement nécessaire pour l'approvisionnement des navires, mais qu'il devienne une denrée des plus employées dans les ménages, et que, par suite de la nouvelle loi sur l'inspection de la viande, l'attention de tout le marché intérieur ait été portée vers la production de viande en boîtes. Les journaux allemands partisans d'une politique commerciale plus libérale disent à ce sujet qu'on aurait pu attendre, pour interdire l'importation de la viande en boîtes, que l'industrie allemande fût en mesure de fournir de plus grandes quantités de ce produit.

En Suisse, *l'Ordonnance du 29 janvier* 1909 réglemente le contrôle des viandes et des *préparations* de viande importées, contrôle confié aux vétérinaires de frontière.

Pour tous renseignements concernant les débouchés de nos produits à l'étranger consulter : *l'Office du commerce extérieur,* 3, *rue Feydeau, à Paris* ; *l'Office des Renseignements agricoles,* au ministère de l'Agriculture, rue de Varennes, à Paris ; les *Services commerciaux des chemins de fer* ; les *conseillers du commerce extérieur* ; les *consuls et agents consulaires* ; les *attachés commerciaux,* etc.

On trouvera en particulier, à *l'office national du commerce* extérieur, des brochures intéressantes, comme :

Le commerce des conserves alimentaires en Allemagne. Grand Duché de Luxembourg, Suède, 1 fr. 25 ;

Le commerce des conserves alimentaires en Belgique et Danemark, 1 fr. 25 ;

Le commerce des conserves alimentaires en Grande-Bretagne, Irlande et Norvège, 1 fr. 25, etc.

LÉGISLATION

DÉCRET DU 15 AVRIL 1912

PORTANT RÈGLEMENT D'ADMINISTRATION PUBLIQUE POUR L'APPLI-
CATION DE LA LOI DU 1er AOUT 1905 SUR LA RÉPRESSION DES FRAUDES
DANS LA VENTE DES MARCHANDISES ET DES FALSIFICATIONS DE DEN-
RÉES ALIMENTAIRES EN CE QUI CONCERNE LES DENRÉES ALIMEN-
TAIRES ET SPÉCIALEMENT LES VIANDES, PRODUITS DE LA CHARCU-
TERIE, FRUITS, LÉGUMES, POISSONS ET CONSERVES.

(*Journal officiel* du 29 juin 1912).

TITRE PREMIER.

DISPOSITIONS GÉNÉRALES.

ARTICLE PREMIER. — Il est interdit de détenir en vue de la vente, de mettre en vente ou de vendre toutes marchandises et denrées destinées à l'alimentation lorsqu'elles ont été additionnées, soit pour leur conservation, soit pour leur coloration, de **produits chimiques** ou de **matières colorantes** autres que ceux dont l'emploi est déclaré licite par des arrêtés pris de concert par les Ministres de l'intérieur, de l'agriculture et du commerce et de l'industrie, sur l'avis du conseil supérieur d'hygiène publique de France et de l'Académie de médecine.

ART. 2. — Il est interdit d'employer de l'**étain** ne présentant pas les conditions de pureté fixées par arrêtés pris dans les formes prévues à l'article 1er ci-dessus :

1° Pour les enveloppes, emballages et récipients en contact direct avec les produits désignés à l'article précédent ;

2° Pour l'étamage et la soudure des boîtes métalliques de conserves.

Il est également interdit d'employer pour le sertissage des boîtes de conserves et le capsulage des récipients ou de mettre en contact direct avec toutes marchandises et denrées destinées à l'alimentation des métaux ou matières autres que ceux dont l'emploi est déclaré licite par arrêté pris dans les formes prévues à l'article 1er ci-dessus.

ART. 3. — Il est interdit :

1° D'employer pour la **peinture** extérieure des boîtes de conserves des couleurs ou vernis contenant des éléments toxiques et susceptibles de se détacher par éclats au moment de l'ouverture desdites boîtes ;

2° D'employer pour le vernissage intérieur des boîtes de conserves des vernis contenant des éléments toxiques, à l'exception des vernis qui ne sont pas attaquables à froid par l'acide nitrique concentré.

Art. 4. — Il est interdit d'employer pour la préparation et la conservation des produits destinés à l'alimentation des récipients revêtus intérieurement d'un émail à base de **plomb** incomplètement vitrifié.

Art. 5. — Dans les établissements où s'exerce le commerce des marchandises et denrées destinées à l'alimentation, les emballages et récipients dans lesquels la marchandise vendue au poids est livrée à l'acheteur doivent porter une inscription indiquant en caractères apparents, soit le **poids net,** soit le **poids brut** et la **tare** d'usage.

Art. 6. — L'emploi de toute indication ou de tout signe susceptible de créer dans l'esprit de l'**acheteur** une **confusion** sur le poids, sur le volume, sur la nature ou sur l'origine des produits désignés au présent décret, lorsque, d'après la convention ou les usages, la désignation de l'origine attribuée à ces produits doit être considérée comme la cause principale de la vente, est interdit en toutes circonstances et sous quelque forme que ce soit, notamment :

1° **Sur** les récipients et emballages ;

2° **Sur** les étiquettes, capsules, bouchons, cachets ou tout autre appareil de fermeture ;

3° Dans les papiers de commerce, factures, catalogues, prospectus prix courants, enseignes, affiches, tableaux-réclame, annonces ou tout autre moyen de publicité.

TITRE II.

DISPOSITIONS SPÉCIALES AUX VIANDES, PRODUITS DE LA CHARCUTERIE, FRUITS, LÉGUMES, POISSONS ET CONSERVES ALIMENTAIRES.

Art. 7. — Des arrêtés pris pour assurer l'exécution de l'article 3 paragraphe 2, de la loi du 1er août 1905, par le Ministre de l'agriculture, après avis du conseil supérieur d'hygiène publique de France, de l'Académie de médecine et du comité consultatif des épizooties, déterminent :

1° Les cas où les **viandes,** abats et issues provenant d'animaux comestibles sont **toxiques** et, par suite, totalement ou partiellement impropres à la consommation ;

2° Les caractères auxquels on reconnaît que les viandes, abats ou issues provenant de ces animaux sont corrompus.

Des arrêtés pris dans les mêmes formes fixent les cas où, sans être toxiques ou corrompus, les viandes, abats ou issues sont impropres à la consommation.

26.

Art. 8. — Il est interdit, en vertu des articles 1 et 3 de la loi du 1er août 1905, de détenir en vue de la vente, de mettre en vente ou de vendre :

1° Sous les dénominations « andouilles », « andouillettes », « boudin », « galantine », « fromage de tête », « hure », des préparations composées d'autres éléments que les viandes, abats et issues de **porc**, additionnés ou non de viandes, abats ou issues de bœuf, de veau ou de mouton, ainsi que de lait, d'œufs, d'épices, d'aromates et d'oignons ;

2° Sous les dénominations « chair à saucisses », « farce », « saucisses », « cervelas », des préparations composées d'autres éléments que la viande et la graisse de à **porc**, l'exclusion de tous abats et issues, additionnés ou non de viande de bœuf, de veau ou de mouton ainsi que d'épices et d'aromates.

La même interdiction s'applique aux préparations désignées aux alinéas 1° et 2° ci-dessus lorsque la quantité d'eau qu'elles contiennent au moment de la mise en vente dépasse, pour 100 grammes de produit supposé dégraissé :

1. 75 grammes pour les saucisses, saucissons, cervelas, andouilles, andouillettes et boudins ;

2. 85 grammes pour les produits fumés ;

3. Pour les produits vendus à l'état cru, la quantité contenue normalement dans chacun des éléments constituant le mélange.

Art. 9. — Il est interdit de détenir en vue de la vente, de mettre en vente ou de vendre :

1° Sous la dénomination « foie gras » tout autre produit que des foies d'**oie** ou de **canard ;**

2° Sous les dénominations « terrine de foie gras », « pâté de foie gras », et toutes autres comprenant les mots « foie gras » des préparations contenant, soit des foies autres que ceux d'oie ou de canard, soit d'autres produits, en proportion supérieure à 25 p. 100 du poids total de la préparation ;

3° Sous la dénomination « pâté de foie » une préparation composée d'autres éléments que le foie de porc, de veau ou de mouton, la graisse de **porc** et la chair à saucisses.

Art. 10. — Il est interdit de détenir en vue de la vente, de mettre en vente ou de vendre sous les dénominations fixées à l'article 8 ci-dessus, ainsi que sous les dénominations « terrine et pâté », des préparations contenant des viandes, abats ou issues de tout autre animal que le **porc**, le **bœuf**, le **veau** ou le **mouton,** à moins que la dénomination du produit ne soit accompagnée d'une mention faisant connaître le nom de l'animal ayant servi auxdites préparations.

Art. 11. — Il est interdit d'introduire dans les produits désignés aux articles 8, 9 et 10 ci-dessus, des matières amylacées, sans que la dénomination du produit soit suivie d'une mention faisant connaître cette addition à l'acheteur. Cette mention doit, en outre, faire connaître la proportion d'amidon incorporé au produit par suite de cette addition, lorsqu'elle dépasse 10 p. 100 du poids du produit.

Toutefois, cette mention n'est pas obligatoire en ce qui concerne les terrines, pâtés et galantines, le boudin blanc, le pâté de foie et les préparations contenant du foie pilé d'**oie** ou de **canard**, mais à condition que la proportion d'amidon résultant de l'addition de matières amylacées ne dépasse pas 5 p. 100 du poids du produit.

ART. 12. — Dans les établissements où s'exerce le commerce des marchandises dont la dénomination comporte les mentions prévues aux articles 10 et 11 du présent décret, les produits mis en vente ou les récipients qui les contiennent doivent porter une inscription indiquant, en caractères apparents, la **dénomination**, accompagnée desdites mentions, sous laquelle ces produits sont mis en vente.

Ces mentions doivent être rédigées sans abréviations qui soient de nature à tromper l'acheteur sur leur signification et en caractères de dimensions au moins égales à la moitié des dimensions des caractères les plus grands figurant dans l'inscription et de même apparence typographique.

ART. 13. — Il est interdit de désigner sous les dénominations « purée de **tomates** », « conserves de tomates », des préparations contenant d'autres produits que des tomates, des épices et des aromates.

ART. 14. — La dénomination des conserves de **fruits** et de **légumes** ne peut être accompagnée des qualificatifs concentré, réduit, extrait, que si la préparation renferme au moins 15 grammes de matière sèche pour 100 grammes de produit.

ART. 15. — Il est interdit, en vertu de l'article 3, paragraphe 2 de la loi du 1er août 1905, de détenir en vue de la vente, de mettre en vente ou de vendre :

1º Les **haricots** ou **pois** dits de Birmanie, lorsqu'ils fournissent à l'analyse plus de 20 milligrammes d'acide cyanhydrique pour 100 grammes de produit ;

2º Les haricots ou pois dits de Java.

ART. 16. — Est interdite, en vertu de l'article 3, paragraphe 2, de la loi du 1er août 1905, la détention en vue de la vente, la mise en vente ou la vente, comme fruits frais ou légumes frais, de tous **fruits** et **légumes** qui ont été soumis au « trempage ».

ART. 17. — Il demeure interdit de détenir en vue de la vente, de mettre en vente ou de vendre sous le nom de « **sardines** » des poissons frais ou conservés autres que l' « alosa pilchardus ». Cette interdiction s'applique notamment au « spratt ».

ART. 18. — Dans le cas où l'huile comestible ayant servi à la cuisson des poissons est d'une autre nature que celle dans laquelle lesdits poissons sont conservés, il est interdit de faire suivre, dans la dénomination servant à désigner ces conserves, le nom de l'huile employée du mot « pure », ni d'aucun des qualificatifs réservés aux huiles pures par le décret du 20 juillet 1910.

DISPOSITIONS TRANSITOIRES.

ART. 19. — À dater de la publication du présent règlement, un **délai** de :

Trois mois, en ce qui concerne les articles 5, 8, 9, 10, 11, 12 et 14, et de dix-huit mois, en ce qui concerne l'article 18, est accordé aux intéressés pour se conformer aux prescriptions desdits articles.

Les arrêtés ministériels qui seront pris pour l'application des articles 1 et 2 détermineront le délai accordé aux intéressés pour se conformer aux prescriptions desdits arrêtés.

ARRÊTÉ DU 28 JUIN 1912

RELATIF A LA COLORATION, LA CONSERVATION ET L'EMBALLAGE DES DENRÉES ALIMENTAIRES ET DES BOISSONS.

[*Journal officiel* du 29 juin 1912.]

ARTICLE PREMIER. — Il est interdit, dans tous les cas non spécialement prévus par les règlements pris en vertu de l'article 11 de la loi du 1er août 1905, d'additionner les boissons et denrées servant à l'alimentation d'autres **produits chimiques** que le sel ordinaire.

À titre exceptionnel, il est permis :

1° D'additionner les viandes et préparations de viande, en vue de permettre leur conservation, de sel mélangé de 10 p. 100 au maximum de nitrate de potasse commercialement pur ou de sel mélangé de bicarbonate de soude commercialement pur ;

2° D'employer l'acide sulfureux pour la conservation des denrées à l'état sec, mais à la condition que celles-ci ne contiennent pas plus de 100 milligrammes d'anhydride sulfureux pour 100 grammes au moment de leur mise en vente ;

3° D'employer à la dose strictement indispensable l'acide sulfureux et les bisulfites alcalins purs, pour la décoloration partielle des fruits et pour le blanchiment des champignons destinés à être conservés par stérilisation à chaud dans un liquide.

ART. 2. — Il est interdit de placer toutes boissons et denrées destinées à l'alimentation au contact direct du **cuivre**, du **zinc** ou du **fer galvanisé**, exception faite pour les opérations de fabrication ou de conservation des produits de la chocolaterie et de la confiserie ne renfermant pas de substances acides liquides et pour les opérations de la distillerie.

ART. 3. — Il est interdit de placer toutes boissons et denrées servant à l'alimentation au contact direct de récipients, ustensiles, appareils constitués en tout ou partie par un alliage contenant plus de 10 p. 100 de **plomb** ou plus de 1/10000 d'**arsenic**.

ART. 4. — Il est interdit de placer toutes boissons ou denrées servant à l'alimentation au contact direct de récipients, ustensiles, appareils étamés ou soudés avec de l'**étain** contenant plus de 0.5 p. 100 de plomb ou plus de 1/10000 d'arsenic ou moins de 97 p. 100 d'étain dosé à l'état d'acide métastannique.

Toutefois, est autorisé, pour la soudure faite à l'extérieur des récipients, l'emploi d'alliages d'étain et de plomb, mais à la condition que la pénétration de l'alliage plombifère à l'intérieur desdits récipients, sous forme de bavures, ne soit qu'accidentelle et ne résulte pas du mode même de fabrication.

Il est interdit de placer toutes boissons ou denrées servant à l'alimentation au contact direct de feuilles d'étain ne présentant pas les conditions de pureté énumérées au premier paragraphe du présent article.

Art. 5. — Il est interdit d'employer pour le capsulage des récipients contenant des matières destinées à l'alimentation dans la composition desquelles entre du vinaigre, des alliages contenant plus de 10 p. 100 de plomb ou plus d'un dix-millième d'arsenic, à moins que la capsule métallique ne soit complètement isolée du col du récipient et du bouchon, au moyen d'une feuille d'étain fin, ayant une épaisseur d'au moins un demi-dixième de millimètre, ou d'une feuille d'aluminium ou d'une feuille constituée par une matière imperméable et inattaquable à froid par l'acide acétique à 6 p. 100.

Est considéré comme étain fin, l'étain présentant les conditions de pureté fixées par l'article 4 précédent pour être propre à l'étamage.

Un délai d'un an, à dater de la publication du présent arrêté, est accordé aux intéressés pour se conformer aux prescriptions du présent article.

Art. 6. — Il est interdit de placer toutes boissons et denrées servant à l'alimentation au contact direct de récipients, ustensiles et appareils métalliques comportant des joints ou bouchons formés d'une substance plombifère, ou recouverts intérieurement de vernis contenant des métaux toxiques et attaquables à froid par l'acide nitrique concentré.

Art. 7. — Il est interdit de placer toutes denrées destinées à l'alimentation au contact direct de papiers maculés ou de **papiers** de tenture dits « papiers peints ».

Il est interdit de placer toutes denrées destinées à l'alimentation au contact direct ou indirect de papiers peints ou moirés au moyen de sels de plomb ou d'arsenic.

Il est également interdit de placer au contact direct de papiers manuscrits ou imprimés en noir ou en couleur, les denrées destinées à l'alimentation autres que les racines, tubercules, bulbes, fruits à enveloppe sèche, légumes secs et légumes à feuilles.

Il est en outre interdit de placer d'autres papiers que du papier de pliage neuf, soit blanc, soit paille, soit coloré au moyen de l'une des substances dont l'emploi est autorisé à l'article 8 du présent arrêté, au contact du pain et des denrées alimentaires humides ou grasses, susceptibles d'adhérer auxdits papiers, telles que viandes, volailles, poissons, préparations de viande, beurres, graisses alimentaires, légumes et fruits frais, produits de la confiserie et de la pâtisserie.

Ne sont pas considérés comme « papiers imprimés » les papiers de pliage neufs portant, sur l'une des faces, les nom, adresse et toutes indications commerciales intéressant le vendeur.

ART. 8. — La **coloration artificielle** des boissons et denrées servant à l'alimentation énumérées au tableau ci-après est permise, dans les conditions fixées par les règlements pris en vertu de l'article 11 de la loi du 1er août 1905, au moyen des matières colorantes indiquées audit tableau à l'exclusion de toutes autres.

Eaux-de-vie naturelles. (Eaux-de-vie de vin, de cidre, de poiré, rhum, tafia).	Caramel.
Bières.	Caramel et extraits obtenus par torréfaction des matières dont l'emploi est autorisé, dans la fabrication de la bière, par l'article 1er du décret du 28 juillet 1908.
Hydromels. *Cidres.*	Cochenille. Orseille.
Poirés.	Cochenille et matières colorantes végétales à l'exception de la gomme-gutte et de l'aconit napel.
Vinaigres. *Boissons* autres que le vin, le cidre, le poiré, la bière et l'hydromel. *Eaux-de-vie* autres que les eaux-de-vie naturelles. *Sirops, limonades.* *Confitures, gelées, marmelades* *Miel artificiel.* *Beurres, huiles.* *Graisses* autres que les margarines. *Produits de la charcuterie.* *Légumes* destinés à être conservés dans un liquide soit entiers, soit à l'état de pulpe. *Fruits* naturellement verts destinés à être confits ou à être conservés dans un liquide.	Matières colorantes végétales à l'exception de la gomme-gutte et de l'aconit napel.
Légumes naturellement verts destinés à être conservés dans un liquide.	Sulfate de cuivre, en proportion telle que le produit reverdi ne renferme pas plus de 100 milligrammes de cuivre par kilogramme de produit égoutté.
Pâtes alimentaires.	Matières colorantes végétales à l'exception de la gomme-gutte et de l'aconit napel.
Produits de la pâtisserie fraîche ou sèche.	Jaune naphtol S : (dinitro-α, naphtol-monosulfonate de soude) additionné de 5 p. 100 au plus de Ponceau RR.

Sucre.

Liqueurs.
Pâtes de fruits.

Fruits destinés à être confits ou à être conservés dans un liquide.
Sucreries (bonbons, pastillages, décors de pâtisserie).
Œufs durs.
Croûte des fromages.

Boyaux, vessies et autres enveloppes similaires employées pour les produits de la charcuterie.

Outremer. Bleu d'indanthrène (N-dihydro-anthraquinone-azine) mais seulement en vue de l'azurage.
Matières colorantes végétales à l'exception de la gomme-gutte et de l'aconit napel.
Matières minérales : sulfate de chaux (gypse) ; carbonate de chaux (craie) ; peroxyde de fer (rouge anglais, ocres) ; peroxyde de manganèse (brun de manganèse) ; outremer ; bleu de cobalt (bleu Thénard) ; ferrocyanure ferrique (bleu de Paris, bleu de Prusse) ; silicate ferreux et ferrique (terre verte).
Dérivés de la houille :

COLORANTS ROSES.

1° *Éosine* (tétrabromofluorescéine sodée).
2° *Érythrosine* (tétraiodofluorescéine sodée).
3° *Rose bengale* (tétraiodichlorofluorescéine sodée).

COLORANTS ROUGES.

4° *Bordeaux B :* α. naphtylamine-azo-β, naphtol-disulfonate de soude R. (α. naphtalène-azo-2. naphtol-3. 6 disulfonate de sodium).
5° *Ponceau cristallisé :* α. naphtyla mine-azo-β. naphtoldisulfonate de soude. G. (α. naphtalène-azote-2. naphtol-6. 8. disulfonate de sodium).
6° *Bordeaux S :* naphtionique-azo-β. naphtoldisulfonate de soude. R, (4. sulfonate de sodium-α. -naphtalène-azo-2. naphtol-3. 6. disulfonate de sodium).
7° *Nouvelle coccine :* naphtionique-azo-β. naphtoldisulfonate de soude. G. (4. sulfonate de sodium-α. naphtalène-azo-2. naphtol-6. 8. disulfonate de sodium).
8° *Rouge solide :* naphtionique-azo-β.. naphtol-monosulfonate de soude. S. (4. sulfonate de sodium-α. naphtalène-azo-2. naphtol-6. monosulfonate de sodium).
9° *Ponceau RR :* xylidine-azo-β. naphtol-disulfonate de soude. R.

(xylène-azo-2. naphtol-3. 6. disulfonate de sodium).

10° *Écarlate R :* xylidine-azo-3. naphtol monosulfonate de soude. S. (xylène-azo-2. naphtol. 6. monosulfonate de sodium).

11° *Fuchsine acide* (triparaamido-diphényltoly-carbinol-trisulfonate de sodium).

COLORANT ORANGÉ.

12° *Orangé I :* sulfanilique-azo-α. naphtol (4. sulfonate de sodium-benzène-azo-1. naphtol).

COLORANTS JAUNES.

13° *Jaune naphtol S :* dinitro-α. naphtol-monosulfonate de soude (2. 4. dinitro-1. naphtol-7. monosulfonate de sodium).

14° *Chrysoïne :* sulfanilique-azo-résorcine (sel de soude) (4. sulfonate de sodium-benzène-azo-résorcine).

15° *Auramine O* (chlorhydrate de l'amidotétraméthyl-paradiamido-phényl-méthane).

COLORANTS VERTS.

16° *Vert malachite* (sulfate de tétraméthyl-diparaamido-triphénylcarbinol).

17° *Vert acide J* (diéthyl-dibenzyl-diparaamido-triphénylcarbinol - trisulfonate de sodium).

COLORANT BLEUS.

18° *Bleu à l'eau 6 B* (triphényl-triparaamido-diphényltolycarbinol-trisulfonate de sodium).

19° *Bleu patenté* (tétraéthyl-diparaamido-métaoxy-triphénylcarbinol-disulfonate de calcium).

COLORANTS VIOLETS.

20° *Violet de Paris* (mélange de chlorhydrines du pentaméthytriparaamido-triphénylcarbinol et de l'hexaméthyl - triparaamido - triphénylcarbinol).

21° *Violet acide 6 B* (diéthyl-paraamido-diéthyldibenzyl-diparaamido-triphénylcarbinol-disulfonate de sodium).

ART. 9. — Les matières colorantes énumérées au précédent article doivent être commercialement pures ou mélangées à du sucre, de la dextrine ou du sulfate de soude et ne renfermer aucune substance toxique.

Elles ne doivent être employées qu'à la dose strictement nécessaire à produire la coloration des boissons et denrées conformément aux usages constants.

Peuvent être employées au même titre que les matières colorantes végétales visées à l'article précédent l' « indigotine » et l' « alizarine » synthétiques ainsi que leurs dérivés sulfonés, mais à la condition que ces matières soient commercialement pures et ne renferment aucune substance toxique.

ART. 10. — Les arrêtés des 4 juillet et 19 décembre 1910 sur la coloration des liqueurs et des sirops, des produits de la sucrerie et de la confiserie sont rapportés.

TABLE ALPHABÉTIQUE DES MATIÈRES

TABLE DES MATIÈRES

PREMIÈRE PARTIE
LES LÉGUMES

CHAPITRE PREMIER
Les Pois.

CHAPITRE II
Les Haricots et lentilles.

CHAPITRE III
Les Artichauts.

CHAPITRE IV
Les Asperges, salsifis et scorsonères.

CHAPITRE V
Les Tomates.

CHAPITRE VI
Les Choux

CHAPITRE VII
Les Champignons.

CHAPITRE VIII
Les Truffes.

CHAPITRE IX
Les Cornichons, concombres et poivrons.

CHAPITRE X
Les Câpres.

CHAPITRE XI
Les Aubergines.

CHAPITRE XII
Les Pommes de terre, topinambours, patates, crosnes·

CHAPITRE XIII
Les Betteraves.

CHAPITRE XIV
Les Carottes.

CHAPITRE XV
Les Navets, 119.

CHAPITRE XVI
Les Céleris-raves.

CHAPITRE XVII
Les Oignons et l'ail.

CHAPITRE XVIII
Cardes et cardons.

CHAPITRE XIX
L'angélique et la rhubarbe.

CHAPITRE XX
Salades et herbes diverses.

CHAPITRE XXI
La Chicorée à café et racines diverses.

CHAPITRE XXII
Graines diverses.

DEUXIÈME PARTIE

LES FLEURS

CINQUIÈME PARTIE

LE MIEL, 255.

SIXIÈME PARTIE

LA VIANDE

CHAPITRE PREMIER

Conservation par les antiseptiques, 261.

CHAPITRE II

Conservation par enrobage, 279.

CHAPITRE III

Conservation par la dessiccation, 281.

CHAPITRE IV ·

Conservation par la cuisson, 283.

CHAPITRE V

Conservation par le froid, 285.

Législation.

1345-12. — Corbeil. Imprimerie Crété.

LA VIE AGRICOLE ET RURALE

COMITÉ DE RÉDACTION :

Bussard... Prof. à l'École d'hort. de Versailles.
Coupan ... Chef des trav. à l'Inst. agron.
Danguy... Maître de Conf. à l'École de Grignon.
Ducloux .. Prof. départ. d'agric. à Lille.
Fron...... Insp. des Eaux et Forêts.
Garola .... Prof. dép. d'agric. à Chartres.
Gobert .... Vétérinaire en 1er des remontes de l'armée.

Hommell.. Pr. d'ap. à Clermont-Ferrand.
Jouzier ... Pr. à l'Éc.nat.d'agr.de Rennes.
Lindet (L.) Prof. à l'Inst. nat. agron.
Marchal... Prof. à l'Inst. nat. agron.
Passy (P.). Prof. à l'Éc. d'agr. de Grignon.
Roule..... Prof. au Muséum. (piscie.).
Saillard ... Pr. à l'Éc. des ind. agr. à Douai.
Seltensperger. Prof. sp. d'agric. à Bayeux.
Tardy (L.) Maître de Conf. à l'Inst. agron.
Voitellier . Maître de Conf. à l'Inst. agron.

PRINCIPAUX COLLABORATEURS :

Ammann (L.). Prof. à l'Éc. de Grignon.
Bellair.... Jardin. en chef des parcs nat.
Bocher... Membre du Conseil sup.de l'Ag.
Brioux.... Dir. de la Stat. agron. de Rouen.
Bruno..... Chim. en chef du labor. du Min. de l'agr.
Carré..... Prof. dép. d'agr. à Toulouse.
Cayeux ... Prof. à l'Inst. nat. agr.
Choin (P. de). Officier des Haras à Cluny.
Convert... Prof. à l'Inst. nat. agron.
Coutte.... Dir. de la bergerie nat. de Rambouillet.
Crochetelle Dir. de la stat. agr.de la Somme.
Daire ..... Prof. à l'Éc. de lait. de Surgères.
Demarty.. Prof. dép. d'agr. de Tarn-et-Garonne.
Demolon... Direct. de la Station agron. de l'Aisne.
De Vuyst . Dir. gén. au Min. de l'Agr. de Belgique.
Dop....... Vice-prés. de l'Inst. int. d'agr. de Rome.
Dufresse... Direct. de l'Éc. nat. des ind. agr. à Douai.
Fallot..... Dir. de la stat. œnol. à Blois.
Fasquelle.. Prof. dép. d'agr. de la Corse.
Fron...... Maître de Conf. à l'Inst. agron.
Gayon .... Dir. de la stat. œnologique de Bordeaux.
Gérome ... Jardin. en chef du Muséum.
Gervais (P.). Membre de la Soc. nat. d'agr.
Gillin ..... Prof. dép. d'agr. à Clermont-Ferrand.
Guicherd .. Prof.dép.d'agr.de la Côte-d'Or.
Guillon ... Inspecteur de la viticulture.
Guinier ... Prof. à l'Éc. Fores. de Nancy.
Hédiard .. Prof. dép. d'agr. du Calvados.
Hickel .... Maître de Conf. à l'École de Grignon.
Kayser.... Maître de Conf. à l'Inst. agron.
Kohler.... Dir. de l'Éc. d'Ind. Lait. de Mamirolle.
Labounoux Prof. dép. d'agr. de la Manche.
Lafforgue.. Prof. dép. d'agr. à Bordeaux.
Laroque (de) Prof. dép. d'agr. à Marseille.
Laurent (P.) Prof. dép. d'agr. de la Seine-Inférieure.
Lavallée... Dir.de l'Éc.sup.d'agr.d'Angers.
Lavauden . Garde gén. des for. à Grenoble.
L'Écluse (de)· Prof. dép. d'agr. au Mans.
Lecomte .. Prof. dép. d'agr. à Périgueux.
Lecq (H.).. Insp. gén. de l'agr. à Alger.
Leroux.... Prof. dép. d'agr. à Beauvais.
Leroux (Eug.). Dir. de l'Éc. nat. vannerie.
Mallèvre.. Prof. à l'Inst. nat. agron.

Malpeaux. Dir. de l'Éc. prat. d'agr. de Berthonval.
Marcillac (de). Prés. de l'Un. des Synd. agr. du Périgord.
Marès..... Prof. dép. d'agr. à Alger.
Marre .... Prof. dép. d'agr. à Rodez.
Martin (J.-B.). Prof. dép. d'agr. d'Indre-et-Loire.
Mathieu (L.). Dir. de la stat. œnol. de Beaune.
Morain.... Prof. dép. d'agr. à Angers.
Monicault (de). M. du C. de la Soc. des agr. de France.
Pacottet .. Maître de Conf. à l'Inst. agron.
Pagès..... Prof. à l'Éc. des ind.agr. Douai.
Paisant ... Membre de la Soc. nat. d'ag.
Parisot ... Prof. Éc. d'agr. de Rennes.
Pasquet... Prof. dép. d'agr. à Montpellier.
Petit (E.). Prof. dép. d'agr. du Morbihan.
Picard.... Prof. à l'Éc. de Montpellier.
Ponsart ... Prof. dép. d'agr. de l'Yonne.
Prioton.... Prof. dép. d'agr. à Angoulème.
Prudhomme. Dir. du jard. colonial du Min. des colonies.
Ravaz..... Prof. à l'Éc. d'agr. de Montpellier.
Rabaté.... Prof. dép. d'agr. de Lot-et-Garonne.
Ricard .... Dir. de la Mut. de la Soc. des agr. de France.
Rocquigny (Cte de). Membre de la Soc. nat. d'agricult.
Rolland ... Prof. dép. d'agr. de la Drôme.
Rolley .... Ing. du serv. des amélior. agr. à Orléans.
Rougé (Vte de). Prés. de la Soc. des éleveurs du Maine.
Rougier... Prof.dép.d'agr. de la Loire.
Roy-Chevrier. Prés. de la Soc. de vitic. de Lyon.
Tardy (Jules). Pr.dép.d'agr. de la Lozère.
Thuasne.. Prof. à l'Éc. prat. d'agr. du Neubourg.
Trabut.... Prof. à l'Éc. d'agr. d'Alger.
Troude.... Prof. à l'Éc. des ind. agr. de Douai.
Truelle.... Membre de la Soc. nat. d'agr.
Vacher (M.). Memb. de la Soc. nat. d'agr.
Verdié .... Prof. dép. d'agr. du Gers.
Vignerot.. Ing. du serv. des amél. agr. à Bordeaux.
Vilcoq..... Dir. de l'Éc. prat. d'agr. du Chesnoy.
Warcollier Dir. de la st. pomol. de Caen.
Werv (G.). Sous-Dir. de l'Inst. nat. agr.

LA VIE AGRICOLE.

La création d'un nouveau journal d'Agriculture pourrait sembler inopportune : la Presse agricole compte des organes déjà nombreux qui s'appliquent à répandre dans le public les méthodes les plus rationnelles de culture et d'élevage. Jamais, cependant, le besoin ne s'est fait autant sentir, pour l'agriculteur, d'être renseigné sur l'admirable mouvement de rénovation qui caractérise notre époque; chaque jour, l'alliance féconde de la science et de la pratique fait réaliser à l'Agriculture un progrès nouveau : chaque jour, une connaissance acquise, un problème élucidé viennent donner au cultivateur les moyens de réduire la part, si considérable, de ses aléas professionnels. Absorbé par des préoccupations multiples, le praticien n'a malheureusement pas le loisir de parcourir les revues diverses d'où il pourrait extraire le bénéfice des progrès réalisés. Et il nous a paru qu'il y avait place pour un journal agricole, dont le but serait précisément de mettre l'agriculteur en rapport intime avec l'évolution actuelle des esprits, un journal documenté, averti de tout ce qui touche aux multiples manifestations de l'activité agricole, un journal dont la collaboration choisie autant que variée bannirait toute uniformité et assurerait l'attrait, un journal d'actualité, traduisant fidèlement la vie ardente, réfléchie et laborieuse de notre Agriculture.

La *Vie Agricole*, — nous ne saurions adopter pour notre journal un titre traduisant mieux notre but, — mettra tout en œuvre pour intéresser les lecteurs. Elle réalisera un équilibre heureux, entre le texte, chroniques et articles, et l'illustration, se tenant à distance des deux extrêmes, dont l'un consiste à donner à l'illustration une importance excessive, qui nuit au développement des questions traitées, et dont l'autre laisse des articles érudits sans le secours du dessin ou de la photographie, empêchant ainsi le texte de prendre toute sa valeur et une plus facile compréhension.

Le monde agricole accueillera avec plaisir un journal donnant une impression réelle de force et d'activité, suivant pas à pas la marche de notre Agriculture vers le progrès, et sans cesse préoccupé d'être pour ses lecteurs « l'utile et l'agréable ». Au surplus, ces lecteurs nous les connaissons bien: ce sont ces agriculteurs avisés, soucieux de toute amélioration, ces éleveurs possédant en juste partage la pratique et la théorie, qui, groupés autour de l'*Encyclopédie Agricole* des ingénieurs agronomes, en ont assuré le succès et ont permis la diffusion par la France et par le monde, à raison de plus de 300 000 volumes, de cette œuvre considérable, véritable bilan de l'agriculture scientifique française au début du XXe siècle. Dans la *Vie Agricole*, ils retrouveront, sous une forme plus actuelle et plus vivante encore, les qualités qui impriment à cette belle collection son cachet particulier; ils y retrouveront cette pléiade de collaborateurs distingués, praticiens ou professeurs, qui les tiendront,

LA VIE AGRICOLE.

chaque semaine, au courant de tous les progrès, de toutes les découvertes, de toutes les tentatives susceptibles de les intéresser.

Chaque numéro comprend un ou plusieurs *Articles originaux*; plusieurs articles d'*Agriculture pratique* ; des articles d'*Actualités agricoles*, résumant les travaux publiés, en France et à l'Etranger ; des *comptes rendus de Sociétés* ; enfin, un *Bulletin* renseignant le lecteur sur les faits saillants de la semaine les jugeant en toute indépendance.

La première semaine du mois paraîtra un *Numéro spécial*, plus important que les autres, et consacré à une branche déterminée de l'Agriculture. Chaque numéro mensuel comprendra une série d'articles sur les points les plus importants de cette branche, ainsi qu'une Revue annuelle établissant le bilan des acquisitions nouvelles. Cette innovation permettra à l'Agriculture et à tous ceux qui s'intéressent aux choses de la terre, de se tenir au courant des progrès réalisés (chose si difficile aujourd'hui), et de jeter un regard d'ensemble sur le Mouvement agricole de l'année, successivement pour tous les domaines de la science.

On trouvera également dans la *Vie Agricole* une série de documents agricoles et para-agricoles capables d'intéresser tous ceux qui visitent la campagne. Des articles y tiendront le lecteur au courant de la *Vie sociale* (mutualités, syndicats, jurisprudence, etc.) ; de la *Vie sportive*, de la *Vie scientifique*, littéraire et artistique dans ses rapports avec l'Agriculture ; enfin de la *Vie familiale*. Nous chercherons, par la richesse de l'illustration, à rendre ces parties aussi **vivantes** que possible.

Pour remplir ce vaste cadre et donner à la *Vie Agricole* la tenue et la valeur scientifique nécessaires, un Comité de direction composé des plus éminents représentants de la science agronomique a bien voulu assumer la charge de définir et de régler le programme des études et des recherches poursuivies. Ce Comité, composé de professeurs de l'Institut agronomique, des Ecoles nationales et des Ecoles pratiques d'agriculture, de professeurs départementaux et spéciaux, de praticiens distingués, organisera méthodiquement les diverses rubriques du journal suivant les compétences et les affinités particulières.

Enfin les éditeurs de la *Vie Agricole*, MM. Baillière, apporteront à l'administration et à la publication du journal leurs précieuses qualités, qui ont déjà assuré le succès de l'*Encyclopédie Agricole*.

Ainsi rédigée, illustrée, assurée par un parfait service d'informations de suivre méthodiquement l'évolution scientifique de la culture française, la *Vie Agricole* se présente aux lecteurs avec les conditions les plus assurées d'intérêt, de vitalité et d'utilité générale.

Librairie J.-B. BAILLIÈRE et FILS, 19, rue Hautefeuille, à Paris

LECTURES AGRICOLES

Par Ch. SELTENSPERGER

Ingénieur agronome, Professeur spécial d'Agriculture.

1 volume in-18 de 576 pages, avec 200 photogravures

Broché.................. **5 fr.** | Cartonné.................. **6 fr.**

Édition de luxe pour distributions de prix.

Grand format, cartonnage rouge et or........................ **7 fr.**

On trouvera dans ce volume sous une forme méthodique un extrait de tous les auteurs de
l'Encyclopédie Agricole et des Agronomes modernes les plus réputés.

Ce nouveau volume de l'*Encyclopédie agricole* sort complètement du
cadre de ses devanciers : chacun de ceux-ci constitue une monographie
spéciale, généralement fort bien faite, mais qui n'en reste pas moins une
monographie. M. Seltensperger a suivi un tout autre plan. Ses lectures
agricoles constituent une encyclopédie, où sont abordés tous les sujets
qui intéressent l'agriculture : une telle tâche aurait dépassé les forces
d'un seul homme, si instruit qu'il soit : l'auteur a tourné cette difficulté.
Chacun de ses chapitres est un emprunt aux œuvres des agronomes connus, emprunts judicieusement choisis.

Il en résulte que son ouvrage, fort sérieux, est d'une lecture facile, à
la portée de tous, hommes faits et enfants, et que son mérite littéraire ne
laisse rien à désirer. C'est une lecture que nous recommandons à tous,
non seulement à ceux qui vivent de l'agriculture et pour l'agriculture,
mais à tous les Français, qui ne devraient pas se désintéresser de cette
question. Ils seront étonnés de l'intérêt de cet ouvrage, intérêt plus vif
que celui d'une œuvre d'imagination.

Une illustration considérable fait la part du goût moderne et ajoute,
s'il est possible, au charme de la lecture.   (*Cosmos.*)

Je viens de parcourir les *Lectures agricoles* et j'ai goûté les fragments
de cet hymne à la terre.

Ce sont de nouvelles géorgiques où la prose et les vers, le texte et les
images, la science et la poésie forment un ensemble harmonieux.

Paul HAREL.

Le volume de *Lectures agricoles* que M. Seltensperger vient de publier
pourrait aussi prendre le titre de « *Retour à la terre !* » Nous ne saurions
dire trop de bien de cet ouvrage : c'est un recueil de pages choisies parmi
les auteurs contemporains formant l'élite de la littérature agricole.

Ne nous trompons pas sur le rare mérite du professeur, qui a su choisir
sûrement parmi tant d'auteurs et d'œuvres si belles ce qui était bien fait
pour instruire, charmer ou retenir, du premier coup, le lecteur.

En lisant le volume de M. Seltensperger, nous avons appris que volontiers on oubliait le temps en sa compagnie. Chacun trouvera à glaner
quelque chose dans ce livre auquel nous donnions à l'instant le titre
Le Retour à la Terre, parce que le charme qui s'en dégage est bien fait
pour permettre d'apprécier mieux qu'on ne le fait souvent la sécurité,
la noblesse, les jouissances infinies, l'indépendance d'une vie tout entière
consacrée à la terre.

ENVOI FRANCO CONTRE UN MANDAT POSTAL

COMMENT EXPLOITER

UN

DOMAINE AGRICOLE

Par R. VUIGNER

Ingénieur agronome.

1912, 1 volume in-18 de 600 pages

Broché.... .... **5 fr.** | Cartonné...... ... . **6 fr.**

Ouvrage couronné par la Société nationale d'Agriculture

Le titre de l'ouvrage de M. VUIGNER : *Comment exploiter un domaine agricole* ? en fait connaître le programme, programme développé en 600 pages de texte serré.

L'auteur suppose que l'agriculteur vient d'acheter ou d'affermer un domaine. Il nous le montre discutant, arrêtant le plan d'exploitation de ce domaine, puis l'organisant et l'appliquant jusque dans ses moindres détails. C'est sans nul doute la situation dans laquelle il s'est trouvé lui-même et dont il est sorti à son honneur. On le devine à l'aisance, à la maîtrise avec laquelle il traite cette matière difficile.

Comment, en prenant une ferme, le cultivateur se rendra-t-il compte de la qualité de ses terres, des amendements, des engrais qu'il convient d'y apporter, de sa situation économique et des débouchés qu'elle peut offrir ? Quels assolements, quelles spéculations végétales et animales faut-il adopter ? Quels sont les animaux de trait, les machines, les instruments ? Quelles sont enfin les conditions dans lesquelles on peut annexer, à la ferme, les industries du lait, de la distillerie, de la féculerie, leur prix d'établissement, leur rendement possible, etc., etc ? Problèmes à résoudre successivement, dont M. VUIGNER donne la solution. Et pour ne négliger aucun des rouages du fonctionnement de l'exploitation rurale, M. VUIGNER étudie son administration, le rôle, l'emploi de la main-d'œuvre, son recrutement, sa comptabilité. Enfin quand il décrit l'organisation du commerce des produits de l'agriculture, il n'oublie pas les associations agricoles qui se sont développées à l'envi durant ces dernières années.

Telle est la rapide analyse d'un ouvrage original, composé par un homme des champs. M. VUIGNER, ingénieur agronome, a été autrefois chargé d'une mission d'études à l'étranger comme ayant été classé le premier sur la liste de sortie des élèves de l'Institut national agronomique ; depuis cette époque déjà lointaine, il a fait ses preuves comme praticien en cultivant, notamment, pendant dix ans un domaine de 200 hectares, la belle ferme de Senneville, qu'il possède dans le Vexin normand.

En décernant à M. VUIGNER un *Prix Viellard de 500 francs*, la Société nationale d'Agriculture récompensera d'excellentes pages — sur un sujet qui vraisemblablement n'avait jamais été traité — que l'auteur a le rare mérite d'avoir puisées dans son propre fonds.

LIBRAIRIE J.-B. BAILLIÈRE ET FILS, 19, RUE HAUTEFEUILLE, A PARIS

LE COMMERCE
DES
PRODUITS AGRICOLES
FRUITS, LÉGUMES, FLEURS
EMBALLAGES ET EXPÉDITIONS — DÉBOUCHÉS
Par E. POHER
Ingénieur agronome. Inspecteur à la Compagnie du Chemin de fer d'Orléans

1912, 1 volume in-18 de 500 pages, avec 125 figures

Broché.................... **5 fr.** | Cartonné................... **6 fr.**

Le commerce des denrées agricoles a pris, dans ces dernières années, un remarquable développement dû non seulement aux efforts de l'agriculteur pour étendre et améliorer ses productions, mais aussi à l'extension considérable de la consommation favorisée par la rapidité des transports.

Ce commerce nouvellement né paraît susceptible de s'accroître encore, par suite des débouchés considérables qui s'offrent à son activité.

Mais les concurrences se font de plus en plus actives sur le marché international par suite du développement presque général des productions, mais aussi de l'entrée en lice de pays éloignés, à culture extensive, peu coûteuse, favorisée par les récentes applications du froid à la conservation et au transport des produits agricoles alimentaires périssables.

La France avec ses fruits exquis, ses beurres renommés, ses fromages excellents, ses volailles réputées peut cependant lutter avantageusement en développant sa production par des procédés de culture ou de fabrication plus *industriels*, en transformant les méthodes surannées de vente. Industrialiser la production, commercialiser les ventes, tels sont les moyens avec lesquels l'agriculture française pourra lutter efficacement avec ses concurrents, sur les marchés étrangers.

Mais, pour réussir sur les marchés étrangers, nos agriculteurs et expéditeurs de produits agricoles devront s'adapter aux nécessités modernes, et à l'instar de leurs concurrents étrangers, transformer leurs procédés commerciaux de vente, comme pour certains produits, tel le beurre, ils ont su d'ailleurs modifier leurs procédés de production.

A l'action individuelle souvent impuissante, il y a lieu, dans bien des cas, de substituer l'action collective.

L'éducation commerciale de nos producteurs a été à peu près négligée jusqu'ici, car on ne s'est pas rendu un compte suffisamment exact de son importance.

Dans le but de contribuer à la diffusion des connaissances commerciales indispensables aux agriculteurs M. POHER a pensé qu'il pouvait être utile de résumer à leur intention les diverses notions concernant l'organisation actuelle du commerce agricole, les débouchés, les questions relatives à l'emballage, aux transports et aux améliorations qui paraissent susceptibles d'être apportées dans le commerce des produits agricoles dans notre pays. Il a réuni dans une première partie les diverses notions d'ordre général sur l'organisation de la vente et le fonctionnement des coopératives, sur l'emballage des produits et leur expédition sur les marchés, sur leur conservation ; dans une seconde partie, il a étudié en détail le commerce de chacune des principales denrées agricoles.

LIRRAIRIE J.-B. BAILLIÈRE ET FILS, 19, RUE HAUTEFEUILLE, A PARIS

AGRICULTURE GÉNÉRALE

Par P. DIFFLOTH
Ingénieur agronome.

3e édition entièrement refondue (7e mille)

Chaque volume se vend séparément :

Broché.................... 5 fr. | Cartonné................. 6 fr.

Couronné (Médaille d'or) par la Soc. nat. d'agr.,
Adopté par le Ministère de la Guerre pour les Bibliothèques de régiments.

I. — LE SOL ET LES LABOURS

1910, 1 volume in-18 de 540 pages, avec 205 figures.......... **5 fr.**

Le volume sur le *Sol* et les *Labours* expose toutes les questions intéressant le sol : origine, constitution, analyse, préparation et travail. Le sol a été considéré, tout d'abord, dans sa formation et dans son triple rôle de support, de réserve alimentaire et de milieu. L'*examen du rôle exercé par le sous-sol sur la production des terres* précède l'étude des propriétés physiques et chimiques des sols. Les procédés permettant de se rendre compte de la *productivité des terres et de leur valeur foncière* font l'objet des chapitres suivants : *Analyse physique, mécanique, géologique, chimique*. L'étude des *Rapports de la plante avec le sol* comprend la discussion des causes déterminantes de la fertilité, de la stérilité des terres et l'énumération de sols convenant aux principales plantes.

Ayant déterminé la valeur foncière des terres et les principales cultures qui pouvaient s'y établir, M. Diffloth décrit les procédés susceptibles de développer leur productivité. Les *défrichements, l'amélioration des sols* précèdent l'examen des *procédés de travail et d'ameublissement des terres, quasi-labours, hersages, roulages*, etc., et les méthodes d'*épandage du fumier de ferme, des engrais chimiques et des amendements*.

II. — LES SEMAILLES ET LES RÉCOLTES

1910, 1 volume in-18 de 540 pages, avec 200 figures.......... **5 fr.**

Les premiers chapitres de ce volume étudient la *germination et les* données nécessaires à la connaissance exacte de la *constitution des semences*, composition, impuretés, germination, commerce général et fraudes.

La pratique des *semailles* constitue le deuxième chapitre, et successivement sont examinées les diverses préparations que subissent les graines.

Vient ensuite l'étude des travaux aratoires, *binage, hersage, roulage, scarifiage, buttage, élagage, démariage, destruction des plantes nuisibles*, etc.

L'examen de l'époque favorable, de la technique opératoire, la comparaison des divers procédés de moisson constituent les principaux chapitres de la *Récolte des produits du sol*. Les *fourrages*, les *céréales*, les *racines*, les *tubercules*, sont étudiés à ces divers points de vue, et le côté pratique, technique, économique de chaque méthode est tour à tour envisagé.

Le chapitre de la *conservation des récoltes* expose comment les foins seront bottelés, mis en meules ; les céréales disposées au grenier, pelletées, criblées, triées ; les racines et tubercules, placés en silos, en celliers, en caves. L'étude des *assolements* termine le volume.

Petite

Bibliothèque Agricole

à 1 fr. 50 *le volume cartonné*

9 782329 299785